服務業
行·銷·與·管·理

第**3**版

古楨彥　編著

Services Marketing and Management

三版序

近年來，服務業面對內外部環境已經產生劇烈變化，例如：有不少人羨慕在外送平台工作的人，因為他們自由度高、薪資也高。但是部分選擇在外送平台擔任外送員工作的理由，是可以認識到各種形形色色的人，接觸到不一樣的人際關係網絡。外送平台送貨員的工作性質要拋頭露面，在外頭碰到刮風下雨也要工作。富貴險中求，任何工作或多或少都有職業災害，不需羨慕別人賺大錢的亮麗，而是要去理解他們背後一定有付出我們無法體會或無法承受的風險及辛勞。

2019 年行銷趨勢聚焦在「思維的突破」，緊接著在 2020 年，「數位行銷」成為眾多企業經營階層發展的目標。在資訊爆炸的時代，誰能抓住眼球之注意力，誰就比較有可能成為商場上的贏家。還有，企業也重視「體驗行銷」，這是種行銷策略，讓消費者在生活中參與企業進行互動，其目的為讓消費者創造恆久印象，進而導向對企業品牌忠誠度。有鑑於此，服務業行銷與管理書籍內容要定期更新，讓閱讀者：來自學界、業界或其他領域人士，能從書中知識獲益。本書第三版修訂有以下特色：

一、新增「服務行銷新趨勢」內容

有別於二版服務業行銷與管理，在本書新增「服務行銷新趨勢」，內容放在書中四個章節章末，其中第二章章末探討人工智慧串接物聯網，讓金融服務更完善、第五章摩斯漢堡送餐機器人、第八章翻轉沒落商區，推動共享辦公室、第十一章全銀髮主廚餐廳，營造「家」感覺吸客。

二、書中第 1 － 11 章均有案例內容更新

在本書各章前「服務大視界」、章末「服務這樣做」有做案例更新，這些內容更新，也使案例搭配的「動腦思考」、「問題討論」挑選題目更新。此外，在書各章若有資訊較為過時老舊，會以較新個案替代。以書第三章為例，在原二版書 3-25 頁有提及顧客忠誠度案例，在本書改以 momo 富邦為例，強調忠誠會員計畫的重要性。現今消費者並不會因為忠誠會員計畫而增加太多銷售金額，但對於電商平台來說，若沒有忠誠會員計畫時消費者就會莫名消失。

一本書誕生和改版都要花費不少時間蒐集、消化和整理。近幾年來，筆者每年都會舉辦一次新書發表感恩會活動，其主要目的有二：

1. 製作新書的過程中，要感謝很多人的協助和支持。
   2019 年在辦理書改版感恩餐會活動中，謝謝文聖書店黃文義總經理、湘達國際企業社負責人黎耀華先生擔任主持人，讓活動現場氣氛熱鬧。學（政）界致詞貴

詞貴賓：銘傳大學法律系 劉士豪教授（2019 年 1 月份起擔任勞動部政務次長）、財團法人中華勞資關係研究所 焦興鎧所長、國立金門大學社會工作學系系主任 葉肅科老師、萬能科技大學行銷與流通管理系 余則威老師；業界致詞貴賓：永儲股份有限公司國際物流中心 宗祖德副總經理、艾力運能股份有限公司 蔡志強副總經理、全家便利商店股份有限公司會員暨電商推進部 黃士杰副部長、社團法人中華樂齡健康暨高齡友善發展協會 賴如川名譽理事長、曙客股份有限公司市場開發部 盧熙晨全球業務總監。

2. 藉由書感恩餐會和同窗、同事、親朋好友們敘舊聯繫情誼。

撰寫本書期間，謝謝全華圖書公司蔡懿慧小姐用心編輯、魏麗娟經理和林芸珊組長不時給予撰書意見指導、家人們提供生活上莫大幫助並打氣鼓勵，讓筆者無後顧之憂可專注在寫書上。

萬能科技大學莊暢校長提供一優質教學環境，使筆者能發揮專長教授學生，以及觀光餐旅暨管理學院呂堂榮院長、行銷與流通管理系柯淑姁主任均給予筆者指導學生參加校內外競賽大力支持，誠摯表達謝意。

古楨彥 謹識

2020 年 2 月

服務業就是 Open Book，書在旁邊給你抄，看你能不能找出合適的答案？

—大潤發中國區董事長黃明端

　　服務業對一個國家之經濟成長，將扮演越來越重要的角色。根據國際貨幣基金會之資料顯示，製造業與服務業在經濟發展上的貢獻比，已呈逆轉。近年來，在全球電子商務蓬勃發展、企業電子化風潮、國際科技服務價值分工體系重新洗牌及台灣製造業逐漸外移之際，處在潮流中的台灣，服務業遂發展快速，產值日漸龐大，從業人口逐年增加。

　　例如，從代工廠起家的喬山，常被認定為老式「製造業」，而非「服務業」，但在董事長羅崑泉帶領之下，早已從紅海市場拼製造成本，提升到藍海市場拼品牌效益。如今的喬山，轉換為「製造業界的服務業」，不斷強調貼心服務，縮小與消費者的距離，成功地提高消費者對該品牌的印象，銷售業績大幅成長。

　　大夥都有可能曾經有自己的客戶，突然介紹了他的朋友，跟您聯繫然後達成交易了；有這種感覺非常的好，因為知道朋友應該是對你的專業服務覺得信任、滿意，所以才會願意把你的專業服務或產品介紹給自己的朋友。口碑行銷的目的，是讓消費者主動成為你進行二次或更多次的免費宣傳。在眾多的業務技術及通路中，被認為是很有績效的方法，因為經過口碑的介紹，就會更容易得到客戶的信任感，也可以得到免費的宣傳。

　　2015 年，全世界的大公司，都在瘋物聯網，為什麼呢？因為靠物聯網能賺到錢，或推出全新商業模式的公司越來越多，打破了原來的遊戲規則，完全顛覆你我的想像。在 2105 年 8 月底時，在台灣的晴光商圈會成為第一個集體裝設物聯網感應器做行銷、導覽的在地商圈，總共有十四個地點裝設了感應裝置，這種技術稱為「微定位」（Beacon）。這個技術最大功能在於知道消費者在店面的精確位置，甚至，知道你的逛街路線，主動出擊邀請消費者上門。全世界都在瘋物聯網，有三個新趨勢值得我們焦點關注：第一是提供服務者唯上網才會賺錢，第二是我們所想不到的東西都上網了，第三是越傳統產業用物聯網改善效果就越顯著。

　　為了將理論和實務相互結合，本書在內容規劃上，配合理論的描述，在適當的地方會放入相關的實務案例；特別的是，筆者在萬能科技大學任教期間，曾指導該校國際企業系、行銷與流通管理系學生組隊參加校內外競賽得到十四個獎項，得獎領域涵蓋行銷創意、數位行銷創新企劃、休閒渡假村行銷創意、創意商品行銷、室內運動器材創意作品、全國故鄉情故事行銷、臺灣自由行行程設計、古道生態旅遊遊程設計、

英語網路自拍秀、特定主題的英語簡報競賽等等，有擷取部分準備競賽內容融入在本書之「實戰園地」中。這種作法有別於一般同類型科目教科書中均有談到服務業行銷與管理理論和相關實務案例輔助介紹，卻無法告訴讀者如何將其運用到參加校內外競賽，甚至對其本身所處服務實務有何關聯，然而融入參加過的競賽作品內容於本書，其中有些好的創意或創新方法策略，是可以協助讀者做好服務業創業準備。

同時，為了讓內文更加生動，不時地會穿插與內文相關的國內外實務和影片，這樣的作法是讓讀者更明瞭國內外服務業行銷與管理知識。在本書的每一章後面會安排個案討論問題和學習成果檢視，以供讀者思考如何解答問題，而不會一味地背誦書中內容，這樣會限制讀者創新解決問題能力。

筆者心中一直很感謝本人的父母、姑姑、姑丈給予財力莫大支持，能一圓出國留學夢，而到世界大學總排名相當前面的澳洲阿德雷得大學（University of Adelaide）攻讀博士學位；在攻讀博士學位期間感謝三位恩師用心指導，分別是：Barbara Pocock、Patrick Wright 和 Ken Bridge，他們都是非常資深的學者。學成回到台灣初期，先是短暫地回到母校中國文化大學勞動暨人力資源學系授課，同一時間也幸運地申請到萬能科技大學擔任專任教師，在國際企業系擔任教職期間，主要教授人力資源管理、管理學、TOEIC 證照輔導等課程，後來，為與時並進，本校國際企業系更名為行銷與流通管理系。

筆者曾利用課餘到業界擔任專案行銷顧問，並考取超過十張以上行銷與流通管理領域相關證照，也擔任 NPDA 新產品開發分析師認證考核之命題委員、BNCA 商業溝通談判分析師認證考核之命題委員、矩陣管理顧問有限公司『服務業管理師』認證推廣專業顧問等職務。

撰寫本書期間，承蒙家人的支持與鼓勵，內人無怨無悔對於家務操勞付出，令筆者可以在無後顧之憂全心投入寫書，特別感謝。同時，一方面，感謝萬能科技大學提供筆者優良環境，使筆者能專注在喜愛的教學、服務、研究工作上；另一方面，曾經擔任筆者服務部門系主任李孔智、嚴永傑、李光廷、王榮祖、呂堂榮以及現任系主任柯淑姮均給我很多撰寫服務業行銷與管理一書中的知識指導，而對於訓練本系學生參加校內外競賽共同指導夥伴余則威老師亦幫忙充實本書內容，在此一併致謝。

古楨彥

2015 年 11 月

謹識於萬能科技大學行銷與流通管理系

目次

Chapter 05
服務接觸與流程管理

Chapter 06
服務實體環境

Chapter 07
顧客抱怨與服務補救

Chapter 08
行銷溝通與服務推廣

Chapter 09
服務業人力資源管理

Chapter 10
服務業競爭與服務創新研發

Chapter 11
服務市場行銷與服務業創業

Chapter 01

服務業的重要性

學習目標

✦ 瞭解服務業在未來經濟發展的重要性

✦ 分析臺灣青年就業市場與產業現況

✦ 探討臺灣服務產業的發展與未來面臨課題

✦ 介紹服務業行銷與管理的關聯建構

本章個案

✦ 服務大視界：2019 年《工商時報》 臺灣服務業大評鑑

✦ 服務這樣做：洗髮老品牌 566 出現在天貓熱銷榜

服務大視界

▶ 2019年《工商時報》 臺灣服務業大評鑑

　　「臺灣服務業大評鑑」是《工商時報》年度重要專案，從前置作業到頒獎典禮的舉辦，耗時約半年，中間更需歷經討論主軸、確認方向、實際訪查、計算成績，到綿密的編採作業，動員大量人力、物力與資金，目的就是希望透過公正客觀且制度化的評鑑機制，讓國內服務業水平更上層樓。

　　在2019年評鑑歷經數月的嚴格評選，動員逾30名神秘客，透過實體店點、客服電話、網站監測等「陸海空」三管齊下的方式，訪查國內32個業種、366家企業、436個店點，總計超過1,100次的訪查次數，才評選出最終的30多家金牌企業、30位服務尖兵。

　　《工商時報》副總編輯王榮章表示，頒獎典禮是一個階段性成果的展現，然而我們更期待的是，在典禮的煙火後，金牌企業能持續精進，展現更多令人驚喜的服務；而未得獎的企業亦能見賢思齊，建構屬於自家企業的服務DNA，提供客戶更有感的服務，這才是本報舉辦評鑑的終極目的。他同時指出，因應外界對金牌企業「憑什麼」得獎的好奇心，本報亦耗時兩個月採訪編輯《臺灣服務業大評鑑》特刊，將在其中揭露各家金牌業者的「成功心法」，更邀請服務業專家撰文分享產業新趨勢，以及每年公布完整的100大魅力品質、50大反轉品質，值得業界參考。

　　柯南國際首席顧問黃振霖表示，柯南旗下神秘客訪員，皆通過SGS國際認證，並依照嚴格之標準作業流程匿名稽查，今年評鑑更首度參酌日本服務「原則」稽查，讓評鑑的專業度再提高、進一步接軌國際！

　　黃振霖說，今年評鑑業種橫跨量販、超市、便利商店、百貨、房仲、服飾、物流宅配、飯店、汽車賣場、電信、銀行、遊樂中心、旅行社等領域，甚至醫院、縣市政府便民專線等，可以說只要與民眾息息相關的服務業，都納入評鑑對象，未來亦不排除新增更多消費者關心的產業，讓評鑑更加豐富完整！

表1 2019年業種篩選原則

業種	篩選原則
大型3C賣場	全臺家數達65家以上。
大型量販店	全臺家數達10家以上。
大型遊樂中心	依照107年交通部觀光局入園人數統計前7名為主。
大型購物網站	Alexa.com 臺灣相關網站流量排名及具代表性業者。
百貨公司／購物中心	百貨公司營業面積8,000坪以上&購物中心營業面積達20,000坪以上。
汽車租賃	全臺取還車據點有15間以上。
汽車賣場	依據2018／12 U-CAR報導國產&進口車銷售累計排名。
居家生活 （家具家飾／DIY五金／生活雜貨類）	具代表性業者。
物流宅配	國內市佔排名前五大及來臺國際代表性業者。
直銷業	106年臺灣傳銷公司營業額前12大及具代表性業者。
便利商店	全臺800間店以上。
旅行社	為品保會員，全臺有10家以上服務據點，有網站或有海外分公司或為上市上櫃公司。
連鎖中／日式速食	以全天候營業，內用為主，全臺有60家以上代表業者。
連鎖西式速食	以全天候營業，內用為主，全臺有20家以上代表業者。
連鎖咖啡店	全臺達25家以上或具指標代表性者。
連鎖房仲業	全臺（直營或加盟店）超過100家以上。
連鎖服飾業	均販售男女裝，且全臺超過65家以上，或近年進軍臺灣的國際知名品牌。
連鎖品牌餐廳	以107年評鑑名單為基礎，另加上最新代表性企業。
連鎖眼鏡業	全臺直營與加盟店超過45家以上，或近年進軍臺灣的國際知名品牌。
連鎖超市	7家以上店鋪於百貨公司有設櫃或全省店數達200家以上。
連鎖電信通路	NCC規範之第一類電信業者或第三代行動通訊業務之業者。

業種	篩選原則
連鎖藥局／藥妝店	全臺門市超過70家皆直營門市或近年進軍臺灣的代表性通路。
飯店業（休閒度假）	由具觀光局評鑑五星級資格或具代表性名單中遴選。
飯店業（商務飯店）	由具觀光局評鑑星級資格或具代表性名單中遴選。
飯店業（國際觀光）	由具觀光局評鑑五星級資格或具代表性名單中遴選。
電影院	具代表性業者。
壽險業	2017年營業額前15大。
暢貨中心&免稅商場	具代表性業者。
銀行業（外國）	依據金管會所列外資遴選，並有提供個金服務。
銀行業（本國）	依據金管會所列國銀&金控集團遴選，並有提供個金服務。
縣市政府便民專線	各縣市政府包含離島便民服務（具有電話／網路／信箱）。
醫院	醫策會公佈衛生福利部2014～2017年醫院評鑑及教學醫院評鑑優等（醫學中心類）。

資料來源：工商時報，臺灣服務業大評鑑i-service。

　　《工商時報》公布2019年「臺灣服務業大評鑑」結果，晶華國際酒店集團旗下設計型旅店品牌「捷絲旅（Just Sleep）」的台北西門館，拿下商務飯店類金牌獎；同集團屢獲國際媒體肯定的太魯閣晶英酒店也榮獲休閒度假飯店類銅牌獎。

　　捷絲旅臺灣區總經理陳惠芳接下獎項時指出：「近年來飯店產業競爭激烈，此次能獲頒殊榮，要歸功於一群熱情、有活力的服務夥伴，秉持將心比心，傳遞最溫暖貼心的服務。」她也表示，台北西門館的硬體設施正逐步裝修，暑

✦ 捷絲旅台北西門館於2019年「臺灣服務業大評鑑」中奪得商務飯店類金牌獎（圖片來源：捷絲旅官網）

假後將以全新面貌見客，在硬體空間或軟體服務都將更接地氣，為旅人創造特別的旅宿回憶。

在《工商時報》主辦之「2019臺灣服務業大評鑑」中，遠東SOGO百貨榮獲「百貨公司／購物中心類」金牌獎，由遠東SOGO百貨黃晴雯董事長親自出席6月26日的頒獎典禮，並於致詞時表示，SOGO的服務融合日式百貨的細膩與臺灣的友善溫暖，創造讓顧客感動、有溫度的服務；更透過企業永續的角

✦ 捷絲旅臺灣區總經理陳惠芳（右）領取金牌獎項（圖片來源：晶華國際酒店集團）

度，從「服務」延伸到照顧每一位顧客的「福祉」，打造顧客服務差異化，是贏得「心佔率」的關鍵。

SOGO是第一家將主顧客服務做到全方位的百貨公司，面對市場消費模式轉變以及百貨大微利時代來臨，近年SOGO除了將創新主力投入於塑造優質、新穎、舒適且具有國際視野的購物環境外，更認為在百貨業每一天的送往迎來循環中，想要提高顧客忠誠度，並吸引新客上門，其不二法門即在於提供有溫度的服務，也就是透過深化分眾行銷，為顧客提供獨一無二的體驗與經驗價值。於是，SOGO針對不同客群與不同人生階段，量身打造六種會員制度：VVIP Club、VIP Club、Premium Club、Wedding Club、ThanQ

✦ 遠東SOGO百貨在《工商時報》主辦之「2019臺灣服務業大評鑑」中，榮獲「百貨公司／購物中心類」金牌獎（圖片來源：遠東人）

Club、Fresh Club，以深化與顧客的連結，分眾服務不同顧客群，提升購物幸福感。

此外，SOGO透過大數據分析，細分顧客類別，並投其所好規劃體驗行銷活動，讓顧客到SOGO來不只參加量身訂製的體驗，也能將所獲得的感動帶給親朋好友。因應數位浪潮風起雲湧，SOGO持續投入資源及人才培訓於數位行銷，由專責單位負責電子商務與FB、IG……等自媒體。2018年9月，「SOGO百貨直營美妝」於SOGO線上購物istore中開館，網羅美妝天后宮四大集團共計14個品牌進駐；除了免費宅配到府之外，亦提供顧客線上購買、櫃上取貨（BOPIS）服務，讓顧客可以享受全天候不打烊的美妝天后宮體驗。

資料來源：劉馥瑜，服務業大評鑑 揭露金牌企業憑什麼，中時電子報，2019年6月20日；何書青，服務業大評鑑揭曉！晶華國際酒店集團旗下飯店紛拿獎，中時娛樂，2019年6月29日；吳敏如，遠東SOGO百貨榮獲2019臺灣服務業大評鑑金牌，遠東人月刊，2019年8月號。

🕐 動腦思考

1. 根據工商時報所做2019年「臺灣服務業大評鑑」報告中，為何晶華國際酒店集團旗下「捷絲旅（Just Sleep）」的台北西門館能拿下商務飯店類金牌獎呢？

2. 在《工商時報》主辦之「2019臺灣服務業大評鑑」中，遠東SOGO百貨榮獲「百貨公司／購物中心類」金牌獎的原因有哪些？

1.1 服務業的重要性

　　產業係指一個經濟體中，從事經濟財生產（不論是財貨或是勞務）的各種行業；一般而言，第一級產業（又稱初級產業）泛指一切從事原材料生產的行業，例如：農業、林業、漁業及畜牧業等；第二級產業（又稱次級產業或工業）係指加工製造行業，包括對第一級產業生產出來的原料或其他第二級產業的半成品進行加工生產者，例如：製造業、建築業、電力瓦斯業及飲水供應業等；第三級產業則泛指一切提供服務性質的行業，例如批發零售業、交通運輸業、資訊通信業、金融保險業、觀光休閒業及醫療保健業等。

　　根據費雪-克拉克的部門理論（Fisher-Clark Thesis），針對產業結構的轉變階段指出：一個國家的經濟發展，多係先從初級產業著手，用以滿足人民之基本需要，其後由於生產技術的進步與規模經濟的擴張，次級產業部門的產值很快地超越初級產業，而在次級產業部門產值達到一定水準之後，隨著行銷、經營管理、資金融通及娛樂休閒等行業的日趨重要，第三級產業逐漸成為產業結構的重心；同時在經濟發展過程中，一國的就業人口則陸續從初級產業流向次級產業，再逐漸流向第三級產業（或服務產業，簡稱服務業），此一現象稱為「貝第定律（Petty's Law）」。

　　服務業對一個國家之經濟成長，將扮演越來越吃重的角色。根據國際貨幣基金會（International Monetary Fund, IMF）之資料顯示，製造業與服務業在經濟發展上的貢獻比，已呈逆轉。近年來，在全球電子商務蓬勃發展、企業電子化蔚為風潮、國際科技服務價值分工體系重新洗牌及臺灣製造業逐漸外移之際，近年來臺灣服務業發展快速，產值日漸龐大，從業人口逐年增加。

　　在臺灣，行政院主計總處在2015年4月22日公布臺灣2015年3月失業率為3.72%，較2月失業率3.69%上升0.03個百分點，較2014年同月則下滑0.31個百分點。根據勞動力發展署臺灣就業通資料庫統計，3月份各公立就業服務機構新登記求職人數總計63,486人，較上月增加41.74%，而新登記求才的職缺人數則為151,463人，較上月增加83.31%，求供倍數達到2.39倍，創下近16年同月的新高。此波徵才的熱潮，並非侷限於少數產業，各行業的人力需求均較上月增加。若以成長幅度來看，表現最為亮眼的是製造業，求才職缺數達7萬3千人，較上月有大幅成長1.14倍，居各行業之冠；其次批發零售業和住宿及餐飲業，求才職缺數也都各超過1萬6千人。

　　根據國發會資料，2009年臺灣整體服務業名目GDP達8.6兆台幣，占GDP總值12.5兆元的比重達68.7%，佔總就業人數58.9%，由各項數據顯示，服務業已成為我國經濟成長與就業的主要來源。因此，行政院基於促進投資、增加就業及提升出口競爭力等考量，建議以國際醫療、國際物流、音樂及數位內容、會展、美食國際化、都市更新、WiMAX、華文電子商務、教育、金融服務等十項重點服務業，做為未來發展項目。為積極推動服務業之發展，行政院正推動強化服務業國際競爭力、加強研發創新、提高生產力、健全服務業統計等發展策略，以完備服務業基礎建設，並提高產業附加價值。鑒於服務業主管機關很多，資源不易整合，故行政院於2009年12月成立「行政院服務業推動小組」，由國家發展委員會主任委員擔任召集人，並由該會負責幕僚作業。此外，行政院亦於2010年3月函示十大重點服務業均應研擬行動計畫提報該小組審議，其主要任務有：

➡ 協調排除服務業投資及營運之障礙。

➡ 協助建構適合服務業發展之環境。

➡ 督導服務業發展方案及相關計畫之落實執行。

　　小組成員：經濟部、交通部、教育部、衛福部、文化部、勞動部、金管會、農委會等服務業相關部會首長及專家學者3～5位。

表1-1　十大重點服務業及主辦機關

項次	產業項目	主辦機關
1	美食國際化	經濟部
2	國際醫療	衛福部
3	音樂及數位內容	文化部、經濟部
4	華文電子商務	經濟部
5	國際物流	交通部、經濟部
6	會展	經濟部
7	都市更新	內政部
8	WiMAX	交通部、經濟部
9	高等教育輸出	教育部
10	高科技及創新產業籌資平台	金管會

　　中國大陸2012年服務業占GDP比重爲44.5%，數據正與臺灣在1987年類似，正處於產業結構調整的關鍵時期。中國大陸服務業蓬勃發展，是經濟發展的自然趨勢，也是政策刻意推動的結果。從西方國家的經驗看來，當一個市場的經濟逐漸成熟，服務業比重就會逐步增加。一方面，服務業與生活品質提升互爲因果，在製造業發展到一個階段，人們所得增加後，改善生活的各種服務需求增力，服務業也就隨之興盛；另一方面，服務業可以說是高端勞力密集產業，只是提供勞務者從事不是製造或農業，而是服務業，對受過教育的知識工作者需求高，會提供很多高報酬的工作機會。

　　然而，中國大陸積極發展服務業，還有其他理由：中國大陸過去三十年靠著製造業出口帶動經濟成長的舊模式，如今看來已難以持續，因此在中國大陸公布「十一五計畫」後，「以內需取代出口、以消費取代投資」便成爲調整經濟結構主調，而之後「十二五計畫」更明訂出2015年內需產業占GDP比重要從現有47%成長到51%策略目標。可預見的是，未來五年，中國大陸服務業每年大約會維持10%左右的成長率。同時，未來，中國大陸的政策與獎勵措施，也會逐步放寬本土之外的服務業，市場機會也會大爲增加。中國大陸訂定2010年10月15-18日召開第17屆五中全會，討論「十二五規劃」的編製，2010年10月-2011年11月展開公開諮詢及制定詳細草案，並將結果提交於2011年3月的兩會中審議後，付諸實行。「調結構」將是規劃中心，並以「擴大內需」及「七大新興產業」做爲調結構主軸。所謂七大新興產業：包括節能環保、新興信息產業、生物產業、新能源、新能源汽車、高端裝備製造業、新材料等。推算十二五期間，七大新興產業每年至少約有1.3兆的投資，2011-2015年間要成長24.1%的年平均值，到了2016至2020年要實現21.3%的年平均值。

圖1-1　七大戰略性新興產業

1.2 臺灣青年就業情形

　　青年是國家的重要資產，也是經濟社會發展能否持續創新與進步的動力來源。根據國際勞工組織（International Labor Organization, 簡稱ILO）估計，2013年全球2億人的總失業人口中，有超過7千450萬人是25歲以下的青年族群，其失業率為13.1%。在臺灣，2014年青年勞動人口為230萬8千人，勞動參與率為50.53%，低於全體平均勞動參與率58.54%。其中15歲至24歲勞動參與率29.36%，顯示該年齡層青年，仍多選擇繼續升學，延後進入勞動市場。2014年臺灣青年就業者依教育程度分，以大學占49.36%最高，高中職占29.06%居次。依其從事之行業分，從事服務業占64.46%最高，工業占34.16%居次。依其所從事之職業分，以「技藝工作、機械設備操作及勞力工」占27.54%最高，「服務及銷售工作人員」占25.35%居次，「技術員及助理專業人員」占17.25%再次。（詳見表1-2）

表1-2　2014年人力資源調查統計15-29歲摘錄整理表

項目別		全體人口總計	15-19歲	20-24歲	25-29歲
勞動力參與率%		58.54	7.98	51.53	91.67
失業率%		3.96	8.78	13.25	6.84
就業者行業	農業	548	2	8	19
	工業	4,004	30	199	488
	服務業	6,526	80	455	818
就業者職業別	民意代表、主管及經理人員	394	0	1	5
	專業人員	1,333	1	61	218
	技術員及助理專業人員	1,990	1	80	280
	事務支援人員	1,244	7	101	212
	服務及銷售工作人員	2,166	60	217	255
	農林漁牧業生產人員	492	1	6	13
	技藝工作、機械設備操作及勞力工	3,459	40	196	342

資計來源：行政院主計總處；失業者單位原為「人」，以四捨五入法取至「千人」。

1.2.1　臺灣青年「晚進」勞動市場的原因

根據2014年行政院主計總處人力運用調查資料顯示，臺灣青年失業者找尋工作過程中，遭遇的困難主要以工作性質及技術不合為主，亦即「學用落差」為初入職場之臺灣青年勞工的主要就業困難，表1-3可以發現臺灣青年學子認為學校所學能夠學以致用僅佔19%。另外國立中正大學勞工關係學系暨研究所馬財專教授在2013年的研究中亦指出從職場青年就業問題的歸納上，也以「學用落差」居首。除此之外，根據國際勞工組織（ILO）在2010年的研究報告中亦顯示，工作技能的落差以及數學與識字能力、工作態度、人際溝通、領導與被領導能力、團隊合作、工作能力、自我紀律等職能的落差，亦是各國青年的就業困難。

表1-3　臺灣青年覺得學校所學與目前工作學以致用的程度

項目別	樣本數	合計	很高	高	普通	低	很低
男	1,688	100	4.21	13.00	47.13	15.46	20.20
女	2,346	100	4.19	16.49	52.59	14.25	12.49
年齡	樣本數	合計	很高	高	通	低	很低
15-19歲	121	100	5.69	6.87	62.65	6.69	18.09
20-24歲	1,007	100	3.33	13.39	49.72	14.80	18.77
25-29歲	2,906	100	4.47	16.53	48.53	15.85	14.62

資料來源：勞動部統計處（2014），「15-29歲青年勞工就業狀況調查」。

除了青年本身因素之外，造成臺灣青年「晚進」職場的原因亦包括勞動市場之需求面的因素，例如：產業人力需求落差與全球化衝擊形成產業結構失衡等因素。根據行政院主計總處2012年事業人力僱用狀況調查報告，2012年8月底工業及服務業受僱員工空缺人數17萬6千人，其中所需學歷條件，以高中（職）之教育程度者最高，顯示廠商對於青年人才，在學能的需求上較供給為低，因為供需的失衡，造成在就業機會有限的情況之下，部分青年無法找到適合的職缺。更甚者，因為產業需求之間存在結構性落差，造成部分青年在就業機會有限的狀況下任職於僅需高中職教育程度之職缺，而企業主不見得有耐心去培養或訓練人才，最後就可能偏好運用派遣人力以降低成本，造成惡性循環。

在全球化衝擊形成產業結構失衡方面，長期以來臺灣的製造業受代工生產模式所影響，產業之生產的毛利率相對偏低，代工生產的「臺灣接單海外生產」的經營模式造成大量工作外移。另一方面因為臺灣之產業結構多以中小企業為主，雖具高度彈性，惟在用人上則相對精簡，廠商在僱用員工時，多希望晉用已具有相當之工作經驗者，而青年勞工在工作經驗上不具優勢，也造成臺灣青年勞工的就業不易。

1.3　臺灣服務業現況發展和面臨難題

依據行政院主計總處統計，臺灣在民國70年代的平均薪資僅10,677元，80年升至26,881元，90年再升至41,960元，對100年僅微升至45,749元。過去三個十年裡的第一個十年薪資激增1.5倍，第二個十年也成了近六成，惟第三個十年僅竟成長不到一成。其實，多數民眾並不認為近十年薪資還有成長一成，因為小小的薪資增長還抵不過市場上的物價上揚，以消費者物價指數平減後的實質薪資恰可呈現這一處境，民國70年民眾的實質薪資16,641元，80年升至34,829元，90年再升至43,672元，至100年反而降至42,664元。與前兩個十年的榮景相比，近十年的薪資停滯、倒退，自然要引來廣大的民怨。何以同樣面臨這些問題的韓國近十年的薪資還有幅成長62%，新加坡成長38%，香港也成長23%。臺灣工業及服務業的平均薪資與經常性薪資自從進入2000年代（民國89年）以來迄今呈現成長停滯的現象，只有2009-2010年因受到全球金融海嘯，一度出現較大幅的波動，2011-2012年平均薪資與經常性薪資的年平均變動率分別只有0.79%、0.80%，2013年1-9月的平均薪資較上年同期減少0.23%，經常性薪資則較上年同期增加0.88%。若扣除消費者物價上升的因素，在2011-2012年間有一半的時間是呈現衰退，平均每年分別衰退0.27%、0.26%，亦即實質薪資呈現長期衰退現象。

1.3.1　臺灣服務業現況發展

隨著經濟發展與產業結構的改變，世界主要國家由早期的農業社會，發展為工業社會，並更進一步轉以服務業為導向。以美國、日本為例，2009年前者的初級、次級與第三級產業產值占國內生產毛額的比重分別為1%、20%與

79%；後者各該產業所占的比重分別為1%、27%與72%，同年度臺灣初級、次級與第三級產業占GDP的比重則分別為2%、29%與69%。

表1-4 　臺灣各級產業產值占GDP的比重變化　　　　單位：%

年與季	國內生產毛額 GDP (新臺幣十億元) (以2016年為參考年之連鎖值)	GDP 成長率 (%)	部門別 Sector					
			農、林、漁、牧業		製造業		服務業	
			占GDP 比重(%)	年增率 (%)	占GDP 比重(%)	年增率 (%)	占GDP 比重(%)	年增率 (%)
2007	13,619	6.85	1.47	-0.17	27.99	14.72	66.01	4.60
2008	13,728	0.80	1.57	0.14	26.97	1.24	67.56	0.56
2009	13,506	-1.61	1.70	-2.80	26.29	-2.00	67.22	-1.26
2010	14,890	10.25	1.61	2.13	28.67	23.32	65.00	6.35
2011	15,437	3.67	1.74	4.59	28.27	6.62	65.64	3.16
2012	15,780	2.22	1.70	-3.21	28.33	5.36	65.64	1.28
2013	16,172	2.48	1.73	1.59	29.12	3.39	64.54	2.21
2014	16,935	4.72	1.85	2.04	30.94	10.52	62.57	3.15
2015	17,183	1.47	1.76	-7.72	31.42	1.34	61.95	1.23
2016	17,555	2.17	1.87	-9.65	32.22	4.05	61.27	1.33
2017	18,137	3.31	1.82	8.27	32.53	5.44	61.35	2.90
2018	18,634	2.75	1.69	4.49	32.28	3.31	61.86	2.90
2015　1	4,167	4.80	1.65	-3.09	31.11	8.29	62.45	1.88
2	4,242	1.89	1.87	-7.13	31.80	2.27	61.55	1.22
3	4,327	-0.28	1.65	-5.76	32.24	-0.97	60.72	0.34
4	4,447	-0.20	1.85	-13.17	30.57	-2.97	63.06	1.47
2016　1	4,164	-0.09	1.90	-9.58	30.31	-0.81	63.06	0.60
2	4,313	1.69	2.00	-12.11	32.04	1.63	61.15	1.14
3	4,456	3.00	1.52	-12.51	33.70	6.37	59.81	1.49
4	4,622	3.92	2.04	-5.01	32.76	8.54	61.09	2.03
2017　1	4,299	3.24	1.85	10.44	31.72	7.55	62.40	2.80
2	4,427	2.64	2.11	7.18	32.04	3.31	61.52	2.12
3	4,617	3.61	1.51	10.01	33.99	6.07	59.76	3.40

年與季	國內生產毛額 GDP（新臺幣十億元）（以2016年為參考年之連鎖值）	GDP 成長率 (%)	部門別 Sector					
			農、林、漁、牧業		製造業		服務業	
			占GDP 比重(%)	年增率 (%)	占GDP 比重(%)	年增率 (%)	占GDP 比重(%)	年增率 (%)
4	4,793	3.71	1.83	6.26	32.32	4.96	61.74	3.23
2018　1	4,438	3.23	1.70	7.27	30.87	3.09	63.45	3.34
2	4,578	3.40	1.76	6.62	32.16	4.85	61.80	3.12
3	4,731	2.47	1.50	3.82	34.20	2.68	59.67	2.66
4	4,888	1.97	1.81	0.75	31.84	2.74	62.55	2.51
2019　1	4,520	1.84	1.60	2.70	30.00	-2.47	64.33	2.11
2	4,697	2.60	1.73	-7.45	31.49	0.36	62.32	2.69
3p	4,873	2.99	1.62	-1.67	33.32	1.86	60.20	2.60

資料來源：行政院主計總處，「國民所得統計及國內經濟情勢展望」，2019年11月29日。

　　隨著所得的增加，工商服務的發達，臺灣服務業蓬勃發展，7-ELEVEN、全聯、全家、85度C、鼎泰豐、王品牛排等零售、餐飲服務業更吸引年青年人的目光，爭相投入服務業的行列。近來，臺灣最具影響力品牌調查，也多數以谷歌、臉書（Facebook）、LINE、7-ELEVEn、全聯、中華郵政、統一、全家、家樂福、麥當勞等服務業為主。臺灣觀光市場的蓬勃發展，2014年來台旅客已突破990萬人次。根據臺灣就業通資料庫統計，在2015年3月新增的16,494個住宿及餐飲業職缺中，有4成6職缺為其他餐飲服務人員。目前徵才廠商如飯店業的高野大飯店、福隆貝悅大飯店，連鎖餐飲業的福利食品（必勝客）、王品集團、瓦城集團均有大規模徵才活動，除了餐飲服務及接待員以外，還有儲備幹部、客戶服務主管、飯店及餐廳主管等職缺，特別是瓦城集團將積極推動展店計畫釋出上百名徵才需求。

1.3.2 臺灣服務業面臨難題

(一)臺灣服務業研發占臺灣企業總研發比重較低

一般情況下，擁有高度文明、有秩序及富有人情味的社會，應是服務業具有競爭力的保證，甚至可取代製造業成為驅動經濟成長的重要關鍵。這也是日、韓等製造業強國，近年來服務業對GDP的貢獻度都超過一半，且2011至2013年分別平均貢獻99%及54%GDP成長的原因。如此說來，足以對「人」感到自豪的臺灣，服務業也應該發展得不錯。可惜，統計數據並不是這麼說。行政院主計總處最新發布的GDP統計顯示，今年第一季服務業僅成長0.81%，遠較3.37%的經濟成長來得低。而2009年至今（2013年除外），服務業對GDP的貢獻雖不及製造業，但創造出的工作機會，卻大過製造業兩倍有餘。顯見服務業不僅面臨總產值增長緩慢，還出現每人產值停滯的困境。由於政府缺乏明確的服務業發展方向引導，使臺灣有不少具備在地特色或創意型的服務業，未受到應有的扶植與鼓勵，以致無法發展出一套普遍性、有聚落效應的發展方向。再加上許多業者只注重壓低成本，不在意人才培育與投資，使服務業發展更嚴峻。

經濟合作暨發展組織（OECD）的資料指出，臺灣服務業研發占企業總研發比重僅5.6%，遠低於德國與韓國兩大製造業強國的10.6%及7.2%。在政府與廠商皆未好生呵護人才資本的情況下，使臺灣存在許多高素質的中低階服務從業人員，高階白領人才卻是寥寥可數。難怪臺灣服務業貿易的全球排名從2000年的十九名退至2014年的二十三名，落後於新加坡、香港及韓國的十一、十五及十六名。

(二)臺灣服務業缺乏國際級品牌

臺灣具高品牌價值企業仍以製造業為主，服務業較少國際級品牌；臺灣本身市場狹小，不利系統開發與品牌建立。臺灣的服務業多半為中小企業，較少前進國際市場發展，無法拓展品牌能見度。從表1-5可看出，具高品牌價值企業仍以製造業為主，服務業較少國際及品牌。

表1-5　2019年臺灣20大國際品牌榜單

2019排名	2018排名	品牌	2019品牌價值（億美元）	成長率%
1	1	華碩電腦	15.49	-4%
2	2	趨勢科技	15.32	+3%
3	3	旺旺控股	9.37	+5%
4	4	中信金控	6.04	+0%
5	5	研華科技	5.56	+11%
6	7	巨大機械	4.81	+7%
7	6	國泰金控	4.46	-3%
8	9	宏碁公司	4.28	+6%
9	8	美食達人	4.05	-3%
10	10	聯發科技	3.79	+7%
11	11	美利達工業	3.54	+8%
12	12	聯強國際	3.12	+2%
13	16	中租控股	3.04	+16%
14	15	台達電子	2.97	+12%
15	13	正新橡膠	2.88	-4%
16	17	統一企業	2.29	+3%
17	18	喬山健康科技	1.47	+5%
18	19	創見資訊	1.25	-9%
19	20	微星科技	1.15	+18%
20	NEW	克麗緹娜	1.00	-
總價值（億美元）			95.96	+0.7%

資料來源：經濟部工業局。

　　推動「服務業國際化」的最終目標是形成服務貿易出口亮點，這個目標需要配合策略路徑和階段性「國際化」過程。舉例來說，南韓仁川機場在過去十年中能夠在競爭極激烈的亞太地區航空市場中快速崛起，除了其政府大幅投資軟、硬體設備之外，積極發展短程航線與中國大陸內地許多城市的連結，不但使得仁川機場成為美、歐（北極航線）等地區商務人士或觀光旅客前往中國大陸和亞太地區重要城市之轉運樞紐，而且利用轉運樞紐機會提供許多優惠措施

或作為，吸引商務人士或觀光旅客順便停留南韓進行各項消費與購買，間接促進南韓觀光相關產業發展。至於香港，其為了因應兩岸直航，刻意與中國大陸華南地區二、三線城市之連結，使得香港同樣可以維持轉運中心地位。其他方面，包括：澳門設置賭場與娛樂節目，吸引各國觀光旅客前往消費，提供周邊服務及就業機會，帶來頗可觀的觀光收益；中國大陸推動海南島三亞市觀光產業出口，除了吸引國際觀光業者前往投資建設之外，藉由觀光服務相關產業發展，培育許多觀光專業人才，進而提高觀光產業服務水準，均是推動服務業國際化成功典範。

再者，華裔籃球新巨星林書豪從無名板凳球員中一夕成名，美國NBA以其作為特別吸納和促銷之對象，其背後重要目的在於，利用其所存在的華裔身份與人氣開發海外華人市場。無獨有偶，美國MLB聯盟也是採取同樣想法，積極引進多名亞洲棒球好手，藉以拓展亞洲市場。

✦ 林書豪憑精湛打籃球本領在NBA比賽（圖片來源：央視網）

臺灣過去30年來，企業大多以生產代工為主，除了少數的中堅企業或隱形冠軍之外，普遍缺乏國際競爭優勢更遑論品牌價值，這幾年來，臺灣新興的服務產業蓬勃發展，例如：王品集團、85度C集團等，皆創下臺灣中小企業驚人的國際競爭實力，這些成就代表著臺灣的中小企業一樣有能力國際化和品牌化。以85度C為例，就在2006年底，85度C零售總額突破三十一億元，與星巴克店鋪營收相差不大，還可能超越；85度C

✦ 85度C讓國際品牌星巴克陷入苦戰

店面家數的市佔率達30%，超越星巴克的23%。「土洋大戰」開打，85度C像突擊隊一樣，短短三年不到的時間，企圖打敗咖啡正規軍星巴克。85度C董事長吳政學辦公室位在台中市南屯區工業二十三路，裡頭沒有任何裝潢、感受不到浪漫。這場土洋大戰還會蔓延到中國的上海、浦東等區域。雖然吳政學總說自己憑著直覺做生意，但他的確成功吸引一群原本不喝咖啡的消費者。他的經營策略，可說是麻省理工學院教授克里斯汀生所說的「破壞式創新」典型，就是以更便宜、功能更強的創新產品，進攻低階市場，癱瘓領導品牌。

(三)臺灣有小眾的創意服務，但無法複製，亦無法形成產業

2015年6月下旬經濟日報社論報載，美國麥當勞總部想要出售臺灣的麥當勞股權，把臺灣345家直營店賣給其他企業，改成加盟的方式來經營。由於麥當勞是臺灣餐飲業龍頭，因此傳出要出售的消息時，立即引起各方關注，這是因為對臺灣總體大環境沒有信心？或是麥當勞在臺灣的營運出了問題？或是美國總部出了問題？或者，只是單純因為經營方式的改變，而決定調整模式？是值得大家探討的。據報導，麥當勞在臺灣的營運本身並沒有問題，而是因為其總部希望降低全球直營店比率，從20%降到10%。麥當勞希望在全球

✦ 過去麥當勞一直是臺灣速食業龍頭

減少約3,500家直營店，而臺灣地區的營業被歸類為基礎市場（也就是成熟市場，而不是高成長市場，因此就被列為優先調整的地區。依麥當勞的營運資料來看，其在臺灣總店數約413家，聘用約2萬名員工，營業額約200億，長年以來一直都是臺灣速食業龍頭，直到統一超商近年在各店面推出座位後，麥當勞在餐飲業的龍頭地位才被統一取代。但是麥當勞是國際知名品牌，臺灣在學習麥當勞經營方式後並無新創品牌，日本則有摩斯漢堡與之對抗。重要的是，麥當勞是否在臺灣遇到餐飲業本身的強烈競爭？例如：統一超商在其店面推出桌椅，提供內食服務，吸引大量的內食消費，而造成對其他速食業者的壓力，包括麥當勞在內。也就是說，臺灣的餐飲業其實是非常競爭的，不但如此，臺灣的其他服務業也是同樣競爭激烈。

表1-6　臺灣麥當勞小檔案

入台時間	目前店數	員工人數	負責人
民國73年(1984年)	413家	約20,000人	李昌霖

資料來源：姚舜，李昌霖接手台灣麥當勞漢堡　可望大變身，工商時報，2017年2月19日。

　　根據國際品牌授權買賣的潛規則，賣方售價通常是依公司既有現金流量（Earning Before Interest Tax Depreciation Amortization, EBITDA），亦即未計利息、稅項、折舊與攤銷前的利潤，再乘以5倍計算。而速食連鎖現金流量通常占總營收10%至15%之間。臺灣麥當勞從來不對外公布營業額，惟市場同業根據臺灣麥當勞現有360家直營門市據點推估，臺灣麥當勞2014年營收保守估計約150億元，若以現金流量15%計，合理處分價格約112億元。立足市場31年的臺灣麥當勞之所以出售資產，便利超商推出即食商品，並以低價促銷，衝擊麥當勞業績表現，固然是原因之一，但美國總部調整策略才是關鍵。據調查，世界100多國都有連鎖據點的麥當勞，將全球市場分為3大區塊，其中澳洲、韓國屬「具高度發展潛力市場」，日本則為「基本市場」，臺灣麥當勞雖勵精圖治，近年穩定成長，卻被列入「發展加盟市場」，美國麥當勞總部在臺灣找授權發展商，開的是「資格標」，而非價格標，意味麥當勞在臺灣尋找的是「事業夥伴」，而非買家。李昌霖能在眾多傳說中的競逐者裡脫穎而出，最重要的關鍵其實是「人格特質」與「不得經營與麥當勞相關行業」。

(四)臺灣服務業注意壓低成本，不注重創新

　　1980年代，歐美的製造業大量外移到東亞來設廠和生產，這些企業主看重的就是東亞國家的廉價勞動力，30年河東，30年河西，如今中國的製造業也在外移，因為連中國的人工成本都在大幅成長，美國正在力圖挽回製造業回流美國，但不是壓低整體勞力成本，而是透過能源革命壓低非勞力成本，增加產品的附加價值，吸引廠商回流美國。

　　臺灣是缺乏能源和原物料的島國，根據行政院經濟部能源局的「能源政策白皮書」內容，臺灣有99.22%的能源必須倚賴進口，國際油價在2011年以後幾乎都維持在一百美元以上，加上臺灣房價是全球相對高漲的區域，進口能源成本高，房地產價格也高，這樣的環境下，近年來臺灣物價逐漸攀升，很高的比例其實是反映國際原物料、能源、臺灣土地成本，而非人工薪資，在

臺灣，最需要人力的服務業，和已開發國家的服務業從業人員相比，薪資成長幅度其實相當小。製造業的薪資成長情況也很不理想，根據美國勞工部的統計，2007~2012年，臺灣製造業的薪資成長完全跟不上物價膨脹，雖然英國和加拿大也是薪資對物價呈現負成長，但加拿大最低時薪9.5~11加拿大幣（約8.85~10.25美元），英國最低時薪6.19英鎊（約10.52美元），相對於臺灣都是非常高的薪資水平，和臺灣相比，低薪資水平，薪資成長又遠低於通貨膨脹，物價的膨脹全民承擔，但薪資成長集中在少數人手上，勞工努力工作增加生產力，企業獲利增加卻沒有讓人民雨露均霑，不管臺灣物價在國際水準如何，對於大多數臺灣人來說，物價都是越來越高。

製造業薪資增幅 高市冠全台

　　2019年8月份勞動部最新統計，全台製造業近三年薪資成長率為7.23%，平均薪資為42,611元。其中一大亮點是：受南部科學園區的發展的刺激，近三年製造業薪資成長率最高的三縣市，分別為高雄市、台南市，以及嘉義縣與南投縣。

　　根據勞退新制提繳情況觀察，臺灣經濟命脈「製造業」近三年薪資成長率最高的是高雄市，提繳家數為7,242家企業、員工為20.4萬人，尤其近三年薪資成長率9.97%，較2018年同期大增2.7個百分點。同樣受惠南科的還有台南市，提繳率為全台第二，提繳家數為8,595家企業、員工為20.2萬人，近三年薪資成長率為9.8%。值得注意的是，過去受到竹科光環映照，新竹縣製造業的薪資表現都在平均之上，但最新的調查卻發現，新竹縣近三年製造業薪資成長率為負3.45%，與去年同期相比，提繳企業家數雖增加，但員工大減4.5萬人，平均薪資為49,914元，年減近5,000元。

資料來源：邱琮皓，製造業薪資增幅，高市冠全台，工商時報，2019年8月18日。

影片來源：https://www.youtube.com/watch?v=hMbFQa67mhw

1.4 服務業行銷與管理的關聯建構

要滿足顧客的需求，有三個管理功能扮演著重要且唇齒相依的角色：行銷、人力資源與作業。成功的服務業和人力資源主管會根據(1)參與設計並監督所有牽涉員工的服務傳遞流程；(2)與行銷人員合作，確認員工是否有足夠訓練和技能可以教育顧客並傳達促銷訊息；(3)參與和員工相關的實體環境設計，包括儀容、行為和制服等。

作業管理是服務業最主要的現場部門，透過設施、系統或設備來完成服務傳遞。擔任服務業第一線員工從事的工作大多由作業部門來管理，故很多的作業主管會很積極參與流程、產品設計、執行生產力和服務品質改善、管理提供顧客的實體環境。基於前述理由，本書不僅會討論行銷，在很多章節中也會分析人力資源與服務作業管理。本書三大部分的關鍵內容為：

(一)瞭解服務業的重要性、服務內涵和擴展行銷組合7P

➡ 第一章—此章介紹工商時報所做2019年「臺灣服務業大評鑑」調查結果、服務業的重要性、臺灣青年就業情形（包括在服務業工作狀況）、臺灣服務業的發展現況和面臨難題，例如：臺灣服務業缺乏國際品牌、臺灣服務業多數思考如何壓低經營成本，而忽略創新服務等）。

➡ 第二章—此章介紹服務內涵（包括服務的定義、範圍、分類和特性）以及行銷人員發展商品行銷策略時，會考慮傳統行銷組合4P—四項策略要素（Product, Price, Place, Promotion），隨時代變遷，必須將前述4P加以延伸三個P：程序（Process）、實體環境（Physical Evidence）和人員（People），構成擴展行銷組合7P。

(二)管理顧客介面

➡ 第三章—顧客知覺價值、服務品質、顧客滿意度與顧客忠誠度，此章節主要介紹顧客知覺價值、服務品質、顧客滿意度與顧客忠誠度，同時會討論顧客信任度相關觀念。

➡ 第四章—顧客體驗、體驗行銷與顧客行為意向，此章會討論體驗行銷的重要性、顧客體驗的決定因素、體驗行銷的特性、顧客行為意向等。

➡ 第五章—服務接觸與流程管理，此章會討論到何謂服務接觸？如何和顧客建立關係、服務流程與服務藍圖。

➡ 第六章—服務實體環境，此章會談到服務環境的角色扮演、服務環境的構面、服務場景的美學價值、商圈選擇之關聯性。

➡ 第七章—顧客抱怨和服務補救，此章會整理顧客抱怨行為、服務缺失、服務補救、顧客對有效服務補救的反應

(三)執行有利的服務策略

➡ 第八章—行銷溝通與服務推廣，此章會探討行銷溝通定義、分類、角色與主要型態、行銷溝通環境變動和整合性行銷溝通之必要性、溝通之過程和有效行銷溝通之步驟、設定促銷預算方法和影響設計推廣組合之原因。

➡ 第九章—服務業人力資源管理，此章會探討人力資源管理會計之重要性、服務業人才招募與培訓、服務業人才運用與激勵、服務業人才生涯發展。

➡ 第十章—服務業競爭與服務創新研發，此章會探討服務性企業持續競爭優勢、服務業競爭策略、服務業關鍵成功因素、服務創新研發。

➡ 第十一章—服務市場行銷與服務業創業，此章會探討服務市場內涵、服務市場區隔、服務市場定位、服務業創業。

服務這樣做

▶ 洗髮老品牌566出現在天貓熱銷榜

　　2019年，電商界年度盛事雙11落幕，天貓官方日前公布中國消費者最青睞前十大臺灣品牌。耐斯旗下有42年歷史的老字號洗髮品牌566，竟也榜上有名。更有意思的是，這次它熱賣的，竟是一隻在臺灣鮮少人知的染髮筆。一支染髮筆，光雙11一天銷量就超過兩萬支，平常在臺灣要賣一年之久。

　　根據調查公司尼爾森調查，耐斯旗下的澎澎是臺灣市占第一的沐浴乳品牌，臺灣化妝品工業同業公會顧問周朝慶說：「根本是全壘打的程度」，屈臣氏調查，566是店內髮類品牌業績排名前十名，相較去年有兩位數成長。甚至，連旗下泡舒洗碗精也曾連續十

✦ 耐斯營運長邱玟諦透露，566這次在天貓熱賣的，其實是靠網路數據算出來的染髮筆（圖片來源：商周駱裕隆/攝）

年，蟬聯消費者理想品牌第一名。這些老牌子，為什麼沒有被外商，甚至是日韓等新品牌淹沒，還能繼續成長？

市場需要什麼，就給什麼，千萬別「想當然耳」

　　耐斯營運長邱玟諦小姐認為：這是耐斯從挫折中學會的事。它在1996年進入中國。當時澎澎在金門銷售，是中國人必買商品，它理所當然推論，澎澎到中國一定賣得動。結果，長江以北生活習慣和沿海差太多，前者天氣酷寒，不一定每天都洗澡，但要洗，就要能徹底清潔，與澎澎強調滋潤的訴求相悖，因此踢到鐵板。

　　2017年底，耐斯受邀到天貓開起跨境電商，正逢566香水系列洗髮精大賣，又想當然耳將它做為主推商品。誰知道，這「根本是大紅海市場！」競爭

激烈下，「我們賣了很多，但促銷價格低，賺了流量，卻沒賺到獲利！」邱玟諦說。最後，耐斯低頭看數據，才發現大家會喜歡酷似睫毛膏的染髮筆，有市場需求，且競爭者少。「中國大數據是很驚人的，按照他們內部說法，一個人可以扣兩萬Code（追蹤碼），難怪它（天貓）可以推薦這麼精準。」。

網路迭代邏輯做生意　產品做到70分就要出手

過去，耐斯一年賣20款新品，現在手上已備好30款新品，農曆年後要在天貓推出，推估明年新品甚至可能破百款。但量一下增加這麼多，公司能量夠嗎？怎麼可以做到100分？邱玟諦卻說，別先想難度，先做下去。「事情不用做到100分，70分就要先走了」。

但如果客戶不滿意怎麼辦？「不如在70分，就先聽到一些叫你改的方法，世界上不會有什麼100分的事情。」「70分會有很多Noise（雜音，100分也會有）」。這或許就是耐斯能至今長青的祕密。用網路業的迭代邏輯在做生意，566洗髮精的故事，是最好的例子。

首先，迭代要跟著客戶需求變。邱玟諦說，重點是抓住改變節奏。比如，早期物資缺乏年代，就推豐富營養的蛋黃素洗髮，讓大家覺得很滋養；接著市場追求天然，就要有零矽靈洗髮乳；之後，美妝界鼓吹頭髮是女人第二張臉，就改賣滋潤受損髮絲的乳木果油產品；最後用了一陣子後，頭髮有了油卻變塌，就得加蓬亮分子，讓頭髮又蓬又亮。

消費者開始嫌頭髮一直掉，就開發防掉髮系列；嫌頭髮變白，就賣染髮霜系列。每次迭代，耐斯絕不跑第一，「讓別人去試水溫，自己不要盲試，而是要踩對趨勢。」比如，南韓市調資料顯示LG香水洗髮乳大賣，耐斯從中看到機會。看到機會後，就大刀闊斧切入，找全球前五大香精廠談合作，前後試香超過上百次，「香水很難找到共識，你覺得好香，他覺得還好，或是有人說好舒服喔，什麼叫好舒服？」「甚至，他說好香喔，這是正面還是負面表述？」

每個人對香味感受性不同，令人頭大。最後，邱玟諦找到方法解決：測腦波。「有人喜歡黃色，看到黃色物品時，腦波會怎樣，這是你的快樂波、正向

波，我們會去比對。」邱玟諦邊說邊用手比出不同曲線，「真的！喜歡有一種波紋，不開心也有一種波紋」，他們以此根據，與香精大廠Symerise合作腦波技術，找出讓臺灣人最快樂的香味。

2016年底，566香水系列一推出，立刻在網路平台Dcard爆紅，尤其小蒼蘭味道被網友喻為平民版Jo Malone（英國精品香水品牌）。根據屈臣氏調查，香水系列銷量是566其他髮品的3倍。這老企業還做了一件事，讓香水這把火燒得更旺。他們把小蒼蘭味效益最大化，包括澎澎沐浴乳、莎啦莎啦沐浴乳、白鴿系列洗衣精、手洗精、衣物柔軟精，只要自家商品適合的，都出了小蒼蘭品項。

無法防止對手模仿　自己先抄襲自己以擴大效益

邱玟諦沒辦法阻止對手複製，所以，「我在別人跟進我之前，我自己先跟進我自己」。耐斯產品快變，跟消費者說話的方式也快變。他們大玩社群與關鍵字，比如說，加微米蓬亮分子的洗髮精關鍵字要下「空氣感髮型」，香水洗髮精要下「約會必備」等。「雷軍（小米科技執行長）說，天下武功，唯快不破」。耐斯還主動找上曾服務迪士尼等外商企業的活水數位創意公司合作，業務總監謝咏真說，「沒想到耐斯觀念挺開放的」。比如，香水洗髮精網路影片就一改過去電視廣告拍攝手法，而是以「你是哪種名媛？」「誰是我的命定老公？」等訴求製作網路短影片，創造話題。

資料來源：林喬慧，日韓牌夾殺，超冷門染髮筆一天狂銷兩萬支，566躍天貓熱銷榜，洗髮老品牌為何42年長紅，商業周刊，1673期，2019年12月5日，頁38-39。

⏱ 問題討論

1. 為什麼老字號洗髮品牌566沒有被外商，甚至是日韓等新品牌淹沒，還能繼續成長？

2. 耐斯是如何運用網路迭代邏輯做生意？

3. 為何耐斯初期進軍中國大陸會有經營碰到被踢鐵板經驗呢？

本章習題

1. 何謂初級產業？次級產業？第三級產業？

2. 基於促進投資、增加就業及提升出口競爭力等因素考量，行政院發展哪十項重點服務業？

3. 在「十二五規劃」下，中國大陸發展那七大新興產業達到積極發展服務業目標？

4. 在2014年人力資源調查統計中，臺灣青年從服務業約占多少比率？選擇從事服務及銷售工作人員職業別比率約為多少？

5. 全球化形成產業結構失衡下對臺灣青年就業有哪些影響呢？

6. 臺灣服務業現在面臨哪些難題？請提出幾點陳述。

參考文獻

1. 洪圭輝，2015，青年職涯發展與促進就業，臺灣勞工季刊，第42期。

2. 黃淑惠，2015，海豚領導 戴勝益創「端盤子」奇蹟，聯合晚報。

3. 陳金福，2015，工資工時相關規定與勞動生產力的提升—從企業加薪減稅的政策方向思考，臺灣勞工季刊，第41期，勞動部。

4. 行政院經濟建設委員會，2012，「臺灣統計手冊（Taiwan Statistical Data Book 2012）」，臺北。

5. 李櫻穗，2013，產業結構變遷與服務業發展策略之研究，商學學報，第21期。

6. 就業服務組，2015，勞動力發展署全球資訊網-國內觀光業蓬勃發展 住宿及餐飲業徵才超過1萬6千人，http://www.wda.gov.tw/print.html.

7. 林祖嘉，2013，兩岸服務業整合機會與挑戰，哈佛商業評論，http://www.hbrtaiwan.com/article_content_AR0002551.html.

8. 陳芳毓，2015，戴勝益時代的王品，留給臺灣餐飲業的四個禮物，遠見雜誌。

9. 賴偉文，2015，建構脫離「晚進」藩籬的青年就業政策，臺灣勞工季刊，第42期，勞動部。

10. 梁國源，2015，臺灣最美的風景不能只有人，新新聞。

11. 戴肇洋，2012，商業經營‧創新突破—推動臺灣服務業國際化，臺灣綜合研究院。

12. 姚舜、林祝菁，2015，臺灣麥當勞百億求售，工商時報。

13. 李雪莉，2011，85度C緊逼星巴克，天下雜誌，363期。

NOTE

Chapter **02**

服務內涵、擴展服務
行銷組合7P

學習目標

✦ 學者對於服務意義的陳述以及 12 項服務業別內容
✦ 學者對於服務的分類及服務特性的看法
✦ 瞭解行銷組合的概念以及為何要擴展服務行銷組合 7P

本章個案

✦ 服務大視界：「冰淇淋十五分鐘送到貨」服務衝擊實體零售業
✦ 服務行銷新趨勢：人工智慧串接物聯網 讓金融服務更完善
✦ 服務這樣做：小米手機勇闖印度市場

服務大視界

➤ 「冰淇淋十五鐘送到貨」服務衝擊實體零售業

「上一個十年，帶領中國大陸成長的是製造業，下一個十年，就是消費。」京東商城高級戰略發展總監那昕說。成立於2014年的京東是當前中國大陸最大的自營式零售電子商務網路商城（淘寶天貓為平台式商場），2013年財報顯示，京東以人民幣693億元（折合新台幣約3,400億元）營收，超越老牌零售業者國美，坐穩B2C（企業對消費者）電子商務的寶座。正準備赴美掛牌的京東，市場預估，市值在200至300億美元（折合新台幣約6,000至9,000億元）之間。如果順利上市，市值將超越台塑、南亞的電商業者，除了讓消費者移動滑鼠下單，更重視讓消費者及時拿到完整貨品。那昕指出：「中國的商業模式，不再像以前那麼單純，經營重點不再只是行銷，物流更不能獨立開來。

✦ 上海京東商城

最好的例子，就是京東推出的「十五分鐘冰淇淋送到貨」服務。京東號稱，從新疆烏魯木齊到黑龍江哈爾濱、西安等二三線城市，可以最快十五分鐘內，將冰淇淋送到顧客指定的便利商店。京東是如何做到的？走進控制中心，亮點密密麻麻的一整面螢幕牆，顯示公司旗下複雜的配送路徑。「我們花了十年，才研發出這套系統。」京東公共關

係部媒介部經理陳沛沛指出，透過這套系統，管理者能立即得知每一輛車即時位置，在北京市周邊的數千位送貨員，人人身上有GPS定位，隨時可以掌握動態。京東總部的另一頭，公司每天處理的訂單就達六萬多件。就連冰淇淋這種必須低溫運輸、容易損壞的產品都能限時送達，難怪中國實體零售通路和百貨業，面臨生死存亡的轉型考驗。從前生意興隆、面積比台北光華商場大百倍的北京中關村商場，如今不少已人去樓空，專櫃幾乎撤盡。三星、戴爾的顯眼招牌仍在，樓層卻只剩下灰塵和空蕩蕩的玻璃櫃。

「都去京東、淘寶啦！以後這裡要做寫字樓（辦公室）。」一名中關村3C賣場供貨商李先生說。就連李先生自己也是最後一天走進這座賣場，他順手點了一根菸，搬起最後一箱手機離開，周遭沒有人在意他抽菸，因為偌大樓面，見不到一位顧客。

電商帶來的轉型，為何如此劇烈？創投資金規模超過新台幣五百億元的紀源資本合夥人童士豪有深刻感受。「在中國，你可以感受到互聯網改變人的生活；相對其他實體行業，互聯網能夠克服最多限制，而且它本身行業成長、獲利成長，速度是最快的。」

資料來源：楊卓翰，6億網民滑出50兆新商機兩岸三地1000大，今周刊，906期，2014年5月5-11日，頁83-88。

⏱ 動腦思考

1. 京東推出的「十五分鐘冰淇淋送到貨」服務是如何做到的？

2. 在中國，互聯網如何改變人的生活及其他實體行業呢？

2.1 服務的意義和範圍

服務一詞很難用一個簡單的定義加以涵蓋，通常是指無形的活動或產出，有形商品中通常也會包含了不同程度的服務成分。

2.1.1 服務的意義

1993年國民所得體系（System of National Accounts, SNA）對服務（services）的定義如下：

「服務不是一個可以建立所有權的單獨個體。交易時不能和生產分開。服務產出的每個單位是異質性的，依訂單而生產。它的狀態通常會因消費的狀況而改變，在提供給消費者的過程中生產，生產完成時，提供服務也完成了。」上述定義實際上並不能包括所有被包含在服務業中的行業，所以SNA對上述的定義再加以補充，「有許多的產出一般被歸類於服務業，例如資訊、新聞、電腦程式、顧問報告、電影、音樂等，但是也具備了商品（goods）的特性，所有權可以建立，其產出可以儲存在一個實體之中。例如：紙、磁帶、光碟等，可以像一般商品一樣的販賣，但是它實質上具備了服務的特性，可以只生產一個單位提供給消費者。

對服務的意義的陳述，一些學者做以下的描述和定義：

1. 服務是直接或間接以某種型態，有代價地供給需要的事務。服務是以滿足需要者的需要為前題，為達企業目的且確保必要利潤而從事之活動（杉本辰夫，1986）。

2. 服務是一種過程（process）或執行，而非靜態的內容。要以系統本身的觀點來看有關服務如何被創造傳送以及如何導入顧客服務的問題（Lovelock, 1996）。

3. 服務是一個或一連串的活動，本質具有或多或少的無形性，雖然不一定但通常會發生顧客與提供服務的一方為員工、實體資源、物品或是系統的互動中提供作為顧客問題的解決之道（Christian, 1990）。

4. 服務指一方能提供給另一方的任何活動或表現，它的本質上是無形的，同時不會造成任何的擁有，它的產生可能會也有可能不會與實體產品發生關聯性（Philip, 1991）。

5. 將產品與服務做一個區分，認為最主要的區別在於所購買的本質，是「有形體的」，還是「無形體的」，若為有形體的稱之為商品，反之為服務（Berry, 1975）。

2.1.2　服務的範圍

依據世界貿易組織在1991年所發布的服務業分類（GNS/W/120）文件，分別是(1)商業服務業；(2)通訊服務業；(3)營造及相關工程服務業；(4)配銷服務業；(5)教育服務業；(6)環境服務業；(7)金融服務業；(8)健康與社會服務業；(9)觀光及旅遊服務業；(10)娛樂、文化及運動服務業；(11)運輸服務業；(12)其他服務業。表2-1茲說明12項服務業別之內容：

表2-1　12項服務業別和說明內容

服務業別	說明內容
1.商業服務業	產業範圍內容包含專業服務業、電腦、研發、地產、租賃、顧問、設計等與商業活動相關之服務業。
2.通訊服務業	此類產業運用各種網路，接收或傳送影像、文字、數據、聲音以及其他訊號所提供之服務，內容包括電信服務（行動電信、衛星通信、固定通信以及網際網路接取）與廣電服務（無線電視、衛星電視、有線電視）。
3.營造及相關工程服務業	從事各項工程及建築之測量、鑽探、勘測、規劃、設計、監造、驗收及相關問題之諮詢與顧問等營建服務業。
4.配銷服務業	連結商品和服務自生產者移轉到最終使用者的物流和商流活動，而與金流和資訊流活動有關之產業，產業範圍內容包含批發零售、連鎖加盟等服務業。
5.教育服務業	產業範圍內容包括人才訓練機構，包含各級學校之附設職訓、高等教育、成人教育、補習班、企業附設（登記有案）、政府機構、推廣教育學分班、終身教育的社區大學、回流教育之在職專班、提供職訓教育之純公、民營職訓機構等教育服務業。
6.環保服務業	產業範圍內容包含空氣污染防制類、水污染防治類、廢棄物防制類、土壤及地下水污染整治類、噪音及振動防制類、環境檢測、監視及評估類、訓練及資訊類、病媒防治類、環境教育、環保研究及發展類等服務業。
7.金融服務業	從事銀行和其他金融機構之經營，產業範圍內容包含銀行及其他金融機構、證券、期貨買賣、保險、保險輔助等服務業。

服務業別	說明內容
8.健康與社會服務業	此類產業範圍內容包括醫療國際行銷、醫療資訊科技、老人住宅、臨終醫療服務、預防健康服務、本土化輔具、無障礙空間、照顧服務、預防健康服務，內容包含醫療、照護、健檢、社區服務、社會福利等服務業。
9.觀光及旅遊服務業	觀光服務業（主要提供觀光旅客旅遊、住宿、餐飲、旅行社、導遊、舉辦各類型國際會議、展覽相關等服務業）。
10.娛樂、文化及運動服務業	娛樂業（包含電影院、戲院、音樂廳、數位休閒娛樂產業等）、文化創意產業來自文化或創意累積，透過智慧財產的形成與運用，具有創造財富與就業機會潛力，並促進整體生活環境提升的行業，包括圖書館、博物館、視覺藝術產業、音樂與表演藝術產業、文化展演設施產業、工藝產業、設計產業、出版產業、設計產業、創意生活產業、廣播電視產業、設計品牌時尚產業、廣告產業等服務業。運動休閒設施（包括：運動休閒服務業、登山嚮導、休閒體育館業、高爾夫球業、運動訓練業、運動用品業、體育表演業、運動比賽業、運動管理顧問業、運動傳播媒體業等）。
11.運輸服務業	產業範圍內容包含海運、空運、陸運、管線運輸、太空運輸、以及其他相關運輸服務之行業。
12.其他服務業	非為上述11種服務業之行業。

以金融服務業為例，台北富邦銀行秉持「誠信、親切、專業、創新」的經營理念，提供顧客360°全方位的專業服務，更加入多一度心的溫度，將對客戶發自內心的關懷融入於服務規劃、人員培訓、產品開發、業務流程等多元面向，勇奪工商時報「2019臺灣服務業大評鑑」銀行業金牌獎。

✦ 以361°全方位的溫暖服務，為客戶創造更多感動與驚喜（圖片來源：台北富邦銀行）

2.2　服務的分類和特性

　　上述為服務業的範圍主要陳述是以不同行業作為區分的方式，而學者 Lovelock 根據服務行為之本質、服務傳送過程中顧客化及判斷、服務之需求和供給性質、服務的傳送方法、組織與顧客之關係等五構面分類，各分類內容詳述如下：

2.2.1　服務的分類

(一)服務活動之本質（nature of actions）

　　Berry（1980）認為服務是一種行為、行動或是績效。所以有二項最基本的要素，一是行為對象是誰（或是什麼），另一是行為的本質是有形的，還是無形的。顧客參與服務的生產過程通常被認為是服務的一項顯著特徵，服務活動的本質如下：

1. **直接對事務方面之無形服務**

　　此類服務主要是提供以資訊為主的服務，消費者不用直接參與其中，例如：程式設計、銀行、保險等。

2. **直接對人身之無形服務**

　　此類服務主要以資訊為基礎，主要提供服務消費者心理為主，例如：電視、廣播、教育等。

3. **直接對物品之有形服務**

　　此類服務是以顧客的物品為主，消費者本身並不需要在場，例如：乾洗業者、景觀設計業、貨物運輸業等。

4. **直接對人體之有形服務**

　　消費者接受服務是為了滿足個人的食衣住行育樂等需求，而消費者必須親自前往服務地點才能接受到服務，例如：理容美髮業、旅客運輸業、餐廳等。

表2-2　服務活動的本質

	服務接受者為人	服務接受者為物
服務有形的活動	針對於人的身體： 1. 美容院 2. 健康服務 3. 餐廳 4. 運輸	針對物品或實體事物： 1. 守衛 2. 洗衣 3. 獸醫（寵物醫院） 4. 貨運
服務無形的活動	針對人的心理： 1. 教育 2. 博物館 3. 廣播 4. 戲院	針對無形資產： 1. 銀行 2. 法律服務 3. 會計 4. 保險

(二)服務傳送過程中客製化與判斷力（customization and judgement）

　　服務是在顧客消費的同時生產的，而且顧客通常參與服務提供的過程。因此，服務會因應顧客個別的需求而調整。誠如表2-3所示，顧客化可以兩個構面來分析。第一個構面是服務的顧客化程度，有些服務觀念是相當標準化的，如大眾運輸一定是按既定的路線跑；速食店就是提供那些幾項食物；電影院就是在那幾個時段放映安排好的電影。但是另一些服務則提供顧客很多的選擇，如電話服務給每位顧客一個號碼，每位顧客可以利用電話來做不同的事。銀行和飯店也提供顧客多種服務選擇。第二構面是服務人員可以自主判斷以滿足顧客需求的程度。對某些服務和某些顧客而言，速度、一致和便宜，可能比顧客化服務要來得重要。一般來說，顧客希望在消費之前可以知道服務的內容，驚訝和不確定通常是不受歡迎的。但是對高度顧客化且服務人員主觀判斷程度高的專業服務，在服務結果出來之前，不僅顧客，可能連服務人員都不知道結果會是如何。

1. 顧客化程度低，但服務人員服務時需要判斷程度高者

　　顧客與服務人員有較高的互動性，但顧客間所得到的服務內容彼此間都一致相同，例如：健康檢查、學校教育等。

2. 顧客化程度高且服務人員提供服務時需要判斷程度高者

　　服務人員必須考量個別顧客的需求，而且分別要為每一個客戶提供屬於他們專屬的服務內容，例如：醫療系統、房仲業者、法律服務等。

3. 顧客化程度低且服務人員服務時需判斷程度低者

此類的服務提供是相當標準化的,大部分的顧客只能選擇是否要接受該項服務,例如:電影院、欣賞運動比賽等。

4. 顧客化程度高,但服務人員服務時需判斷程度低者

此類服務是指可以按照顧客的本身需求提供他們需要的服務,而且有一定的標準流程,服務人員不必有太多的判斷,例如:電話系統、旅館等。

表2-3　服務傳送過程中客製化與判斷力

	顧客化程度高	顧客化程度低
滿足顧客需求自主判斷空間高	1. 法律服務 2. 人力仲介公司 3. 計程車服務 4. 醫療手術/保健	1. 教育(大班制) 2. 預防醫學計畫
滿足顧客需求自主判斷空間低	1. 高級餐廳 2. 銀行 3. 電話服務 4. 飯店服務	1. 速食店 2. 大眾運輸 3. 例行設備維修 4. 電影院

(三)服務之需求和供給性質(nature of demand and supply)

由於服務的易逝性,使得服務無法像製造商一樣,以庫存來調節需求,如表2-4。

1. 顧客的需求深受時間影響,而且供應不具備調整供應能力者

顧客所需要的服務需求受到時間影響很大,過了需求階段後所需的服務即消失,而服務提供者在需求的尖峰時段並無法提供足夠的服務產能,例如:餐飲業、運輸業、旅館業等。

2. 顧客需求受時間因素影響而供應者也具有能力應付者

此類服務是在尖峰需求大時,服務提供者也有能力應付顧客需求,例如:電話系統、電力供應等。

3. 顧客需求較不受限時間因素影響,但供應者有能力應付者

此種服務提供不會因為顧客在時間限制因素下而影響其需求,就算遇到尖峰需求服務提供者也可以應付,例如:法律服務、保險業、銀行業等。

表2-4　服務之需求和供給性質

	需求受時間影響程度高	需求受時間影響程度低
具有應付尖峰需求能力	1. 天然瓦斯 2. 電力供應 3. 警察和消防服務 4. 電話	1. 乾洗店 2. 保險 3. 法律服務 4. 金融
無法應付尖峰需求能力	1. 客運 2. 旅館 3. 餐廳 4. 戲院	不容易存在

(四)服務傳送的方法（method of service delivery）

　　服務提供方式考慮服務點的可的性，是僅一家別無分號，還是有很多服務點；其中以考慮顧客與服務組織的互動特性來說，事故可到服務組織，服務人員造訪顧客，還是顧客與服務組織不必實體接出，如表2-5。

1. 顧客與組織是不見面的，屬於多重管道者，例如：電話服務、廣播服務等。

2. 顧客與組織是不見面的，屬於單一管道者，例如：地方第四台、信用卡公司等。

3. 顧客至服務處，屬於單一管道者，例如：KTV、戲院等。

4. 顧客至服務處，屬於多元管理者，例如：連鎖超商、公車服務等。

5. 服務者到府提供服務者，屬於單一管理者，例如：計程車、景觀設計、草皮保養等。

6. 服務者到府提供服務者，屬於多重管道者，例如：道路救援、電腦維修、快遞服務等。

表2-5　服務傳送的方法

	單一服務點	多重服務點
顧客光臨服務組織	1. 理髮院 2. 戲院	1. 連鎖速食店 2. 公車服務
服務組織造訪顧客	1. 計程車 2. 草皮保養服務 3. 蟲害控制服務	1. 美國汽車協會之緊急維修 2. 郵政服務
顧客和服務組織透過遠距互動（包括電子溝通或信件方式）	1. 地方電視台 2. 信用卡公司	1. 電話公司 2. 廣播網

(五)服務組織與顧客之關係（relationship with customers）

　　由於顧客和供應者直接進行交易，服務公司有機會和顧客建立長期的關係，相對的，傳統上製造商和最後使用者被通路所隔離，這些通路包括經銷商、批發商、零售商等不同的組合，如表2-6。

1. 間斷性服務可發展為會員型態者

　　此類服務是非持續性的提供服務，但顧客仍然為服務供給者的會員，例如：電影套票、月票等。

2. 連續性可發展成會員型態者

　　此類服務可以持續性的提供服務，並且顧客也是屬於公司的會員，透過簽訂合約的方式持續性得到服務，例如：有線電視用戶、保險業、銀行業等。

3. 間斷性服務且屬於非正式關係者

　　此類服務是提供間斷性的服務，而且顧客不需要是提供服務業者的會員，例如：餐廳、電影院、交通運輸等。

4. 連續性服務但屬於非正式關係型態者

　　此類服務是提供連續性不間斷的服務，但顧客不需要是提供服務業者的會員，例如：高速公路、電視新聞、廣播電台等。

表2-6 服務組織與顧客之關係

	會員制	無正式關係
服務傳送性質—持續性	1. 電話用戶 2. 學校 3. 保險 4. 金融	1. 警察保護 2. 高速公路 3. 燈塔 4. 廣播電台
服務傳送性質—間歇性	1. 長途電話 2. 大眾交通之定期通勤者	1. 大眾運輸系統 2. 電影院 3. 餐廳 4. 郵政服務

2.2.2 服務的特性

服務貿易是指一國居民與他國居民間有關服務之交易，因為服務的特性和商品不同，使得交易的方式也比較複雜。其中，服務交易與商品交易最大的差異處在於服務是無形商品。很多情形下提供服務需要與消費者面對面的服務，所以服務貿易除了和商品貿易一樣有跨越國界的服務提供外，為了提供方便的服務，業者需要在靠近消費者的地方設立據點來提供服務，或者消費者到服務提供者所在地去接受服務，而服務貿易的監管手段則主要是依據國家的法律法規；在WTO下服務業貿易談判中定義了四種貿易的模式：

(一)跨境提供服務（cross-border supply）

由一成員境內向任何其他成員提供服務，這種服務不產生人員、物質或資金的流動，而是透過電訊、郵電、電腦網路實現的服務，例如：通訊、財務、保險、大部分的運輸、專利與授權（特指部分授權）電腦與資訊服務、其他工商服務、個人、文化娛樂服務、金融資訊、網路服務等。此模式以科技為基礎，藉著資訊科技突破國界與障礙，提供遠端服務等，例如：eBay、Yahoo!、Google等網路服務業者。透過網路、函授等形式提供教育服務，例如：外國的大學機構經過國際教育機構的認證之後可以在其他國家開設網路學院，招收學生，經過合格的學習過程，可以獲得國際認證的學位。

(二)設立商業據點（commercial presence）

一成員境內的服務者在任何其他成員國內通過商業設立提供服務，即允許一國的企業和經濟實體到另一國開業，提供服務，包括投資設立合資、合作和獨資企業。例如：外國公司和部分服務可以在我國開辦銀行、商店，設置會計、律師事務所以及教育機構直接來台設立辦學機構與國內的機構聯合辦學，在其他會員境內設立據點提供服務。最常見的方式即為「合作辦學」。

(三)自然人流動（presence of natural persons）

指服務提供者以自然人的身分到其他會員境內提供服務，如一國的醫生、教授、藝術家到另一個從事個體服務，有別於移民。又例如外籍教師來台任教或我國教師到國外任教等，以個人身分參與教育服務。大多數對於自然人流動方式給予承諾的國家也都採取了有條件的承諾，在市場開放和國民待遇的限定上，僅次於商業存在的方式，例如：台籍教師退休赴中國大陸任教的情形為自然人流動。不過，對於成人教育、高等教育和其他教育領域的限定倒不如在初等教育和中等教育方面來的多。

許多高科技公司（如：Yahoo!、eBay、Google等）用其所發明之資訊技術，透過網際網路的特性跨越國界障礙，為全球提供各類資訊服務。此類服務以ICT（Information Communication Technology, ICT）平台為基礎，以數位方式，運用各種資訊終端設備與各式網路，跨國提供服務，同時形成具有規模經濟與可外銷的科技化服務。

(四)境外消費（consumption abroad）

在一會員國境內對其他會員國的消費者提供服務，例如：旅行（國外購買之財貨除外），機輪船在國外港口之維修，接待外國旅客，提供旅遊服務，為國外病人提供醫療服務或一般指國內學生直接到國外的學校去求學或參加培訓，境外消費的形式包括有留學、人員互訪等。相關項目包括留學市場或公、私部門的教育展覽及代理機構等。

實體商品和服務商品的行銷活動之所以不同，主要在於服務商品和實體商品之間存在著些許差異，這些差異主要表現在四個特性上：無形性（intangibility）、不可分離性（inseparability）、易變性（variability）以及易消逝性（perishability）。

(一)無形性

服務業的特色主要在於「無形性」。雖然服務常常包括有形的要素，但服務工作本身基本上是無形的，是受時間限制的，是以經驗出發的，儘管一些服務的結果可能會在很長一段時間內發生作用。故需將「有形的商品無形化，無形的服務有形化。」

由於服務是無形的，所以服務商品的品質好壞大多依賴主觀的經驗或感受，因此服務的績效主要是一種體驗，並且這種體驗的感受有很大程度會因人而異。所以在購買前，甚至在購買後，對服務商品的品質評估會比實體產品來得困難。相較於實體產品，服務商品的好壞和品質高低往往無法在購買前得知，甚至在實體購買和消費後，也未必能清楚評斷。例如：以醫療服務而言，病人很難判斷醫生的處置是否有所失誤。由於服務具有無形性，因此往往無法像實體產品一樣進行實體展示。這個特性使得行銷人員在傳達無形服務的優點時，遠比傳達實體產品的優點更加困難。旅遊業者無法把行程放在顧客面前來進行銷售，顧客還沒付款前也無法先試玩該項遊程，如果顧客參團時發生不愉快的經驗也無法要求退貨或重新來過。因為產品的無形性，增加了消費者在購買旅遊產品時的不確定感，旅遊行程的品質與真實內容也不易從行程介紹的摺頁，或銷售人員的推薦中得知。所以「信賴」是消費者在進行服務購買決策時很重要的關鍵因素。

臺灣早期百貨大樓常見的電梯小姐，隨著百貨公司節省營運成本，已逐漸消失中；目前民眾僅能在台北市太平洋SOGO忠孝館與台北101觀景台，看得到值勤不懈的電梯小姐。電梯小姐因長時間在密閉空間工作，壓力不小，相當辛苦，並非只要會按電梯就可以擔任，還必須對各樓層的品牌和櫃位動線瞭如指掌，同時還要具備高EQ和服務熱忱；除了每月固定一次的養成教育外，還會免費提供英日語培訓課程，以及每年固定的彩妝課程。電梯小姐的工作不是只會按電梯而已，這是份人對人的服務工作，每天必須面對形形色色的客人，由衷的服務熱忱才是最難學習的。

✦ 台北101觀景台是目前臺灣極少數配置電梯小姐的地點

表2-7 電梯小姐薪獎福利

接受身份	上班族、應屆畢業生、原住民【相關法令】、學生實習
工作經歷	不拘
科系要求	大學
薪資	31,400～32,000元
上班時間	日班 / 晚班 / 假日班，需輪班
休假制度	依公司規定
語文條件	英文--聽 / 略懂、說 / 略懂、讀 / 略懂、寫 / 略懂
公司福利	1.春節 / 端午 / 中秋三節商品券。2.年度假期。3.國內外員工旅遊。4.國內外旅遊補助。5.年度健檢。6.員工享勞 / 健 / 團保。7.員工生日假。8.慶生商品券。9.年終獎金 / 員工紅利 / 週年慶獎金。10.婚喪喜慶各項禮金（商品券）。11.春酒活動。12.完整教育訓練課程。
基本特質	1. 具服務熱忱、親切大方、喜愛接觸人群。 2. 工作環境佳、待遇優及完整教育訓練。 3. 歡迎應屆畢業生加入。 4. 具久任獎金福利。 【到職滿一年獎金$36,000、滿二年獎金$48,000、滿三年獎金$60,000】

資料來源：SOGO百貨（忠孝店）─電梯服務專員（具久任獎金福利）104徵才，2019年11月19日。

再者，服務「無形性」導致行銷層面的困難在於無法申請專利，例如：觀光業無法像一般製造業一樣，在產品研發設計上受到專利權的保護。以旅遊產品的設計包裝為例，即使市場上沒有類似性的產品販售，但是因為旅遊產品容易被複製，在新產品研發上市之後，就有可能在市場反應良好的情況下而遭受同業的模仿。基於上述

✦ 鄰桌喧鬧與否會影響消費者用餐滿意度

原因，服務行銷人員便要常依賴有形的暗示，來傳達服務的本質與服務。例如：醫生藉由專業的醫學學會證書，以及穿著代表醫療專業的白色制服，來彰顯其專業的特質。此外，無形性也常造成服務訂價上的困難，因為缺乏具體的實物，所以服務很難將價值具體化，以支持其訂價。例如：管理顧問和室內裝潢業者的報價差異很大，而所謂的價格合理性更是難以判斷。

(二)不可分離性

　　不可分離性是指服務的生產、行銷與消費是不可分離的。這不像實體的生產者，他們不常見到使用其產品的消費者。服務商品的服務人員和消費者有很密切的接觸，同時在執行服務作業時，常常要和消費者做互動，就是所謂一種關鍵事件（critical incident），而且此事件會對於消費者忠誠度和滿意度造成很大影響。所以，服務提供者的角色變得很重要，進而會影響服務品質。

　　以王品餐飲服務為例，該集團旗下的餐廳服務很貼心，是許多人共同的印象，但是你可能不知道，王品的服務有多細膩。在標準化作業規範之下，服務生必須在客人「入座一分鐘內，送上冰水和菜單」「點餐後三分鐘，就要送上熱麵包」「水杯的水少於一半時，一分鐘內要加水」。例如，「王品台塑牛排」標榜尊貴，服務生須15度

✦王品員工親切為消費者提供代切牛排的服務（圖片來源：蘋果日報）

鞠躬，並保持淺淺微笑；「陶板屋」強調日本精神，須彎身30度；「西堤」訴求年輕、熱情，服務生會露出7顆半牙齒的開朗微笑，招呼用語也是活潑的「嗨，你好，歡迎光臨Tasty！」

　　此外，服務的品質受服務提供者和直接購買產品的消費者所影響，也會受到服務情境中其他消費者的影響。例如：我們到餐廳用餐，會因為鄰桌客人用餐時產生的喧鬧吵雜聲音，或者是我們正在向負責點餐的服務生做直接互動，其他鄰桌服務生顯露出無精打彩表情時，消費者均會轉而對用餐感到不滿意。所以，服務廠商對於服務場景的管理就很重要。

✦麗寶樂園內推出Coca Cola訂製專屬姓名瓶活動（圖片來源：可口可樂官網）

(三)易變性

　　服務不像實體產品一樣具有標準化的特性。因為服務是高度勞力密集的產品，而且消費和生產過程時常出現密不可分，所以整個服務品質會受到人員、地點、環境、時間的重大影響，因此相對上比較難以維持一致的品質。易變性是指不同公司間的服務差異大，同時，同一服務廠商中的服務人員的服務品質也可能差異很大；甚至同一位服務人員，在不同時間點所提供的服務也可能有很大的不同。易變性雖然很難讓服務標準化，但服務可以從客製化（Customization）的角度去創造優勢，也就是服務可以按照每一位顧客的不同需要，在提供客製化與標準化之間尋找到平衡處。

✦ 易變性是說明同一服務廠商中不同服務人員的服務品質也不同

　　台中知名的麗寶樂園打造全新設計的樂園「五心」制服，強調感動式服務，在2015年暑期並推出澳門旅遊的優惠。麗寶樂園新制服以「有心、貼心、溫心、安心、用心」為設計主軸，新制服運用童子軍的「方巾」元素，以不同顏色代表其工作屬性，熱情的紅色是表演服務人員、象徵信任的藍色方巾是遊客服務人員的專業指引、讓人感覺可靠的綠色是設施操作人員，橘色和粉紅色分別代表商店服務人員和後勤人員提供的親切關懷；另外園方也設計了側背包，就像哆啦A夢一樣隨時能拿出神奇工具，解決遊客各種問題。

(四)易消逝性

　　易消逝性是指服務產品無法加以儲存。無法儲存意味著很大的行銷挑戰，包括服務品質很難控制，Lovelock（1996）指出：「服務業正處於一個

幾乎是革命性的時期，既有的經營方法不斷遭到唾棄；在世界範圍內，富有革新精神的後來者通過提供全新的服務標準，在那些原有競爭者無法滿足當今消費者需求的市場上獲得了成功。」其中最重要的觀念是根據服務業「產銷同步」的特性，當服務業在進行服務的同時也在執行行銷的任務。此外，服務行銷不只是在

✦ 加值貼心服務，友善親子餐廳有愛更無礙

產、銷、人、發、財的企業功能架構下的單一行銷功能，而是在服務行銷的概念下，經營一整個事業的產、銷、人、發、財任務。對於以時間為關鍵資源的服務廠商而言（例如：餐廳、旅館、診所、航空公司等），供需的配合對於績效擁有很大的影響。

近幾年，親子餐廳如雨後春筍般設立，細膩又貼近親子需求的軟、硬體服務，常是父母帶寶寶外食的首選，有口碑的親子餐廳甚至一位難求。然而，難道親子家庭外出用餐就只能選擇親子餐廳嗎？一般說來擁有多間以上分店的連鎖餐廳，應該是得到更多消費者的青睞或是信任，更是很多「家庭」聚餐的首選，所以這樣一個有品牌的餐廳應該擁有的基本友善親子設備應該包括：兒童椅、尿布台、哺集乳室、兒童餐具、兒童體型的馬桶或馬桶座墊、兒童洗手台或洗手台旁有兒童踩的小板凳等六項基本設備，並且提供友善親子服務，如：協助安排在較寬敞的座位、主動詢問是否需要協助、協助安撫兒童、提供玩具等四項服務。但實際走訪調查64間連鎖餐廳發現，若以總分100分計算，平均64家連鎖餐廳只拿到36.3分，最高分也只拿到80分，沒有一家拿到滿分的餐廳，可見連鎖餐廳友善親子的表現仍有待加強。

✦ 全台第一家「新生兒友善咖啡館」落腳民生社區（圖片來源：經濟日報）

　　接受調查的大型連鎖餐廳中，擁有兒童椅的比率相當高，且高達九成五（95.3%）的父母也表示餐廳的兒童椅很安全，不會夾手也不易滑落，相當值得肯定。然而，特別需要注意的一點是，在擁有兒童餐具的餐廳中，八成以上（80.6%）的餐廳都是提供美耐皿材質餐具，僅一成六（16.1%）餐廳採用不鏽鋼材質餐具，但因為美耐皿餐具長期重複使用容易有刮痕或磨損而影響耐熱效果，其實不適合裝熱食給嬰幼兒食用，但餐廳若能定期更換，或是直接汰換成不鏽鋼材質，相信能讓家長更安心給孩子用餐。

　　針對上述服務四特性以及行銷涵義內容做一整理如下：

表2-8　服務四特性及行銷涵義

服務特性	行銷涵義
無形性	1. 服務不能被儲存 2. 訂價困難 3. 服務不易展示或溝通 4. 服務不受專利權保護
不可分割性	1. 不能確定所傳遞的服務是否吻合事先的推廣和規劃 2. 服務品質受到許多不可控制因素的影響 3. 服務傳遞和顧客滿意依賴員工的行動
易變性	1. 顧客和顧客互相影響 2. 大量生產困難 3. 顧客參與並影響交易進行 4. 員工會影響服務結果
易逝性	1. 服務不能退還或重售 2. 難將服務的供給與需求配合一致

2.3 擴展服務行銷組合 7P

　　行銷人員在推動行銷活動時，最常提起的就是行銷組合。所謂行銷組合是指行銷活動的四大元素，即包括產品、價格、通路及促銷等四項，通常這四者要互相搭配，不可各自為政，才能提高行銷活動的效果。

　　行銷組合四大元素中，產品策略包括產品多樣化、品質、設計、特性、品牌名稱、包裝、規格、服務、保證及退貨；價格策略包括訂價、折扣、折讓、付款期限及信用條件；通路策略包括通路、涵蓋區域、分類、地點、存貨及運輸；促銷策略包括銷售促進、廣告、銷售團隊、公共關係及直效行銷。

1. **產品策略**：廠商在切入某一市場後，初期提供的產品與服務種類並不多，但隨著市場的擴增及消費行為的改變，廠商不得不增加產品與服務項目，這時候就會產生一些問題，而使產品的延伸變得相當關鍵。例如：產品剛推出時很賺錢，但一下子就被競爭者模仿，或產品推出尚未賺到錢，消費者已不再青睞這產

✦ ibon便利生活站

品，因此產品策略首先碰到的就是產品延伸的問題。究竟要向高品質、高價位方向延伸，還是要向薄利多銷的產品延伸，是很重要的課題。以可口可樂公司為例，為何可口可樂公司要維持產品之多樣化，因為要避免其他公司所生產的飲料產品成為可口可樂公司生產的飲料替代品。

　　全臺灣有超過4,900多家7-ELEVEn門市內設置ibon以便利生活站為方向，為民眾提供各種即時便利的服務，例如：代收汽、機車強制險、交通罰單、補單繳費、旅遊票卷、飯店訂房、展覽表演及演唱會、銀行會員紅利兌換、手機圖鈴下載及命理、行動辦公室（列印、掃描、下載等）。

2. **價格策略**：在行銷4P中，價格策略是唯一不花錢的行銷因素，然而訂價所涉及的事務相當複雜，稍有失誤就可能全盤皆輸。一般而言，消費者對

於他們所要購買的產品，在心目中必有一個合理的價格帶，在這價格帶中，廠商若選擇低價政策可能帶來「薄利多銷」的好景，但一旦被消費者判定是廉價品則很難翻身。另一方面，高價政策雖然可以提升或塑造產品的品牌形象，但也可能因「曲高和寡」而使產品滯銷。

因此，在進行產品定價時，首先要考慮廠商所選擇的市場定位在哪裡，一旦確定了市場定位，市場顧客群的特性就已決定了產品價格帶的高低。其次要了解廠商對於整體經營目標的掌握要點如何。

此外，多數廠商在進行定價時，必須考慮到產品的成本，競爭者的產品與價格，以及顧客對這產品的感受價格。因此在訂價方法上有所謂成本加成定價法、競爭導向定價法及顧客感受定價法，進行定價時就是針對這三個層面去定價，而且要一併考慮三種定價層面。也就是說廠商在進行定價之前，必須先估計產品的成本，再看看競爭者推出類似產品的價格水準，最後再調查顧客對於這一價格是否能夠接受，如此反覆推敲，價格就可定案。

產品的價格也不是一成不變的，隨著產品生命週期的不同，競爭者的加入及顧客需求的改變，價格必須予以調整。調整價格時，通常要考慮顧客對產品降價或漲價的感覺領域。

2014年筆者和指導參加校外競賽一些學生經過台北車站站前誠品店、台北車站微風廣場及台北東門店之觀察及和店員們進行交談後，發現520甜蜜肉條銷售狀況較不理想，因此期盼我們的創意包裝及行銷手法可提升消費者的購買意願，改善店家的銷售數量以及營業額。肉紙方面是個銷售不錯的產品，我們希望此商品好還能更好，希望我們的銷售手法可以讓肉紙在此引起風潮。

✦ 520甜蜜肉乾（圖片來源：快車肉乾官網）

我們選擇改變包裝的產品是「520甜蜜肉條」，我們希望把它的長度改為26cm，外面包裝一樣是塑膠紙帶；籤詩改為一句激勵的話（如：撐下去，就是你的），或著是今日運勢（如：出門撿到一千塊）；桶子的部分由「上上籤肉乾」的桶子縮短一半，外型就像一般筆筒那樣。桶子就像筆筒，肉條就像筆，每支肉乾身上包裝都有一句激勵或運勢的話。價格規劃：塑膠採用5號PP聚丙烯回收原料（11元）、包裝印刷（17元），共計28元。設計理念：此產品放在桌上無聊解悶打發時間或辦公腦袋卡卡時，可以抽一籤來輕鬆一下解解悶，增加上班、加班或讀書之樂趣。

✦ 520甜蜜肉條之改版包裝『幸福筆筒肉條』

3. **通路策略**：行銷通路是由介於廠商與顧客間的行銷中介單位所構成，通路運作的任務就是在適當的時間，把適當的產品送到適當的地點，並以適當的陳列方式，把產品呈現在顧客面前，使廠商獲得最大績效，並且使顧客滿意。因此通路的選擇與開拓相當重要，掌握通路就等於控制了產品流通的咽喉。

由於通路的運作相當複雜，廠商必須審慎評估，究竟要採取何種通路型態才能順利銷售產品，如何化解廠商與通路及通路與通路間的衝突，如何透過通路來增加鋪貨率、市場占有率及銷貨量，這些都是通路運作最重要的議題。

在實務運作項目中，主要可區分為物流與商流兩項。物流運作包括運輸、配送、倉儲、裝卸、包裝及流通加工等，物流中心、發貨中心及大型專業批發商，通常扮演這項功能。商流運作是各種店舖販賣與無店舖販賣，包括便利商店、個人商店、超市、家電量販店，及

✦ 通路是指如何將服務在正確時間和地點，送達消費者手中

展示販賣、通信訪問販賣、自動化販賣、電話行銷與網路行銷等。由於通路運作是面對顧客的第一線，在愈來愈競爭的市場，迫使廠商不得不重視通路革命，紛紛採取各種措施以求新求變，包括業務系統收歸直營，向前、向後及水平通路整合，重視賣場行銷及無店舖行銷的業務拓展，必須達到貨暢其流的目標。

4. **促銷策略**：每當經濟成長趨緩，消費者購買力減退，市場買氣低迷，廠商之間的競爭就會更加激烈，這時產品促銷工作就特別重要。尤其隨著科技進步，產品開發速度愈來愈快，產品生命周期大幅縮短，如何利用促銷手腕來感動消費者，讓消費者覺得真正受益，實為行銷活動中最為關鍵的課題。可用的促銷方法相當多，最主要的有廣告、銷售推廣、人員推銷及公開宣傳等4項，這4項促銷活動的運作統稱為「促銷組合」。促銷組合的目的是以顧客的立場出發，把廠商的產品告知客戶，說服客戶及催促顧客購買。

隨著顧客對產品認識的不同，促銷組合中四個方法的影響力也有所差異。通常若顧客對產品的認識不多，這時採用廣告及公開宣傳最有用，廣告與公開宣傳在建立產品知名度與品牌形象方面相當有影響力。

由於服務商品所具有的特性，因此服務行銷必須採用和傳統行銷所不同的行銷組合。服務行銷的行銷組合除了包含傳統的4P：產品（Product）、價格（Price）、通路（Place）、促銷（Promotion）外，根據前述的服務特性，還必須將傳統的 4 P加以延伸，包括另外三個P：程序（Process）、實體場景（Physical Evidence），和人員（People）。因此，服務行銷所運用的是擴展的行銷組合（Expanded Marketing Mix），包括7P。

✦ 促銷是針對目標消費者進行有關服務商的相關告知和說服活動（圖片來源：太平洋SOGO）

5. **程序**：與服務生產、交易和消費有關的程式、操作方針、組織機制、管理規則、對顧客參與的規定與指導原則、流程等。所有的工作活動都是程序：它是包括一個產品或服務交付給顧客的程式、任務、日程、結構、活動和日常工作。還有包括有關顧客參與和僱員判斷的政策決定。把程序管理作為一個獨立的活動或行銷組合要素對待，是提高服務品質的條件。若服務作業系統的運行十分有效，則商家就會比競爭對手擁有更大的優勢。在競爭中誰能在對消費者服務過程中節約時間、提高效率、減少中間流程、增強問題處理的反應靈敏度、激發員工內在動力、拉近與消費者的關係，誰就能創造相對競爭地位優勢。

✦ 服務人員知道做何事和如何做事

6. **實體場景**：服務的有形展示，是指服務過程中能被顧客直接感知和提示服務資訊的有形物。美國服務行銷專家Shotstack指出，消費者看不見服務，但能看見服務環境、服務工具、服務設施、服務人員、服務資訊資料、服務價目表、服務中的其他顧客等有形物，這些有形物就是消費者了解無形服務的有形線索。服務行銷不僅將環境視為支援及反映服務產品品質的有力實證，而且將有形展示的內容由環境擴展至包含所有用以幫助生產服務和包裝服務的一切實體產品和設施。這些有形展示，若善於管理和利用，則可幫助消費者感覺服務產品的特點以及提高享用服務時所獲得的利益，有助於建立服務產品和服務企業的形象，支援有關行銷策略的推行；反之，若不善於管理和運用，則它們可能會把錯誤資訊傳達給消費者，影響消費者對產品的期望和判斷，進而破壞服務產品及企業的形象。

✦ 服務場所的環境設計（圖片來源：UNIQLO）

服務的無形性決定了消費者無法在見到或者試用服務之前來認識它、理解它。雖然消費者在購買服務之前，不能體會到消費服務的感覺，但消費現場的服務工具、設施設備、員工的表現、資訊資料、環境氣氛、價格表卻可以被顧客感受到，通過這種事前的感受，消費者可以判斷出消費服務的品質，即有形證據提供了無形服務品質的線索，相當於顧客在試用服務。例如，一位初次光顧某旅行社的顧客，在進行產品詢問前，旅行社的門面、櫥窗、企業名稱、內部裝橫、傢具擺設、宣傳冊的設計、服務人員的儀表儀容、門口的招牌等，已經使他對之有了一個初步的印象。如果印象尚好，在價格和興趣適中的時候消費者就會購買其服務，反之可能會影響消費者的情緒和選擇。在了解有形展示的作用和意義之後，我們就可以有針對性地安排有形展示的內容，為顧客消除購買服務的疑慮。作為一種有效的行銷工具。

7. **人員**：「以人為本，員工第一」的原則是服務業公認的原則。員工是企業資本的一部分，善加組合可以提高生產力，減少企業資本浪費，配合企業能動性的完成行銷目標。企業每一位員工能力不同、職位不同（一人多職）、作用（貢獻）不同，所產生的價值也就不同，一個高素質的員工能夠彌補由於物質條件的不足可能使消費者產生的缺憾感，而素質較差的員工則不僅不能充分發揮企業擁有物質設施上的優勢，還可能成為顧客拒絕再消費企業服務的主要緣由。1981年，格隆魯斯提出了內部行銷的概念，內部行銷的目的是：激勵員工，使其具有顧客導向觀念。他認為，光是激勵員工讓他們做好份內工作是不夠的，還要使他們成為具有主動銷售意識（sale-minded）的人。此外，格隆魯斯還提出了另外一種重要思想，即有效的服務需要前台與後台員工的通力合作，內部行銷還是整合企業不同職能部門的一種工具。內部行銷是把員工看成內部顧客，通過一系列類似市場行銷的活動為內部顧客提供優質的服務，來調動員工的積極性並促進各部門人員之間的協調與合作，激發他們為外部顧客提供優質的服務。在企業內部形成一個倒三角的服務管理鏈。

　　若顧客對於產品已有相當認識，甚至正在猶豫是否購買這項產品時，那麼人員推銷的說服力最佳。人員推銷的目的在於進一步說服消費者澈底認識廠商的產品，在一對一的溝通過程中，很容易使顧客對產品產生信任，進而採取購買行為。銷售推廣則是利用優惠價、贈送試用樣品、折扣優待券及銷售競賽等活動，發揮臨門一腳的功能，使還在猶豫的顧客產生購買行為。

服務場景—麥當勞「得來速」60秒極速服務

　　麥當勞新廣告上，一開頭就是女店員親切的說，「歡迎來挑戰」！不過一位在麥當勞做了2年多、即將升組長的訓練員在「靠北麥當勞」發文，表示他拿過「最佳服務員」和「最佳訓練員」獎項，但現在卻決定離職，原因正是「得來速60秒」活動。文中表示，他服務的分店人力不充裕，一人負責得來速，「自己點自己備膳」，卻一樣被要求要60秒，「你們覺得有可能嗎」？他說，即使動作再快廚房沒給東西也沒辦法，但挨老闆罵的是他，不只如此，還要被奧客無限抱怨。有客人直接說，「拜託你們是得來慢喔？給兩張啦。」或是，「來可以送了，不用快了，先給我吧。」還有人點完餐、結完帳準備取餐了，才說飲料全部去冰，就為了免費漢堡。

　　「大家都是父母生的，大多也是服務業，可以尊重我們嗎？」他說，雖然客人至上但並不代表付錢就是老大，不給大麥克兌換券就被投訴。他無奈的表示，從早上7點做到晚上5點，一個人點膳、備膳，廚房來不及還要自己包雞塊，炸雞還要挑部位，已經拼了命在做，被客人取笑、被客人罵、被客人酸，換到的卻是上司的不諒解和批評。所以他選擇對麥當勞說再見，並批評總公司只會看報表，卻沒想過許多分店人手不足、離職率高，不懂基層員工的艱辛。

　　麥當勞餐廳表示，原訂在2015年7月13日至7月31日舉辦的「得來速60秒極速服務」活動，將提前於2015年7月20日晚間8點結束，感謝各界對於這個活動的意見，麥當勞重視員工感受與顧客回饋，並將持續以熱忱活力提供顧客便利的得來速服務。

　　台北市勞動局表示，麥當勞要求員工60秒內快速製作食品，使員工處在高度緊繃及不合理的壓力中，將依法查處，若業者沒有保護員工身心的措施，將開罰新台幣3萬元到15萬元。麥當勞臺灣公司近日在免下車的購餐服務中，

以「從結帳完成至取餐的時間超過60秒」即可獲得食物兌換券,作為行銷手法,要求員工快速製作食品、完成交易。雇主有保護勞工身心健康的責任,應計算合理的產品製作人力、時間,不應以行銷手法迫使勞工處於高度緊繃及不合理的製作時間壓力中。

◆麥當勞推出60秒極速體驗,讓很多人反彈(圖片來源:麥當勞)

此外,麥當勞出餐超過60秒即贈食物兌換券的作法,也使部分消費者因食物兌換券問題與勞工發生摩擦,使勞工陷於不當工作環境,甚至可能因此遭謾罵、指責,恐有害勞工身心健康。勞動局指出,若雇主未規劃及採取必要的安全衛生措施,使員工遭受身體或精神的不法侵害,恐涉違反職業安全衛生法第六條,勞動局將研究派員前往勞檢,若業者沒有具體保護員工措施,且限期未改善,將可開罰新台幣3萬到15萬元。同時,呼籲消費者將心比心,以同理心善待服務業勞工,避免造成基層勞工壓力,雇主也應避免過度壓縮製作時間,不僅造成勞工身心不當壓力與工作危險,也增加食品衛生風險。

當時麥當勞因為推出60秒內取餐,大多員工平時就練就能符合要求,現在卻惹上風波,行銷專家認為這其實是宣傳手法。傳出內部員工反彈,麥當勞提前結束活動,儘管看似沒劃下完美句點,但引發關注,也成功炒熱話題。

資料來源:網搜小組,「得來速60秒」奧客多,ETtoday,2015年7月17日;顧荃,麥當勞60秒出餐 北市:危害員工身心,CAN,2015年7月19日。

影片來源:https://youtu.be/xwuzQDoabmA

服務行銷新趨勢

➡ 人工智慧串接物聯網 讓金融服務更完善

　　物聯網是將實體物品藉由資訊感測裝置與網際網路連接起來，進行資訊交換與分享，以實現智慧化的識別與管理的網路，即實體世界的感知互動。例如配備主動安全系統例如自動煞車、視覺盲點雷達感應、倒車車側警示或主動車距控制巡航系統等的車輛，當系統感應到進入接近碰撞危險距離時，車輛便會發出警示，同時將車輛減速或剎車停止，以免發生危險，可以為事前的預警，使得車主更能輕鬆安全駕駛，使得行車旅程更為盡興。

物聯網金融三大發展趨勢

1. **物聯網＋金融跨界整合**：透過物聯網的多樣化，使得利用物聯網為服務平台載具的金融服務業，也同時邁入跨界整合服務的領域。多樣化物聯網金融服務應用，如智慧安全防護、VIP服務、行動支付、業務流程管理、遠端結算等。加入資訊交換、分享和網路化管理，發展出供應鏈金融服務等全新的商業模式，提高商品生產、交換和分配的效率。

2. **大數據**：透過眾多感測及手持裝置蒐集各類資訊，使得金融業對於客戶及企業有了更全面、深入且有異於以往有不同面向的了解與洞見，可協助金融業發掘不同的商機。物聯網產生的大數據通常帶有時間、位置、環境和行為等資訊，資料面向更多元與豐富。物聯網提供物與物、物與人的互動資訊，透過對大數據資料的存儲、挖掘和深入分析，能夠透視客戶的自然和行為屬性，為金融機構提供各式決策參考，由經營策略到業務執行，提供全面客觀的分析依據。

3. **網際網路**：透過網路及物聯網絡的連結，改變商業及服務運作的方式，互動型態更為多元，事業經營的環境趨於複雜，因此產品開發與行銷方式需要更為精緻的思維與作法，才能提供符合顧客需求的服務。對物聯網上的物品資訊進行綜合分析、處理、判斷，再提供相對應的金融服務。資訊生成後的標識、傳輸、處理、存儲、交換共用的整個流程都是在網路上進行的，所以物聯網金融也可以視為是金融資訊化的延伸。

物聯網有智慧與溝通的能力，可執行歷史追蹤、管控現在，甚至預測未來，對傳統產業的衝擊將遠超過網際網路的影響。網路金融實現了資訊流與資金流的二合一；物聯網出現後，使得實體物品有了溝通能力，結合網路金融與物聯網的物聯網金融可將資金流、資訊流、實體流的三流合而為一。

　　想像一下，未來想領錢，不用再帶提款卡，只要站在ATM前，機器就能自動辨識你是誰，輸入密碼後，再說出「我要領3千元」，吐鈔機就自動吐鈔；又或者，未來到便利商店消費，只須讓自助結帳機器掃描你的臉，機器就能自動連結到你的銀行帳戶，直接扣款。

　　這樣的刷臉消費時代，在今年的台北金融科技展已經搶先讓觀展者「聞香」。到現場走一圈就能知道，金融科技在未來一年，有4大值得注意的關鍵字，將如何影響你我的日常生活。

多輪對話AI客服 機器人不再聽錯關鍵字

　　聊天機器人用在金融圈，已經不是新鮮事，但過去多用來回答重複性問題，比如距離最近的分行、忘記帳戶密碼等常見疑難雜症。但現行的聊天機器人，大多只能抓出特定關鍵字、給出資料庫裡對應的回答，並不是真正了解用戶說這句話背後的意圖，因此常常出現答非所問的狀況。在這次的金融科技展上，已見到明顯的技術跳躍。

　　中信金控攤位堪稱為現場最擠，每一塊展示板底下就秀一個應用，意圖展現出自家AI（人工智慧）團隊的龐大生產力。其中一項就是「多輪對話」聊天機器人，透過今年AI界超夯的「知識圖譜」技術，能回溯人與機器的前幾段對話，用圖像塊狀方式理解語義。舉例來說，過去如果對

◆ 中信團隊研發刷臉技術，搶先在金融科技展用刷臉支付、取餐、領錢讓大家體驗（圖片來源：商業周刊）

AI說，「幫我取消利率6%以上的信用卡」，AI可能只會抓到「利率6%」這個關鍵字，因此列出銀行內所有循環利率6%的信用卡清單。但現在AI已經能理解，用戶說這句話關鍵是「取消」，列出清單遠遠不夠。

23家落實開放銀行 查資產、看消費，一站搞定

2019年10月正式上線的金融開放API（應用程式介面），首波已有23家銀行加入，把自家存款、貸款、投資理財等功能和資料，開放給第三方新創服務業者使用。而負責推動的財金，就在攤位上母雞帶小雞，糾集了包含麻布記帳、CWMoney、錢管家和可幫你預測銀行貸款額度的AlphaLoan等新創業者參與。

開放銀行的重點，就在讓用戶原本鎖在不同銀行的帳戶資料，可以做更有效的利用。例如記帳App麻布記帳，串接超過20間銀行帳戶資訊，讓用戶可一站瀏覽所有銀行戶頭、信用卡、貸款等財務狀況；整合用戶現金流數據後，未來還可進一步推算可負擔的貸款，進而推薦適合的房貸方案。換句話說，開放銀行上路後，第三方服務業者就能像拼樂高一樣，從裡面挑出需要的功能和資料，重組出新商業模式。

純網銀當鯰魚 金融業加速發展掌中銀行

臺灣實體分行數已連5年下滑，前一陣子星展銀行宣布將在2019年底前，移除全台共40台ATM，改透過自家Line客服提供13種金融服務，更震驚了金融業。把金融服務搬到線上，已經是不可擋的趨勢。

根據麥肯錫報告指出，已開發亞洲國家中，金融交易來自實體銀行比率僅12%，有過半的人願意或考慮將近4成資產轉到純網銀帳戶。英國獨角獸新創Revolut就是成功案例，該公司已經是第二年參加台北金融科技展，Revolut透露，目前正與臺灣銀行業者洽談，研擬合作進入我國的金融監理沙盒實驗。

其實這招就是Revolut從電子錢包、跨國換匯起家，一路做到加密貨幣、銀行帳戶、股票交易等服務，快速拓展到全球的關鍵。他們在切入新市場前，以能快速落地為第一考量，因此會選擇法律遵循成本較低、較容易獲取執照的項目，再一步步完整產品線。

區塊鏈幫你省錢 降低動輒破千的跨國轉帳費

雖然2019年區塊鏈聲量不若2018年高，但區塊鏈卻跳脫炒作加密貨幣，默默在大型金融機構裡落地。勤業眾信訪問全球1300位資深經理人，超過一半的人認為區塊鏈是2019年的首要任務之一，且正在演變為成熟的解決方案。如紐約梅隆銀行就用區塊鏈的分散式資料庫特性，將用戶支付相關資訊儲存在多個區塊鏈伺服器，讓駭客無法像過去一樣只瞄準單一資料庫攻擊。

✦北富銀運用區塊鏈技術開發全台第一個區塊鏈跨行轉帳錢包Bagel Pay（圖片來源：工商時報）

台北富邦銀行推出全台第一個區塊鏈跨行轉帳錢包富邦貝果支付（Bagel Pay）。北富銀資深副總經理陳弘儒為攤位做導覽時透露，11月已開始和台新銀行進行沙盒測試跨行轉帳，未來還希望能跨國轉帳，替移工族群省下動輒破千的手續費，並將服務推到東南亞。

資料來源：張庭瑜，區塊鏈錢包、超AI客服，這4大金融科技明年改變你生活，商業周刊，1673期，頁72、74；李顯正，人工智慧串接物聯網，讓金融服務更精明，數位時代，2017年6月8日。

服務這樣做

➤ 小米手機勇闖印度市場

　　您聽說過小米嗎？它可能是當今世上最重要、而您又從未聽過的科技公司，有關小米科技和它的創始人雷軍的報導，在全球的媒體上車載斗量，它在中國大陸的米粉和使用者超過3千萬，公司市值已達100億美元，2012年小米銷量為700萬台，2013年營收為52億美元，發佈的4款手機銷量近1900萬台，比2012年增長150%。2014年營收估計會超過83億美元，比2013年增長60%。小米商店的App下載量超過10億次。人們稱小米為中國的蘋果公司；雷軍為中國的賈伯斯，因為小米唯妙唯肖地模仿蘋果開發硬體和軟體，堅持採用最好的零部件，打造世界級第一流的產品。在新產品發佈會上，雷軍也模仿賈伯斯，穿一襲黑襯衫和藍色牛仔褲，上台展示新商品。在銷售上小米72%的產品採取互聯網直銷的模式，避開中間商，節省了幾乎60%的花費。它生產的小米手機僅僅略高於成本，靠軟體和服務賺錢，這就是他們的高端低價策略。

　　幾年開始從市場上陸陸續續聽到小米手機時，看來中國大陸終於也要出現屬於自己的世界品牌了。小米這家公司成功在中國大陸引領了一股像蘋果（Apple）般的熱潮，並在這充滿廉價手機的紅海裡，找到自己的市場定位。小米專門製造物美價廉的手機，吸引顧客青睞，也逐漸推出一些周邊商品，例如：超級低價的健身手環、相機以及小米智能家居等產品，來和Jawbone、GoPro、三星等廠商競爭。投資小米的創投基本估計小米現值約450億美元（折合新台幣約一兆4千億元），不僅比頂級私人司機叫車服務公司優步（Uber）多，市值也超越了美國達美航空和Salesforce.com（為美國知名雲端事業，市值約440億美元；達美航空則約390億美元）。

✦ 小米公司董事長兼CEO雷軍（圖片來源：CCTV）

前進印度市場最快 但挑戰也最大

　　要撐起如此驚人的市值，小米非往海外拓展不可。小米的主要獲利方式是薄利多銷，在中國大陸本土的銷售方式是捨棄零售店面，使用網路直銷的方式來降低成本。小米的思惟是盡量鋪貨，等人手一機後，再想辦法從後續的附加軟體和加值服務來回收投資。聽起來是否耳熟？好像和矽谷展示的一千零一招一樣：先把規模做起來，再想辦法獲利。這麼說起來，小米並不像蘋果，還比較像Snapchat（Snapt自2011年推出至今，累積用戶達一億，其賴以為生的廣告事業才剛起步）。

　　為了追求規模，小米開始開發印度、東南亞和東歐市場。小米也在美國開了網站來賣小米周邊配任。至2014年年底為止，小米已經是中國大陸第三大的智慧型手機供應商了。根據科技顧問公司ABI Research行動裝置經理Jeff Orr的資料，小米在2014年第三季的銷售年增率高達252%。小米的數字確實令人印象深刻，產品上市後也獲得諸多好評：那還有什麼能阻止小米機往海外攻城掠地呢？

　　來看印度吧，目前擁有1.73億個行動網路用戶的印度，是小米在中國大陸以外拓展最快的市場。小米覬覦印度市場，但小米在中國大陸的成功模式，可能無法在印度如法炮製。

知名度不足 須打破慣例 靠實體店面銷售

　　小米與印度最大電信公司—巴帝電信（Bharti Airtel）達成協議，讓小米透過巴帝底下的通路來鋪貨。根據2015年3月10日的印度本地媒體報導，小米也開始賣給新德里的3C通路商大盤Mobile Store。一切看起來好像都很美好，可是走零售店面銷售的方式與過去小米模式多所牴觸。小米創辦人雷軍曾說，存貨太多會給公司帶來過多風險，存貨過多會給公司不僅會侵蝕獲利，還可能讓公司倒閉，所以小米才不用實體銷售通路，用網路直銷的模式來做快速存貨分流，也降低產品價格。當產品在實體店面上架，就勢必要在價格上做取捨，那小米原來的薄利很有可能會變成虧損。

　　小米需要印度的零售通路，是因為小米在印度還未打開品牌知名度。小米在中國大陸沒有透過實體店面銷售是眾所皆知的，也才有後來的「饑餓行銷」。過去小米在中國大陸宣布網路開賣的同時，幾十萬支手機的庫存幾乎都是秒殺；透過媒體舖天蓋地的報導和消費者間的口耳相傳，小米引領起一股瘋狂搶購的浪潮。

消費者冷感 即使虧損也要打開市場

　　雖然小米宣稱在印度的網路庫存已全數售罄，但印度消費者似乎對小米沒那麼愛。也許這就是為什麼後來小米在進入美國市場時這麼小心翼翼。小米在美國先透過網路商品來賣小米機周邊產品，然後在消費者和媒體間製造一些話題—就是偏偏不賣小米機。這策略慢慢開始發酵了，近來美國知名的科技部落客Verge，就發了小米Note的評測，並說道：「這就是你買不到的最棒的手機。」在這個被蘋果和三星盤踞的美國市場，小米有辦法把這般慾望轉化成銷售嗎？小米的海外用戶，會向中國大陸消費者一樣對小米瘋狂追捧嗎？

小米公司的經營模式

　　過去，大家學小米的經營模式是三個階段：第一個階段叫看不起；第二個階段叫看不懂；第三個階段是想學學不會。這是大家總結的三個階段，剛開始大家覺得小米就是胡鬧、胡折騰、炒作。看不起是第一個階段，看不懂是第二個階段，等你很厲害了他發展看不懂，等他看懂了又發現學不會，這是一年前我們同行的焦慮症。雷軍認為小米很難學的核心是，第一件事情是互聯網思想，就是小米就是用互聯網思想做傳統產業，他本質要學的不是小米，是互聯網思想，要改變DNA，改變觀念，為了方便大家理解什麼叫互聯網思想，其實雷身五年前就開始講七字訣：專注、極致、口碑、快。

　　第一秘訣是什麼叫專注？雷軍表示他以前是發燒友並用給70多部手機，不是買過70多部，是用過70多部手機，每個手機都用過一個月以上的，回憶很多的型號都記不住，名字是有英文、有數字，先搞一個英文名，再加個數字、英

文，再加數字，真的記不住。第二秘訣就是極致，可能市場上有很多對我們的批評，沒有關係，反正我們自己做到了我能力的極致，我們要願意承認我們的能力不行，但是雷軍不會願意承認他的態度不行，因為他有追求極致的態度。第三秘訣是傳統行業很難理解的，這怎麼讓用戶能夠口口傳頌，結果大家又把它庸俗化成口碑行銷，或者叫社群媒體行銷，也是，但它的本質不是行銷。我們認為最好的產品就是行銷，產品會說話，很多的學小米行銷，怎麼不學小米做產品的態度呢？最好的產品就是行銷，其實你我不用做行銷，我們把產品做好了，每個人都可以給我們傳播出去。最後第四秘訣是我們反應速度要快。

還有兩個帽子扣在小米身上，就是剛才大家常用兩個詞，一個飢餓行銷、一個期貨。小米手機限量供貨，造成搶購的狀況，許多行銷人表示，這是飢餓行銷，讓消費者想買卻買不到。行銷的目的就是幫助銷售，不會有廠商放著市場不賺而刻意控制供貨。不應該看到商品買不到就說是「飢餓行銷」。飢餓行銷是刺激消費者的「衝動性購買」，讓消費者覺得數量有限而不買可惜。為了行銷造勢，刻意在上市初期控制數量，當話題炒起來後，就開始正常供貨，這才是「飢餓行銷」的目的。

✦ 2015年4月14日三得利開賣自然水系列的優格
口味（圖片來源：日本三得利）

　　日本三得利國際食品在2015年4月17日宣布，三天前上市的自然水系列優格口味供貨不及，暫停銷售，這已是該公司本月第二次停賣新飲料，有人質疑是「饑餓行銷」的手法，三得利否認。三得利的對外說法是對市場需求的預測失準，原預估一個月賣120萬箱，結果三天接到190萬箱訂單。日本經濟新聞指出，在礦泉水產品占有一席之地的大公司連續兩次失準，令人意外。三得利2015年4月1日停賣才上市兩天的檸檬汽水，當時他們說，訂單高達100萬箱是一整年的銷售目標，必須停賣調整生產線。

　　至於小米公司經營策略之一的期貨作法是雷軍公布米2的價格，其實就是一個「期貨價」，他就是要用這個「期貨價」在戰略上先擾亂對手，28nm APQ8064產能並不穩定，因為OGS，甚至攝像頭都還在優化中，以目前的器件價格，成本可能還不止這個價格。但雷軍的想法就是在米2正式銷售之前，也不讓其他公司有好日子過。

中國大陸國產手機登陸印度市場 質量受到肯定

　　不久前，Micromax、Karbonn和Lavv等印度本土品牌還依靠中國大陸進口生產廉價手機，領先過三星和諾基亞等全球品牌。現在，正是一些曾幫助過以上印度品牌的中國大陸製造商闖入網規模超過140億美元的印度手機市場，還在其主場一爭高下。中國大陸製造商以很容易接受的價格為印度消費者提供最新手機產品。它們往往通過電子商務平台銷售模式來降低成本。Micromax公司首席執行官表示：電子商務一年內就發展起來了，從兩三百萬用戶一下子增長到5000萬。對外來者（中國品牌）而言，它們沒有分銷網路，只能依靠電子商務。

　　科技市場研究公司Conterpoint主管尼爾沙表示：摩托羅拉率先在印度推出只在網路銷售的概念，並取得成功。依據該公司研究，進入印度市場的中國大陸十大手機品牌在幾個月 便令市場銷售額增加一倍，達到近8%。中國大陸手機製造商還消除了印度民眾對中國大陸產品質量低劣的印象。國際數據公司南華區常務董事賈迪普‧梅塔表示：小米、金立、聯想等在很大程度上克服了成見帶來的挑戰。

結論

　　即使小米撐過印度的挑戰，還是得在面對其他市場時，適度調整行銷策略，在中國大陸的成功模式放到其他國家不見得適用。所以，除非小米能證明自己適應國際市場的能力，否則現在要把小米定位成世界知名品牌，尚言之過早。

資料來源：蔡旻學，紅遍中國的「饑餓行銷」不能如法炮製 小米闖印度市場 還有兩場硬仗要打，今周刊，955期，2015年4月13-19日，頁134-135；雷光涵，饑餓行銷？新飲料上市三天日本三得利停賣，聯合報，2015年4月18日；高瑞·芭迪亞，伊文 譯，美媒：中國國產手機登陸印度市場質量受到追捧，環球時報，2015年6月26日。

☉ 問題討論

1. 試述小米公司經營模式的特色有哪些？
2. 何謂饑餓行銷？
3. 小米覬覦印度市場，但小米在中國大陸的成功模式，可能無法在印度如法炮製，為什麼？
4. 走零售店面銷售的方式與過去小米模式多所牴觸，為什麼？
5. 日本三得利國際食品在2015年4月17日宣布，三天前上市的自然水系列優格口味供貨不及，暫停銷售。有人質疑是「饑餓行銷」的手法，您們認為呢？
6. 您們對小米在印度市場前景是看好嗎？

1. 服務的意義為何?

2. 依據世界貿易組織在1991年所發布的服務業分類(GNS/W/120)文件,可將服務產業類別分為哪12項?

3. 學者Lovelock根據服務行為之本質、服務傳送過程中顧客化及判斷、服務之需求和供給性質、服務的傳送方法、組織與顧客之關係等五構面分類,其內容分別為何?

4. 在WTO下服務業貿易談判中定義了四種貿易的模式?

5. 服務商品和實體商品之間存在著些許差異,這些差異主要表現在四個特性上?這四項特性行銷涵義之內容為何?

6. 一般而言,傳統的行銷組合包括哪四大元素?

7. 何謂擴展的行銷組合7P?

8. 2015年7月麥當勞推出「得來速」60秒極速服務活動之行銷策略為何?消費者和麥當勞得來速員工對此作法態度是支持還是反對?為什麼?

參考文獻

1. 楊卓翰，6億網民滑出50兆新商機兩岸三地1000大，今周刊，906期，2014年5月5-11日，頁83-88。

2. 經濟部中小企業處，97年度中小企業政策之議題研究分析專題報告，2008年12月30日公布。

3. 王榮祖，服務業管理，新文京開發出版股份有限公司，2013年1月31日，頁13-15。

4. 林建煌，服務行銷與管理，華泰文化事業股份有限公司，2013年10月，頁16-18。

5. 黃鴻程，服務業行銷理論探討與個案研究，滄海書局，2014年10月，頁10-12。

6. 楊美玲，電梯小姐妳在那？，聯合晚報，2015年7月18日。

7. 陳芳毓、張鴻，流程標準化、服務差異化，經理人月刊，2008年9月9日。

8. 沈培華，麗寶樂園換上「五心」制服，感動服務，中時電子報，2015年7月8日。

9. 兒童福利聯盟文教基金會，母親節，別讓媽媽不開心！2015年連鎖餐廳友善親子指數調查報告，2015年5月8日。

10. 雷光涵，饑餓行銷？新飲料上市三天日本三得利停賣，聯合報，2015年4月18日。

11. 蔡旻學，紅遍中國的「饑餓行銷」不能如法炮製 小米闖印度市場 還有兩場硬仗要打，今周刊，955期，2015年4月13-19日，頁134-135。

12. 高瑞‧芭迪亞，伊文 譯，美媒：中國國產手機登陸印度市場質量受到追捧，環球時報，2015年6月26日。

13. 杉本辰夫，事務營業服務的品質管制，中興經營管理叢書，1986年。

14. 許雲程，網路電話服務廠商競爭策略之探討，銘傳大學管理學院高階經理碩士學程在職專班碩士論文，2005年8月。

15. 李宗琦，海外華人看小米傳奇—雷軍的創新，2014年2月17日，www.caapam.org/wp-content/.../06/Xiaomi-new-with-photos-FT1.pdf。

16. 中央社，麥當勞60秒出餐 北市：危害員工身心，2015年7月19日。.

17. Berry, L. L., "Personalizing the Bank: Key Opportunity in Bank Marketing," Bank Marketing, Vol.2, No.2, 1975, pp.22-25.

18. Lovelock, Christopher H.（1996）. Services Marketing. 3rd ed. Upper Saddle River, NJ: Prentice Hall.

19. Philip, Kotler.（1991）. From Mass Marketing to Mass Customization. Planning Forum: 24-29.

NOTE

Services Marketing and Management

Chapter 03

顧客知覺價值、服務品質、顧客滿意度、顧客忠誠度

學習目標

✦ 瞭解何謂價值？服務知覺價值之內涵、知覺價值之定義、模式

✦ 明白服務品質之意義、服務品質之 PZB 模式、服務品質之缺口模式

✦ 為何要重視顧客滿意度？如何衡量顧客滿意度？顧客滿意度和顧客信任度之關聯性

✦ 顧客忠誠度之意義為何？要如何進行顧客忠誠度之衡量？銷售產品時，要如何做好顧客連結工作？有那些顧客忠誠度不利因素要盡量避免，以免影響銷售業績？

本章個案

✦ 服務大視界：義美能讓消費者安心創造好業績

✦ 服務這樣做：星巴克連鎖咖啡品牌狂打優惠促銷策略

服務大視界

➤ 義美能讓消費者安心創造好業績

　　「用新台幣讓義美豆奶下架！」、「揪團吃垮義美」，眾多「婉君」（網軍的趣味諧音）從2015年3月4日全家便利商店引進義美傳統豆奶系列後，成為讓義美「下架的兇手」。短短兩周內銷售突破百萬瓶，創造近兩千萬元業績，帶動全家的整體豆漿類商品成長八成；一時之間，喝義美豆奶變成最「潮」的事。

✦ 義美食品高志明總經理（圖片來源：臺北市政府網站）

　　「做餅是老實人的行業，是良心事業。」當外界盛讚高志明帶領義美安然度過食安風暴時，卻沒有人知道，食安問題爆發前，高志明堅持拒絕低價原料的犧牲有多大、需要多麼堅定的信念與意志。別人都買便宜原料、使用化學添加物，可以賣得便宜，配合大賣場低價促銷，不但搶市占率，獲利也翻倍。通路被幾家大廠壟斷的結果，就是供貨商家失去主導權，只能任由通路宰割，高志明看到豬油原料價格不合理的低，市場上豬板油一公斤要一百多元，卻有商家一桶豬油可以賣四、五十元，「沒問題？怎麼可能！」。父親的教誨，讓他知道這些東西用不得，卻因此面對很大的通路壓力。「敢用低價原料的，就能降價繼續賣；不敢的、不願意接受降價，只能退出，還好義美一直保留自己的通路，才能撐過那段時間。

任何人來到世上，都得靠周遭的人幫忙才能生存，才能成事，所以必須抱著感恩周圍人的心情處世。」也因此，高志明才能帶領義美在2014年度食安風暴，成為臺灣食品界唯一的一盞明燈。

「八十一歲的義美沒變，變的是『臺灣人覺醒了』！」和義美高家有多年交情的資深媒體人楊憲宏一語道出了被譽為「臺灣最後良心」的義美，讓全民買單的五大秘訣：

秘訣1：拒絕低價的採購原則

不畏成本，堅持用「好料」！最經典的是義美對於「非基改黃豆」的堅持。臺灣一年進口的黃豆有95%是基改的，義美堅持不用，因此多了三到五成的成本。臺灣一年大約進口220萬到240萬噸的黃豆，只有不到二萬噸是非基改，其中有一萬多噸都是義美買下的。其餘都是基改豆，換言之，如高志明所點出「我們吃的油都是基因改造的油。」對義美來說，因為所有豆製商品都只用非基改黃豆，進貨成本比基改豆多了三到五成，甚至在黃豆歉收時，成本還得拉大到2至2.5倍。

曾有採購人員企圖說服高志明：「基改食品本身不一定有害。」但他卻以「人類食物都是幾千年來沒有問題的才繼續吃，但可以證明這個（基改食品）無害的歷史太短」回應，絲毫不為所動。

秘訣2：身家清白的供應體系

嚴格拷問供應商！高志明最常對採購部門說：「We are what we eat（吃了什麼就會變什麼）」，有別於一般食品廠在意的都是採購價格，義美問的卻是產地的品質和栽種者的信譽。

秘訣3：原汁原味的食材堅持

為了讓品質「不走鐘」，義美的產品自製率高達九成七，不少大陸客都拿著旅遊書來買，還說：「書上說，來臺灣就是要買義美，口感平實，卻很安全。」

秘訣4：法醫等級的檢驗設備

　　內行人都知道，義美的實驗室最讓同業望塵莫及的，就是能驗出人家驗不出的東西！不只有一套數據完整食品資訊系統，高志明更要求最高規格設備，與擁有三十多名的食品專業人才，是一般實驗室10倍。

秘訣5：包青天式的產品檢驗

　　比照SGS（臺灣檢驗科技公司）的模式，在生產過程中滴水不漏、從不懈怠的檢驗。

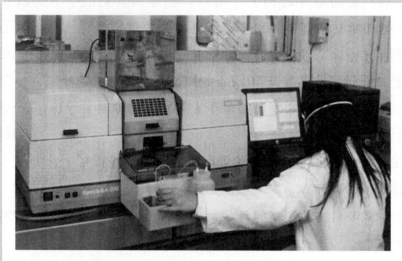

◆ AA原子吸收廣譜儀，義美認證實驗室

資料來源：許秀惠、李建興、黃家慧，今周刊，953期；鄭心媚，2015年3月26日；食安風暴裡的燈塔 高志明，今周刊，939期，2014年12月22-28日。

☺ 動腦思考

1. 義美能讓臺灣全民買單的五大秘訣內容為何？

2. 義美食品高志明總經理是採取那些作法可以帶領義美度過2014年度食安風暴？

3.1 服務知覺價值

　　何謂價值？Zeithaml（1988）將價值定義為消費者整體衡量自己所獲得的整體利益，相較於自己付出的整體代價後，對產品效用的整體性評估。Patterson& Spreng（1997）也認為價值是以認知為基礎之下，比較預期和知覺績效所獲得的利益和犧牲之間的差距，由此可知「價值」是消費者主觀的認知。知覺價值（perceived value）的概念在現行服務業行銷當中已漸趨於普遍，企業提供顧客知覺上的價值，已成為提升顧客再消費意願並維持企業競爭優勢。

3.1.1 知覺價值之定義

　　知覺價值的概念係由Thaler（1985）提出的交易效用理論（transaction utility theory，參閱圖3-1）衍生而來，該理論認為消費者在購物時，會以知覺價值作為購買與否的考量依據，而知覺價值決定於所知覺的獲得利益（perceived acquisition value），也就是消費者在知覺利益（perceived benefit）和知覺犧牲（perceived sacrifice）之間的取捨。

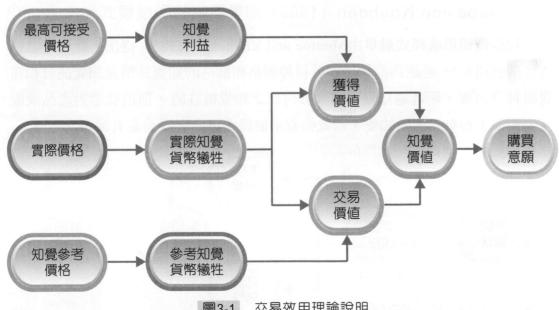

圖3-1　交易效用理論說明

　　Lapierre（2000）將知覺價值視為「獲得」或「利益」與「付出」或「犧牲」兩者間權衡的結果。Lovelock（2001）認為知覺價值是整體的知覺利益減去整體的知覺代價，如果知覺利益和知覺代價之間的差距越大，則知覺價值越高，而知覺價值的概念就同於消費者剩餘（consumer surplus）的概念，或者是會計學的淨價值（net value）的概念。因此，知覺價值是消費者在購買產品或服務過程中，「獲得」和「付出」之間的抵換關係。

　　Anderson和Sullivan（1983）提出知覺價值是顧客確認在產品支付價格的交換中，所得經濟、技術、服務和社會利益所組合而成的貨幣單位的價值，同時也會一併考量供應者提供的價格。Moliner、Sanchez、Rodriguez和Callarisa（2006）也認為知覺價值是消費者在購買當下、使用當時和使用之後的一連串動態變量，即知覺價值是在消費者之間不同時間與文化的一個主觀架構。綜合前述學者的觀點，本書將知覺價值看待為消費者在購買的過程當中，獲得的整體利益與付出的整體成本之間的差距，而知覺價值也是種主觀、顧客觀點的價值。

3.1.2　知覺價值的相關模式

(一)Monroe and Krishnan（1985）知覺價值的形成模式

　　知覺價值形成模式最早由Monroe and Krishnan（1985）提出，此研究之模式（請見圖3-2）是認為消費者對於目標價格和價格的知覺是衡量知覺品質和知覺犧牲之指標，而透過知覺品質大於付出之知覺犧牲時，則消費者對產品或服務的價值上會有正面的知覺，而此知覺價值將會正向影響消費者購買之意願。

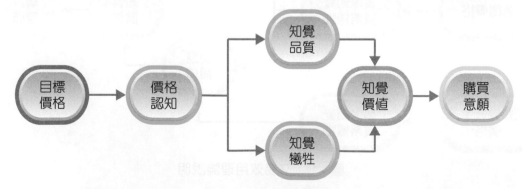

圖3-2　Monroe and Krishnan（1985）知覺價值形成模式

　　而Dodds, Monroe and Grewal（1991）修正Monroe and Krishnan（1985）知覺價值形式模式，加入產品品牌知覺和商店資訊等構面，認為除了知覺價格、知覺品質、知覺犧牲與消費者知覺價值有影響外，消費者對於品牌知覺與商店資訊的知覺對知覺品質同樣有正面影響，並且消費者知覺品質大於知覺犧牲，將產生正向的知覺價值，同樣地，正面的知覺價值將會進一步影響消費者購買意願。

(二)Zeithaml（1988）價格、品質與價值的Means-End模式

　　Zeithaml（1988）針對消費者對於知覺品質和知覺價值的認知，進行探索性研究，依據知覺價值是由不同層次屬性所組成的觀點來修正原先知覺模式，加入了低層次屬性、低層次屬性知覺、高層次屬性的概念，建立了Mean-end Chain的概念化模式，而此模式和Monroe and Krishnan（1985）提出的知覺價值模式不同之處，在於此模式將消費者的知覺分成三個層次如下：

1. 低層次屬性（lower level attributes）

包含內部屬性和外部屬性。內部屬性是與產品本質有關的，包括了口味、顏色、甜度，它可能會隨產品而改變，消費者需在消費過程中才會感受到。外部屬性雖與商品本質有關，但不屬於實體產品的一部分。它們來自產品以外的事物，例如：價格、品牌、廣告程度。

2. 低層次屬性知覺（perception of lower level attributes）

包含知覺貨幣價格、知覺非貨幣價格和知覺犧牲。知覺貨幣價格是指消費者將產品或服務的實際價格轉換成有意義的形式，例如：貴或便宜；知覺非貨幣價格是指消費者在購買商品或服務所花費的時間和精神上的成本。知覺犧牲是由知覺貨幣價格和知覺非貨幣價格的組成。

3. 高層次屬性（higher level attributes）

包含知覺品質、知覺價值和購買行為。知覺品質是消費者對產品的整體評估，由外部屬性、客觀價值、知覺貨幣價值構成；知覺價值是由消費者獲得利益構成，包含外部屬性、內部屬性、知覺品質和知覺犧牲組成。而消費者的知覺價值會影響消費者的購買行為。

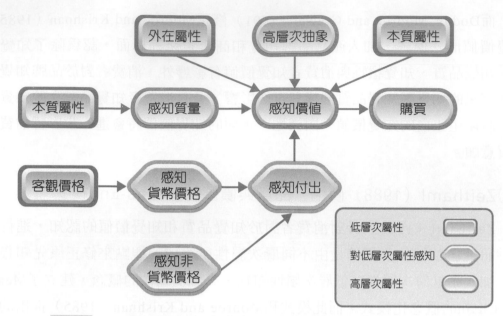

圖3-3 Zeithaml（1998）價格、品質與價值的Means-End模式

3.1.3 知覺價值的衡量構面

除了Monroe和Krrishnan（1985）、Zeithmal（1988）提出知覺價值的概念性模式後，相繼很多學者試圖發展出知覺價值的衡量構面。該構面的衡量方法主要有整體性觀點與多重構面的觀點。

Bolton and Drew（1991）認為知覺價值應採取整體系的觀點進行衡量，即消費者在獲得和付出之間，對服務提供者的服務提供一整體系的評估。Gale（1994）也認為知覺價值應以單一構面進行衡量，並假設消費者了解價值的涵義，由消費者自行評價。然而，Woodruff和Gardial（1996）認為消費者常常無法明白區分知覺品質、價值或知覺價值與效用等概念，以單一構面僅能衡量產生價值之高低，無法指出具體改善知覺價值的方向。

有別於整體性評估，許多學者陸續提出多重構面的知覺價值的衡量方法。例如：Grewal et al.（1998）表示知覺價值應由獲取價值與交易價值二個構面加以衡量；Babin & Attaway（2000）將此知覺價值分成功利主義與享樂主義兩個構面。Parasuraman & Grewal（2000）則主張使用獲取價值、交易價值、使用價值與補償價值此四種構面來衡量知覺價值。Petrick（2002）由文獻回顧推演出服務知覺價值包括品質、情感反應、貨幣價格、聲譽以及行為價格五個構面。Sweeney & Soutar（2001）將知覺價值分為情感性價值、社會性價

值、價格功能性價值、品質功能性價值。Sheth、Newman和Gross（1991）將消費者價值區分為五大構面，分別是功能價值（functional value）、情感價值（emotional value）、社會價值（social value）、認知價值（epistemic value）和情境價值（conditional value）。

3.2 服務品質

服務品質是服務行銷中很重要的一環。顧客的滿意度和忠誠度都受服務品質的所影響。以下首先了解服務品質之內涵。

3.2.1 服務品質之定義

自Levitt（1972）最早提出服務品質（service quality）是指服務的結果符合所設定的標準後，Juran（1986）將服務品質區分為內部品質、硬體品質、軟體品質、即時反應、心理品質。Oliver（1993）指出服務品質不同於滿意水準，服務品質是消費者對於事物的一種延續延性評價，而滿意水準則是消費者對事物一種暫時性的反應而已。

Martin（1986）將服務品質區分為(1)過程品質：包含便利、預備、及時、有組織的流程、溝通、顧客回饋、監督等；(2)歡樂品質：包括態度、注意、說話的聲調、肢體語言、叫得出顧客的名字、引導、建議性的銷售、解決問題、機智等。

Sasser、Olsen和Wyckoff（1978）則從材料、設備和人員三個層面定義服務品質，並認為服務品質不應只包括服務的結果，應包括服務之提供方式。Rosander（1980）提出服務業需要比製造業更廣義的服務品質定義，並且認為服務品質應該包括人員績效品質、設備品質、資料品質、決策品質和結果品質五個層面去討論。

Sasser、Olsen和Wyckoff（1978）認為在服務的互動過程中，消費者會評估服務與績效，而服務品質就是消費者對該服務所期望的品質和知覺的品質相互比較而來。Gronroos（1984）也認為服務品質就是消費者對服務過程的評估結果，該結果是顧客期望的服務品質水準和消費者實際所感受的服務品質水準比較得來。他依服務傳遞內容與方式將服務品質區分為技術品質、功能品質及態度形象；服務品質的內涵包括顧客接觸、態度、行為、可接近性等議

題。Wyckoff（1984）認為服務品質是在達到顧客的要求下，卓越性增加的程度，或是對追求卓越時的變異性所能控制的程度。Olshavsky（1985）進一步指出，服務品質是一種態度，是消費者對於事物所作的整體評估。

Lehtinien and Lenhitnien（1984）提出兩種服務品質的觀點，其一是由服務過程的觀點，將服務品質區分為(1)實體品質：包括實體的環境、設施、設備及產品等項目；(2)互動品質：含蓋顧客與服務人員的關係，以及顧客之間的互動關係；(3)企業品質：包括企業整體的形象與聲譽等因素。其二是從顧客的觀點來闡釋服務品質，將服務品質區分為(1)過程品質：包括顧客本身的主觀評價，主要來自親自參與服務生產過程的看法及過程中的配合程度；(2)結果品質：是指顧客對成果的衡量。

韓劇風靡中國大陸

　　韓劇風靡中國大陸，南韓綜藝節目模式也在中國大陸受到歡迎。中國大陸娛樂界人士試圖解析韓劇成功原因，認為關鍵是包裝、重視細節以及劇本容易有共鳴。紐約時報中文網報導，中國大陸去年底共有4.33億觀眾收看包括電視節目在內的網上影片，是全球最大市場，但官方限制串流媒體網站購買境外節目的比例不得超過本土劇的3成，所以搜狐、愛奇藝和優酷等媒體網站都想推出「自製韓風」節目。

www.iqiyi.com

　　韓劇「來自星星的你」在中國大陸熱播，前3個月的觀看量就超過25億次。大陸國家主席習近平夫人彭麗媛在2014年7月隨夫訪韓時還提到，她和女兒一起看習近平年輕時的照片，覺得很像「來自星星的你」的主角「都敏俊」。除了韓劇，浙江電視台的遊戲綜藝節目「奔跑吧兄弟」，湖南電視台的真人秀節目「爸爸去哪兒」，都是以南韓節目為原型製作的。

　　目前，中國大陸幾乎所有主要的串流媒體網站都已經和南韓的電視台及製作公司簽訂了協定，聯合製作專門針對中國大陸觀眾的電視節目。報導分析，南韓節目的成功是因為注重細節。與中國大陸節目花7成預算在演員身上不同，南韓通常在製作布景及編劇方面花費更多資金，避免假道具、使用真材實料。而且，南韓國電視劇在拍攝完畢後立即播放，編劇和導演很快就能得到回饋，使得他們能夠根據觀眾的要求做出調整。一些製片人表示，如果要讓中國大陸觀眾產生共鳴，綜藝節目必須快節奏，電視劇則應該是愛情故事題材。

　　韓劇製片人說：「中國人覺得，好電視劇就是那些講非現實主題的，灰姑娘與王子戀愛的故事。而愛的表達通常要很克制，就像「來自星星的你」一劇中，男女主角只是接吻，男方都會出現嚴重不適。」南韓的HB娛樂公司正在與一家大陸公司合作，針對中國大陸市場製作兩部與「來自星星的你」類似的戲劇，一部中文，一部韓語，都會加上字幕。該公司負責人文普美說，「中國大陸現在是我們的戰略的重要組成部分。」並稱很多中國大陸公司都希望與南韓公司合作，因為韓方擅長寫劇本。

資料來源：中央社，大陸想自製韓風 研究韓劇成功關鍵，2015年7月22日。

影片來源：https://youtu.be/kMG_AfL4NqQ

　　學者Parasuraman、Zeithmal和Berry在1985年整合各派學者說法，將服務品質定義為顧客的一種態度，是特定業者對顧客所提供之服務的期望與顧客實際知覺到的服務彼此之間的差距程度，即以服務品質是知覺服務減去期望服務的差異程度，作為服務品質的定義。若顧客的知覺服務水準大於顧客的期望水準，表示服務品質高；如果期望的服務水準和知覺服務水準相等，表示服務品質普通；如果知覺服務水準小於期望的服務水準，表示服務品質低。

Parasuraman *et al.*對服務品質的定義受到很多學者的認同，但是Bolton和Drew（1991）則提出不同的看法，認為在一般服務業的文獻中，常常僅使用服務品質的績效，也就是Parasuraman *et al.*定義中的知覺服務來衡量品質而已。Cronin和Taylor（1992）也認為，服務品質應由知覺服務作衡量，不必再以期望服務的水準來做比較。

綜合上述學者所述，本書將服務品質當做是顧客主觀認知的一種整體態度，把服務品質定義在買賣的兩造互動過程中，事前預先期望的服務品質和實際知覺的服務品質作比較之後，兩者之間差距的程度。

3.2.2　服務品質的PZB模式

Parasuraman *et al.*在1985年研究將服務品質歸納出十個構面，稱為「PZB構面」，此即測量服務品質最廣為使用的衡量方式。PZB的十個構面共包含97個問題，此即SERVQUAL量表。

之後，Parasuraman *et al.*在1988年以1985年提出的十個構面為基礎，針對銀行業、證券經紀商、長途電話業者、電器維修業、信用卡公司這五種服務業者的顧客作實證研究，原先十個構面共97題的問項透過因素分析縮減成為五個構面共22題問題。在1991年，Parasuraman *et al.*再次對電話維修業、保險業、銀行業進行調查，並把SERVQUAL量表中的用字做大幅修飾，把原先的反向問句修改成正向問句，經調整過後的量表，在研究後發現其信度和效度都比先前的量表更好了。茲將原始的PZB構面與修正後之構面整理如表3-1。

表3-1　PZB的服務品質構面

	有形性 (Tangibles)	可靠性 (Reliability)	反應性 (Responsiveness)	確保性 (Assurance)	同理心 (Empathy)
原始PZB構面（1985）	1.有形性　2.可靠性　3.反應性　4.專業性　5.禮貌性　6.信用性　7.安全性　8.接近性　9.溝通性　10.理解性				
修正後PZB構面（1988）	有形性（Tangibles）	可靠性（Reliability）	反應性（Responsiveness）	確保性（Assurance）	同理心（Empathy）
定義、評量項目	實體的場所、設備與服務人員的外觀。評估有形性會考量以下問題： 1. 服務廠商是否有現代化的設備？ 2. 服務廠商的設施外觀是否吸引人？ 3. 員工的儀容是否適當？ 4. 服務廠商與服務有關的附屬物是否很吸引人？	可靠、準確的執行所承諾服務的能力。評估可靠性構面時，會考量以下問題： 1. 服務廠商做出的承諾，是否均會及時完成？ 2. 服務廠商是否能信守其顧客的承諾？ 3. 服務廠商是否往第一次就能提供完善的服務？ 4. 服務廠商所做的紀錄是否正確？	服務人員立即服務與幫助顧客的意願。評估反應性構面時，會考量以下問題： 1. 服務廠商會不會提醒顧客，服務何時開始？ 2. 服務人員是否無法提供適當的服務給顧客？ 3. 服務人員是否願意協助顧客？ 4. 服務人員是否常因太忙而無法提供適當服務？	服務人員具有專業的知識與禮貌，能讓顧客信任、放心。評估確保性構面時，會考量以下問題： 1. 服務人員表現出來的行為是否讓顧客信任？ 2. 顧客是否覺得與服務廠商接觸很安全？ 3. 服務人員對於顧客是否很有禮貌？ 4. 服務人員是否能獲得服務廠商適當的支援，以做好他們的工作？	對顧客提供客製化服務和個別關懷。評量同理心構面時，會考量以下問題： 1. 服務人員對於顧客能否給予個別性的關懷？ 2. 服務人員是否不瞭解顧客的需求？ 3. 服務廠商是否能將顧客最關切的事情放在心上？ 4. 服務廠商的營業時間是否能符合顧客需求？

資料來源：Parasuraman, Zeithaml & Berry（1988）

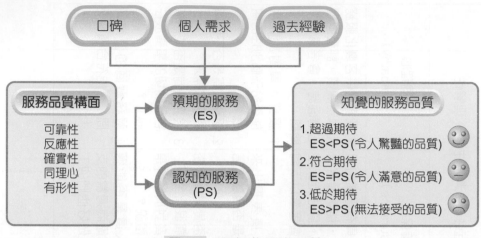

圖3-4　認知的服務品質

 快送 Service

徹思叔叔的起司蛋糕

◆ 台北車站內的徹思叔叔店面

　　步入台北車站一樓，映入眼簾的除了川流不息的人潮，很難不被於南二門附近，一家門面不過三公尺的小店吸引。因為店面口長長的人龍，往往蔓延至車站大廳廣場，為了驅趕排隊人潮，甚至還讓台鐵出面與微風協調，最後專門為這家店設置排隊區，並以排隊用的紅龍，硬是將長達數十公尺的人龍，圍成S形，才平息了「客訴」。到底是怎樣的一家店，有如此大的魔力，讓眾人為它排隊？它就是「徹思叔叔的店」，在台北車站廣場中，是唯一強調現烤的店家。

　　徹思叔叔的店雖占地僅7坪，每天卻賣出700個現烤的起司蛋糕，月營收額高達450萬元，每坪每年營業額高達770萬元，坪效不但是微風廣場台北車站眾店家之冠，比起全台坪效最高的SOGO台北忠孝店，更足有七倍之多。根據徹思叔叔台北車站店店長柯璇轉述，原本徹思叔叔在日本已經計畫歇業，

但2012年因緣際會下，微風團隊在日本嚐到徹思叔叔的蛋糕，認為很適合臺灣人的口味，旋即找上徹思叔叔的第二代老闆溝上直紀，邀約前來臺灣設店。剛來第一個月，生意平平，「因為強調現烤，不但工作人員操作不夠熟稔，更由於烤箱是台製的，無法複製日本的烤法，除了品質不穩，還

◆ 徹思叔叔店主打新鮮手工現烤起司蛋糕

常常做壞，導致客人為了等一個『好』蛋糕出爐，排隊一等就是一個多小時，對於車站趕時間的客人來說是完全無法接受的。」柯璇表示，後來經過反覆測試，再強化人員訓練，蛋糕出爐的時間越來越穩定，銷售量則從每天不到100個，暴增至450個左右。

不過隨著人氣越來越旺，產量根本供不應求，排隊的人龍也越積越長，為了紓解需求，溝上直紀更進一步研究如何增加產量。由於空間有限，擺不下多出來的烤箱，他只好想辦法提高出爐頻率，最後研發出將每次出爐時間由十六分鐘降至十四分鐘的絕招，「不要小看這兩分鐘，我們將蛋糕材料的比例再做調整，縮短烘烤的時間，又不失美味，產量再增加到750個左右，整整多了300個，大大紓解人潮。」

正當營運漸入佳境，2014年8月，日本徹思叔叔的大股東之一溝上直紀的叔叔，由於看到徹思叔叔在臺灣的成功，竟也來台分一杯羹，同樣選在台北車站開店，而且還開在本店隔壁，專賣中央廚房製造、非現烤、免等待的起司蛋糕，與溝上宜紀的店別苗頭。

資料來源：張譯天，坪效冠軍徹思叔叔的起司蛋糕，今周刊，968期，2015年7月13-19日，頁132-133。

影片來源：https://youtu.be/GP9_0OWuw0o

　　另外，在圖3-4模型中，在Parasuraman *et al.*三位學者陸續提出四項主要因素，在影響顧客對於服務原先的「期望」，或是所形成預期的品質水準，分別是在1985年提出的「口碑」（word of mouth）、「個人需要」（personal needs）與過去經驗（past experience），以及1990年所提出的「外部宣傳」（external communications）因素，茲說明如下：

(一)口碑（word of mouth）

　　此指顧客相傳的服務體驗，每一次服務品質的好壞，都會影響下一次的服務機會，因為顧客之間多會傳來傳去。俗語說得好：「好事不出門，壞事傳千里」，當然，若有一些好的服務品質，顧客會「吃好到相報」，告訴自己的親朋好友，發揮「鄰里效應」，在街坊社區間傳開來，形成好口碑。

(二)個人需要（personal needs）

　　同一個顧客在不同的時間點，會因為不同的當時個人因素，而有不同的期望。另外，不同的顧客對於相同的服務會有不同的期待。例如：我們到同一間餐廳用餐，可能我們會對該餐廳感受不同，你我會分別重視該餐廳的口味有沒有傳說中的好以及對餐廳的用餐氣氛會有更多的期待。

(三)過去經驗（past experience）

　　由於顧客的過去經驗差異很大，而對服務的期望會有很大的差距。例如：長年住在鄉下的人，偶爾到城市，對於都市裡一些百貨商城的服務品質不太會有太多的期待。反之，有經常出國的顧客，腦海會有一些高標準的服務品質經驗累積，他們對於服務品質會有較多的要求及想法。

(四)外部宣傳（external communications）

　　服務廠商在做對外宣傳時，會做的一些廣告、文宣或是旗下業務人員推銷說辭以及服務人員與業務人員對顧客所提出的承諾等，這些都會影響顧客的期望。例如：住五星級飯店或ISO認證的服務事業，顧客會很自然地對他們提供之服務，有較高的期望。

3.2.3　服務品質的缺口模式

　　1985年，Parasuraman *et al.*發展出服務品質相關研究中最被廣爲採用的「PZB服務品質模式」。Parasuraman *et al.*針對銀行業、信用卡公司、證券商和產品維修公司共四類行業進行深度訪談，結果發現服務品質從服務提供者傳送給顧客的過程中存在差異的五個主要的「缺口」（gap），這些缺口解釋了爲何服務提供者無法滿足顧客需求或期望的原因。而服務提供者若想要滿足顧客的需求和期望，就必須盡量消弭這些缺口。五項缺口模型如圖3-5（其中缺口一至缺口四可由企業透過管理與評量分析去改進其服務品質）：

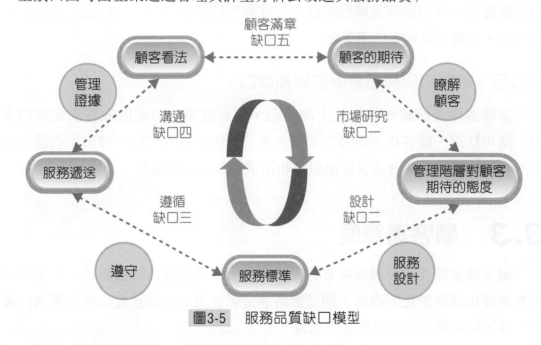

圖3-5　服務品質缺口模型

缺口一：顧客期望與經營管理者之間的認知缺口

　　就顧客的角度來看，其實顧客眞正想要的未必是業者所像的那樣。因此，提供好的服務，卻不一定會得到好的服務品質，必須提供的是顧客所期望的服務以及所期待的服務水準。

缺口二：經營管理者與服務規格之間的缺口

　　企業可能會受限於資源及市場條件的限制，可能無法達成標準化的服務，而產生品質的管理的缺口。

缺口三：服務品質規格與服務傳達過程的缺口

企業的員工素質或訓練無法標準化時或出現異質化，便會影響顧客對服務品質的認知。

缺口四：服務傳達與外部溝通的缺口

例如：做過於誇大的廣告、宣傳或業務人員的說辭，造成消費者期望過高，使實際接受服務卻不如預期時，會降低其對服務品質的認知。雖然要設法吸引顧客上門，但又要避免使得顧客的期望過高，因而影響了顧客對服務品質的滿意程度，進而影響後續服務機會。或許有時經營者可以適時適度地降低顧客期待，也會提高顧客的滿意度。

缺口五：顧客期望與體驗後的服務缺口

指顧客接受服務後的知覺上的差距，只有這項缺口是由顧客決定缺口大小。換句話說，顧客以不同的方式來衡量公司的績效水準時，會對服務品質產生不一樣的認知，將會造成認知服務和期望服務之間的差距。

3.3　顧客滿意度

顧客滿意度往往被視為企業的獲利關鍵，且常被視為評鑑指標，企業提供顧客多樣化或客製化的服務，期望獲得滿足顧客需求及滿意度之後所帶來的後續影響，如再購意圖以及顧客忠誠度。

3.3.1　顧客滿意度之意義

顧客滿意度（customer satisfaction）是很多企業追求的目標，也是企業經營管理最重要的評估指標。Cardozo（1965）首次提出顧客滿意的概念，認為顧客滿意會增加顧客再次購買的行為，且會購買其他的產品。顧客滿意度為評價的結果，包含對付出與獲得的評價（Howard & Sheth,1969; Churchill & Surprenant, 1982），此滿意包含認知成份或情感成分（Oliver, 1981）。Spreng（1993）則認為顧客滿意是指消費者經過購買後，評估購買過程，所產生的感性及理性知覺狀態。顧客滿意可與舊有顧客建立關係，相較於爭取新顧

客是一種成本較節省的途徑，可使舊有顧客有較高的再購傾向，並經由正向的口碑，來爭取新顧客，對獲利力有顯著的影響。

Engel *et al.*（1993）認為顧客滿意度為顧客使用產品後，對產品效用和購買前期望兩者差異之一致性比較，若兩者間有一致性，則顧客將產生正向之滿意度，反之則產生不滿意。而Ostorm & Lacobuci（1995）對於顧客滿意之看法同樣是認為滿意和不滿意是一相對性之判斷，這個判斷同時會考慮顧客購買產品後獲得之利益和付出成本或勞力之比較。

學者Anderson、Fornell和Lehmann（1994）歸納過去之研究，提出不同觀點來解釋顧客滿意度：

(一)特定交易觀點（transaction-specific）

顧客滿意度是指顧客對過去在特定購買地點或者是購買後經驗的購後評估，其可提供特定產品或服務之診斷判定資料。

(二)累積觀點（cumulative）

顧客滿意度決定於顧客對產品或服務之所有購買經驗的整體評價，可提供企業過去、現在和未來之績效指標。

(三)認知觀點（cognitive）

顧客滿意度是顧客將實際從產品或服務中所獲得的認知表現，與先前對產品或服務表現的期望作一比較的認知過程之評價。此時，期望和產品經驗有直接關係，若實際產品表現配合或超過期望則產生滿意；反之，則產生不滿意。

(四)情感觀點（affective）

顧客滿意度的情感觀點，代表消費者主觀覺得好，則顧客滿意度就會產生，反之亦然。並且顧客滿意度為顧客對事物的一種暫時性、情緒性反應。

3.3.2　顧客滿意度之衡量

在顧客滿意度的衡量中，部分學者認為以單一整體滿意度來衡量，即用「單一項目」來衡量。Day and William（1977）認為滿意度是一個整體的現

象，因此滿意度的衡量應爲整體滿意度。Phillip、Gus、Rodney和John（2003也主張顧客滿意度是顧客對於服務過程的整體滿足和滿意程度。

另外一派學者則主張滿意度具有多重面向，應以「多重項目」來測量。Czepiel、Rosenbery和Akerele（1974）即用人員滿意度、產品滿意度和實體設備滿意度來衡量顧客滿意度。Millan和Esteban（2004）提出測量顧客滿意度的六個構面（服務接觸、服務環境、服務效率、關懷性、可靠性和附加屬性）。Voss、Parasuraman 和Grewl（1998）則從價格滿意、情感滿意和服務整體滿意三個構面來衡量顧客滿意度。

Singh（1991）從社會心理學與組織理論中發現，滿意是一多重的構面，即以多重項目來衡量滿意程度，並且指出顧客滿意度的衡量會因產業或研究對象不同而有所差異。Ostrom & Iacobucci（1995）認爲顧客滿意度之評量爲顧客對產品或服務之期望與認知績效所造成滿意判斷之程度，即顧客對企業所提供的產品價格、公司的內部作業效率及服務系統、職員服務態度及專業知識能力、公司整體的表現及其理想中公司的接近程度等的整體性評價。

Fornell（1992）於1989年在瑞典進行全國性顧客滿意指標（A National Customer Satisfaction Barometer）之研究，滿意衡量構面分爲五構面爲：消費前期望、消費後的知覺績效、滿意程度、抱怨與顧客忠誠度。張淑青（2006）則將顧客滿意度構面分爲三種：服務整體滿意、情感滿意以及價格滿意。Anderson（1994）歸納相關文獻後提出「特定交易觀點（transaction-specific）」與「累積交易觀點（cumulative）」兩種不同的觀點來解釋顧客滿意度。Williams & Zigli（1987）則認爲滿意度可以從安全、一致性、態度、完整性、環境、可使用性、及時性等七個構面來衡量。

學者對於顧客滿意度的看法很多，茲將常用之衡量顧客滿意度的尺度整理如下（黃祥峰，2005）：

1. **簡單滿意尺度（simple satisfaction scale）**：分爲滿意與不滿意。

2. **混合尺度（mixed scale）**：非常滿意與非常不滿意，連續帶的兩端。

3. **期望尺度（expected scale）**：衡量產品績效係建立在比較消費者之預期高低。

4. **態度尺度（attitude scale）**：衡量消費者對產品之態度及信仰。

5. **情感尺度（affection scale）**：衡量消費者對產品之情感與反應。

3.3.3 顧客滿意度和顧客信任度

　　「顧客滿意度」和「顧客信任度」是一體兩面的關係。如果說顧客滿意度是一種價值判斷的話，顧客信任度則是顧客滿意度的行為化。**顧客信任度是指顧客對某一企業、某一品牌的服務或產品感到信賴和認同，它是顧客滿意度不斷強化的結果**，與顧客滿意度傾向於感性感覺不同，顧客信任度是顧客在理性分析基礎上的肯定、認同與信賴；一般來說，顧客信任度可分為以下三層次（徐章一，2002）：

(一)認知信任

　　它直接基於服務和產品而形成，因為這種服務和產品正好滿足了它個性化的需求，這種信任居於基礎層面，它可能因為志趣、環境等的變化轉移。

(二)行為信任

　　只有在企業提供的服務和產品成為顧客不可或缺的需要和享受時，行為信任才會形成，其表現是長期關係的維持和重複購買，以及對企業和產品的重點關注，並且在這種關注中尋找鞏固信任的訊息或者求證不信任的訊息防止被欺騙。

(三)情感信任

　　在使用服務和產品之後獲得的持久滿意，它可能形成對服務和產品的偏好。

消費者滿意和信任感
要隨時掌握跟上

　　大多數的行銷者都認為信任感建立非常重要，要跟個別顧客建立良好關係，在現今趨勢、規定變來變去的狀況下，品牌企業要能屹立不搖，得有相關度、可信度、可靠度，才可以永續經營，成為經典的品牌。

　　理科太太以淺顯易懂的方式，解答科學和知識性問題，一夕之間成為媒體寵兒。但是，爆紅的後遺症就是會被外界放大檢視，現在就有人揪著她在影片中的話，認為她沒有提供完全正確的訊息，特別是理科太太把她自己定義為「科普」的Youtuber。

✦ 理科太太在YouTube頻道常曬老公進行業配相關工作（圖片來源：理科太太的YouTube頻道）

　　此外，政府單位農糧署曾公開打臉她先前分享「有機農業肥料是動物大便」的說法，暗批理科太太以「錯誤訊息誤導民眾」！就連台大農藝教授郭華仁，似乎對此也動了怒，在臉書反酸理科太太：「咦，她的科學是活在50年前嗎？50年前是有菜農澆大便的，現在的規範可不能直接使用。」

　　身為知識型Youtuber的理科太太，其獨樹一幟的品牌定位，正是以用科學的專業角度解釋生活瑣事，從感情、烹飪、育兒到身體健康，從她的頻道可以解決我們消費者日常的疑難雜症。

　　理科太太的YouTube頻道於2018年6月成立，以冷靜犀利的談吐獲得網友青睞，頻道成立短短8個月就突破百萬訂閱，影片觀看數幾乎都是50萬起跳，

部分名人專訪甚至突破百萬觀看。不過有網友在PTT以「理科太太也太慘了吧」為題發文指出，近期2、3個月的影片，除了遊香港和劉德華的影片有100萬觀看數，其餘影片只有1、20萬而已，有不少還不到10萬的觀看數。

對於理科太太頻道影片觀看數大幅下滑，原PO嘆「半年前才剛捲起旋風，沒想到過氣這麼快」，其他網友紛紛分析指出，「完全不能怪別人，業配文真的卡太兇」、「一開始影片真的很有趣，開始業配後都走鐘了」；也有網友說「一開始看她的影片是覺得她是素人，所以覺得有趣，後來被揭露才發現根本假素人」、「創業經歷也有疑慮，其實是背景超硬的富二代？」、「不誠實的人又趁人氣旺時瘋狂業配、瘋狂曬老公，後來根本不想點開看，看到推薦影片直接略過」。

資料來源：天下雜誌編輯部，要贏得消費者的心，先用3個通關密語擄獲信任吧，天下雜誌，2019年1月15日；江姿儀，短時間爆紅的理科太太，為何一夜之間由紅變黑？從3個關鍵原因，看品牌行銷不能做的事，商業周刊，2019年1月23日；尉遲佩玉，理科太太紅半年跌落神壇？網曝原因好慘，中時電子報，2019年9月4日。

影片來源：https://www.youtube.com/watch?v=QrWb2xXg33Y

3.4 顧客忠誠度

處於經濟不景氣中，維繫顧客忠誠度的好處會突顯出來。企業可以用比較少的成本去服務忠誠的客戶。他們通常會將更多的花費集中在他們信任的公司，因為這些公司提供比較好的待遇，可以滿足他們的需求。有些消費者對一家企業的喜好度，還比不上最新的折扣價。跟這種消費者相比，忠誠的顧客更不可能變節。這些忠誠的顧客對於企業放大行銷資金的效應會有很有助益。特別是，忠誠的客戶對朋友與同事口耳相傳的推薦，會替企業帶來更多想法相同的客戶，奠定其在經濟復甦時的成長基礎。

3.4.1　顧客忠誠度之意義

顧客忠誠度是現代企業永續經營的重要指標。James（1970）指出顧客忠誠度是指顧客在某一段期間內對相同廠商的產品購買機率的高低，購買機率愈高，忠誠度愈高。Raynolds、Darden和Martin（1974）認為顧客忠誠度就是一

段時間內，顧客有需要時他們會重複地光臨此商店。Neal（1999）指出顧客忠誠度是顧客重複光顧的行為，就是消費者在特定品項中，挑選相同產品或服務的次數與購買總次數的比例。Bowen和Shoemaker（1988）陳述顧客忠誠度是顧客再度光臨的可能性大小，而且顧客樂意成為這個企業的一份子。

　　Tucker（1964）將顧客忠誠度具體的定義為連續3次購買同一品牌的行為。Stank *et al.*（2003）將顧客忠誠定義為一種長期購買的承諾，包含對賣方一個正面的認知態度與重複惠顧的行為。Griffin（1997）指出顧客忠誠關係到購買行為，滿意卻只是一種態度而已，他認為顧客忠誠包括四種意義，經常性重複購買、惠顧公司提供的各項產品或服務系列、建立口碑、對其他業者的促銷活動具有免疫性。Dick and Basu（1994）認為只單純探討行為理論並不能完全解釋顧客忠誠，顧客忠誠之研究必需加入心理層面的考量，表示顧客忠誠是消費者對某實體（品牌、服務、商店或賣主）的態度與購買行為之間的關係。

3.4.2　顧客忠誠度之衡量

　　顧客忠誠度很難明確定義，一般來說，有三項可區別方法來測量忠誠度：行為測量、態度測量及綜合測量。行為測量將一貫重覆之購買行為視為判斷忠誠度的指標，但重覆購買並不絕對是品牌忠誠之心理因素影響下的結果。態度測量則採用態度資料來反映情感與心理在忠誠度上固有之關聯，態度測量與忠誠、契約及忠實感覺有關。而綜合測量則包含前兩項層面及對顧客偏好產品、品牌轉換傾向、購買頻繁度、新近購買與購買總額之測量。此綜合測量方法被視為一項有價值之工具，並將之應用於了解在數種範疇內的顧客忠誠度，如零售業、娛樂業、高級旅館及航空公司（Bowen & Chen, 2001）。

　　Choi *et al.*（2006）將顧客忠誠區分為忠誠、潛在忠誠、假忠誠、無忠誠等四種類型。Gronholdt *et al.*（2000）在探討顧客滿意和顧客忠誠之間的關係時，將顧客忠誠區分為顧客再購買意願、交叉購買意願、向其他消費者推薦品牌／公司。Chaudhuri and Holbrook（2001）認為顧客忠誠包含情感忠誠及行為忠誠，情感忠誠是指消費者在心理上對品牌認同之程度，而行為忠誠為消費者在行為上再度購買相同品牌的意願。Jacoby and Kyner（1973）提出以態度

忠誠與行為忠誠做為衡量顧客忠誠度的兩個構面。Oliver（1999）根據 Jacoby and Chestnut所提出的顧客忠誠決策三階段，即信念、情感、意圖模式，主張顧客忠誠的形成是內隱於態度發展結構，最後外顯於購買行為，並進一步將顧客忠誠強弱區分為四個階段，即認知忠誠（cognitive loyalty）、情感忠誠（affective loyalty）、行為意圖忠誠（conative loyalty）、行動忠誠（action loyalty）。

　　Gronholdt、Martensen和Kristensen（2000）提出衡量顧客忠誠度的四個指標如下：

1. 顧客再購意願：顧客未來是否再度購買特定服務或商品的意願。

2. 向他人推薦的意願：顧客是否願意向他人公開推薦或介紹該服務或產品來替公司建立正面口碑。

3. 價格的容忍度：顧客對於公司或服務價格之彈性。

4. 交叉購買的意願：顧客是否願意購買該公司提供之其他服務或產品。

　　相較於傳統的實體交易方式，網路商家彼此間的競爭激烈，要獲得顧客的成本更高，因此，要吸引並留下顧客會變得困難，除非網路對顧客有黏著度，顧客才會重複購買服務或產品。對於線上忠誠度的定義和看法，Butcher、Spark和O'Callaghan（2001）提出線上顧客忠誠度就是顧客對特定的線上商家或服務提供者持久心理情感。Srinirasan *et al.*（2000）認為線上忠誠度是顧客對於特定電子企業持有喜愛態度，進而重複性購買。

 企業推動顧客忠誠度計畫

　　定價是一種語言，買賣雙方用這種語言來找出共享價值的機會。馬可‧貝迪尼（Marco Bertini）為倫敦商學院（London Business School）助理教授，他提出以下五項原則，可以幫助公司與顧客創造共享價值，贏得顧客的忠誠。

一、注重關係

公司通常都有興趣培養忠誠的顧客，忠誠的顧客認同公司的品牌。要做到這一點，公司必須把顧客看成真正的人，而不是錢包。你的企業品牌訊息，或許可以與人建立關係，但如果你的定價只著重交易，顧客可能會注意到，並據此回應，也就是改為光顧別家公司。例如，你可以考慮組合不同產品，而不是分別對每項產品收費。

二、積極主動

了解你的顧客，了解顧客想要什麼，以及你希望顧客展現哪些行為。設定對顧客和你公司都有利的價格。例如，你知道你的顧客是偏好多次的小額收費呢？還是偏好一次收取大筆費用？不要根據競爭者或顧客的抱怨來決定價格，應積極主動瞄準你真正想要的顧客，以及顧客行為。

三、保持彈性

僵固的定價行不通。既然產品的價值因人而異，就不可能有單一完美的價格，能使營收或利潤極大化。人們對價值的認知，也會隨著時間改變。彈性定價能幫助你的企業迎合變動的顧客需求。

四、透明公開

顧客滿意度最差的許多產業，顧客關係也是最不透明的。如果你的公司公開透明呈現定價方式，以及獲利方式，就能建立信任和商譽。透過資訊公開透明，而贏得的忠實顧客，留客成本較低、經常購買更高價的產品，也對錯誤較為寬容。

五、應了解市場對「公平」的標準

重要的是要了解，在你的產業裡，顧客對於公平定價和不當定價，有什麼想法。

2019年618年中慶期間開始，momo購物網趁勢推出了momo幣。momo幣與紅利金的最大差異，在於momo幣有使用期限，比較不會造成企業長期掛有應付帳款的負擔。往後，在行銷活動的會員點數機制操作上，將更不受限制。

目前momo富邦媒的網路購物加上電視購物，已累積了近千萬會員。董事長林啓峰認為，擁有如此廣大的客戶群，下一步就是需要推出某些Loyalty Program（忠誠會員計畫）來增加回購率、留住客人。林啓峰說，現在電商做忠誠會員計畫，已經變成一種「保健因素」。也就是說，消費者並不會由於忠誠會員計畫而增加太多銷售金額，但對於電商平台來說，經營忠誠會員

✦ momo富邦媒體科技董事長林啓峰表示momo幣就是在為momo的忠誠會員計畫「momo Prime」暖身（圖片來源：MOMO官網）

卻是一個很大的成本；但是沒有忠誠會員計畫的時候，消費者就會流失。

借鏡亞馬遜，但不考慮付費制

林啓峰在提到momo Prime計畫時，一再引用Amazon Prime作為參考案例。不過，儘管momo購物網希望能推出一個像是Amazon Prime一樣的「忠誠會員計畫」，但由於美國與臺灣的購物環境不同，因此忠誠會員計畫中所涵蓋的內容也會有所差異。問到momo Prime與Amazon Prime面臨的挑戰有什麼不同？林啓峰說，「最大的差別在於Amazon收錢，但我們不敢收錢。」目前並不考慮將momo Prime設計成付費會員制度。

Amazon Prime的最大亮點在於快速到貨的物流服務，但林啓峰說明，「在臺灣的環境裡，大家本來就認為物流是免費的東西，它就沒辦法綁成一個Prime的概念。」momo目前也已經找到台南、台中、高雄、基隆的衛星倉地點，在衛星倉的臨近區域，未來無論是不是忠誠會員都可以做到3小時快速到貨。

資料來源：程倚華，不做就會死！富邦媒推momo幣，就是為了「它」暖身，數位時代，2019年7月5日；馬可．貝迪尼（Marco Bertini），為顧客忠誠度定價，哈佛商業評論，2019年10月31日。

影片來源：https://www.youtube.com/watch?v=k7oxBcTnXBY

3.4.3　創造顧客連結

(一)定期與顧客溝通聯繫

　　這個方法乍看之下很容易，但實際執行並不輕鬆。大部分的人合作期間都會非常密切地與顧客聯繫，專案結束後就會逐漸失去聯絡。以下是幾個與客戶保持長久關係的小技巧：(1)擅用社群工具與客戶成為好友；(2)記下特別的場合與節慶，例如：客戶的生日；(3)訂閱客戶的部落格；(4)關注客戶且透過社群工具回覆。

(二)提供完善的服務

　　顧客之所以購買，不再僅僅是因為商品的功能，而是出於在購買和使用過程中所得到的美好體驗。美好體驗的營造，除了來自於滿足顧客對於產品的預期之外，還必須設法發掘顧客真正期望得到的東西，最後再讓顧客得到超乎他們預期的驚喜，甚至開始期待每次都會有不同的驚喜。做到了這些，便可以促使顧客出於新的、不同的理由，持續購買公司的產品和服務。

(三)加強訓練員工與顧客之間的互動模式

　　蘋果銷售人員奉行的銷售原則：不要推銷，而是協助顧客解決問題。「你們的工作是了解顧客的所有需求，有些需求連顧客自己都不知道。」員工拿不到佣金，也沒業績配額。　根據前員工提供的訓練手冊，蘋果的服務步驟藏在APPLE這五個字母中，A代表Approach（接觸），用個人化的親切態度接觸顧客；P代表Probe（探詢），禮貌地探詢顧客的需求；另一個P代表Present（介紹），介紹一個解決辦法讓顧客今天帶回家；L代表Listen（傾聽），傾聽顧客的問題並解決；E代表End（結尾），結尾時親切道別並歡迎再光臨。

(四)提供顧客再次購物的誘因

　　除了產品本身價值外，附加服務的提供可以讓使用者擁有美好的購物體驗，並在整體購物流程上做出差異化，增加不可取代性。例如：結帳與送貨效率提升、購物流程的順暢度、商品數量的充足度、商品種類豐富度、完善的退換貨服務等。

在臺灣，許多電商主打的是送貨效率的提升，甚至成爲電子商務的核心競爭力之一。例如，PChome、ASAP等皆主打快速到貨服務，美國Amazon更計畫在未來推出無人機送貨服務 Amazon Prime Air，加速使用者收到貨品時間，優化購物體驗。

針對有經常性需求的產品上（如：日用品、食品），網站可以提供使用者儲存商品的購買份量與配送頻率的功能，讓使用者的購物更簡便，增加使用者在網站「固定購買」誘因。例如Amazon針對特定商品提供「Subscribe & Save功能」，讓商品可依照使用者選擇期間固定發送，並透過多重折扣訊息吸引使用者訂購，如：使用Subscribe & Save功能訂購的商品皆免運費、各商品每次享有95折優惠等。Subscribe & Save是美國Amazon推出的一項優惠服務，正如它的名字「訂購省錢」一樣，當我們在購買商品時，選擇此項服務，就是選擇預訂幾個月之後發貨，這樣Amazon就會在原價基礎上再提供一個折扣，使我們能夠以更低的價格買到該項商品，在Amazon使用Subscribe & Save服務，可享受兩項優惠，分別是享受5%的優惠、無論訂單金額大小，均可免除美國境內運費。使用Subscribe & Save服務下單時，與一般商品訂單有所區別，有必要留意以下要點：

1. 使用Subscribe & Save服務下單後，商品不能添加到購物車，也就是說一個訂單只能購買一款商品（但可以是多件），這是因爲Subscribe & Save訂購只能作爲單獨包裹發貨。如果還有其他需要使用Subscribe & Save服務的商品，需要照上述步驟再操作一次。

2. 如果同一帳戶在很近時間內訂貨（包括參加Subscribe & Save服務與其他類商品）送到同一地方的地址，Amazon會綜合物流成本與倉儲情況，可能一併送貨，以免除我們在轉運公司合箱的麻煩。

3. 訂購週期：如果這件商品是你本身就定期需要的，建議我們按實際需求選擇訂購時間，到規定時間時，Amazon會自動給你發貨，並從我們的信用卡中扣費。

在圖3-6中，我們只要在結帳時右側選Subscribe & Save，接著one month、2 months、3months、6months中任選一個，若是選1 month，那麼在一個月後，Amazon會自動再寄一次相同的商品給我們，選6 months就是每6個月會自動寄一次。不過，使用者可以隨時進行更改或取消，只要在商品寄

出後，到Amazon頁面右上角的Your Account，進入你的帳戶，選擇Orders–>manage subscribe & save items，然後把它cancel（取消）。選擇用Subscribe & Save就可以有額外5%並且免運費，若是有5個或更多商品使用Subscribe & Save的話，就可享有15%折扣。

透過多重折扣訊息吸引使用者訂購，同時標示較低單價。

使用者可以根據需求選擇配送時間，並隨時進行更改或取消訂購。

圖3-6　Amazon的Subscribe & Save功能

(五)牢記顧客的獨特需求

為顧客提供有競爭性、差異化的購物體驗，例如Nordstrom百貨公司購併Trunk Club免費線上設計師服務，建立設計師和顧客之間1對1的關係，了解個人的生活型態和風格偏好，使用此資訊提供精選的產品給顧客，顧客留下他們喜歡的，免費送回其餘不喜歡的。

(六)觀察顧客最常購買哪些產品，以調整庫存

我們可以根據顧客購買或瀏覽紀錄，針對他們最常買或搜尋的商品提供特價、在顧客丟棄購物車時，馬上用E-mail提供特價，或看到顧客在某個產品類別中流連時，提供24小時內購買的折扣。此種方式是運用動態價格達到區隔化銷售，不但能讓業者在個別商品獲得最大利潤，也能與其他競爭對手做區隔。

(七)不找藉口，努力幫顧客解決問題

7-11總經理徐重仁曾說：「好的企業不只是做個獲取利潤的企業就好，還要能為顧客創造滿意度、讓員工感到幸福，如果一個企業能讓客戶感到喜

悅，讓員工幸福，企業自然會產生價值，利潤也會隨之而來。」徐總常說要融入顧客的情境，就是把自己變成顧客去思考，我需要什麼？我喜歡什麼？例如：有名年經男子要拜訪女友的家長，因提早到而在超商閒逛，店長與男子在談話中得知該男子要拜訪的家長姓名，便用服務系統查詢記錄該家長喜歡喝威士忌，便建議男子買瓶威士忌當伴手禮就萬事OK了，而這就是融入客戶的情境。

(八)信守承諾

「只要是答應的事，哪怕尚未簽約，都是一種承諾」，康福旅行社（可樂旅遊）總經理吳守謙開宗明義的表示，對於經營旅遊市場30餘年，堅持說到做到的可樂旅遊來說，「顧客承諾」就是企業的靈魂，它代表著一種情感、一份信任、一個價值。品牌競爭力，不僅於廣告或行銷預算多少、店面據點的多寡，更是結合商品研發、形象、商譽、服務等各種複雜因素，並透過對員工、對顧客的承諾，再加上懂得「分享」，讓每顆小沙粒團結在一起，希望能結合同業的力量，讓臺灣旅遊產業在全球發光發熱。

(九)善用大數據

大數據影響的範疇相當廣泛，從品牌行銷、銷售業務到服務體驗，公司經營的所有層面都可以運用大數據來進行改善。雖然行動社群的互動訊息大多數都是非結構性的資料，然而，發展迅速的語意解析技術將有助於理解客戶的正負面評價，一旦應用軟體掌握顧客抱怨的聲音，顧客關係管理系統就會自主啟動服務標準作業流程，幫助企業在第一線、第一時間掌握現況，設計出感動顧客的客訴處理流程，在問題尚未擴大之前將其消弭於無形，避免後續可能發生的風險與危機。除此之外，虛實整合、跨部門及跨區域整合是大數據的關鍵議題，過去市場、顧客、服務等資訊零碎地散佈在組織各地，現在經由聯結技術的功能，一家實體連鎖商店可以根據虛擬世界的訊息，提供顧客個人化的專屬服務。

數位金融趨勢對銀行分行影響

　　數位金融和電子支付崛起，民眾透過手機APP和網路銀行就能辦理許多銀行業務，其實歐美許多銀行早在多年前就以「變身」的特色分行來推廣業務，例如美國消費金融業者第一資本（Capital One）已有31家咖啡分行。臺灣銀行業近年也吹起特色銀行風，以提升分行存在價值。數位金融年代，經營「分行」成本越來越高，許多銀行，尤其外商銀行紛紛在「砍分行」數目。北富銀董事長陳聖德就曾表示，數位年代，分行若無法發揮「社區」特色，分行存在價值就會降低，每個分行若能與周圍社區緊密聯繫，才能提高價值。

　　玉山銀行也積極搶攻特色銀行商機，在北部的新板特區設立「藝術分行」、台中有「音樂分行」，花蓮則設全台唯一的「黑熊分行」。其中，「黑熊分行」是國內首家動物保育特色分行，玉山銀行花蓮分行融合保育與生態多樣性，倡導人與大自然、野生動物共生共存的理念。

　　玉山銀行表示，臺灣黑熊已被列入瀕臨絕種的保育類野生動物，而花蓮縣大分山區是全臺灣黑熊密度最高的區域，被暱稱有熊國，玉山銀行花蓮分行以「臺灣黑熊」為主題，就是希望讓臺灣黑熊保育概念向下扎根。特別打造的花蓮黑熊主題分行，在空間設計上，一走入分行大廳，就有大型黑熊公仔迎賓，而在營業大廳等候區設有影音專區，配置

✦玉山銀行花蓮黑熊分行增添黑熊保育與生態多樣性因素（圖片來源：玉山銀行官網）

大型液晶電視播放由玉山國家公園管理處發行的玉山育熊記錄片，更特別的是，營業大廳一隅還設有「黑熊小學堂專區」，融入豐富多元的臺灣黑熊保育資訊，讓顧客申辦金融相關服務之際，也能閱讀保育知識。

北富銀目前全台特色型分行有4家：新莊悍將分行、瑞湖勇士分行、桂林艋舺分行、城東e家人分行，各有不同主題及特色，預計明年還會持續推出新的特色分行。若要說到最具代表性的特色分行，莫過於全台第一家家庭式智慧分行「e家人分行」，該分行為北富銀首度跨界與鴻海集團及亞太電信攜手合作，將暖科技應用在人臉辨識、體感互動、智慧撲滿等智能服務，同時還有全台最大室內智慧森木水族箱，將「家庭、金融、科技」深度結合。

北富銀表示，今年改裝分行每日平均來客數為233人，較去年成長約20%。特色分行平均來客數為285人，相對較一般分行上升22%。除了行舍改裝之外，北富銀也致力於在地化經營，下半年於七夕將在中南部7家分行進行「LOVE 7 大串連活動」，教師節於台南分行舉辦「公益來祈願 府城玩智慧」、花蓮分行「月圓人團圓 後山慶中秋」、羅東分行「享壽重陽 樂活久久」、台中分行結合台中市政府爵士音樂季、桂林分行雙11光棍節「脫單不孤單 向月老祈緣」、員林分行「溫馨聖誕節 公益不止息」，多元且豐富的活動內容，誓言要顛覆民眾對銀行的想像，實踐「金融即生活」概念。

資料來源：陳蕙綾，〈銀行攻特色分行〉歐美銀行早有變身趨勢 創新才能提升分行存在價值，鉅亨網，2019年7月18日。

影片來源：https://www.youtube.com/watch?v=hO5h80X7yRU

3.4.4　避免做出對顧客忠誠度不利因素

世界上有四種顧客（潛在顧客、顧客、忠誠顧客、以前的顧客），而保有老顧客所花的錢，比開發新顧客所花的錢要便宜多了，而這些忠誠的老顧客，就是那種心甘情願多付些錢給你的。就像是80/20法則，也許正是這忠誠的20%顧客，貢獻了公司產品及服務銷量的80%。

(一)試圖透過吸引每塊具潛力的客戶族群來增加業績

通常這是利用殺傷力很強的降價來達成。這些做法在不景氣中似乎很合邏輯且緊急必要。客戶購買減少，但是產業的產能調整速度卻很慢。為了增加一點點的邊際業績，競爭對手將會瘋狂砍價。但問題是，並非所有的邊際業績

都有同樣的意義，因為那些被低價吸引而上門的新客戶，在價格回升時經常不會買更多。更甚之，他們有時候會對營運體系帶來新的要求，導致預期之外的新成本。 薩克斯第五大道百貨公司（Saks Fifth Avenue）在2001年那波不景氣中，就落入這個陷阱。他們用大幅降價暫時提升了業績，但是對他們的許多長期客戶來說，這樣的做法卻削弱了其奢華精品的品牌地位。妮曼瑪科斯百貨公司（Nieman Marcus）則填補了這個精品地位。當景氣回升時，薩克斯第五大道業績復甦反而得更緩慢。在目前這波經濟衰退中，零售業環境變得野蠻粗暴，薩克斯第五大道再度採取類似的做法，在2008年11月將設計師品牌的衣服大幅降價，打到三折之多。雖然大降價讓大量消費者湧入搶購，薩克斯第五大道卻冒著失去更多曾一度是其核心客戶的精品消費者的風險。

(二)不分青紅皂白的削減成本

有些績效卓越的公司都承認在不景氣時，必須很痛苦的減少產品與服務，以抵銷獲利的衰退。但是，他們用的是解剖小刀而非大刀闊斧來削減成本，仍然細心照顧其最重要的客戶。例如：某家連鎖超市在經濟疲乏不振時，為了減少店內庫存的商品數量，砍掉了所有未能達到回收標準門檻的商品種類。但是，這個方式未能奏效，店面業績仍遠低於預期的持續下滑。當該公司深究原因時，他們發現三個被砍掉的產品：農村生產的起士、特殊麵包與某種熱帶水果，特別受到許多花錢最多的忠實客戶歡迎。自從無法在架上找到鍾愛的產品後，他們改去其他地方購物。這家公司很快做了一次市調，就發現這些客戶其實願意多花一點錢，來購買他們喜歡的產品。當這些產品重新上架後，購買力較高的客戶逐漸又回流到店裡。

(三)減少以客戶為核心的創新投資

沒有證據顯示在不景氣中產品推陳出新的速度會減緩，所以你不能假設競爭對手會削減這方面的支出。突破性的產品與服務，例如：蘋果的iPod、微軟的Xbox、Zipcar的汽車分享租賃服務、JetBlue的低價機票與亞馬遜的Kindle 2電子書等，都是在經濟衰退時推出上市，吸引了新的客戶，而競爭對手卻在掙扎求生。 績效優異的公司，會持續專注發展在兩、三年內服務最重要的客戶所必備的能力。他們趁著不景氣的危機，動員組織開發創新產品或服務，提供更佳的客戶經驗。不僅是針對現在，同時也放眼未來。

服務這樣做

➡ 星巴克連鎖咖啡品牌狂打優惠促銷策略

據統計數據顯示，臺灣的外帶咖啡杯數高達六億杯，讓不少品牌紛紛搶攻這龐大的黑金商機。日前臺灣本土連鎖咖啡品牌「路易莎」門市店數甫衝破470家，一舉超越星巴克，連鎖咖啡市場競爭日趨火熱。

星巴克聲量遙遙領先　85度C、路易莎、Cama急起直追

連鎖咖啡網路聲量部分，星巴克不負眾望奪下第一，85度C、路易莎分別佔據第二、三名。可以看到85度C、路易莎與Cama的網路聲量總和，仍不及星巴克聲量總數，以3,545則討論遙遙領先。

2019年5月，路易莎咖啡以454間門市的數量，正式與星巴克門市數打平，同時間還有多家門市在籌備中，超越星巴克、登上連鎖咖啡館品牌冠軍寶座，即將是一個月內發生的事。1998年成立的星巴克，花了20年才有今天的規模，2006年才誕生的路易莎，卻只花了一半的時間趕上且後勢持續看好，2019年3月在泰

✦ 喜歡路易莎因為平價外，CP值很高（圖片來源：路易莎官方臉書）

國開出第一間海外門市，更力拼於2020年上市櫃。

路易莎能大量展店是有消費者在背後支持

消費者為什麼願意走進路易莎？餐點是重點！iCHEF共同創辦人程開佑表示，路易莎開始超越星巴克，就是因為熱壓土司和可頌！現做新鮮熱食比起星巴克從冰箱裡拿出來回熱的餐食，讓人覺得更新鮮好吃！「讓一群好的芬芳物質聚合在一起，我認為這樣並不衝突！」黃銘賢說起路易莎為了推出餐點還斥資蓋烘焙廠、餐食廠時，曾遭到抨擊說不務正業，「很多人會限制自己，但我

們必須站在消費者的角度想、給他們需要的，不能為了一客早餐而犧牲一個咖啡客人，如果客人需要，為什麼不做？」

事實證明這條路闖下去是對的，如今餐食營收占了總營收至少4成，黃銘賢自豪地說，「我們做到全世界沒人做到的事情！Blue Bottle誰不會啊，但我們有最好的精品咖啡，再結合風味相近的健康無油煙產品，讓所有適合咖啡的香味特質混合在一起，成為令人開心的香味。」目前路易莎共有兩間烘豆廠、兩間蛋糕廠、一間麵包廠、一間餐食廠、一個物流中心，餐食供應鏈已完整建構，為路易莎大舉展店之路提供充沛燃料。

優惠活動創造討論熱度　品牌聯名、特色門市也成網友討論焦點

綜觀近一年四大連鎖咖啡品牌網路聲量趨勢，可發現優惠活動是讓網友熱烈討論的主要話題來源，如星巴克買一送一優惠、新年優惠活動，及85度C推出第二杯10元的耶誕優惠。除此之外，特色咖啡廳的開幕消息也引發網友熱議，如今2019年初在新豐開幕的火車站星巴克，就讓許多人前往打卡朝聖。另外，2019年Cama與泰山聯名推出款新飲品，分別在該年4月與8月引起一波討論，其中4月主要為網友嚐鮮心得與討論，8月則是因為名列網友超商難喝飲料評比，再次激起一波網路聲量。

星巴克優惠活動勝過特色門市　狂打優惠促銷真是好策略？

星巴克最主要被討論的熱門關鍵字是「門市、優惠、分享、活動」，「門市」是因為星巴克會推出限定門市優惠，如新豐車站門市、桃園統領門市開幕的限定優惠。「分享」則是因為星巴克的買一送一往往會以「好友分享日」的形式推出。

星巴克更在2019年9月時推出整個月份買一送一的數位優惠活動，然而，一直主打優惠活動是件好事嗎？事實上，星巴克的「空間」與「設計」也是網友討論的焦點之一，舉例來說，首間由舊火車站改建而成的「新豐門市」便在2019年初激起不少討論，而花蓮的貨櫃星巴克也是花蓮旅遊必踩的景點，這些消費者就並非因為便宜而消費，而是咖啡店的特色與氣氛。

全臺灣超過400間的星巴克，2019年7月份業績最好的據點不在台北，竟是在花蓮！位於花蓮新天堂樂園貨櫃星巴克，2019年7月營業額破800萬元，為全台星巴克營業門市之冠，更創2018年9月開幕以來之單月新高紀錄，單坪

✦ 花蓮貨櫃星巴克（圖片來源：星巴克官網）

綜效破9萬元以上。花蓮新天堂樂園貨櫃星巴克89坪空間內設有座位86席，累計開幕迄今10個多月營業額破6,000萬元，每天均湧現排隊買咖啡人潮，成為花蓮重要的打卡景點。

但整體來說，星巴克的優惠活動還是最主要的討論關鍵，如果星巴克只能靠促銷活動增買氣，面臨其他平價咖啡的挑戰恐怕凶多吉少。對於路易莎的快速拓展與變形，臺灣精緻咖啡協會理事長曾寧春並不意外，「目前所有連鎖咖啡品牌中，路易莎最到位！」就因為黃銘賢本身的咖啡專業能力高、洞察市場精準、又勇於靈活調整，曾寧春預言，路易莎帶動的「精品咖啡平價化」風潮，將會持續風行下去！

資料來源：i-Buzz網路口碑研究中心，連鎖咖啡品牌聲量戰：星巴克狂打優惠促銷真的是好策略，動腦Brain，2019年10月2日；陳永吉，業績最好的星巴克不在台北竟在花蓮，自由時報，2019年8月5日；食力foodNEXT/林玉婷，大膽擠下星巴克！連鎖咖啡路易莎：不是豪賭，是精密計算的結果，經理人，2019年6月10日。

🕐 **問題討論**

1. 消費者為什麼願意走進路易莎？

2. 星巴克優惠活動勝過特色門市，持續運用優惠促銷策略是正確嗎？為什麼？

3. 2019年7月份星巴克業績最好的據點在花蓮，而不在台北，是什麼原因呢？

本章習題

1. 試述Thaler（1985）提出的交易效用理論中有關知覺價值之概念。

2. 試述Monroe and Krishnan（1985）知覺價值的形成模式的內容。

3. Zeithaml（1988）價格、品質與價值的Means-End模式的內容，在此模式下她把消費者的知覺分為哪個層次？各層次內容為何？

4. 何謂服務品質？

5. 何謂測量服務品質之PZB模式？由誰提出？分為哪十個構面？

6. 到了1988年，PZB模式修改成為幾個特性？每個特性的定義和評量項目的內容為何？

7. 在PZB模式下產生哪五個主要服務品質的缺口？每個缺口的內容為何？

8. 試述顧客滿意度的意義。

9. 試述學者Anderson、Fornell和Lehmann（1994）研中如何詮釋顧客滿意度？

10. 學者對於顧客滿意度的看法很多，常用之衡量顧客滿意度的尺度有哪些？

11. 根據學者徐章一的看法，顧客信任度可分為哪三層次？其內容分別為何？

12. 何謂顧客忠誠度之意義？

13. 請說明學者Gronholdt、Martensen和Kristensen（2000）提出衡量顧客忠誠度的四個指標內容。

14. 創造顧客連結的方法有哪些？能否舉例說明。

15. 我們要如何做才能維繫顧客忠誠度以因應面對不利因素的情形發生？

參考文獻

1. 丁瑞華，2015年行銷課題—5必要條討好奢侈品顧客，工商時報，2015年1月6日。

2. 中央社，大陸想自製韓風 研究韓劇成功關鍵，2015年7月22日。

3. 田思怡，蘋果零售店不肯說的秘訣，聯合報新聞網，2011年6月16日。

4. 何宥緯，服務品質、知覺價值與顧客滿意度、顧客忠誠度之關聯性研究—以網路購物品牌lativ國民服務為例，國立政治大學廣播電視學系碩士班碩士論文，2011年6月。

5. 李雪莉，85度C緊逼星巴克，天下雜誌，363期，2011年5月6日。

6. 林隆儀，服務品質、品牌形象、顧客忠誠與顧客再購買意願的關係，中小企業發展季刊，第19期，頁31-59。

7. 徐章一，顧客服務—供應鏈一體化的營銷管理，中國物資出版社，2002年1月1日。

8. 許秀惠、李建興、黃家慧，今周刊，953期，2015年3月26日。

9. 張譯天，坪效冠軍徹思叔叔的起司蛋糕，今周刊，968期，2015年7月13-19日，頁132-133。

10. 張淑青，顧客忠誠驅動因子之研究—顧客知覺價值之關鍵角色及顧客滿意度與信任的中介影響，輔仁管理評論，13(1)，頁107-132。

11. 黃靖萱，用五星級服務黏住顧客，天下雜誌，312期，2011年4月19日。

12. 黃祥峰，商店形象、顧客滿意對顧客忠誠影響之研究-以臺灣大型購物中心為例，真理大學管理科學研究所碩士論文，2005年。

13. 經理人月刊編輯部，顧客滿意度愈高，產品銷售愈好？2006年12月26日。

14. 達瑞‧瑞格比，績效比景氣更好 培養並維護顧客忠誠度，天下雜誌，2011年4月28日。

15. 鄭心媚，食安風暴裡的燈塔 高志明，今周刊，939期，2014年12月22-28日。

16. 羅弘旭，幾分甜許湘鋐用「一抄二研三創新」做出特色，在別人的成功中找出自己的定位，今周刊，735期，2011年1月24-30日，頁82-83。

17. Alina Chen, 85度C大轉型—從美國到臺灣二代店，透視85度C海內外品牌策略，品牌癮，2014年1月22日。

18. Anderson, E. W. (1994). Cross-category variation in Customer satisfaction and retention. Marketing Letters, 5(1), pp. 19-30.

19. Anderson, E.W. & Sullivan, M. W. (1993). The antecedents and consequences of customer satisfaction for firms. Marketing Sciences, 12(2), pp. 125-143.

20. Anderson, E. W., Fornell, C., & Lehmann, D. R. (1994). Customer Satisfaction, Market Share and Profitability: Findings from Sweden. Journal of Marketing, 58, pp. 53-66.

21. Babin, B. J., & Attaway, J. S. (2000). Atmospheric affect as a tool for creating value and gaining share of customer. Journal of Business Research, 49(2), pp.91 99.

22. Bowen, J. T., & Chen, S. L. (2001). The relationship between customer loyalty and customer satisfaction. International Journal of Contemporary Hospitality Management, 13, 1-2.

23. Bolton, R. N. & Drew, J. H. (1991). A multistage model of customers' assessments of service quality and value, Journal of Consumer Research, 17(4), pp. 375-378.

24. Cardozo, R. N. (1965). An Experimental Study of Customer Effort, Expectation and Satisfaction. Journal of Marketing Research, 2(3), pp. 244-249.

25. Churchill, G. A. & C. Surprenant (1982). An Investigation into the Determinants of Customer Satisfaction. Journal of Marketing Research, 19(4), pp.491-504.

26. Cronin, J. Jr., & Taylor, S. A. (1992). Measuring service quality: A reexamination and extension, Journal of Marketing, 56 (July), pp. 55-68.

27. Czepiel. J. A., Rosenberg, L. J., & Akerele, A. (1974). Perspectives on consumer satisfactions. In AMA educators' proceedings. Chicago: American Marketing Association.

28. Day, Ralph L. Perreault & William P. Jr. (1971). Extending the concept of consumer satisfaction in advance in consumer research, Association for Consumer Research, pp. 149-154.

29. Fornell, C. (1992). A national customer satisfaction barometer: The Swedish experience. Journal of Marketing, 56(1), pp. 6-21.

30. Grewal, D., Monroe, K. B., & Krishnan, R. (1998). The effects of. price-comparison advertising on buyers' perceptions of acquisition value, transaction value, and behavioral intentions. Journal of Marketing, 62(2), pp. 46-59.

31. Gronroos, C. (1984). A Service Quality Model and its Marketing Implications, European Journal of Marketing, 18(4), pp.36-44.

32. Howard, J. A. & Sheth, J. N. (1969. The Theory of Buyer Behavior. John Wiley & Scons Inc., New York, NY.

33. Juran, J. M., 1986. A Universal Approach to Managing for Quality. Quality Progress, 19: 10-24.

34. Lapierre, J. (2000). Customer-perceived value in industrial contexts. Journal of Business & Industrial Marketing, 15(2/3), pp. 120-140.

35. Lehtinen, U. and J. R. Lenhtinen, (1984). Service Quality: A Study of Quality Dimensions, Unpublished Workingpaper, Helsinking Service Management Institute Finland.

36. Levitt, T. (1972). Production-Line Approach to Service. Harvard Business Review, 50: 41-52.

37. Lovelock, C. H. (2001), Services Marketing, 4th ed., Prentice Hall International.

38. Martin, W. B. (1986). Defining What Quality Service is for You. Cornell HBR Quality: 32-38.

39. Millan, A. & Esteban, A. (2004). Development of a multiple-item scale for measuring customer satisfaction in travel agencies services. Tourism Management, 25(5), pp. 533-546.

40. Moliner, M. A., Sanchez, J. N., Rodriguez, M. R. & Callarisa, L. (2006). Relationship equality with a tourism package. Tourism and Hospitality Research, 7(3/4), pp. 194-211.

41. Monroe, K. b. & Krishnan, R. (1985). The Effect of Price on Subjective Product Evaluations, in Perceived Quality: How Consumers View Stores and Merchandise. Jacoby, J. and Olson, J. C. (Eds), Lexiington, MA: Lexiington Books, pp. 209-232.

42. Oliver, R. L. (1993). Cognitive, Affective, and Attribute Base of the Satisfaction Response. Journal of Consumer Research, 20(3): 418-430.

43. Olshavsky, R. W. (1985). Perceived Quality in Consumer Decision Making: An Integrated Theoretical Perspective,1-29. In Perceived Quality: How Consumers View Stores and Merchandise, edited by J. Jacoby and J. C. Olson, Lexington: D. C. Heath.

44. Ostrom, A. & D. Iacobucci. (1995). Consumer Trade-Offs and the Evaluation of Services. Journal of Marketing, 59(1), pp. 17-28.

45. Patterson, P. & Spreng, R. 1997. Modelling the relationship between perceived value，satisfaction and repurchase intentions in a business-to-to business service context：An empirical examination. International Journal of Service Industry Management, 8(5), pp. 414-434.

46. Parasuraman, A., Zeithaml, V. A., Berry, L. L. (1985). A Conceptual model of service quality and its implication for future research, Journal of Marketing, 49, pp. 41-50.

47. Parasuraman, A., Zeithaml, V. A., Berry, L. L. (1988). SERVQUAL: a multiple-item scale for measuring consumer perception, Journal of Retailing, 64(1), pp. 12-40.

48. Parasuraman, A., & Grewal, D. (2000). The impact of technology on the quality-value-loyalty chain: A research agenda. Journal of the Academy of Marketing Science, 28(1), pp.168 174.

49. Petrick, J. F. (2002). Development of a multi-dimensional scale for measuring the perceived value of a service. Journal of Leisure Research, 34(2), 119 134.

50. Phillip K. H., Gus M. G., Rodney A. C., & John A. R. (2003). Customer repurchase intention. A general structural equation model. European Journal of Marketing, 37(11/12), pp. 1762-1800.

51. Rosander, A. C. (1980). Service Industry QC-is the Challenge being met. Quality Progress, 12, pp. 34-35.

52. Sasser, W. E., Olsen, Jr. R.P., & Wyckoff D.D. (1978). Management of Service Operations: Text, Cases and Readings, Boston: Allyn and Bacon.

53. Singh, J. (1991). Understanding the Structure of Consumers' Satisfaction Evaluation of Service Delivery. Journal of the Academy of Marketing Science, 19(3), pp. 223-234.

54. Spreng, R. A. (1993). A Comprehensive Model of the Consumer Satisfaction Formation Process. Dissertation Abstracts International, 53(7), pp.2461-2462.

55. Sweeney, J. C., & Soutar, G. N. (2001). Consumer perceived value: The development of a multiple item scale. Journal of Retailing, 77(2), pp. 203-220.

56. Thaler, R. (1985). Mental accounting and consumer choice. Marketing Science, 4, pp. 199-214.

57. Voss, G. B., Parasuraman, A., & Grewal, D. (1998). The role of price, performance, and expectations in determining satisfaction in service, exchange. Journal of Marketing, 62(October), pp. 46-61.

58. Wyckoff, D. D. (1984). New Tools for Achieving Service Quality, Cornell Hotel and Restaurant Administration Quarterly, 25(3), pp.78-92.

59. Zeithaml, V.A. (1998). Consumer perception of price, quality and value: A means-end model and synthesis of evidence. Journal of Marketing, 52(July), pp. 2-22.

Chapter 04

體驗行銷、體驗價值與顧客行為意向

學習目標

✦ 瞭解體驗的意義、體驗經驗的主要特徵、體驗行銷的意義與特性、體驗行銷策略模組的內涵、傳統行銷和體驗行銷之差異處、如何創造顧客體驗

✦ 明白價值的意義、體驗價值的概念、體驗價值的種類

✦ 探索顧客行為意向之意義、如何衡量顧客行為意向

本章個案

✦ 服務大視界：江蕙封麥「祝福」演唱會

✦ 服務這樣做：三商餐飲運用科技 強化體驗增強顧客忠誠度

服務大視界

➡ 江蕙封麥「祝福」演唱會

　　江蕙縱橫臺灣歌壇逾40年，歌迷橫跨華人世界老中青世代，因此號稱製作成本近6億元的25場告別演唱會，造成全民搶票社會現象，創下票房高達10億元紀錄，是2015年歌壇盛事。接下來橫跨3個月的歌唱會，將創造25萬人追星的紀錄。

　　一位歌手，唱盡悲歡離合，每個人都能將她的某一首歌連結到自己的某個人生時刻，這就是「江蕙現象」，而

◆ 江蕙封麥演唱會造震撼全台的「江蕙現象」（圖片來源：文化部官網）

當這樣的歌手決定回歸平凡，竟引起全台震動，就成了「江蕙事變」。「江蕙現象」，最直接的說法就是「每個人心中都有一首江蕙」，不見得全民都是她的歌迷，但一定知道她的歌，也能從她的歌，想到自身小時代或社會大時代的故事。那些阿公阿嬤獲得日文歌的安慰，爸媽輩記得「惜別的海岸」和「酒後的心聲」那種時代感，「家後」是阿嬤、媽媽的心情，「落雨聲」是子女的感歎，「甲你攬牢牢」又是全民的暖心曲。

　　「江蕙現象」本是不知不覺存在著的，就像潛意識裡藏的那首歌，直到2007年為隔年「初登場」演唱會售票時，潛意識浮上檯面，才發現自己與眾人早「中毒」許久，所以台北那4場演唱會的票搶翻天，到隔年真正開唱時，權貴與小民都為她的某一首歌流淚。而有些阿公阿嬤，此生第一次看演唱會、第一次進台北小巨蛋，都因為她。對於江蕙歌曲「療效」的集體渴求，幾套巡迴下來愈見擴大，尤其「祝福」又是絕響，開了16場還無法滿足歌迷，加到25場還是有人向

隅，「搶票」成為全民運動、甚至暴動，售票系統遭到全面檢討，甚至科技大老施振榮都出面為自家系統掛保證。網友戲稱這是「江蕙事變」，的確是史上首見。

　　25場，大約就是25萬多人次，占全台人口數比例如此之小，但江蕙的擴散力當然遠大於現場這些人。她怎麼做到的？音樂，當然。44年歌唱生涯、34年行走歌壇，從最早的日文歌、老台語歌，一路唱到新台語歌，從小情小愛、失戀酒醉、生離死別，唱到關懷與祝福，江蕙的歌隨時代在成長變化，擴大了台語歌的格局與輻射，達到跨年代、跨語言的成就。

　　不是「唱得久」在成就江蕙，而是「唱得好」。她的歌藝經5座金曲歌后桂冠認證，哀戚、宛轉、俏皮、博愛，各種技巧盡在掌握，而詮釋的情感動人，尤其現場唱得一如錄音室作品精準完美。江蕙能成全民偶像，還在她的為人處世。她愛惜羽毛，接廣告接代言接活動，看重的不是酬勞，再三考量的是意義與自己執行的能力；江蕙是天后但不擺架子，與歌迷家常互動，還常主動提攜後進；她關懷弱勢、愛護動物，私下做了不少好事，也會號召歌迷一起公益。

　　曾有人說，江蕙一開口，「10萬人說江蕙懂我」，但她卻誠惶誠恐：「哎喲，這樣說好嗎？我只是把歌唱好而已。」唱好歌、做好人，終會贏得勳章，不只是金曲獎的「特別貢獻獎」，一個歌手能成就一個「現象」，那就是最大的推崇。

資料來源：袁世珮，「江蕙現象」之說 臺灣最大的推崇，2015年7月25日；寬宏藝術。

⏱ 動腦思考 ────────────

1. 2015江蕙封麥「祝福」演唱會中的「江蕙現象」內涵為何？

2. 歌手江蕙能成為臺灣全民偶像的原因為何？

4.1　體驗行銷

　　一個以色列企業家開了一家咖啡店，名為「真假咖啡店」，店內沒有任何真正的咖啡，但是穿戴整齊的侍者仍有模有樣地裝作為客人倒咖啡、送糕點，讓消費者體驗到咖啡廳交朋友、談天的社交經驗。位於美國拉斯維加斯的論壇購物中心，地面鋪上大理石地板，偶爾還有古羅馬士兵行軍穿過白色的羅馬式列柱，讓消費者以為重新回到了古羅馬集市。

　　經濟的演進過程，就像母親為小孩過生日、準備生日蛋糕的進化過程。在農業經濟時代，母親是拿自家農場的麵粉、雞蛋等材料，親手做蛋糕，從頭忙到尾，成本不到1美元。到了工業經濟時代，母親到商店裡，花幾個美元買混合好的盒裝粉回家，自己烘烤。進入服務經濟時代，母親是向西點店或超市訂購做好的蛋糕，花費十幾美元。到了今天，母親不但不烘烤蛋糕，甚至不用費事自己辦生日晚會，而是花一百美元，將生日活動外包給一些公司，請他們為小孩籌辦一個難忘的生日晚會。這就是體驗經濟的誕生。

4.1.1　何謂體驗（experience）

　　袁薏樺（2003）指出體驗（experience）一詞導源於「exprientia」，意指探查、試驗。Kelly（1997）認為體驗不是一種單純的感覺而已，而是個經歷了一段時間或活動後所產生之感知，是對一種行為的解釋性意識、一種與當時之時空相聯繫的精神過程。Abott（1955）認為所有產品執行的服務對消費者來說，是提供一種消費體驗。消費者真正在意的不是產品本身，而是滿意的體驗。Lebergott（1993）也提到：經濟活動的目的並非結果，而是消費體驗（consumption via consumption）。體驗與人們生活息息相關，而人們生活又極需要倚賴經濟行為，因此體驗也被視為一種經濟商品。Arnould *et al.*（2004）認為，體驗是在環境之下身體、認知與情感彼此互動，任何經驗導入之努力與技巧，影響消費者的身體、認知與情感互動。情感與認知無法分離，情感意指心智評價流程之全面組合，上述流程導致身體狀態與附加心智，而且體驗是消費者行為的核心（林萬登等人，2009）。Pine & Gilmore（1998）主張體驗是企業以服務為舞台、以商品為道具，環繞著消費者，創造出值得消費者回憶的活動；其中商品是有形的，服務是無形的，而所創造出的體驗則是令人難忘的。

　　體驗經濟是企業可以藉由提供消費者良好的、獨特的、深刻的體驗來進行差異性很大的市場區隔，並因此居於價格優勢。Pine & Gilmore（1999）在其著作中舉了一個有關咖啡的真實案例：「一磅一美元的咖啡豆，換算成咖啡，大約是1~2分錢一杯的價格，但是經過包裝，同樣的一批咖啡豆，放在裝潢典雅的店裡，價格馬上躍升至5~25分錢一杯，如果把它放進餐廳或是咖啡館，則價格可賣到50分錢或一塊錢一杯。同樣的咖啡，若是由五星級餐廳售出，消費者便要花上2~5美元一杯的代價才享用得到。」一分錢一分貨的定義，從上述的實例中，可能要重新評量。從一分錢到五美元，中間的差價，並非花在產品本身的品質差異，而是消費時的體驗感受。Pine & Gilmore（1998）將經濟模式與經濟產物之演進分成四個階段如下：

1. **農業經濟模式**：農業耕作生產新鮮產品提供消費者，附加價值有限。

2. **工業經濟模式**：以經過加工的產品提供消費者，產品漸有差別性。

3. **服務經濟模式**：最終產品加上銷售服務，在此情形下，服務差別大、附加價值高。

4. **體驗經濟模式**：佈置一氣氛高雅的環境，體驗的差別感覺最大，讓消費者享受貼心的服務和產品，附加價值最高。

　　體驗經濟是一種全新的經濟形態，它的提出展示了經濟社會發展的方向，孕育著消費方式及生產方式的重大變革，適應體驗經濟的快慢將成為企業競爭勝負的關鍵。以下探討體驗經濟的主要特徵，如圖4-1：（張承耀，2006）

圖4-1　體驗經濟的主要特徵

(一)終端性

現代行銷學注意的一個關鍵問題是「通路」，即如何將產品送到消費者手中。一般來說，在生產環節中，製造單元的供求關係形成了「供應鏈」，商業買賣關係形成的是「價值鏈」。在這之中，「顧客」是一個重要的概念。但是，所謂的「客戶」既可以是自然人，也可以是法人、單位或機構；既可以是上游單位，也可以是下游單位，還可以是「客戶的客戶」或泛泛的關係戶。那麼，這種通路和鏈條的方向究竟是什麼？體驗經濟明確指出是最終消費者，是作為自然人的顧客和用戶。如果說目前企業與企業之間的競爭已經轉換為供應鏈與供應鏈之間的競爭的話，那麼，體驗經濟強調的是競爭的方向在於爭奪消費者。體驗經濟聚焦於消費者的感受，關注最中心、最前線的戰鬥。

(二)差異性

工業經濟和商品經濟追求的是標準化，這不僅要求有形產品的同質性，也要求製造過程的無差異性。在服務經濟中已經表現出相反的傾向。這是因為最終消費者的情況千差萬別，企業要滿足不同顧客的需求，就必須提供差別化的服務。實際上，在產品層次上也體現出個性化的趨勢，例如：服裝、鞋子的電腦測量製作；人們可以買印有普通明星人頭像的掛曆，也可以要求製作印有自己家人頭像的掛曆；茶杯上刻上主人的名字就能賣個好價錢；自己動手製作、修理傢俱或進行其他家務勞動（DIY）日益普及，在電話卡、交通卡上印製特定圖案當做紀念品送人；根據個人選定的配置組裝電腦送貨上門；寫有特定祝福語句的生日蛋糕受到廣泛歡迎等等。

(三)感官性

最狹義的所謂的「體驗」就是用身體的各個器官來感知，這是最原始、最樸素的體驗經濟的內涵。旅遊是一種體驗，坐在家裡看電視風光片僅僅使用了眼睛，實際爬山眺望要用四肢；動感影院不僅要用眼睛更是用整個身體來感受；聽音樂會與自己唱卡拉OK有所不同；聽廣播與看電視不同；看電視轉播球賽與親身到現場觀看皇馬比賽、當個球迷瘋狂吶喊也不相同；去迪斯尼樂園、遊樂場、野生動物園；去健身房、騎馬、滑雪、攀岩、衝浪、蹦極；玩模擬足球賽遊戲機、模擬投資沙盤；到京郊生存島學習製作蠟染、豆腐等；逛主

題公園、農家遊、採橘、釣魚等都是體驗，在頂樓旋轉餐廳可以邊吃邊看；在英國的主題餐廳，人們一邊吃著送過來的食物，一邊觀看有戲劇性的演出，甚至隨著情節掀起了「人浪」；在北京一家百貨公司的一層舉辦了歌曲大賽。這些都調動了身體五官，從而增加了體驗的強度。

(四)知識性

　　消費者不僅要用身體的各個器官感受，更要用心來領會，體驗經濟重視產品與服務的文化內涵，使消費者能增加知識、增長能力。現在，已發展國家的銀行已經將取款、存款、轉賬等業務交給自動機去做了，在銀行視窗，工作人員主要是為客戶提供家庭理財諮詢；在一些飯店或理髮店有報紙、雜誌供人閱覽；在英國的一些火車上有免費的報紙發放；一些美容店不僅提供一般的美容服務，還提供技能培訓，教顧客自己美容的知識和方法；在百貨店，業務人員要能講解PDA的使用方法、遠紅外線的相關知識；倒立器可以治腰痛，但人們願意瞭解為什麼能有那樣的功能；頭朝下「控得慌」是正常還是不正常？文化性中不乏趣味性，國外有的文化衫在前面大嘴巴的口袋中放入不同話語的字條引人發笑和親近。從學習、諮詢、顧問的功能看，學校與醫院是體驗經濟的重要陣地。

(五)延伸性

　　現代行銷的一個基本理念是「為客戶的客戶增加價值」，即認為企業所提供的產品與服務僅僅是顧客需要的某種手段，還必須向「手段—目的鏈條」的縱深擴展。因此，人們的精神體驗還來自於企業的延伸服務，這些服務包括相關的服務、附加的服務、對用戶的用戶的服務等等，例如：百貨公司對大件物品送貨上門；對耐用消費品的售後維修服務；舊品的以舊換新和升級換代；根據買房客戶的不同需求提供裝修、看護、增值的服務；買建材傢具用品贈保潔服務等等。這裡的延伸性還包括滿足人們的深層次需求，例如：麥當勞在聖誕節時讓進來的孩子們先簽名留念，使孩子們得到精神上的滿足，麥當勞還提供代賣月票的服務；也許有人進入麥當勞並沒有買食品而是利用了其廁所，這既給人們提供方便，也增加了麥當勞的人氣。

(六)參與性

消費者參與的典型是自助式消費，例如：自助餐、自助導遊、自己製作（DIY）、自己配置飲料、農場果園採橘、點歌互動等等。實際上，消費者可以參與到供給的各個環節之中，例如，企業進行市場調查，讓消費者參與設計；日本政府曾發出通知，要求家電用品的說明書要有家庭主婦參與編寫；市郊旅游者網上組團；在上海工作的湖南老鄉組織包機回鄉；參加全美NBA明星賽的球員由大眾投票產生；有的電影在關鍵時刻由觀眾投票決定情節的走向；患者點醫生等等。在歐洲的一些超市，顧客可以自己完成條碼的掃描，減少了付款排隊的時間。在中國大陸的一些大學裡，已經有了學生出資辦的股份制書店。大眾媒體的互動性、參與性也顯著增強，例如，廣播電臺要求聽眾通過電話、手機、互聯網等多種形式參與討論，聽眾甚至於可以根據當天的嘉賓的表現要求第二天繼續出席的嘉賓；人們看電視歌手大賽興趣盎然，他們可能會在歌手唱歌時調到其他台而在回答問題時及時調回來，因爲在回答問題方面可以與歌手「有一比」。總結，農業經濟：經驗就是力量；工業經濟：標準就是效益；服務經濟：得「懶人」者得天下；體驗經濟：參與是支持的前提。

(七)補償性

在顧客參與方面還有參與監督。另外，企業提供的產品與服務難免有令消費者不滿意的地方，甚至於會造成消費者的傷害或損失，這時需要很好的補償機制。例如：許多企業通過800電話回覆顧客問題和抱怨、接受投訴和徵求意見；有的商場準備專款用於對消費者損失的快速賠償；有的商場在各個樓層都設立了退換貨室，提出了便利的退換貨承諾，讓消費者感到買的放心；有的商場寧願「花錢買意見」；主管部門將乘客對各個航空公司投訴的情況予以公開；有的城市由群眾投票對各個部門服務水平進行打分排名；國外有的機場準備了專門的投訴室供不滿的乘客發洩等等。顯然，消費者的權益和意見是否得到了尊重，他們自己的體會最爲深刻。

(八)經濟性

消費者的經濟性表現在搜尋比較費用、最初購買價格、付款條件、使用中的消耗與維修費用等許多方面。網上查詢極大地降低了搜索費用。商家確定價

格時可能採取許多花樣，例如：搭售、買一送一、買100送30、抽獎等等；有的商家賣手機時說買一臺可以贈給90元購物券，實際上是3張30元的券，用該券只能購買規定的幾個品種，而且每次購買只能用1張券，那些商品在外邊只有幾塊錢，這裡卻賣到30元錢，這樣只能給人們帶來負面的體驗。購買手機只是一次性的費用，價格高低固然是選擇的參照，而日常使用費用更是人們所關心的；家用電器的耗電量多少、汽車耗油量的多少以及備件的價格也是決定購買的次數。

(九)記憶性

上述特性都可能會導致一個共同的結果─消費者留下深刻的記憶。留下美好的回憶是體驗經濟的結果性特徵。例如：一中國大陸旅客在倫敦火車上遇到列車中途停車晚點40分鐘，列車決定免費提供飲料，還提供免費電話讓乘客向家人報告會晚到，車中歡聲笑語一片，其結果，本來不愉快的事情變成了愉快的經歷；一位中國旅客在南韓火車上最深的感受就是一個字「靜」，大家都不高聲說話，列車上也不播放輕音樂。

(十)關係性

以上主要涉及的是一次性消費的情況，從一個長期的角度看，企業也要努力通過多次反覆的交易使得雙方關係得到鞏固和發展。如同人們之間需要朋友的友情一樣，企業與消費者也需要形成朋友關係，實現長期的雙贏。例如：航空公司計算單程旅客獎勵制度，消費越多回報越大。多重身份也是關係化的重要表現，例如：傳銷就是將用戶與推銷結合起來，使得消費者進入銷售鏈中。更為組織化的形式有會員制商店、產權式公寓、消費合作社等等。後面的一些形式使得消費者不僅僅是單純的客戶，還增加了產權關係，成為了所有者。

上述體驗經濟的各項特徵並不是完全孤立地存在，而是相互聯繫、相互結合地起作用。從過程看，有感官性、個性化、參與性等等；從結果看是留下記憶；從長期看，是過程與結果的交替和反覆，在加深關係的同時增強了記憶，在交易關係之中融入了朋友的色彩。

以人為本的體驗經濟

　　跨界的時代，人才也必須有跨界思維。宏碁創辦人、國藝會前董事長施振榮常常在媒體上談論人才議題，「臺灣不缺人才，只缺舞台。」2015年4月13日施振榮提出產業文創化的概念，指臺灣產業的未來必然走向體驗經濟，強調產業一定要用藝文來提高附加價值，企業也必須整合理性及感性。於是國藝會號召企業老闆改變慣性與行為，把福利金拿來讓員工參與藝文活動。

　　施振榮認為，「經營企業壓力都很大，花錢要有智慧！」國藝會號召企業將每年亂花及花不完的福利金拿出來，以藝術活動取代吃吃喝喝，讓員工有「藝文體驗」進而慢慢對企業產生轉型與其他的價值，讓不管是科技業或是傳統產業的人，都能有藝術思維。國家文化

✦ 國家文化藝術基金會前董事長施振榮（圖片來源：文化部）

藝術基金會執行長陳錦誠指出，藝文和創意是臺灣優於中國的指標，藝文體驗是最核心的部分，它必須在生活中長期培養。

　　施振榮說，「至少我有改變世界的熱忱和企圖心，10年、20年，要改變整個客觀環境。不改變，未來就沒有太多希望！」他舉賈伯斯具有美感、簡化的藝文思維為例，工業設計發展40年，剛開始談的是理性的人體工學，最近擴大到體驗經濟，以人為本的體驗，也思索用什麼新的創意能讓體驗更好？施振榮說，藝術表演本身就是想觸動你的心，現在很多人還是人體工學、科技導向的思維，只有感性沒有科技也不行。從企業福委會、人資或研發部人員找出1~2名當「創薪大使」，參加藝術工作坊。媒合企業家和藝術家，透過遊戲和角色扮演的方式讓員工開心、開腦，就會有創意，也會改變團隊的默契。

　　除了在福利金的預算裡排進藝文活動表演之外，企業裡的大藝廊也可以引進藝術家或讓員工參展。初期已招募20~30個企業成為會員，包括hTC、明碁、緯創、佳世達都是會員。目前鎖定願意以藝文加入公司變革的中小企業，條件是願意投入人力資源、願意被當成分享案例，國藝會將投入資源協助。

資料來源：郭芝榕，施振榮：產業必然走向以人為本的體驗經濟，數位時代，2015年4月13日。

影片來源：https://youtu.be/wBJLj4sMvtU

4.1.2 體驗行銷之意義與特性

　　「體驗行銷」是種新的行銷方式，體驗行銷不像傳統的行銷方式，只注意產品的功能、特性、商品利益與品質，例如臺灣很多電子智慧商品都用傳統的行銷方式銷售，只要拿到ISO的品質認證來強調好品質，然後就覺得完成了。當然，產品的特性、品質與商品利益並不是不重要，而是傳統的行銷方式最大的問題是，單純強調商品本身是不夠的，你還要再多一點，也就是用「體驗行銷」為顧客創造出更多經驗與體會。

　　舉例來說，全世界各種汽車品牌的品質都差不了多少，想要成功，就要多點不同的東西。在美國，福斯（Volkswagen）推出的金龜車（Bettle），有有趣的造形、特殊的顏色，有些顏色甚至還得要到網站上才能買到，再配合真正好玩又精采的廣告，讓這款金龜車看起來就是可愛，甚至設計出「你想要玩曲棍球嗎？」的廣告文案，創造出很有情感的品牌形象。以飲料為例，有種飲料從不說它的味道如何，只強調它的瓶子形狀；再以新加坡航空為例，總是以「坐在座艙裡舒適的感覺」作為航空公司的形象，讓你感受它在你上飛機前會如何招待你、微笑迎接你等，這不僅僅是單純地從台北飛到新加坡，而是從你一開始劃位、登機、起飛到到達等經驗感受（溫珮妤，2011）。

　　體驗行銷源自Pine & Gilmore（1998）所提出的「體驗經驗」，爾後Schmitt在1999年提出「體驗行銷」觀念，則將其焦點放在顧客體驗上，其定義體驗行銷為「個別顧客經由觀察或參與事件後，感受某些刺激而誘發動機產生思維認同或消費行為，增加產品價值。」Schmitt（1999a, 1999b）提出「體驗行銷」（experience/experiential marketing）的概念，其對體驗行銷的定義為：

「基於個別顧客經由觀察或參與事件後，感受到某些刺激而誘發動機產生思想認同或消費行為，增加產品價值。」其主要理論是產品或服務可以為顧客創造出完全的體驗，方式是提供感官的、具感染力、創造性關聯的經驗，作為一種生活型態行銷與社會性認同的活動。他主張消費經驗是可以被塑造的，行銷人員應該跳脫產品特性，跳脫和競爭品牌無止境的功能競賽，應該發揮想像創意，專注心力去為消費者塑造一份全新的體驗。Gupta（2012）發現行銷方式與工具已從產品導向轉為服務導向的客戶體驗。

黃慶源等人（2004）說明體驗行銷是一種以消費者感覺為主要訴求的行銷方式，經由外在的空間環境營造令人滿意的服務程序，促使消費者在視覺傳達、情境體驗、心靈體會上得到更多，得到消費實際產品外的無形服務及附加價值。隨著體驗經濟的來臨，消費體驗的觀念再度受到重視，學者也相繼提出有關的探討。曾光華、陳貞吟（2002）針對一些學者（Phillips *et al.*, 1995; Pine & Gilmore, 1998;Schmitt, 1999; Wolf, 1999; Jensen, 1999）的主張及看法加以歸納，並整理出體驗行銷四大特性，請見表4-1。

表4-1　體驗行銷四大特性

體驗行銷四大特性	說明
產品的特性	著重在娛樂、藝術、休閒及文化方面的消費情境訴求，具有特定主題的故事情節，追求無形的象徵意義及效益，強調不可言喻的感官刺激。
消費者的特性	著重在感覺的追求（Sensation Seeking）、情感的紓解、富創意的挑戰，強調潛在而需要被激發的右腦反應。對消費者而言，時間是一種資源，工作是享樂為先，重過程而不重結果。
消費者的決策過程	消費的決策過程與傳統的決策過程有顯著的差距，整個體驗行銷的決策模式是由產生消費願景、探勘式地搜尋資訊、感性的評估，而後產生一種行動，最後留下有趣且難忘的記憶，且在記憶中經歷的是一場不求目的的享樂。
行銷的運作形式	體驗行銷包含了各種體驗的形式，這些體驗形式都是心理學中所提到的認知與心智的部分，且與生活型態或是能夠觸動感官與心靈的個體思考與行為息息相關。這些體驗形式同時也因消費參與沉迷的程度而有所不同。在運作之時，行銷人員必須能巧妙結合多種不同的體驗形式，才能使體驗行銷發揮最大的整體效果。

資料來源：曾光華、陳貞吟（2002）

桌遊店行銷「好心情」

　　2015年3月的一個周末，台北東區一家桌上遊戲店，一組客人正玩著今年新出的熱門遊戲〈駱駝大賽〉。突然間，其中一個人的舉動，讓其他九位客人一起大笑，「哈哈哈！」大家越笑越大聲，猛然地「嘩」了一聲巨響，店裡的大片落地玻璃破裂了！談起這個場景，派樂地創辦人張雲淞（台大經濟系畢業）難掩興奮，「真的超誇張的，那個是強化玻璃耶，居然可以笑到破掉。」不只如此，這家開幕不到兩年桌遊店，每個周末幾乎都客滿，讓人難以想像張雲淞創業之初，曾經歷一天營業額只有四十元的慘澹時光。

　　一開始，張雲淞和現今合夥人、台大會計系同學陳韻竹資本有限，只朝本錢小的去想，故避開店租成本高、市場競爭的台北，決定落腳在還沒有桌遊店的基隆。2011年年底，「樂氣球」正式開店，但有好一陣子，每天的營業額連一百元都達不到。經過一年下來，基隆店的生意雖有起色，卻浮沉在小賺小賠間，他們兩人意識必須有所抉擇：「一個是把店收了，另一個是把微薄的資源注入新的店面。」最後他們決定放手一搏，2012年10月，樂氣球前進桌遊店最密集地區──台北公館。

　　沒想到樂氣球平價、提供教玩服務的特色搬到公館後廣受好評，張雲淞分析，「顧客只是想輕鬆過一個下午，而不是要來學習。」他發現自己不必學會所有桌遊玩法才能服務客人，「因為受歡迎的就是那幾套，會七、八十套就很夠用了。」

　　此外，他們也觀察到，公館店來客的上班族高達五成，這群客層需要的是與朋友一起打發時間、能有點娛樂、消費又合理的空間，同時，都是先約聚餐，再約下一攤，可見「只要鎖定年輕人喜歡聚餐的附近即可。」抓住客層消費行為後，張雲淞和陳韻如兩人決定展店，這次鎖定上班族，大膽地選在八德路巷弄的地下一樓，找來好友王永昇入股，負責規劃餐飲，提供多樣化的餐點、更舒適的場地，以及包場的服務。結果，相較於公館店每人平均

消費180元，派樂地平均每人消費達350元，幾乎是公館店的兩倍，連台北市長柯文哲也來過，證明不開在鬧區，也可以打出一片天。

資料來源：吳沛璇，桌遊店專賣「好心情」20萬本錢滾出年營收550萬，今周刊，963期，2015年6月8-14日，頁118-119。

影片來源：https://youtu.be/yOIDhD4cBPw

4.1.3　體驗行銷策略體驗模組

Russell and Mehrabian（1975）發展出PAD（Pleasure Arousal Dominance）量表，其中包含了18種情緒描述，用來衡量顧客的消費情緒體驗。Pine and Gilmore（1998）提出體驗可依顧客參與形式（主動與被動）及環境因素（吸收與熱衷）作為區分構面。Schmitt（1999a, 1999b）提出了一個明確的策略體驗模組理論架構，為顧客製造體驗，並指出體驗行銷有兩個層面：策略體驗模組（Strategic Experiential Modules, SEMs）與體驗媒介（Experience Providers, ExPros）。體驗行銷的策略基礎就是策略體驗模組，可以創造出有價值的品牌權益；而體驗行銷的戰術工具，則是體驗媒介。

(一)策略體驗模組

Schmitt（1999a, 1999b）所提出的五種策略體驗模組，可以為顧客創造出不同的體驗形式，作為行銷策略的基礎，如圖4-2，分述如下：

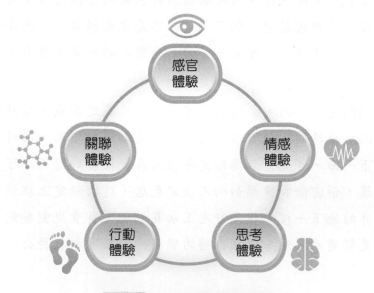

圖4-2　五種策略體驗模組

1. 感官體驗

顧客對體驗媒介的感官知覺，包括視覺、聽覺、嗅覺、味覺及觸覺的反應結果。野村順一（1996）在研究中亦指出，人類的感官中，有87%是由視覺系統所接收，其次是聽覺7%、觸覺3%、嗅覺2%、與味覺1%。爲創造消費者對產品或服務之正面感官體驗，企業需適當的應用產品或服務之風格主題，以創造有力的體驗，進而引發消費動機並增加產品價值。例如：當消費者進入Apple store 時，營造出的空間氛圍，讓人流連忘返。

2. 情感體驗

顧客對體驗媒介所誘發之輕微心情或強烈感情的態度反應。在陳育慧（2002）研究指出，「情感體驗」是星巴克消費者最主要的體驗，說明消費者到星巴克不只是「喝咖啡」，其包括了在消費情境與門市空間中的感受。黃玉琴等人（2005）進一步指出，體驗行銷的重點並不在於繽紛的裝潢與美味的佳餚，而是可以使消費者驚訝的用餐體驗，提供相關的用餐資訊。例如：想到蘋果，就會有專業、時尚的感覺。

3. 思考體驗

顧客對體驗媒介的刺激引發對訊息產生驚奇與啓發的思考。例如：六福村主題樂園野生動物王國設置動物醫院，使遊客可與動物近距離親近，滿足遊客之好奇心，並藉此教育遊客對動物保育之認知，使遊客產生不同之思考體驗（陳汶楓，2004），或是iPhone每隔一年推出新產品讓消費者產生好奇心。

 椅子高度決定火鍋生意業績好壞

臺灣人愛吃火鍋的特性，大街小巷都可見火鍋的身影，而鍋物主要分成臭臭鍋與涮涮鍋兩種，兩種類似的鍋物，一個是幫你煮好，一個是僅提供湯頭，食材還需自己動手外，還有一個明顯可見的差異在於椅子的高度。

一般消費者去吃涮涮鍋，通常都會看到吧檯，一鍋湯頭擺滿待煮熟的食材，消費者也都坐在高腳椅上進行烹煮；去吃臭臭鍋，不只是整體的桌子變矮了，坐的椅子也變成矮板凳。平平都是火鍋店，椅子為何有高矮之分？

從臭臭鍋的老闆娘口中，得知了消費者坐在矮板凳上進食時，所有食材會堆積在胃部，當久坐就會有不適感產生，所以可以提高桌次的翻桌率，而這樣的翻桌次數甚至可以達到一倍以上，而因為鍋物的單價較低廉平價，薄利多銷口味也美味下，消費者自然而然不會有太多客訴或埋怨，進而達到店面業績的提升。

經過統計，採用高腳椅則平均用餐時間會增加到一倍，從半小時延長到一個小時左右，因為較舒適的環境進而拉長了進食時間，翻桌率就會降低，也因此涮涮鍋一般的單價都是臭臭鍋的一倍左右。而這一切都是經過精密的計算以及市場的實戰經驗所研究出來的體驗數據與產品售價。

✦ 臭臭鍋店內桌椅擺設

涮涮鍋因為消費時間較長，消費者常常會有加湯加料的需求，所以整體的服務動線都會設計成一條線，避免店員走動時，如果都是一桌一桌遞送服務時，容易造成太多危險，也因此會用一條龍的吧檯形式呈現。

資料來源：鄭俊德，體驗行銷差異化 創造利益新商機，草根影響力新視野，2015年4月14日。

影片來源：https://youtu.be/Qnj6Bvje3Hk

4. 行動體驗

體驗媒介引發顧客從事實際的活動參與和互動體驗，以及影響個人生活型態的改變。舉例來說：愛狗團體不定期在網路上號召養狗的朋友一同參加狗聚，運用公開活動，使消費者實際參與他人互動之體驗，進而影響其行為、生活型態，此即為一行動體驗的實例。例如：智慧型手機的流行，改變消費者使用的習慣。

5. 關聯體驗

透過體驗媒介讓顧客產生連結，而獲得社會識別或歸屬感。Schmitt（1999a）指出，特定團體的感情可以為關聯體驗活動案提供一個有力的起點。關聯體驗的活動案主要訴求是要他人（例如：同學、朋友、配偶、家庭與同事）產生好感，讓人和一個較廣泛的社會系統（一個次文化、一個國家等）產生關聯，因此建立強而有力的品牌關係與品牌社群。消費者藉由到誠品信義店消費，將其本身定位成一種具高文化素質的次文化群體，以尋求一種群體的歸屬感。例如：消費者可能認為使用iPhone是有品味的，時尚的。

依據SEMs理論之定義與內涵，感官、情感及關聯這三種體驗主要都是關於個人的感官、情緒及與他人之關聯，是偏向感性體驗為主。另一方面，思考體驗是以創意的方式讓顧客產生認知與解決問題的體驗，促使顧客對企業與產品重新評估產品與服務帶來的利益；行動體驗是以創造與身體、較長期的行為模式及生活型態相關的顧客體驗，進而轉變顧客原本的態度，重新詮釋人際關係。思考與行動這二種體驗主要都是關於思考、重新檢討，及轉變自己的態度，是偏向理性體驗為主。因此，可以將SEMs分為二類，一類為偏向理性體驗之「思考」與「行動」體驗，一類為偏向感性體驗之「感官」、「情感」及「關聯」體驗。

體驗行銷之關鍵要素

體驗行銷不只是情緒，更有很多其他的經驗體會；不是只在廣告中做些愚蠢的事，而是深層的經驗感受。那麼要做到體驗行銷，是否有關鍵要素呢？有3大要點如下：

第一，別只從商品本身出發，請仔細思考消費情境。以星巴克（Starbucks）為例，不只是重視咖啡的品質，而是整個環境氣氛。創始人創造出「第三空間（the third space）」，正是因為透過觀察來瞭解歐洲人在享用

咖啡時是站、是坐、閱讀報紙、獨自一人或與他人共享的各種消費情境,最後才發展出介於工作與家的第三空間,讓人可以享受咖啡與音樂。

　　第二,請思考如何做整合行銷。不要單單只做廣告、網站、包裝等,而是整合所有的傳播資源,一致地行銷商品。但所謂的「整合行銷傳播」並非是為了節省成本,而是思考與顧客相關的每一個要素。

　　第三則是找出究竟什麼樣的經驗感受才是顧客最需要的,別再只從產品開始思考了,請從顧客開始。以飯店為例,多數的亞洲飯店總相信顧客想要的經驗會是友善的、安詳的,但或許許多顧客並不這麼認為,或許顧客沒有時間去享受這些,或許顧客只需要有效率的服務。

　　再以行動電話為例。為什麼想要有手機?顧客的需求與原因就很多樣,有些消費者要的是高科技模樣的手機,好讓自己看起來很專業的樣子;有的則是喜歡趣味手機,因為帶著這樣的手機是一種流行。請思考顧客真正想體驗的經驗是不同的,再規劃行銷策略、甚至作為商品開發的研究資料。

　　要做到體驗行銷並不難,有時一個小小的東西能創造出讓顧客心儀的經驗。好幾年前,曾經第一次入住在香港的麗港酒店(Conrad Hotel)。還記得當時浴室裡擺著一隻嘴巴紅紅的亮黃色橡膠鴨,心中很喜歡它,便起了要拿走這隻鴨子的念頭。之後只要下次再有機會待在這家飯店,就會不由自主地帶走一隻鴨子,直到家裡組成了鴨子家庭為止。回到家後,有時洗泡泡澡時就會用這隻鴨子,而這隻鴨子也成了生活的一部分,更讓人記起在這家飯店的整個經驗與感受。這種小小的東西就能創造、架構出整個經驗體會。

資料來源:溫珮妤,體驗行銷的秘密,Cheers雜誌,22期,2011年8月。

影片來源:https://youtu.be/Zq9H-N-mo10

　　表4-2可見高雄IKEA在體驗行銷中不只運用了一種策略，而是在感官體驗、情感體驗、思考體驗、行動體驗及關聯體驗都多有著墨，正呼應了Schmitt（1999c）所說：「體驗通常不會只落在一種形式，許多成功的企業會同時利用多項策略體驗模組以延展體驗訴求」。

表4-2　策略體驗模組表現特徵及高雄IKEA行銷運用方式

策略體驗模組	策略體驗模組表現特徵	IKEA行銷運用方式
感官體驗	以視覺、聽覺、嗅覺、味覺與觸覺五種感官為行銷訴求，經由感官知覺的衝擊體驗，取悅消費者，提供產品附加價值。	1. 產品富設計感滿足視覺體驗。 2. 商標及賣場大量使用黃、藍色醒目色調打造品牌識別。 3. 重視賣場空間整潔。 4. 賣場提供美味的餐點、咖啡香氣滿足消費者的味覺體驗。 5. 各式香氛蠟燭等芳療用品放鬆消費者情緒。 6. 抱枕、床單觸感、沙發舒適度等家居用品提供觸覺體驗。 7. 聽覺體驗明顯不足。
情感體驗	利用消費者強烈的情緒或心理感受：歡樂、驕傲、恐懼等，創造情感的體驗感受，使品牌與消費者的情緒和情感連結。	1. 形塑「家的意象」。 2. 誘發情緒。
思考體驗	透過行銷方式誘使消費者對企業或品牌做出創意思考，幫助他們解決問題，甚至企圖引導社會中的典範轉移。	1. 牆上布置創意標語。 2. 鼓勵創意與設計。 3. 誘發消費者對環境與人群的關懷。
行動體驗	藉由增加身體體驗，指出做事的替代方法、替代的生活型態與互動，並豐富顧客的生活。	1. 鼓勵消費者主動參與體驗。 2. 輕易享用瑞典美食。 3. 行動支持環保與弱勢關懷。
關聯體驗	結合五感、情感、思考、行動的體驗元素，由品牌的溝通、建立消費者與品牌間的關係連結。	1. 平價且時尚的品牌形象。 2. 重視環保與關懷弱勢。 3. 融合不同文化，形塑個人生活風格。

資料來源：王秋傑、林照芬（2014）

Canada Goose結合體驗行銷
增強顧客購買消費意願

　　當網路購物習慣成為常態，零售商店的寒冬將至，數以千計的實體商店關門歇業，對消費者來說，實體商店已經不是以「購買」為選擇目的，還必須滿足消費者額外的體驗需求，這樣才能強化顧客忠誠度。

利用體驗行銷強化產品賣點

　　西元1957年，Canada Goose品牌由Sam Tickle成立於加拿大多倫多，初期以功能性的戶外服飾起跑。主要的材質為加拿大的「Hutterite白鴨絨」，每盎司填充將近兩百萬絲的絨毛，是最頂級的天然絕緣材質。有了最佳的材質，再加上獨家科技及熱感體驗表，抵抗嚴寒能力堪稱外套之冠。

✦ 消費者在Cold Room體驗身穿Canada Goose羽絨大衣能否抵禦寒氣（圖片來源：Christinne Muschi / Bloomberg）

　　此後，Canada Goose開始強勢進入大眾的眼光，電影《國家寶藏》、《明天過後》甚至到電影幕後花絮都擁有大量的曝光，極地外套的第一品牌就此奠定。Canada Goose為了證明自己是「世界上最溫暖的羽絨衣」，2018年夏季在全球五家門市開設了五間「Cold Room」，這是一個很小的體驗空間，周圍環繞著冰雕。一開放就吸引眾多Canada Goose的愛好者前往體驗，在零下25度的環境下，穿著Canada Goose的羽絨大衣，親身測試能否抵禦Cold Room體驗空間的寒氣。

　　在極冷的空氣中，體驗者表示眼睛冷得刺痛、臉凍得快脫皮，但因為身上包裹著Canada Goose大衣，身體的感受卻是十分暖和。Cold Room融合了娛樂性及功能性，不僅能測試大衣是否達禦寒的品質，更帶給顧客新奇趣味的體驗，一個感受北極低溫的好機會。

　　Canada Goose的外套，最基本的挑選標準是TEI（Thermal Index溫度體感指數），等級總共分為1到5，分數越高、就表示越能抗寒。

1. 輕量級：5°C / -5°C。輕量舒適，自由探索。

2. 多用級：0°C / -15°C。保暖性、舒適性及多用性的終極結合。

3. 基礎級：-10°C / -20°C。提供基礎保暖，滿足日常需求。

4. 持久級：-15°C / -25°C。靈感源自北極，提供持續保暖。

5. 極限級：-30°C及以下。經過實地測試，可應對地球上極寒之地。

　　基本上，等級3以上都是十分保暖的外套了，除非要長期在極地生活，才需要入手到等級5！

體驗行銷必須呼應品牌價值

　　Canada Goose的體驗行銷做得很到位，這不只是一種趣味體驗，也強化了消費者的購買信心。於此同時恰好呼應品牌本身的傳統─專門在極寒地區工作的人群設計的服飾，更藉此大力為品牌講了一個好故事，某種程度上利用親身的體驗，讓顧客對產品感同身受，進而認同品牌價值。品牌總裁Dani Reiss掛保證地說，「即使在最天寒地凍的環境穿上它，你依舊得說出我好熱三個字」。

　　Canada Goose利用實體商店的Cold Room，為消費者提供難忘的購物經驗，這些體驗空間已經成為當地的自拍熱點，許多顧客會在Cold Room 的冷凍室裡拍下自己的照片，到了炎熱的夏天也有顧客會前來體驗寒冷感受。對於一些超級怕冷，甚至喜歡到有雪的國家旅行的人，藉此體驗機會確保Canada Goose的禦寒能力，就算是穿到零下負二十度都沒問題。

體驗行銷要與顧客建立連結

　　這些所有的店內體驗，對提升顧客的忠誠度都是有所幫助的。更重要的是，它使得品牌能夠以新的方式與顧客進行交流與互動。現在很多高檔品牌給人的感覺，大多展現出高冷形象，尤其是精品店的銷售人員，往往態度冷淡並不友好，但是Canada Goose引進的Cold Room卻創造了一個全新的服務模式和吸引顧客的友善方式。

> 　　無論是面對到忠實顧客，還是不打算購物的消費者，只要有人對Cold Room感到好奇，Canada Goose就獲得了一個寶貴的機會，讓潛在的品牌顧客留下一個好的印象。
>
> 資料來源：ppeirong，外套界的當紅炸子雞，Canada Goose究竟什麼來頭？價格、熱門款、代購攻略完整收錄，海外購物新聞台，2018年10月3日；江姿儀，體驗行銷怎麼做已把更衣室變冷凍室，一穿就知禦寒品質，行銷人，2019年1月19日。
>
> 影片來源：https://www.youtube.com/watch?v=W-kKyggolGs

（二）體驗媒介

　　體驗行銷執行的戰術工具就是體驗媒介，在創造一個感官、情感、思考、行動或是關聯活動方案時，體驗媒介是戰術的執行組合。Schmitt（1999a）認為感官體驗、情感體驗、思考體驗、行動體驗與關聯體驗這五種體驗形式，必須經由體驗媒介而發生；而體驗模組是體驗行銷的基礎，體驗媒介主要是體驗行銷的執行工具，以下就Schmitt的觀點說明體驗媒介類型與形式：

1. 溝通

溝通體驗媒介包括廣告、公司外部與內部溝通（雜誌型目錄、小冊子與新聞稿、年報等），以及品牌化的公共關係活動方案。例如：情人節的金飾與鑽石廣告。

2. 視覺口語的識別

視覺口語識別的體驗媒介，包括產品名稱、商標及標誌系統，可以創造感官、情感、思考、行動及關聯的品牌體驗形象。例如：麥當勞的M型商標。

3. 產品呈現

產品呈現（product presence）體驗媒介包括產品設計、包裝以及品牌吉祥物。在這個市場導向的環境，吸引目光與感情的正確體驗規劃是決勝關鍵。例如：7-11的OPEN將玩偶。

4. 聯合品牌

聯合品牌（co-branding）體驗媒介包括事件行銷與贊助、策略聯盟與合作、授權使用、電影中置入性行銷以及合作活動方案等形式。

5. 空間環境

空間環境（spatial environment）體驗媒介包括建築物、辦公室、工廠空間、零售與公共空間，以及商展攤位。例如：寵物展的舉辦、星巴克的咖啡環境。

6. 網站與電子媒體

網站與電子媒體體驗媒介包括多媒體網站、電子佈告欄、電子郵件或是線上聊天室等等。例如：網路上的論壇或部落格。

7. 人

人為最有力的體驗媒介，包括了銷售人員、公司代表、顧客服務人員，以及任何與公司或品牌連結的人。例如：明星代言企業產品。

　　除透過體驗媒介來傳達與表現體驗模組的內涵外，體驗媒介的管理，則需掌握三個方向，分別是：協調整合性、持續的一致性、盡可能運用詳盡地且發揮體驗媒介，創造體驗媒介的最大可能性（Schmitt, 1999a）。

 去Dunkin'Donuts喝咖啡

　　韓國首爾擁有「咖啡之都」的美稱，如果你有去過韓國，絕對有此深刻的體會，咖啡店存在的密度之高啊！除了Starbucks之外，還有無數的私人經營特色咖啡店，並且咖啡店的數量還在持續上升當中，於是我們可以得知咖啡店的競爭絕對是相當激烈的。

　　Dunkin' Donuts是以甜甜圈為品牌形象，雖然他們有提供咖啡的服務，但顯然消費者不會優先考慮上前去購買，於是他們此次行銷的最終宗旨就是：鼓勵民眾到Dunkin' Donuts購買咖啡。他們開始思考如何打動首爾民眾的心，於是想到了首爾身為韓國第一大都市，人口密度很高，而首爾民眾上下班最常使用的工具就是公車及地鐵，而通常選擇買咖啡的商店就是他們通車會經過的地方。他們想到了一個非常具有創意的行銷手法，那就是發明一台機器，除了可以

廣播以外，最重要的是能釋放出咖啡味道的氣體。它的原理很簡單，只要廣播放出Dunkin' Donuts的主題音樂時，咖啡香氣就會隨之散發出來！

　　當香味飄入每位乘客鼻子時，他們就會隨之注意到，接下來經過的公車站有Dunkin' Donuts廣告，接著又發現原來Dunkin' Donuts商店就在前方不遠處，進而刺激購買！Dunkin' Donuts的廣告利用嗅覺吸引消費著，突破了傳統廣告視覺、聽覺的限制，針對通勤族當作目標客群，利用密閉的大眾運輸工具進行適合小面積的行銷手法，果真成功吸引消費者。活動期間共有約35萬人體驗到「香味廣播」，Dunkin' Donut不但提升了16%的到店率，並且使車站附近商店也增加29%的銷售額。

資料來源：Sabrina Chang，從聽覺、嗅覺到視覺 最後成功導購的Dunkin's Donuts，品牌癮，2015。

影片來源：https://youtu.be/kmrc8ZJld8A

4.1.4　傳統行銷和體驗行銷之差異處

　　傳統行銷強調效用性的觀點，認為顧客對於產品價格之界定在於效用最大化，強調產品具體屬性的表現，認定顧客都是理性的，透過需求的確認、資訊處理、方案評估以至最終的購買決制定的這種系統性決策模式，視產品為解決問題的方法，重視產品特性與效用（Hirschman and Holbrook, 1982）。

　　Schmitt（1999c）認為傳統行銷將焦點集中於宣導產品的性能與效益上，行銷人員假設顧客能根據個人對功能特性之重要性考量來評估產品性能，並以最大的全面效益（重要特性之總合）來選擇產品，而傳統行銷對產品分類與對競爭者的定義狹隘，例如：精緻瓷器製造廠商視他們的競爭對手是其他精緻瓷器製造廠商，卻忽略了其他的替代性產品也是潛在競爭者；顧客被視為是理性決策者，透過需求認知→資訊搜尋→評估選擇→購買消費的決策進行消費；方法和工具則是分析的（迴歸模型）、定量的（定位圖）、口語的（焦點團體）。

　　Schmitt（1999c）引用Kotler之寶鹼（Procter & Gamble）之例「寶鹼生產製造九種品牌的洗衣劑，該公司是從顧客對洗衣劑的效益需求來區分這些品牌的，例如：Tide是指「非常強效、完全洗淨衣物」。Ivory Snow是溫和的，適

用於尿布與嬰兒衣物。Dash是寶鹼的價格王牌「處理頑強污垢」，而且「價格低廉」，說明行銷人員根據購買人對產品所追求的效益來將買主分類的情形。

Schmitt（1999c）認為傳統行銷具有四個關鍵特性：「第一，專注於功能上的性能與效益。第二，產品分類與競爭只是狹隘的定義。第三，顧客被視為是理性決策者。第四，方法與工具是分析的、定量的、口語的。」但是，消費者已將產品的性能及效益和正面的品牌形象視為理所當然，品牌不僅只是一種識別，而應該是一種體驗。他們更期待的是能觸動他們的心、與他們相關、且能與他們的生活形態結合的產品與行銷活動案。在體驗行銷中，消費者不只是理性的，而是理性、感性兼具。傳統行銷方式已無法滿足消費者的期盼與需求。取而代之的就是重視消費者心理層面、能誘發消費者產生意向的體驗行銷。

表4-3就可以明確的發現傳統行銷與體驗行銷的經營者在行銷焦點、對產品的定義、對消費者的觀點及行銷方法與工具上皆有顯著不同。

表4-3　傳統行銷與體驗行銷之關鍵差異

關鍵差異	傳統行銷	體驗行銷
行銷焦點	專注於產品之功能與效益	專注於顧客體驗上
對產品的定義	依照產品類別而定	檢驗顧客消費情境的體驗
對消費者的觀點	消費者是理性的	消費者兼具理性及感性
行銷方法與工具	分析、量化、口語	彈性、多元化

資料來源：Schmitt（1999c）

4.1.5　如何創造顧客體驗

企業要如何為消費者設計一連串體驗呢？Pine & Gilmore（1998）認為體驗就像產品服務一樣必須經過一連串的設計過程，如同編寫劇本才能呈現出來，並歸納出設計顧客體驗的五項元素：

1. 訂定主題（Theme the Experience）

訂定明確主題是經營體驗的第一步，如果缺乏明確的主題，消費者就無法整合所感受到的體驗，也無法因體驗而留下長久的記憶，有效的主題應簡潔而吸引人。

2. **以正面線索形塑印象（Harmonize Impression with Positive Cues）**

當主題建立了，是必須提供一能帶著走且不可磨滅的印象，使它們充斥在主題中。要創造印象，必須製造強烈的體驗線索，每個線索都必須支持主題，和主題產生一致性。若呈現出不愉快或不協調之視覺或聽覺線索時，會令消費者感到失落或疑惑。

3. **刪除負面線索（Eliminate Negative Cues）**

要塑造完整之體驗，除了必須設計正面線索外，還必須要刪除會削弱主題印象的負面線索，特別是一沒有意義、瑣碎的訊息，應該儘量不要使用到。

4. **配合加入紀念品（Mix in Memorabilia）**

消費者會把紀念品當作一個實體的紀念，透過紀念品回憶自身的體驗，如果消費者沒有購買紀念品之需求，則可能意味著消費者對體驗帶來的感受是不足夠的。

5. **致力於五感刺激（Engage the Five Senses）**

體驗中之感官刺激應該支持並增強主題，體驗中所涉及人體的感官越多，則體驗的塑造就越容易成功，而且令人難以忘懷。

 海底撈在臺灣為何能做的起來

著名火鍋連鎖店「海底撈」近年爆紅，其誇張程度是「非用餐時間」也能大排長龍。對此，就有網友好奇在PTT詢問，「每次經過海底撈門口都看到人山人海，到底是在排什麼隊啊？」。

海底撈因人潮眾多，每次排隊等待帶位至少要花一個半小時，而海底撈也體恤民眾排隊辛苦，有些店面還會祭出「排隊摺星星」可抵內用餐費，就曾聽聞過有民眾摺過兩百顆星星才進店內消費的案例。

海底撈張勇傳奇

　　2018年9月26日，海底撈的張勇在港交所敲響了上市的銅鑼，發行價為每股17.8港元，開盤後上漲10%，市值突破千億港元，張勇夫婦身價也暴增至650億港元。「大海航行靠舵手」，作為海底撈的掌舵人，張勇從一個農村出身的電焊工開始，歷經20多年到今天成為餐飲界首富，他是怎麼成就這段傳奇的？

　　張勇出生於1971年的四川簡陽縣，在技職學校畢業後就工作，有濃厚草根背景。他曾說「我這樣沒有上過大學的人，沒有背景，還不認命，只有一條路可以走，就是不怕辛苦，不怕伺候別人。」1994年之前，人們說起「海底撈」只會想到四川麻將當中的一個術語「海底撈月」。那一年，只有23歲的張勇在做過電焊工、開過麻辣燙後，決定踏踏實實做點生意。於是，找到幾個朋友湊了8000元在四川簡陽縣的四知街開了一家火鍋店，這就是海底撈。

　　24歲的張勇在兩次創業失敗後，同女友舒萍、同學施永宏及其女友李海燕，四個人湊人民幣8000塊，擺了四張火鍋桌，海底撈的第一家店就這樣營業。海底撈起初不是靠味道取勝的，想要生存下去只能態度好點，客人要什麼速度快點，有什麼不滿意多賠笑臉，歪打正著，以服務為主，走出差異化。

✦ 海底撈創辦人張勇（圖片來源：中央社）

　　作為一名餐飲新人，張勇剛開始連炒料都不會，所以只好左手拿書，右手炒料，邊炒邊學，導致火鍋味道很一般。這在火鍋遍地的四川，底料不好根本就很難生存下去。那怎麼辦呢？經營過麻辣燙的張勇，在賣了半年的一毛錢一串的麻辣燙後就悟出了一個道理——服務可以贏得顧客。因此在經營火鍋店的時候，張勇將「服務」二字融入其中。味道一般，那就態度好點，顧客要什麼儘量，上菜快點，有什麼不滿投訴就好好賠笑道歉。而因為服務態度好和上菜快，這家街邊火鍋店由此得到客人的認可，底料做得不好甚至有客人願意指導張勇。

海底撈設計打動人心的體驗

許多在臺灣海底撈用餐鐵粉回應，「善待單人用餐，有半份！」、「每種湯底都很合我味」、「重點就是服務真的好」、「食物自由創作度高，有趣也好吃」、「雖價格稍貴，但食材很新鮮」、「川劇變臉的表演很吸引人」，普遍看來，可以發現大家都相當重視服務品質，認為多花錢也很值得。而許多人也分享自己必吃的項目，「酸辣粉滿好吃」、「海底撈覺得最好吃的是可以沾的辣粉，什麼都拿去沾」，也有人分享省錢

✦ 在海底撈用餐可享受到的免費服務項目（圖片來源：Zi字媒體）

祕招，「如果用餐人數不多其實可以點4宮格湯底會比較省，1格辣、1格不辣、2格清水。因為海底撈的鍋底很貴，所以我都這樣點。」

對於張勇來說，真正的服務就應該是給顧客驚喜，給他們超預期的體驗。曾經，海底撈有一位客人在吃完火鍋後喜歡吃米飯，而四川的飯店在配米飯的時候會放上泡菜，但這位客人偏偏不愛吃泡菜，喜歡的是老乾媽拌香菜。很多餐飲店是沒有這個菜的，但海底撈卻能滿足這位客人的需求。在客人提出需求後，以

✦ 海底撈有名撈派撈麵，花個88元可以增加桌邊趣味又能吃到好吃撈麵（圖片來源：海底撈官網）

後這位客人再來上的米飯也是老乾媽拌香菜，給了他很大的驚喜。原來，剛好有一個四川店就為他送上老乾媽拌香菜。而甚至有一次他去其他地方出差，發現給自己送的老員工調到那個地方去了，記得他的喜好，因此直接為他上了老乾媽拌香菜。而因為這個驚喜，客人回去之後主動為海底撈宣傳，海底撈也因此收穫了更多的口碑。

「顧客對餐飲品牌的認識都來源於底層員工，而不是老闆。」張勇認為，餐飲業除了口味外，最重視服務，為了維持服務不變，海底撈的作法是：把所有的權力集中在基層。張勇認為，很多老闆都捨不得分錢給員工，以為分錢給員工就是把自己的錢變少，其實這是錯誤的觀念！錢一定是愈分愈多。想要員工自動自發、忠誠度高就要了解員工需要什麼。只有滿足員工的自私，員工才會滿足你的自私。

資料來源：三杯衫淡酒，海底撈張勇真相傳奇：沒背景、沒學歷，不認命如今身價600億，每日頭條，2018年9月28日；楊婕安，貴還是很多人買單？老饕曝海底撈靠這點爆紅，中時電子報，2019年8月23日；蔡敏姿，街邊4張桌子起家，張勇拼出百億火鍋王國，世界日報，2019年8月31日。

影片來源：https://www.youtube.com/watch?v=RuLgyV32VCc

4.2　體驗價值

　　體驗價值（experimental value）是指顧客從企業提供的產品或服務中所體會到源於內心感受的價值。體驗價值是服務價值的一種升華，是一種發自內心的精神滿足，並會形成深刻記憶或產生美好回味。

4.2.1　何謂價值

　　Soloman *et al.*（2004）認為，價值是顧客自購買產品或接受服務的過程中所產生的利益。人們大部分都透過不同的社會互動、交換、消費行為或活動以達成個人價值（Sheth*et al.*, 1991）。Holbrook（1994）認為價值是互動的、相對性的與偏好的經驗：

1. 價值是互動的，是一種消費者與產品與服務之間的互動。

2. 價值是一種具備價值判斷的偏好。

3. 價值是相對性的而且具個人特色。

4. 價值是伴隨著經驗的，與消費經驗所衍生有直接關聯。

4.2.2　體驗價值概念

　　體驗價值是從消費價值演進而來，早期的消費研究通常認爲消費出於一種理性的選擇，與個人明顯的動機及需求有關，但越來越多的研究發現消費還牽涉許多不同趣味、愉悅、感覺、美學、情感等因子（Hirschman & Holbrook, 1982）。Holbrook & Corfman（1985）提出消費體驗本身亦具有價值，體驗價值的知覺主要來自消費者跟產品或服務直接或遠距離的狀態下互動，而這些互動影響個別消費者的偏好。

　　其中「情感價值」爲產品引起感覺或情感狀態的效用；「社會價值」爲因爲使用產品提升社會自我概念而得到效用；「功能價值」爲顧客從產品所得到品質與預期績效的效用；「價格價值」爲顧客知覺到產品短期與長期成本的減少，所得到的效用。Prahalad & Ramaswamy（2007）強調體驗爲價值的基礎，市場的價值是由消費者與企業互動所創造出來的。Saeed *et al.*（2012）在調查網路的電子零售商，結果顯示電子零售商應使用適當的體驗價值組合來描繪他們的網站。

　　Norris（1941）強調消費者價值建立在商品提供的體驗，消費者對商品的需求透過擁有商品來達成一些渴望。Babin *et al.*（1994）認爲，購物價值包括功利主義及快樂主義兩構面。功利主義即實用價值（Utilitarian Value），是指評價產品或服務的功能性利益；而快樂主義即體驗價值（Experiential Value），指在消費過程中得到的體驗利益。Mathwick *et al.*（2001）定義體驗價值是消費者在消費之後，對產品或服務方面之感官、情感和美感感受程度的衡量；而體驗價值的提升可由企業提供的產品或服務，與消費者互動、幫助或阻礙消費者目標的達成。

商業背景下的價值導向服務設計

「祝英台」是支付寶高級體驗設計專家金華靜的花名。祝英台回憶說，她的第一個可稱之為服務設計的專案是網約叫車服務的體驗優化設計。當時祝英台作為這個項目團隊的Leader，聯合產品團隊與設計團隊一起來優化網約叫車服務的乘客端與司機端的產品體驗，剛開始團隊仍以做介面設計或是移動端產品體驗的思維在持續推進，但在過程中她發現，這個專案和以往做的設計不一樣了，首先整個服務已經有人在參與，譬如說一個乘客在叫車時，需要與司機交互，因此司機成為我們設計對象中的很重要的一環；另外整個交互過程由線上延伸到線下，有這樣的跨度存在；且整個鏈路很長，涉及到的產品包含了乘客端和司機端；很重要的一點是，企業、司機、乘客三方存在很複雜的利益關係，所以不能完全單從C端（Customer，即顧客端）的體驗來考慮，進而產生設計決策，它需要兼顧到司機的利益，兼顧到企業的利益。

◆支付寶APP各項服務入口（圖片來源：Design Information & Thinking Lab）

如此局面促使祝英台所帶領的團隊需要進一步探索如何做好體驗設計，機緣巧合下她發現原來國外已經有一套成熟的方法體系，那個時候便藉助這個專案把服務設計這套體系引入了支付寶。

當專案完成時，團隊不僅把用戶端的APP做了優化，司機端的產品也同時做了修改，另外企業的後台需要採集哪些數據，需要去做什麼樣的功能優化，以及司機和企業雙邊的交互的過程，司機的話術等等全部都做了修改。C端用戶感受到的可能只是叫車APP的體驗變好了，但其實所有底層的系統都做了優化。

外國人用信用卡就能儲值支付寶

只要有常常往返中國大陸商旅的消費者一定非常有感，除了現金，在中國付錢往往是一個受挫的體驗。在中國特殊的市場環境下，除了中國銀聯（UnionPay）的信用卡，幾乎其他卡片都是無法使用的。現在起外國人士只要下載iOS和Android的支付寶APP，就能使用海外手機號碼註冊國際版支付寶帳號。不過外國帳號仍有限制，最低儲值金額不得低於100元人民幣

✦外國人士下載iOS和Android的支付寶APP，就能使用海外手機號碼註冊國際版支付寶帳號（圖片來源：Shutterstock）

（約新台幣440元），最高儲值金額，不能超過2,000元人民幣（約新台幣8,800元），且儲值後的有效期限爲90天，過期沒用完的餘額，系統會自動退回。這項開放的舉措在中國前所未見，外國遊客第一次可以在中國使用行動支付。

支付寶不僅具付錢功能 還能串接多類金融交易

支付寶、微信支付是中國兩大主流行動支付服務，因爲需要當地電話號碼、銀行帳戶驗證才能開通使用，在今天以前，到中國商旅的外國人，都只能乖乖付現金。中國商旅人數不斷增加，對外國人來說非常不便利。中國多數交易都仰賴行動支付，以2018年第四季來說，支付寶就處理3.8兆美元的交易、微信支付則處理2.7兆美元。從支付車資、購買餐點，甚至是路邊攤買小吃都能看到行動支付的影子，且許多商家並沒有準備太多現金找零，外國客在付款時可能造成許多不便。

根據支付寶母公司螞蟻金服的說法，2018年外國人在中國境內消費金額，達到731億美元，且每年都在持續成長中。支付寶開放外國信用卡加值，除了帶來支付本身的便利，更能讓外國遊客體驗行動支付串接的各類金融場景，像是外送服務、手機點菜、叫車等等。

資料來源：王丹陽，支付寶高級體驗設計專家祝英台：商業背景下的價值導向服務設計，service plus 2019，2019年3月14日；高敬原，解除封印！支付寶開放外國旅客綁定信用卡儲值，微信支付也近了，數位時代，2019年11月6日。

影片來源：https://www.youtube.com/watch?v=1moCK2rtB2A

4.2.3　體驗價值種類

根據馬斯洛需求層級理論（Maslaw's hierarchy of needs）運用在體驗價值內容有歸屬需求價值、尊重需求價值和自我實現需求價值。

1. 歸屬需求價值

社會需求價值是指顧客通過消費行為所獲得的歸屬感、關愛等心理需求體驗價值。例如：周末或者假期與家人或親戚朋友一起外出休閒渡假，需求發生交通、飲食、住宿及景點門票等消費，這些消費的目的不單是為了到達目的地、吃飽、找個地方睡覺等，更多的是為了獲得一種體驗，獲得一種與家人或親戚朋友在一起的歸屬感、關愛或友情等心理需求的滿足。

2. 尊重需求價值

尊重需求價值是指顧客通過消費行為所獲得的自我尊重、知名度、社會地位等心理需求體驗價值。在基本的物質需求和關愛需求得到滿足的情況下，人們都希望獲得一定的社會地位、一定的知名度，以滿足人們自我尊重的需求。自我尊重的需求也可以從消費行為得到滿足和體現。如穿戴名牌服飾、擁有名牌手錶、用名牌筆記型電腦、讀MBA、在高檔大樓辦公、開高級轎車、到高級酒樓用餐、住豪華賓館、打高爾夫球等等，在很大程度上都是為了追求一種自我尊重的體驗。這也是人們願意為高檔名牌產品支付非常高的溢價的原因。

3. 自我實現需求價值

自我實現需求價值是指顧客通過消費行為所獲得的自我發展與實現等心理需求體驗價值。歸屬需求和尊重需求更多的是關注別人的看法，是為了獲得別人的認同和尊重，而自我實現需求更多的是滿足人們內心的需求，是對自我的一種挑戰，消費行為是實現自我需求的手段和工具。

Mathwick *et al.*（2001）根據Holbrook（1994）消費價值分類模式，發展出體驗價值的衡量尺度（Experiential Value Scale, EVS）來衡量消費者的體驗價值。EVS超越傳統只注重視價格與品質結合的價值，更能察覺以經驗為基礎的價值構成要素。四個類型內容敘述如下：

1. **消費者投資報酬（Consumer Return on Investment, CROI）**

   消費者投資報酬包括財務性、時間性、行為投入及可能產生潛在利益的心理資源，消費者體驗的報酬不只包括經濟效用，還涵蓋效率交易獲得的。

2. **服務優越性（service excellence）**

   服務的優越性是一個自我導向反應，來自於消費者對於市場服務、行銷能力的讚許。Oliver（1999）認為服務的優越性可以視為營運的典範，且服務的優越性與服務品質之間的關係可以藉由績效的結果加以對照，而服務的優越性來自於提供者傳達他們的承諾。品質決定是最終方式的依據標準。

3. **美感（aesthetics）**

   美感回應是反應實際物體、藝術工作或一場表演的整體勻稱與整齊。在零售環境下美感反應兩個主要構面：零售環境下的明顯視覺要素與娛樂性或戲劇性的服務績效。視覺的吸引力是透過設計、自然界的吸引力與內在美感融合而成。美感反應了視覺吸引和娛樂二構面，提供了消費者立即的滿足（Deighton & Grayson,1995）。Albrecht（1994）對於美感的解釋為：消費者直接感受到的體驗，包括對某一產品的視覺、聽覺、味覺、實體感覺、舒適、內心感受、美感特色以及整個企業環境的視覺和心理氣氛。

4. **享樂性（playfulness）**

   玩樂的行為反應消費者內在的樂趣，享樂性來自於消費者參與一項引人入勝的活動，而產生的內在感受，提供暫時逃離現實世界的需求（Huizinga,1995）。享樂性的行為有興奮的作用和產生內在的立即有形的樂趣（Day,1981）。而逃避現實是享樂性的一個觀點，它給予消費者暫時從一切中逃離，通常涉及假扮的要素。例如：櫥窗購物（Window Shopping）或者想像消費的型式都是假想在零售購物環境中暫時逃避現實的例子。

蘭陽博物館「變裝」宴會場

　　博物館不只有靜態展覽，和國際精品結合，變身活動會場，過去包括LV和卡地亞，都曾經在中正紀念堂和故宮辦活動，這回法國干邑酒商，首度在蘭陽博物館封館辦晚宴，加上佈置，砸下千萬元，只邀請120位VIP，整整花了一天半佈置，把博物館變身晚宴會場，除了享用餐點，開場有現代舞，主菜上完，席間賓客以及服務生突然開口唱聲樂，「快閃」演出，讓晚宴更有看頭。

　　絲巾隨著氣流，輕輕飄在半空中，舞者展現優雅柔美感，在蘭陽博物館開場演出，不單只是表演而已，周圍賓客桌上擺著餐具，全台頭一遭，法國干邑酒商在蘭陽博物館封館辦晚宴。活動選在休館日，博物館外借，場佈特別小心翼翼，大理石地板，鋪上有尊榮感的黑色地毯，上頭再蓋上塑膠墊，避免施工弄髒地毯，一樓展廳隔出晚宴會場，接著搭出圓形舞台，木工餐桌特別設計成弧形，四大桌圍繞主舞台，燈光音響進駐測試，窗外天色由黑轉亮，整整花了一天半時間，晚宴倒數3小時，餐桌椅就定位，飯店人員擺放餐盤，工作人員戴手套，避免餐具留下指紋。

　　工作人員：「太靠近的話，可能動一下餐具就會掉，擺好之後用一隻手指頭去量。」就連擺放位置都有標準，酒商在蘭陽博物館辦晚宴，連同包場、佈置，砸下千萬元，只為邀請120位VIP，晚宴席中，突然有賓客站起來唱歌，後頭還有服務生跟著附和，「快閃」聲樂表演，是晚宴驚喜橋段。晚宴賓客：「我覺得他們這樣嘗試，其實是相當前衛的。」

✦蘭陽博物館與外界「藝企合作」，採用分眾行銷策略（圖片來源：B'IN LIVE）

　　晚宴賓客：「過去博物館感覺上嚴肅，比較嚴肅，但今天進來感覺就很輕鬆。」

　　法國干邑臺灣董事長Rufus Parkinson：「現在我們在找個地方，可以反映出這個（品牌精神），而蘭陽博物館本身就被這美麗的宜蘭圍繞，建築物又擁有當代風格。」藝術和精品結合，2006年LV就在中正紀念堂辦時尚派對，2012年法國品牌卡地亞則是在故宮辦珠寶展，蘭陽博物館2010年開館以來，出借辦晚宴倒是頭一遭，門檻條件不光只靠酒商大手筆，活動得和文化藝術相關，像是晚宴就結合藝術表演，才連帶讓博物館在國際曝光。

資料來源：黃荷婷，斥資千萬！蘭陽博物館「變裝」宴會場，TVBS新聞，2014年6月25日。

影片來源：https://youtu.be/L_-CliUxxFo

　　王世澤、鄭明松（2003）將Sheth *et al.*（1999）的消費者消費價值理念與體驗做整合與修改，提出體驗價值理論如下表4-4內容所示，認為體驗媒介與消費者決策存在許多消費價值，在現今體驗經濟時代，產品、品牌與服務，皆由體驗為出發點，消費者在經由這些體驗感受，來決定最後的消費行為。

表4-4　體驗價值種類內容

體驗價值種類	內容
功能性價值（Functional Value）	滿足消費者使用該產品功能上的目的。
社會性價值（Social Value）	使消費者與其他社會群體聯結，因而提高其效用。
情感性價值（Emotional Value）	具有觸發消費者某些情感或改變其情緒狀態的能力。
嘗新性價值（Epistemic Value）	能引發消費者的好奇心，滿足消費者的新奇感及獲取知識的慾望。
條件性價值（Conditional Value）	在某些情況之下，能暫時提供較大功能性的價值；條件性價值又可視為一種整體性的價值，包含了所有價值特性。

資料來源：王世澤、鄭明松（2003）

4.3　顧客行為意向

行為意向對預測消費者可能的消費行為具有重要影響（Bagozzi, 1982）。本書將依序探討行為意向的定義及衡量，而行為意向（Behavior Intention, BI）的概念來自於態度理論（Attitude Theory），主要是由認知因素（Cognitive Component）、情感因素（Affective Component）、意動因素（Conative Component）三要素所組成。其中認知因素是指消費者整合直接經驗與透過各管道獲得的資訊後，對態度標的物所形成的知識與知覺；情感因素是對態度標的物的情緒或情感反應；而意動因素是對態度標的物的某種行動或行為可能性與傾向（Engel *et al.*, 1995）。

4.3.1　顧客行為意向之定義

行為意向是一個人主觀判斷其未來可能採取行動的傾向（Folkes, 1988）。Engel *et al.*（1995）認為，行為意向係指消費者在消費後，對產品或企業可能採取的特定行動或行為傾向，所以行為意向比信念、感覺、態度與實際行為間的關係來的直接；因此，在預測個人的行為時，行為意向是較為準確的衡量指標。

Cronin & Taylor（1992）亦認為消費者經由以前的經驗，對產品或服務產生態度，進而影響日後的購買意願。所以企業應瞭解顧客的需求，預測顧客的行為意向，才能維持長期的顧客關係。Parasuraman *et al.*（1996）將行為意向區分為：正向（Favorable）與負向（Unfavorable），當消費者對企業存有正向行為意向時，其會產生稱讚企業、對企業產生偏好、增加對企業的購買數量或願付較高價格等行為；若存有負向行為意向，則消費者可能選擇轉換或減少購買數量。

不賣東西 賣體驗

　　一直以來，照相館都在賣「照片」，兒童照相館賣的卻是「回憶」。「什麼？連鎖店的兒童照相館？跟我們比起來，拍照技術太爛了。我拍的照片可是傑作中的傑作呢！」這是連鎖兒童照相館開幕時，某間個人照相館老闆說的話。不過，你知道後來個人照相館怎樣了嗎？大家都陷入苦戰中，許多個人照相館關門大吉。兒童照相館的拍照技術，或許比經驗豐富的個人照相館差。因為兒童照相館的店員只上過幾個月的攝影研修課，就正式上陣了，技術當然不及專業。可是，現在數位相機的品質變得非常好，修圖技術也更簡單，任何人都能拍出具有專業水準的照片。只要使用專業級的相機和照明設備，就能彌補攝影技術的不足。

　　重點，在於取悅小孩。讓他們開懷大笑，拍出許多值得留念的快樂照片。這就是兒童照相館的行銷重點。也因此，許多兒童照相館的店員都曾經當過幼稚園老師或擁有育嬰證照，都是非常喜歡小孩子的年輕人。

　　兒童照相館裡，小孩們可以換上各式各樣的服裝拍照，非常開心。拍照的過程，也成了美好的回憶。兒童照相館在生日、入園典禮、開學典禮等特別的日子裡，提高了回憶的珍貴價值。因為他們不是賣東西，而是賣「體驗」。

資料來源：莊素玉，感動顧客心 不賣東西賣體驗，天下雜誌，545期，2014年4月15日。

影片來源：https://youtu.be/1SkN-Vc-ZDY

4.3.2　顧客行為意向之衡量

　　Mittal & Lassar（1996）以工作及服務的品質、整體滿意程度、推薦意願及轉換意願等項指標來衡量消費者是否願意繼續接受企業後續行為意向。Boulding *et al.*（1993）認為消費者對服務品質的知覺會影響其對整體服務滿意度的評估，而滿意度則會進一步影響行為意向，該研究以「再購傾向」與「向他人推薦的意願」來衡量消費者行為傾向，並發現服務品質與消費者行為意向有正向的關連，接著更進一步針對大學學生作調查，在該調查結果證實學校的服務品質會影響學生的行為意向，且以「對學校有正面的評價」、「畢業後會對學校捐款」，以及「當公司在招募新人時，會向老闆推薦該校的學生」衡量學生的行為意向。

　　Garbarino & Johnson（1999）在對劇院消費者的研究中，採用後續參與、後續訂購、以及捐款的意願等三指標來進行衡量。Day（1977）認為當消費者感受不滿意的產品或服務時，所產生的行為如下三大類：

1. **無反應**：不做任何行動，默默承受。

2. **個人行動**：個人抵制產品種類、品牌或商品，並採取負面口頭宣傳，將不滿意之經驗告訴他人，並提出警告他人不要再購買或使用該類產品種類、品牌或商品。

3. **公開行動**：直接向銷售者或製造商提出賠償、透過第三團體要求賠償，或使用公開方式將不滿意的消費經驗說出。

　　Parasuraman *et al.*（1996）探討服務品質與行為意向關係模式時，提出十三項評量行為意向的項目，如表4-5所示：

表4-5　行為意向量表

行為意向構面	行為意向量表
忠誠度	・會向他人宣傳這家商店的優點 ・有人請我推薦，我會推薦這家商店 ・會鼓勵親朋好友到這裡消費 ・會將這裡列為本地同類型商店的第一選擇 ・我以後還會常來這家商店消費

行為意向構面	行為意向量表
支付更多	・如果這家價格調漲些，我也願意來此消費 ・即使這家商店較其他家貴，我也願意來此消費
轉換行為	・我以後會減少來這家商店消費的次數 ・如果別家較優惠，我會選擇到別家消費
內部反應	・遇到難解決的問題，會向這家員工反應
外部反應	・遇到難解決的問題，會選擇到其他商店 ・遇到難解決的問題，會向其他顧客抱怨 ・遇到難解決的問題，會向有關單位反應

資料來源：Parasuraman *et al.*（1996）

　　並以因素分析萃取五個行為意向的量測構面－忠誠度、支付更多、轉換行為、內部回應及外部回應，分述如下：

1. **忠誠度（loyalty）**

   忠誠度代表消費者對於產品與服務的行為意向，為支配消費者實際購買行為的重要因素。其表現行為包括對他人傳達該企業正面的訊息、此產品將是其第一選擇、增加對該產品的購買、願意推薦他人、鼓勵他人購買。

2. **支付更多（pay more）**

   即便企業所提供之產品價格提升，仍會持續選擇該產品，或者願意支付比其他競爭者更高的價格。

3. **轉換行為（switch）**

   將會減少對此產品的選擇，或選擇價格較好的產品。

4. **內部回應（internal response）**

   消費者對產品或服務品質不滿意，會向企業內部人員反應，如：抱怨或反應要求賠償。

5. **外部回應（external response）**

   消費者對產品或服務品質不滿意，會向企業以外反應，包括私下反應（例如：負面口碑），或向第三團體反應（例如：向消基會投訴或採取法律行動）。

服務這樣做

➤ 三商餐飲運用科技 強化體驗增強顧客忠誠度

　　在無數品牌林立的餐飲與零售市場中，多品牌、跨通路已經成為企業經營的王道，面對消費者求新求變、期待更多好康優惠與即時即享服務，實體店面紛紛朝向智慧化進展，導入APP點餐付款、整合點數優惠兌換、美食外送服務、無人點餐服務自助體驗等創新服務，將實體店面智慧化，更增進消費者的品牌黏著性與忠誠度。

　　三商餐飲於1983年以三商巧福牛肉麵專賣店起家，目前擁有三商巧福、拿坡里、福勝亭、鮮五丼、品川蘭、BANCO等六大餐飲品牌，若再整合三商集團中的美廉社、鞋全家福、Tomod's藥妝店等零售通路，在全國餐飲零售部份則已超過上千個服務據點。

四大創新服務 迎戰三大問題

　　累積35年的外食經驗，三商餐飲看見了由科技推動的「新餐飲」趨勢，自今年初起開始整合線上線下商務，推出前場無人化體驗、外帶預約、外送整合及消費紅利跨通路兌換等四大服務，串聯全通路餐飲零售服務，也一舉翻新消費者心目中的老品牌形象！

　　為了因應餐飲消費市場求新求變的特性，三商餐飲積極尋求突破與創新，起點是來自於一連串的自我檢討。三商餐飲行銷企劃處經理洪以倩分享：「在三商餐飲過往的消費者消費體驗上，我們在點餐、供餐與會員管理等三大面向上發現一些問題，包括顧客點餐與結帳等待的時間過長、門市離/尖峰時段來客量差異大，旗下各大品牌的紅利點數更自獨立經營，無法跨通路/品牌使用，流通力弱、會員忠誠度低。」

線上線下點餐 無人化PLUS門市

　　過往消費者前往三商餐飲旗下各品牌門市時，在用餐尖峰時段顧客眾多，從點餐、結帳、製作、享用餐點到離店，往往時間冗長，門市現場一位難求。在解決點餐問題的對策上，三商餐飲推動多元線上線下點餐方案，於今年

推出「三商i美食卡App」，並且同時開創智慧簡約風格新店型，於2019年9月底已於新北市新店區開設全國第一家三商巧福PLUS門市，實現前場無人化自助點餐體驗。

消費者可以選擇事先以手機APP點餐，掃描QR CODE之後完成點餐並結帳，再到門市提供給工作人員掃描，也可以在前場無人化的PLUS門市中，於「自助點餐機」完成點餐後，利用「多元支付」金流服務平台，選擇信用卡、現金，或時下最新的行動支付等方式結帳付款，使用「感熱紙列印系統」得到取餐號碼。利用廚房顯示系統（KDS）的導入，門市廚房工作人員可以依序製作餐點，消費者則依據叫號取餐，用餐後自行將餐具送至回收台。透過創新智慧，餐廳的營運與人力運用更精準高效。

✦ 三商餐飲運用科技 讓顧客點餐便利（圖片來源：今周刊）

結合外送服務平台 實踐逆商業模式

為了解決供餐問題，三商餐飲強化外送、外帶服務，解決門市座位數有限、離尖峰問題，提升用人的效率。以外送服務為例，除了自有品牌的實體店鋪提供外送服務外，三商餐飲也與外送平台Uber Eats、LALAMOVE等合作，利用第三方外送平台進行商品上架與行銷方案搭配，實踐以消費者為中心C2B的逆商業模式。

洪以倩進一步說明，「外送服務平台已進入白熱化時代，當今餐飲業已開始面臨完全不同的經營環境。我們將外送服務平台視為最有力量的行銷工具，透過策略性的行銷模式提升品牌曝光。」三商餐飲藉由外送服務平台帶來大量的會員資源，並擴大服務區域以提升門市的品牌聲量及業績。

跨通路跨品牌 紅利點數吸客

　　三商餐飲經營企劃室副理翁榮鑌指出，過往三商餐飲旗下的各品牌各自獨立經營，點數無法跨店使用，因此消費者的使用意願不高。看準了消費者「愛積點、愛好康」的特性，「三商i美食卡App」，除了整合外送/外帶等服務，在美食卡APP上就可以完成消費紅利積點，同時達到會員跨通路/品牌使用，提供會員跨通路美食好康紅利兌換服務，強化忠誠度管理。例如今年五月初就推出會員丼飯優惠，之後更在八月份推出「吃美食送美廉」，積極串聯餐飲與零售通路。

　　在導入創新智慧科技的過程中，三商餐飲也曾經面臨系統導入的難題。洪以倩表示，由於Uber Eats目前在臺灣地區的使用，尚無法與外部任何企業POS系統進行串接，因此增加了門市人員的工作作業流程步驟。在與Uber Eats總公司溝通後，目前正在進行程式修改及API串接，三商餐飲也會額外加碼付費進行程式調整，未來此一程式的改良也可望應用在臺灣其他業者。

結論

　　未來，三商餐飲會加強普及行動支付，減少現金交易換找零錢的錯誤，加快結帳速度，減少人力需求，並且積極運用支付服務平台導入異業通路活動。此外，為了強化會員經營還將增加智慧行銷分析,累積大數據資料庫，落實分眾社群精準行銷，也計畫運用紅利點數深入跨業合作，共創雙贏的經營模式。

資料來源：今周刊，三商餐飲善用科技 串聯品牌創新體驗，2019年11月5日。

本章習題

1. 何謂體驗（Experience）？

2. 何謂體驗經濟？根據學者Pine&Gilmore（1998）研究將經濟模式與經濟產物之演進分成哪四個階段？

3. 根據學者張承耀（2006）研究中發現體驗經驗有哪十大特性？

4. 何謂體驗行銷？曾光華、陳貞吟（2002）研究中發現體驗行銷有哪四大特性？每一特性之說明內容為何？

5. 學者Schmitt（1999）研究一個策略體驗模組理論架構中指出體驗行銷有哪二個層面？

6. 何謂感官體驗？情感體驗？思考體驗？行動體驗？關聯體驗？

7. 體驗行銷之關鍵要素有哪三大要點？

8. 何謂體驗媒介？學者Schmitt（1999）研究發現體驗媒介類型與形式有哪七項內容？

9. 學者Schimitt（1999）認為傳統行銷具有哪四個關鍵特性？

10. 傳統行銷和體驗行銷在行銷焦點、對產品的定義、對消費者的觀點和行銷方法與工具項目之差異處。

11. 何謂價值？何謂體驗價值？

12. 一般來說，企業要設計顧客體驗哪五項元素？

13. 根據馬斯洛需求層級理論中可運用在體驗價值內容有哪些？

14. 學者Mathwick et al.（2001）研究中發展出體驗價值的衡量尺度，其四個類型內容為何？

15. 學者王世澤和鄭明松（2003）研中將體驗價值種類和內容分別為何？

16. 何謂顧客行為意向？

17. 學者Day（1977）認為消費者感受不滿意的產品或服務時，會產生哪三大類行為？

18. 學者Parasuraman et al.（1996）研究提出哪十三項評量行為意向的項目？

19. 學者Parasuraman et al.（1996）以因素分析萃取哪五個行為意向的量測購面？

參考文獻

1. 王秋傑、林照芬，2014，高雄IKEA體驗行銷策略分析，大仁科技大學文化創意產業學術研討會論文。

2. 王世澤、鄭明松，2003，體驗行銷：有效執行體驗價值模型的概念，2003提昇臺灣執行力學術研討會，桃園縣：中央大學。

3. 王一芝，2009，好品牌怎麼說故事，遠見雜誌，275期。

4. 吳沛璇，2015，桌遊店專賣「好心情」20萬本錢滾出年營收550萬，今周刊，963期。

5. 林萬登、許敏姿、唐詩弦、林靜鈺、楊世宇、孫滿郁、彭姿蓉、丁彥宇，2009，體驗行銷對顧客滿意度和忠誠度的探討—以中部西堤牛排為例，2009餐旅管理與產業發展國際學術研討會，台北縣：輔仁大學。

6. 林讓均，2011，W飯店康儒革的弦外之音服務學，今周刊，741期。

7. 袁薏樺，2003，體驗行銷、體驗價值與顧客滿意關係之研究，碩士論文，商業自動化與管理研究所，台北科技大學。

8. 翁書婷，2012，打敗開心農場 開心水族箱長紅的秘密，今周刊。

9. 黃慶源、邱志仁、陳秀鳳，2004，博物館之體驗行銷策略，科技博物，8(2)，頁47-66。

10. 野村順一，1996，增補色之秘密，最新色彩學入門，台北：文藝春秋出版社。

11. 陳育慧，2002，體驗行銷之探索性研究—統一星巴克個案研究，碩士論文，觀光事業研究所，中國文化大學。

12. 陳汶楓，2004，消費者體驗與購後行為關係之研究—以六福村主題遊樂園為例，碩士論文，休閒事業管理系碩士班，朝陽科技大學。

13. 陳姿吟，2015，W飯店總經理康儒革：臺灣飯店達前所未來榮景，ETtoday東森旅遊雲。

14. 黃玉琴、許國崢、林惠鈴，2005，體驗行銷與顧客價值、顧客忠誠度之相關聯性研究—以薰衣草森林餐廳為例，遠東學報，22(2)，頁155-168。

15. 黃荷婷，2014，斥資千萬！蘭陽博物館「變裝」宴會場，TVBS新聞。

16. 莊素玉，2014，感動顧客心 不賣東西賣體驗，天下雜誌，545期。

17. 郭芝榕，2015，施振榮：產業必然走向以人為本的體驗經濟，數位時代。

18. 溫珮妤，2011，體驗行銷的秘密，Cheers雜誌，22期。

19. 曾光華、陳貞吟，2002，體驗行銷的特性與應用，第一屆服務業行銷暨管理學術研討會論文集，嘉義縣：國立嘉義大學管理學院。

20. 張承耀，2006，企業管理案例與理論教學案例，經濟管理出版社。

20. 鄒文恩，2005，體驗行銷、體驗價值、顧客滿意與行為意向關係之研究—以華納威秀電影院為例，朝陽科技大學企業管理系碩士論文。

21. 鄭俊德，2015，體驗行銷差異化 創造利益新商機，草根影響力新視野。

22. 鄭云筠，2013，海底撈如何創造顧客與勞資三贏？，服務創新電子報。

23. Sabrina Chang，2015，從聽覺、嗅覺到視覺 最後成功導購的Dunkin's Donuts，品牌癮。

24. Abbott, L. (1995). Quality and Competition. New York: Columbia University Press.

25. Albrecht, K. (1994). Customer Value. Executive Excellence, 9, pp. 14-15.

26. Arnould, E., Price, L., and Zinkhan, G. (2004). Consumers(2nd ed). Boston :McGraw-Hill/Irwin. Babin, B. J., Darden, W. R., and Griffin, M. (1994). Work and/ or Fun: Measuring Hedonic and Utilitarian Shopping Value. Journal of Consumer Research, 20(4), pp. 44-656.

27. Bagozzi, R. P. (1982). Attitudes Toward Work and Technological Change Within an Organization: Revisited, Revised, and Extended. Proceedings, Ninth International Research Seminar in Marketing. Aix-en-Provence, France: Institut d' Administration des Enterprises, pp. 211-248.

28. Boulding, W., Kalra, A., Staelin, R., and Zeithaml, V. A. (1993). A Dynamic Process Model of Service Quality: From Expectation to Behavioral Intentions. Journal of Marketing Research, 30, pp. 7-27.

29. Cronin, Jr., J.J. & Taylor, S. A. (1992). Measuring Service Quality: A Re-Examination and Extension. Journal of Marketing, 56(July), pp. 56-68.

30. Day, R. L. (1977). Toward a Process Model of Consumer Satisfaction, in Conceptualization and Measurement of Consumer Satisfaction and Dissatisfaction. Marketing Science Institute, 5, pp. 153-186.

31. Day, H. I. (1981). Play, a Ludic Behavior, in Advances in Intrinsic Motivation and Aesthetics. New York and London: Plenum Press.

32. Deighton, J. & Grayson, K. (1995). Marketing and Seduction: Building Exchange Relationships by Managing Social Consensus. Journal of Consumer Research,21(March), pp. 660-676.

33. Engel, J. F., Blackwell, R. D. and Miniard, P. W. (1995). Consumer Behavior (8th ed.). Forth Worth: Dryden.

34. Folkes,V. S. (1988). Recent Attribution Research in Consumer Behavior: A Review and New Directions. Journal of Consumer Research, 14, pp. 548-565.

35. Garbarino, E. & Johnson, S. (1999). The Different Roles of Satisfaction, Trust, and Commitment in Customer Relationships. Journal of Marketing, 63(4), pp. 70-87.

36. Gupta, S., Dasgupta, S., Chaudhuri, R. (2012). Critical success factors for experiential marketing: Evidences from the Indian hospitality industry. International, Journal of Services and Operations Management, 11(3), pp. 314-334

37. Holbrook & Corfman, K. P .1985）. Quality and value in the consumption experience.

38. Holbrook, M. B. (1994). The Nature of Customer Value: An Axiology of Services in The Consumption Experience. In Rust, R. & Oliver, R. L. (Eds.), Service Quality: New Directions in Theory and Practices. Sage, CA: Newbury Park.

39. Hirschman, E. C. & Holbrook, M. B. (1982). Hedonic Consumption: Emerging Concepts, Methods and Propositions, Journal of Marketing, 47 (Summer), pp. 45-55.

40. Huizinga, J. (1995). Homo Ludens: A Study of The Play Element in Culture. MA: The Beacon Press, Boston.

41. Kelly, J. (1987). Freedom to be – A New Society of Leisure, Macmillan, New York.

42. Lebergott, Stanley（1993）. Pursuing happiness:American consumers in the twentieth century. Princeton, NJ: Princeton University Press.

43. Mathwick, C., Malhotra, N. K., and Rigdon, E. (2001). Experiential Value:Conceptualization, Measurement and Application in The Catalog and Internet Shopping Environment. Journal of Retailing, 77(1), pp. 39-56.

44. Mittal, B. & Lassar, W. M. (1996). The Role of Personalization in Service Encounters. Journal of Retailing, 72(1), pp. 95-110.

45. Norris, R. T. (1941). The Theory of Consumer's Demand. New Haven, CT: Yale University Press.

46. Parasuraman, A., Zeithaml, V. A., and Berry, L. L. (1996). The Behavioral Consequence of Service Quality. Journal of Marketing, 60, pp. 31-46.

47. Pine, B. J. and J. H. Gilmore. (1998). Welcome to the Experience Economy, Harvard Business Review, 76(4), pp. 97-105.

48. Pine, B. J., & Gilmore, J. H. (1999). The Experience Economy. Boston: Harvard Business School Press.

49. Prahalad, C. K. and V. Ramaswamy (2007), The Future of Competition: Co-creating Unique Value with Customers, Boston, MA: Harvard Business School Press.

50. Russell, J. A. and A. Mehrabian. (1975). Task, Setting, and Personality Variables Affecting the Desire to Work. Journal of Applied Psychology, 60(4), pp. 518-520.

51. Saeed Shobeiri, Michel Laroche, Ebrahim Mazaheri. (2012). Shaping e-retailer's website personality: The importance of experiential marketing .Journal of Retailing and Consumer Services, In Press, Corrected ProofSaeed Shobeiri, Michel Laroche, EbrahimMazaheri.

52. Schmitt, B. H. (1999a). Experiential Marketing, N Y: The Free Press.

53. Schmitt, B. H. (1999b) "Experiential Marketing", Journal of Marketing Management, Vol. 15, No. 1, pp. 53-67.

54. Schmitt, B. H. (1999c). Experiential Marketing: How to Get Customers to Sense, Feel, Think, Act, and Relate to Your Company and Brands, New York. sychology , 68, pp. 843-856.

55. Sheth, J. N., Newman, B. I., and Gross, B. L. (1991). Why We Buy What We Buy: A Theory of Consumption Values. Journal of Business Research, 22(1), pp. 159-170.

56. Soloman, M. R., Marshall, G. W. and Stuart, E. W. (2004). Marketing (4th ed.). Upper Saddle River, NJ: Prentice-Hall Inc.

Chapter **05**

服務接觸與流程管理

學習目標

✦ 瞭解服務接觸之意義和類型
✦ 明白顧客關係管理之目的與意義、顧客關係管理之執行步驟、顧客關係管理之成功因素
✦ 發現何謂服務流程設計？服務設計流程之內涵、服務流程設計之步驟、服務藍圖之概念

本章個案

✦ 服務大視界：良好服務品質增添主題樂園趣味性
✦ 服務行銷新趨勢：摩斯漢堡送餐機器人
✦ 服務這樣做：日本海茵娜飯店機器人服務 V.S. 趣淘漫旅飯店真人服務

服務大視界

▶ 良好服務品質增添主題樂園趣味性

　　主題遊園是是許多大人小孩出遊時的首選，業者經營著重特別的構想，環繞著一個或數個主題，創造一系列歡樂氛圍和環境來吸引遊客。萬能科技大學行銷與流通管理系，舉辦「2019全國高中職主題樂園特色介紹競賽」和「2019全國大專校院主題樂園行銷創意競賽」，讓全台學子一起飆創意。大專組主題樂園行銷創意競賽亦分為初賽及決賽兩階段，經嚴格挑選，最後挑出十二隊進入決賽，這些隊伍來自國立臺北教育大學、輔仁大學、朝陽科技大學、德明科技大學、致理科技大學、萬能科技大學、聖約翰科技大學、樹德科技大學以及亞東技術學院。由三位行銷專家：六福村主題遊樂園行銷處經理黃淑芳、豆府股份有限公司人資長林俊成、三井資訊股份有限公司范揚鑑副理擔任決賽評審。

◆ 入圍決賽參賽隊伍、指導老師、主辦競賽單位主管、老師以及三位決賽評審。

　　筆者和余則威老師指導陳乙萱、詹勳忠、張中柏、張証凱、游詩婷五位學生，參賽作品「義想天開童樂會」在「2019全國大專校院主題樂園行銷創意競賽」獲得第二名獎。該作品提出創意宗旨是在遊樂園只能玩遊樂設施？！希望讓遊客除了遊樂設施外，還有更多的選擇。其創意理念是創新童話故事加上遊樂設施結合趣味關卡，顛覆大家以往對遊樂園的印象。

企劃內容
義想天開童樂會

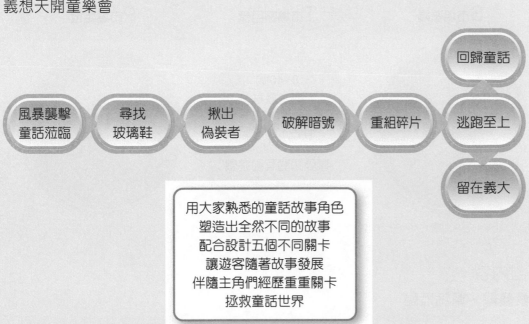

風暴襲擊童話蒞臨 → 尋找玻璃鞋 → 揪出偽裝者 → 破解暗號 → 重組碎片 → 回歸童話／逃跑至上／留在義大

用大家熟悉的童話故事角色
塑造出全然不同的故事
配合設計五個不同關卡
讓遊客隨著故事發展
伴隨主角們經歷重重關卡
拯救童話世界

SWOT分析

S	W
有特色的創意理念 不分年齡都喜愛童話故事 特色商品及料理， 增加消費額	活動可能造成額外成本 故事關卡需推陳出新 員工服務態度不一

O	T
近期童話電影正流行 遊客喜愛有互動遊戲	同業模仿 較容易因天氣影響遊戲體驗 遊客喜新厭舊

STP分析

S市場區隔　　　　T市場區目標　　　　P市場定位

年齡
人格特質

8~40歲
學生族群
(主要目標)
情侶、小家庭
(次要目標)
喜愛闖關互動遊戲

具社交性遊戲互動
有別以往遊樂園玩法

企劃內容
風暴襲擊、童話蒞臨

巨大的龍捲風
襲擊了童話世界
讓童話世界變得支離破碎
主角們因此被捲到了義大世界
他們要在義大世界中
尋找遺失的三個核心
並將它修復好
才能重回童話世界

大衛城　　　聖托里尼山城　　　特洛伊城堡

遊客會拿到一張地圖與闖關卡
必須完成上面五個關卡的任務

企劃內容

闖關卡、地圖

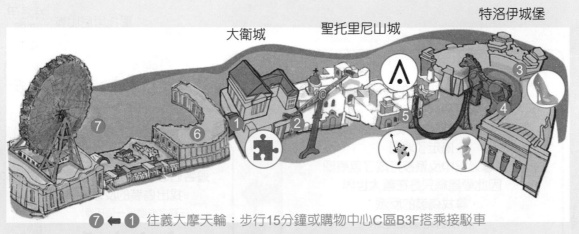

特洛伊城堡

大衛城　　**聖托里尼山城**

7 ← 1　往義大摩天輪：步行15分鐘或購物中心C區B3F搭乘接駁車

1 散客入口　**2** 城堡列車　**3** 動感台灣　**4** 特洛伊木馬

5 糖果博覽會　**6** 義大世界購物廣場　**7** 義大摩天輪

企劃內容

尋找玻璃鞋

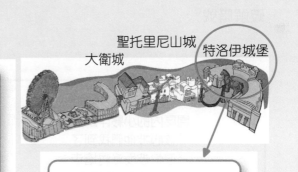

聖托里尼山城

大衛城　　　**特洛伊城堡**

灰姑娘出發尋找遺失的玻璃鞋
她發現義大世界中的人都如此美麗帥氣
不禁看向遠方的城堡想
難不成所有人都是公主王子嗎？
她突然發現前方的一位公主居然穿著玻璃鞋
她立刻向前想要討回來
但那位公主卻說玻璃鞋是她的
義大世界居然有無數雙的玻璃鞋
因此灰姑娘要依靠對玻璃鞋的印象
找到真正的玻璃鞋

遊客們必須前往指定地點
在無數雙玻璃鞋中
幫助灰姑娘尋找真正的玻璃鞋

(任務完成獲得一個印章)

企劃內容
揪出偽裝者

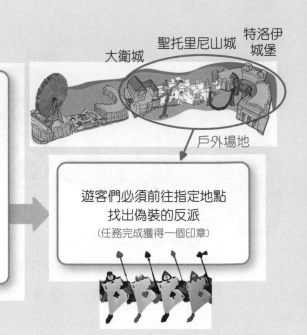

大衛城　聖托里尼山城　特洛伊城堡

戶外場地

愛麗絲發現遺失的核心地圖
居然就在她身邊
但是反派們居然偽裝成愛麗絲的夥伴
搶走了地圖
在搶奪過程中反派被打成了黑眼圈
因此愛麗絲只好在義大世界
尋找偽裝的反派
將核心地圖搶回來

➡

遊客們必須前往指定地點
找出偽裝的反派
（任務完成獲得一個印章）

企劃內容
破解暗號

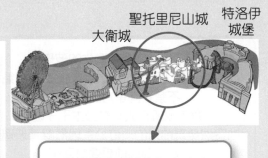

聖托里尼山城　特洛伊城堡

大衛城

桃樂絲正煩惱都找不到核心時
園區內的小夥伴跟她說
核心被他們找到了
但怕被反派們搶走
因此將他藏起來
只有破解暗號的人
才能知道藏起來的地點
因此桃樂絲必須找到小夥伴們
詢問暗號並將暗號破解
才能找到核心

➡

遊客們必須前往指定地點
詢問小夥伴關於暗號的提示
解出暗號
（任務完成獲得一個印章）

企劃內容
重組碎片

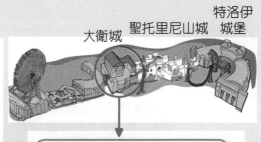

大衛城　聖托里尼山城　特洛伊城堡

主角們全去尋找核心了
但童話世界拼圖因為龍捲風
已變得破碎不堪無法放入核心
因此小夥伴必須在主角們回來之前
將拼圖重新組裝完成
否則將沒有辦法回歸童話世界

遊客們必須前往指定地點
在散落一地的碎片中
尋找正確的碎片
在指定時間內將它組裝完成
（任務完成獲得一個印章）

企劃內容
逃跑至上

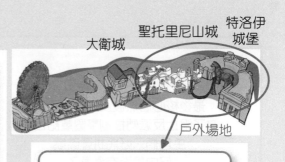

大衛城　聖托里尼山城　特洛伊城堡

戶外場地

拿到三件核心的主角們
要前往童話拼圖將核心回歸原位
同時要小心反派們搶奪核心
幸好有小夥伴們的協助
主角們要一邊小心反派
並依靠小夥伴的幫忙
找到童話世界的拼圖

遊客們必須在指定地點
於限制時間內躲避反派的追擊
同時尋找童話世界的拼圖
（任務完成獲得一個印章）

企劃內容

結局1：回歸童話

在主角們的努力下
終於將核心放回原位
童話世界通道重新修復
並留下一個與義大世界相連的通道
主角們可以隨時
通過通道前往義大世界遊玩

大衛城　聖托里尼山城　特洛伊城堡

（成功集齊五個印章）

遊客在遊戲結束時
如果成功蒐集五個印章
就是故事happy ending
遊客可獲得超值獎品

企劃內容

結局2：永留義大

最後核心居然被反派們搶走了
為了阻止反派們控制整個童話世界
主角們只好將拼圖破壞
但由於沒有通道了
主角們只能永遠留在義大世界

大衛城　聖托里尼山城　特洛伊城堡

（沒有成功集齊五個印章）

遊客在遊戲結束時
如果沒有成功蒐集五個印章
就是故事bad ending
遊客可獲得安慰獎獎品

財務分析

項目	金額
服裝成本*100	$1,000,000
員工薪資*30人(8hr / 90天)	$3,240,000
布置成本	$1,500,000
(1)尋找玻璃鞋	$250,000
(2)破解暗號	$150,000
(3)重組拼圖	$250,000
(4)其他布置	$850,000
獎品 / 贈品(90天)	$1,800,000
宣傳費	$300,000
總計	$7,840,000

預期效益

項目	說明	預期效益
來客量	平均一個月65萬來客量	預計增加30%來客量
營業額	三個月預計增加58萬人 預估30%會購買	預計增加$27,000,000周邊商品收入及$520,000,000門票收入
知名度	結合話題性	增加媒體曝光率
話題性	獨特的故事內容與創新遊玩方式	挖掘更多潛在客戶

✦ 古楨彥和余則威老師共同指導參賽學生，獲2019全國
大專校院主題樂園行銷創意競賽第二名。

資料來源：呂筱嬋，主題樂園行銷比創意 學子激盪腦力，中時電子報，2019年12月11日。

🕐 **動腦思考**

1. 此作品將目標客群放在學生，請問在這主題設計下，會設計哪個童話故事對
   學生較具吸引力？

2. 此參賽作品中有製作SWOT分析中有談到威脅內容很好，即在故事設計上會
   增加人力或闖關人潮過多恐會造成樂園服務不好，有鑑於此，你們這組提出
   的創意闖關活動要消耗多少人力才會達到經濟利益呢？

3. 在行銷宣傳上比較著重在哪方面？若該樂園要考慮找代言人，請問是哪類型
   網紅當代言人，為什麼？

5.1 服務接觸

　　基於服務易逝性、異質性、無形式和生產消費的同時性等特性，服務生產表現出實物產品完全不同之特色，嚴謹、統一的服務理論的缺失在一定程度上制約了服務業的發展。從20世紀80年代開始，服務提供者和顧客之間發生的服務接觸（service encounter）成為服務管理中的重要環節，與顧客簡短之互動過程是決定顧客對服務總體評價最重要的因素，也是企業展示所提供的服務，獲得競爭優勢的重要途徑。

5.1.1　服務接觸之意義

　　服務接觸（service encounter）是指消費者與服務提供者之間的互動（Bitner,1990），也就是前台的服務接觸。在這互動過程中，顧客有機會評估和判斷所接觸之服務，形成價值，並影響行為意向，而服務提供者也藉此機會了解顧客對服務之感受。Silvestro *et al.*（1992）對英國11家大型營利之服務組成進行研究，發現服務人員每天處理顧客數目增加，會造成接觸時間長與短。Silvestro *et al.*（1992）提出服務可分為：(1)前場導向之服務：附加價值來自於前場之服務，為前場員工佔整體員工比例很大；(2)後場導向之服務：附加價值來自於後場之服務，為前場員工佔整體員工比例很低。

　　Shoestack（1985）認為服務接觸是指消費者與服務機構直接互動的過程，並將服務接觸定義為「在一段時間內，消費者與服務提供者直接互動的過程，也就是消費者與服務傳送系統（service delivery system）的互動活動，此為消費者推論品質和服務差異的主要資源來源」。Gronroos（1990）認為顧客在服務接觸過程中，所涉及到的範圍，除了技術核心外，還需要有形之實體設施及接待人員，這些展面共同組成了「服務生產系統」，在此系統中，不可見的部分稱為「後場」（back stage），而顧客可見的部分稱為「前場」（front stage），前場和後場必須相互支援，而服務接觸之範圍是在顧客與服務提供者接觸的時間及空間中，也是前場之部分。

　　服務接觸是一段期間內與服務的直接互動，而互動的對象則包含服務廠商的所有面向，例如人員、實體設施以及其他有形的元素（Bitner, 1990），泛

指顧客與服務提供者及服務環境的所有互動（Bitner *et al.*, 2000），至於Keng *et al.*（2007）則參酌Bitner *et al.*（2000）觀點，將服務接觸區分為人際互動接觸以及實體環境接觸，用以探討臺灣購物商場裡的消費行為。人際互動接觸被視為顧客與服務人員的互動，而人際互動接觸的品質則是以服務提供者的能力、傾聽技巧，和貢獻等級作為評價的基礎（Chandon *et al.*, 1997）。其次，實體環境接觸則是顧客與實體設施和其他有形或無形要素在實體環境中的互動。顧客將透過服務接觸來評估服務提供者的服務層級（Keng *et al.*, 2007），而對象之間互動的動態性，也是決定顧客滿意度和忠誠度的重要指標（Wu & Liang, 2009）。另外，顧客與人員或環境的良好互動，會使服務接觸過程更加愉快，藉此降低購買該服務的認知風險，並改善購買體驗（Keng *et al.*, 2007）。

Solomon *et al.*（1985）將角色理論應用在服務接觸的學者，認為服務接觸有下列三種特性：

1. 服務接觸是成對的（dyadic），是社會交換的形式。

2. 服務接觸是人類的互動（human interactions），服務提供者和消費者間是互動的，也是互惠的。顧客之服務經驗因不同組織而不同，視當時之互動情境所致。

3. 服務接觸是角色扮演（role performances），服務接觸具有目的性的、任務導向的，有定義清楚且雙方認同的短期特定目標等特徵，每一位服務情境中的參與者都有其扮演的角色。

5.1.2　服務接觸之類型

服務接觸的三角模型主要為組織、接觸人員、顧客發生在實體的面對面接觸（face-to-face）Solomon *et al.*（1985）或使用遠距接觸透過媒介，例如：電話、電子郵件及網路接觸對象可包括服務人員、實體設施及其他有形的因素。Solomon *et al.*（1985）認為服務接觸之構面應涵蓋以下三項內容：

1. 顧客所知覺的服務內容（目的、動機、結果、顯著特徵、成本、可回復性、風險）。

2. 顧客提供者之特徵（專業技術與知識、態度、人口統計等相關特徵）。

3. 生產實境（時間、技術、地點、內容、複雜性、正式性、消費單位）。

　　Kolter於2000年提出服務接觸構面理論，以人員、實體設施和過程來進行研究，請見表5-1。

表5-1　服務接觸構面理論

人員 （people）	可靠性、人員互動、問題解決、人員態度、社交屬性、授權程度、專業判斷能力。
實體設施 （physical evidence）	背景音樂、設計、設施質量、布置裝潢、場所大小、光線、氣氛、地理位置、停車場、企業標誌、設備可靠度、顏色、舒適度。
過程 （process）	流程控制、過程彈性度、服務提供範圍、作業流程。

資料來源：Kolter（2000）

　　Surprenant and Solomon（1987）以涉及人員間高度互動但對業務執行效率，又特別強調效率的銀行作探討，顯示個人化概念可分為「選項個人化」（Option Personalization）、「程序個人化」（Programmed Personalization）及「顧客個人化」（Customized Personalization）；選項個人化即顧客可自一些服務供應中選擇滿足自身需求，程序個人化則是顧客被視為一位有名有姓的獨特個體，另外，顧客個人化是由顧客個人判斷來選擇最佳方案。Winsted（1993）針對服務接觸之多種說法，並整理出其八項構面與相關指標。例如：正式性、禮貌性、個人化、關懷性、知覺控制、真實性、親切性及準時性等。

　　Bitran and Lojo（1993）提出以知覺服務品質五構面（Zeithaml, *et al.* 1991）為基礎的服務接觸分析架構。他們認為服務提供時，服務人員就像在舞台上演出一般，而舞台代表是顧客介面，重要性和企業經營時的外部環境和內部環境一樣，所以必須小心探究管理以提高顧客滿意度。由此可知，服務接觸每階段相扣的程度，顯示服務提供者要謹慎的看待服務提供的每一環節，如表5-2。

表5-2 服務接觸之分析架構

服務接觸時段	服務接觸成分		
接近時間	等待時間	人員互動	期望與知覺
登記時間			
診斷時間			
服務傳遞時間			
離去時間			
後續服務時間			

資料來源：Bitran and Lojo（1993）

Gabbott and Hogg於1998年延伸研究，將服務接觸分成四類型，如圖5-1。

| 面對面接觸 | 遠距接觸 | 遠距人員接觸 | 其他形式接觸 |

圖5-1 服務接觸四類型

1. 面對面接觸（face-to-face encounter）

為學者多半研究服務行銷的重心，故此種人際接觸被視為服務行銷的核心。在此接觸方式與情境中，顧客和服務提供者間如何有效溝通互動成為重點。舉凡來說，美容美髮、餐飲、休閒旅遊等服務業，都是透過員工與顧客之接觸。其言辭和非言辭的行為都是重要的品質決定要素，例如：員工服務、設備、實體環境等，皆為評斷的依據。同時，顧客本身行為也扮演了建立高品質服務的角色。

✦ 美髮業是透過員工與顧客接觸

快送 Service

面對面接觸成為 房仲王樹國的業務利器

　　2019年，45歲的王樹國，曾擔任九年的職業軍人，但就在退伍後幾個月、民國94年8月間，發現罹患舌癌，在不得已的狀況下，只能將舌頭切除三分之一，自此，他已無法口齒清晰地與人對話，還在下巴留下無法抹滅的開刀痕跡。

　　「手術後，我再也沒辦法像從前流利的說話，沒有人能聽懂我在說什麼，我也一點都不想跟別人說話。」王樹國這麼描述當時的心情。人生「第一次」遭逢巨變，原本幻想退伍後的生活應該要多彩多姿，王樹國卻頓時變成一片黑白。

　　雖然初次與王樹國見面的人會覺得「這人怎麼講話不清不楚」，但王樹國仍努力克服，親切真誠的態度贏得不少客人的好評，甚至「講話不清楚」還成了王樹國個人活招牌，在客人介紹之下，轉行進入房仲業做為人生的下一個職涯起點。

　　王樹國說，加入房仲業後，因為口語表達能力的缺陷，一開始無法得到客戶的信任，花了8個月才冒泡（房仲業用語，意指成交），期間曾為了與一名嘉義想在宜蘭買房投資的醫師客戶簽約，四次從宜蘭繞了半個臺灣到嘉義，還被這位客戶當場撕掉契約，將碎片扔向他臉上臭罵「沒人像你這樣啦，講話講成這樣還想做房仲」，過程中簡直備受羞辱。「原來不透過電話溝通，改以面對面的接觸，才是我的強項。」大樹發現，就算一開始別人聽不懂他在講什麼，但「我可以慢慢講，講到客戶了解為止」，以真誠、負責任的態度打動客戶。

　　在日常工作中，王樹國（大樹）與謝依娟（小花）兩人總是一塊去見客戶、一塊帶看房，接待客戶時，小花總是站在第一線與客戶溝通，因為大樹知道，第一次見面的客戶也許會因他下巴開過刀的痕跡及聽起來含糊的言語而感到壓力，因此謝依娟就擔起接待工作，在接待同時，王樹國會在一旁

默默觀察客戶，思考著眼前的客戶需求為何，該如何讓客戶感到滿意。謝依娟親切的態度特別受到婆婆媽媽的歡迎，她精準的眼光，總能幫客戶配到最適合的物件，王樹國則是負責開發案件、成交前的簽約、議價等工作，在「臨門一腳」的時刻讓客戶成交。

資料來源：黃健誠，「他罹癌割舌後講話不清，卻執意跳進房仲業…」，「大樹」配「小花」逆境搶攻宜蘭房市傳奇，今周刊，2019年8月16日。

影片來源：https://www.youtube.com/watch?v=OVelaZZwwbg

✦ 「大樹小花」組合在宜蘭地區創造佳績，月月都有房屋成交（圖片來源：21世紀不動產官網）

2. 遠距接觸（remote encounter）

利用某種工具為媒介，以利顧客與服務提供者間互動，但屬於非直接的人員接觸，取而代之是以技術和科技為主，如自動化櫃員機（ATM）、自動販賣機等。雖然在這些遠距接觸沒有直接的人員接觸，但是每一次接觸都代表公司擁有一次機會，強化或建立顧客之品質認知。這類接觸模式帶給顧客方便性，自然地產生一些技術上與科技上的限制。

遠傳5G遠距會診服務 減輕患者不便

　　遠傳電信與集團旗下亞東紀念醫院，以及花蓮慈濟醫院、高雄醫學大學附設中和紀念醫院三大醫學中心，攜手啟動國內第一個5G遠距診療前瞻計畫，並且正式發表遠距診療服務平台，未來透過5G網路，幫助偏鄉患者與專科醫師進行遠距會診，減輕長途往返看診的不便。

　　據中央健保署公告的數據顯示，全台369個鄉鎮中有48個屬於偏鄉山區與離島地區，偏鄉人口數僅佔全國3%，而大型診療資源多集中在北部以及西部，資源分布落差大。自2014年推出Health健康＋服務，遠傳持續關注智慧醫療、居家照護以及長照機構數位應用，去年開始籌劃遠距醫療前瞻計畫，率先與三家醫學中心攜手合作，運用遠傳「大（大數據）、人（人工智慧）、物（物聯網）」核心技術，並開發遠距診療服務平台，讓醫療資源也能藉由先進技術帶往偏鄉。

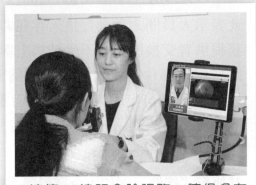

✦ 遠傳5G遠距會診服務，讓很多在偏鄉居住患者受惠（圖片來源：科技新報）

　　這項計畫自2019年11月起，於新竹縣湖口鄉天主教仁慈醫院、台東縣海端衛生所與大武衛生所三處醫療資源相對不足的偏鄉場所試辦。遠傳將於三地設置5G設備，並各捐1套醫療設備，偏鄉患者未來可先就近前往這三處，由當地護理人員協助進行初步檢驗，並透過5G網路，將生理數據與觀察影像即時傳輸給正在大型醫學中心看診的專科醫師，可與眼科、皮膚科、耳鼻喉科的醫師進行遠距會診，並利用線上的遠距診療服務平台以及平板裝置，就能讓醫病雙方初步確認病況，藉此減輕偏鄉患者長途往返醫學中心看診的不便。台東兩處設置進度預計在2019年11月25日完成，新竹則預計2019年12月第一週建置。

✦ 國內第一個5G遠距診療前瞻計畫

資料來源：陳冠榮，遠傳5G遠距會診 減輕患者不便，新竹、台東偏鄉先行試辦，科技新報，2019年11月20日。

影片來源：https://www.youtube.com/watch?v=YsHXnlMSEBo

3. **遠距人員接觸（remote personal encounter）**

　　此表示人員間之互動行為，存在非實際之實體接觸。顧客能透過言語與服務提供者交換服務，不受技術上與科技上的限制，如利用電話、手機、網路或電子郵件等科技方式，做為另一種形式的溝通互動方式。以電話接觸為例，公司與顧客透過電話互動，因電話互動的潛在變化性較遠接觸高，員工的語調、知識、處理客戶的問題之效能和效率都成為這些接觸中評斷品質的重要準則。

4. **其他形式接觸**：例如：企業辨識系統、固定廣告看板等。

　　Bitner、Brown和Meuter（2000）將服務分為以下三種型態：

1. **一次接觸**：往往在於短時間的服務，消費者從事消費前，已在心中盤算購買的項目，故購買完後所需物品後即離開。

2. **在一段時間內一系列的接觸**：在網路上從事消費行為的消費者，可搜尋相似的產品，並進行比價和查詢行為。

3. **重複性之相關接觸**：指消費者會在重複其接觸內容和活動。

　　Maister and Lovelock於1982年提出以下構面矩陣，如表5-3：

表5-3　顧客化構面矩陣

顧客接觸程度	低	高
顧客化程度低	服務工廠（factory）	大量服務（Mass Service）
顧客化程度高	工作站（Job Shop）	專業服務（Professional Service）

資料來源：Maister, D. H. & Lovelock, C. H.（1982）

　　Mersha（1990）則認為顧客需出現在服務場所是服務的獨有特色，對服務的運作有很大影響，因為有些服務透過電話或其他通訊系統的傳遞，顧客不一定需要在現場，間接接觸成分高，因此提出：

1. **積極接觸（active contact）**：顧客與服務提供者直接接觸，且和顧客—服務系統有直接互動。

2. **消極接觸（passive contact）**：顧客雖有和服務提供者直接接觸，卻沒有和顧客—服務系統有直接互動。

　　許多消費者所在意的服務接觸，是由許多無形及有形之因素構成，研究顯示，顧客對組織好壞的評價是受到服務接觸程度不同之影響。Schenner（1986）認為「顧客接觸程度」應具體化為「勞力密集度」其定義為勞力密集度＝勞工成本／機器廠房之價值。由前述可知，勞力密集度高的服務業，即為Chase（1978）所謂高顧客接觸程度之服務業，而低勞力密集度者，即為低顧客接觸程度或以設備為主的服務業。

　　Gwinner *et al.*（1998）將服務分為以下三類：

1. 高接觸、客製化、個人之服務（high-contact, customized, personal services）

在此類服務中，員工的表現和態度，都會影響顧客對此服務之認知，例如：餐廳、醫療診所、旅遊、美髮美容服務業等。

2. 中度接觸、半客製化、非個人之服務（moderate-contact, semi-customized, non-personal services）

在此類服務中，服務是直接於顧客的所有物（property），因此和顧客接觸較低，相對來說，客製化的程度較低。例如：設備維修、洗衣店等服務業。

3. 中度接觸、標準化之服務（moderate-contact, standardized services）

對顧客而言，標準化的服務速度、一致性等，對顧客來說是最重要的，例如：航空、速食餐廳、電影休閒等服務業。

　　王居卿（1993）將服務接觸程度，根據顧客是否待在服務現場做為衡量指標，分為以下三種：

1. 高度接觸：顧客需待在服務現場才能接受服務。

2. 中度接觸：顧客只需在開始或結束時待在服務現場即可。

3. 低度接觸：顧客本身不需要待在服務現場。

　　Chase（1978）提供服務接觸程度之可衡量的公定定義是：

$$服務接觸程度＝\frac{顧客必須在場的時間}{整個服務所發時間}$$

他認為顧客時間短，與其接觸程度就低，低顧客接觸的服務不確定較小且低，較易控制，接觸時間也短，對於生產流程之衝擊小，因此接觸程度低的服務是比較有效率的運作模式；反之，若顧客待在服務場所長，與其接觸程度較高。在服務的傳遞過程裡，因很多的因素，例如：服務場所、技術、服務提供者，會使顧客產生不同程度的接觸。王居卿（1993）將被服務的對象分類為：「服務接受者為人的行業」與「服務接受者為產品的行業」，認為服務接受者為人的行業，例如：美容、補習班等，服務提供者與顧客接觸程度較高；反之，若服務接受者為產品之行業，例如：倉儲、貨運或資訊業等，服務提供者和顧客接觸程度通常較低。

5.2 顧客關係管理

今日的商業普遍籠罩在恐懼、不確定和懷疑的氣氛之中。許多引人醒目的公司背信案件，讓顧客對他們讀到的內容幾乎都不相信。這個現象帶來巨大商機。如果我們能激發顧客的信任，我們會比較容易讓自己從競爭者中脫穎而出。大部分消費者懷疑自己被操縱。例如，當他們看見一個「特價」標誌，他們自然而然會覺得背後在進行某種操縱，而不是一個真的讓人省錢的產品。要克服這些觀念，要先讓客戶信任你，聰明的銷售人員知道價格是最後的事。他們先銷售自己，然後在描述他們的產品或服務前先讓人們相信他們。對他們來說，價格要擺最後。

企業大師彼得・杜拉克（Peter Drucker）曾說過：企業的目的在創造顧客，而也因為顧客才能決定企業的存在，很多人相信，企業的挑戰已經從追求營運的效能，轉為建立產品之領先程度，而現在更需要如何運用技術發展和顧客的親密關係（customer intimacy），由很多過去文獻發現到企業要建構一個新的以客戶為中心的組織（new customer-focused organization），而且更明確強調，以顧客關係建構競爭優勢的重要性。

5.2.1 顧客關係管理之目的與意義

建立良好的顧客關係的目的有：(1)促使顧客形成對組織及其產品的良好印象和評價；(2)提高組織及其產品的知名度和美譽度；(3)增加對市場的影響力和吸引力；(4)為實現組織和顧客的共同利益服務。

　　Zeithaml和Bitner（2000）在其「服務行銷」一書中，建立顧客關係對組織之利益如下：

1. 增加購買（increasing purchases）

在各種產業中，顧客每年都會向特定的關係夥伴花費超過他們前一年的購買金額。

2. 較低的成本（lower costs）

公司為了吸引新的顧客，就必須投入大量的成本，只有當顧客持續和公司來往，不斷的惠顧和接受公司的服務，公司才能獲取利潤。

3. 免費的口碑廣告（free advertising through word-of-mouth）

和公司建立長期顧客關係之滿意且忠誠的顧客可能會以口碑背書推薦，這對公司來說，無疑是一項免費有說服力的廣告，因為這種型式的廣告比起付費廣告都來的有效，且能減少為吸引新顧客所需投入的成本。

4. 員工保留（employee retention）

維持顧客的另一項間接利益是員工之保留和維持，當公司有一較穩定之滿意顧客基礎後，公司就較容易留住員工，因為人們喜歡為其顧客快樂且忠誠的公司工作，顧客和員工關係密切，員工將花更多時間來培養關係而不是爭奪新顧客。因此，員工將不易流失。

　　美國學者Brain Spengler（1999）最早提出，顧客關係管理（Customer Relationship Management, CRM）的概念，由1980年代初期所謂的接觸管理（contact management）所衍生發展而來，接觸管理主要是專門收集顧客與公司聯繫的所有資訊延伸發展而來，到了1990年初則進一步演變成為包括電話客服中心（call center）和支援資料分析的顧客服務功能（customer care），其漸漸發展出CRM的模式與雛形。學者NCR Co（1999）認為CRM引導企業不斷和顧客溝通以了解並影響顧客的行為，因此能主動爭取新客戶和鞏固既有客戶，以及增進顧客利潤貢獻度。

　　歷年來對顧客關係管理的定義可分為三類，第一類強調CRM是經由資訊技術的輔助，整合企業功能、顧客互動，乃至於先進的資料庫技術，以尋求顧客需求，提高顧客忠誠度與滿意度（Kalatota and Robinson, 1999）。第二類是將CRM解釋為持續性之關係行銷，著重尋求對企業最具價值之顧客，並將顧客加以區隔，以不同產品通路加以滿足，以提高貢獻度（John Ott, 1999）。第三類

則將CRM分別由技術與策略面加以探討，除了資訊技術的功能外，更從策略的角度來解釋CRM對於組織資源分配的指導作用（經濟部商業司, 2000）。

隨著企業競爭激烈和科技進步，整個市場結構已經進入到「smart market」—它由以下三種因素組成（Glazer, 1999）：

1. smart products（智慧型產品）

基本上，這一類產品視為有一定的智慧或是運算的能力。越來越多的是這些Smart Products能夠適應和回應環境的反應，並且能夠和顧客互動。

2. smart competitor（聰明的競爭對手）

從公司組織的角度來看，這些競爭者會持續的更新所得到之資訊，以提昇其競爭力。

3. smart customer（聰明的顧客）

這類的顧客，常會更新自身的資訊。另外，這些顧客的人口統計資料、購買行為的範本也是經常的改變，更嚴重的是，這類的顧客，本身對公司沒有非常強的忠誠度，常會在不同的公司間轉換。也是在這樣競爭下以及忠誠的顧客越來越難尋找，更突顯了掌握顧客關係管理本質和策略的重要性。

Kalakota和Robinson兩位學者認為顧客關係管理可分成三個面向：取得、增強以及維持（Kalakota and Robinson, 1999）。每個面向對於顧客關係都有不同的影響，而每一個正向都可以讓顧客和公司更加的緊密，其模式如圖5-2所示：

圖5-2 顧客關係管理之三個面向

資料來源：Kalakota and Robinson（1999）

在圖5-2可知顧客關係管理之三個面向分別代表下列三種做法：

1. **取得新的顧客**：藉由在便利和創新上的突破，將產品和服務提升到的境界，以贏得新的顧客。因為對顧客而言，價值來自於優異的產品，再加上卓越的服務。

2. **改進現有客戶的收益性**：藉著鼓勵卓越的交叉銷售向上銷售，增進現有顧客關係。這可以深化與顧客的關係。對於顧客而言，價值來自於低廉的成本提供最大的便利（一次購足）。

3. **長期維持有助於獲利的顧客**：維持顧客的重要在於服務的調整能力—提供顧客想要的，而不是市場想要的產品。價值來自於建立能預先反應的關係，以顧客的最佳利益為考量。今天，一流企業對於維持顧客關係的重視，遠超於吸引新的顧客，這種策略背後的原因單純：如果想要賺錢，必須把我們的好顧客牢牢抓住。

5.2.2 顧客關係管理執行步驟

學者Davenport *et al.*（2001）透過與企業進行訪談，歸納整理出執行顧客關係管理時幾個很重要的策略目標：

1. **顧客區隔**：利用分析過去的購買行為，找出過去的購買行為，找出購買行為最為類似的顧客，給予提供特定的產品或是改善產品。

2. **顧客排序**：決定企業在面臨何種顧客時要優先回應，或是決定那些顧客可以先置之不理。

3. **瞭解顧客之興趣**：透過瞭解顧客興趣時，能將這些資訊轉為對組織有用的知識，再回饋至顧客身上。

4. **瞭解顧客行為**：去瞭解顧客在互動過程中的特殊行為或是最常發生的行為。

5. **提高顧客忠誠度**：贏取新顧客的成本都遠遠的高過於保留住現有顧客之成本，為了獲得基本之競爭力，維持住現有顧客是既經濟承實惠的方式。

6. **產品/服務之延伸**：藉由觀察顧客使用組織產品/服務後的反應，來改善現有的產品，服務可改善的地方。

7. **增加交叉銷售率**：透過歷史資料之分析，可在顧客購買的同時，就給予購買的建議，其中Amazon.com是很好的例子。

Winer（2001）認為完整顧客關係管理系統之執行可分為以下七個步驟：

1. **建立資料庫**：確認、建立和連續更新現存及潛在消費者資料，這些資料包括人口統計變數、生活型態和購買歷史等。

2. **資料分析**：利用統計的方法找出顧客的族群。

3. **顧客選擇**：利用終身價值來衡量顧客的貢獻率，並且每隔一段時間重新計算。

4. **目標行銷**：提供顧客客製化的產品/服務。

5. **關係行銷**：建立良好的互動管道與提供客製化之服務來提昇顧客滿意度與再購買率，進而建立共同的價值和尊重以及一種可信賴的關係，幫助企業原本穩固顧客群。

6. **隱私管理**：在資訊發達之社會，手中握有顧客之資訊對顧客而言即可發生相當大的影響，若能夠保證其資料不會外洩，將可提供顧客之信任度和安全感。

7. **績效評量**：評估系統建置後之相關費用。

圖5-3　Winer顧客關係管理導入之步驟

資料來源：Winer（2001）

5.2.3　顧客關係管理關鍵成功因素

麥肯錫董事Ott認為企業要成功導入顧客關係管理，首先應要界定三年到五年間，企業整體的策略及目標，是希望和顧客維繫長久關係？著眼於增加利潤，或是擴大市場佔有率。然後進一步界定顧客區隔、關鍵產通路，並清楚地定位顧客關係管理可以在這些策略下扮演何種角色？如何轉化為可執行的企業策略？

　　從廣義的角度來看，可將顧客關係管理目標視為4r，也就是在適當的時機（right time），透過適當的通路（right channel），提供適當的供給，例如：產品、服務與價格等（right offer），以提出給適當的顧客（right customer），並藉此增加互動之機會（Swift, 2000）。

　　Kolter（1996）將公司和顧客的關係層次分成五類，企業可依據市場顧客的多寡的本身欲獲得的利潤來決定和顧客維持關係的深淺，如表5-4：

表5-4　Kolter的公司顧客關係五項關係層次類型

關係層次	關係類型分類	關係類型說明
最淺	基本型（basic level）	銷售人員推銷產品給顧客，但未做進一步的接觸，交易完成即中止彼此關係。
淺	反應型（reactive）	銷售人員推銷產品給顧客，並鼓勵顧客有問題時可隨時找銷售人員，此種關係是被動的。
中	有責任型（accountable）	銷售人員在銷售產品後不久即主動打電話給顧客，詢問產品是否符合顧客期望。銷售人員亦請求顧客提供任何改善產品的建議，作為公司持續改善產品的參考。
深	主動型（proactive）	公司銷售人員與顧客持續保持聯絡，並向其推薦新改良的產品或用途更廣的產品，使顧客認為公司對其充滿興趣。
最深	合夥型（partnership）	為關係行銷最終型態，公司持續地為顧客服務，共同發現可幫顧客節省成本的有效途徑，或幫顧客提高績效，從此互惠的方建立長期合作關係。

　　系統整合商艾商公司認為，顧客關係管理是一個科技和人性的綜合體，在處理與顧客相關事物時，必須「以人為本，以顧客為中心」，同時企業內部所有人員也必須先確定「一對一客戶觀念」，再由科技的協助達成人性化的客戶目標，如此客戶自然長久，企業獲利自然成長。它著重在以下幾點：（洪建志，2000）

1. **企業內部「一對一客戶觀念」**：企業內部每一個員工必須瞭解到顧客是「企業永恆的寶藏」，而不是「本部的一次交易」。所以，每一次與顧客接觸都是學習瞭解顧客，也就是顧客體驗企業的機會，所以真正的關心顧客，為每一顧客設計符合他們特有的建議，才會讓顧客體察企業的價值。

2. **企業內部與顧客相關部門的統合**：它包括了：(1)不同客戶與部門作業的連貫：例如，網路客戶有問題，電話中心也要能立即提供服務。(2)不同管道來源客戶資訊的共享：不同部門接觸客戶後之經驗要能立即給其他部門分享，才不致產生顧客由電話中詢問A方案，但客戶上網時企業卻建議B方案，這些與顧客互動經驗，均應儲存在流動性的顧客聯繫水庫（Customer Contact Repository）。(3)共同遵守的互動規則（Contact Rule）：企業必須制定很多清楚的顧客互動原則，例如，什麼樣的顧客在何種情況下可給予特殊折扣，不論顧客由何種管道接觸，企業部門均能提供一致的對策。

　　洪建志（2000）整理出以下顧客關係管理成功的要素：

1. 建立擷取所有顧客之歷史，包括購買、喜好與促銷資料庫。

2. 建立良好的顧客互動的管道，以使更有效的從各管道接觸到顧客。

3. 顧客服務人員必須能及時存取資料庫，以利用該資料庫與顧客互動。

4. 根據利潤貢獻度區隔顧客。

5. 企業必須編列相關的長期預算，同時要有高層管理者支持，以及適當的資源。

6. 建立實驗與對照組，以證明推動顧客關係管理的成效，從而強化推動的動能。

7. 採用公正的辦法以確保實驗組和對照組之基本完全相同。

8. 迅速獲得成效，以便向管理階層證明顧客關係管理的具體效益。

5.3　服務流程設計與服務藍圖

　　服務流程設計是以為使用者提供完整且滿意的服務為目的，規劃出的系統與流程。而服務設計流程不同於以往產品生產所講求的標準化，反倒是歸納出服務的基礎原則，在不違背原則的基礎下自由發揮各種服務該有的特質並設計適當的服務流程，如此才能著實了解使用者的需求，增加使用者的接納程度。

5.3.1　何謂服務流程設計

　　服務設計的發展由1984年G. Lynn Shostack在哈佛商業評論發表的一篇文章「Designing Services that Deliver」開始，首次將「服務」與「設計」兩個詞彙放在一起，同時也發表了「Service Blueprint（服務藍圖）」此一重要工具。接著在1991年，Gill and Bill Hollins則以「設計管理」的觀點在其著作「Total Design」中為服務設計作相關論述。同年德國Michael Erlhoff與Birgit Mager為首先將「服務設計」視為獨立研究專業的學者。2001年第一家服務設計公司「Live|work」成立於英國，與眾多國際知名企業進行專案合作。2002年美國IDEO也設立了「服務設計部門」。2004年「SDN（Service Design Network）」（服務設計聯盟）成立，連結全球數百家學術研究單位、服務設計公司及相關產業，持續發展服務設計理論、方法等。

　　服務流程設計是指設計者針對服務組織內外部資源結構、優化配置能力等，為提高服務效率和效益而進行綜合策劃的活動過程。服務設計是一個整體性的經驗（Holistic Experience），涵蓋空間及時間軸的概念，經過了「跨領域整合」而呈現出的「服務價值網絡」。於顧客端追求的是「useable可用」、「useful好用」、「desirable想用」的服務（產品），在企業端講究的是「viability可行」、「efficiency效率」、「effectiveness效能」。

　　Hollins and Hollins（1991）認為服務設計是可以有形，也可以無形，服務設計包括文化和其他（例如：行為、環境、通訊等）。Moritz（2005）認為服務設計是全面性之體驗服務設計，並且設計程式策略來供應服務。服務是經由單一或是多個接觸點所組成，並且以實際接觸的方式來體驗服務，因此，透過設計將許多接觸點連接成服務介面。在服務設計當中，往往需要經由使用者之經驗，賦予接觸點新生命，並且了解後場的運作如何影響前場提供服務之順暢度（葉明東，2008）。郭子睿（2011）指出服務設計不是一種短期，或是一個圖文的設計專案，而是包括管理領域、市場行銷、研究與設計等共同結合而成，透過跨領域之合作，以全面性之思考方式整合策略、系統、程序、節點等設計決策方法。

蘇以娜（2011）研究臺灣殯葬業執行殯葬禮儀服務中經歷十二項服務流程內容如下：

1. **臨終關懷**：遇到變故時，業者提供專業諮詢服務，針對個人的需要，適時提供服務。

2. **往生者大體接運**：安排接禮車一輛及接體人員一名前往接送逝者大體至喪家，或家屬指定之殯儀館安置。

3. **設立靈堂**：為家屬規劃，設立孝堂，讓家屬在居喪期間可以早晚奠拜。

4. **入殮**：這是家人最後一次見到逝者機會，傳統習俗全在入殮完成之後，讓家屬循環瞻仰遺容。

5. **治喪協調**：依照個人意願，與家屬規劃一個屬於逝者的喪禮。

6. **奠禮準備**：以專業的態度與家屬溝通，按照原先規劃的典禮儀式來完成所有籌備的工作。

7. **家公奠禮**：在家奠和公奠儀式中，協助家屬和親友進行一切喪禮儀式之進行。

8. **發引**：逝者已尊榮地走完人生，在離別時，將以尊敬心情陪伴家屬，護送逝者邁向另一階段。

9. **火化封罐**：業者以感同身受的心情，協助家屬整理火化後逝者靈灰。

10. **返主除靈**：當喪禮一切塵埃落定後，專員將會置妥逝者之靈位，此刻家屬必須拋開悲傷的情緒，將生活起居回歸正常。

11. **晉塔安葬**：協助家屬將逝者的靈體或靈灰安奉在預定之處供後追思。

12. **後續關懷**：在相關的節日裡，殯葬業將持續以關懷的心，提供家屬必要的諮詢及追思協助。

星巴克服務流程設計

　　星巴克是一家以重烘焙咖啡豆為基業，再轉進咖啡館、罐裝咖啡飲料、咖啡冰淇淋、咖啡館情境CD唱片和零售家用咖啡機具，最成功的垂直整合企業。該公司於1998年時，在全美擁有1,200百多家咖啡館，成長腳步仍未稍緩，平均每天增開一家店面，是全球咖啡館數目最多的企業，也是靠經營咖啡館，成功上櫃的首例。如今，咖啡館遍佈了四大洲成為跨國咖啡企業。為避免加盟者的自主，破壞公司的形象及信譽，星巴克於全球所開設之店面，堅持全面採用直營連鎖方式。星巴克已成了美國家喻戶曉的商標，更是老饕咖啡的點火者，並改變老美牛飲咖啡的惡習。當時，美國柯林頓總統也是星巴克迷，他經常以星巴克咖啡豆餽贈國外貴賓，因此星巴克也被視為了美國當代文化不可或缺的象徵。

　　當時，霍華蕭茲提到：「今日的星巴克實際上是由爹娘結合生下的小孩」。所謂的爹地指的是：早年的星巴克，一家愛咖啡成痴的小公司，專門販售世界頂級阿拉比卡豆，並以教育顧客為職志，公司上下不辭辛勞，一對一的向上門的客人講解什麼是好咖啡。所謂的媽咪指的是：他帶進公司的價值觀和對未來的憧憬。星巴克認為，他們不僅提供好咖啡，更是提供了一個「第三空間」除了家與工作場所之外的好去處，讓客人一進門就感受到浪漫、溫馨和四海一家的喜悅，這是一種慵懶式的舒適體驗。

✦ 星巴克不用花錢打廣告

　　星巴克能夠風行全球，除了店面設計氣氛良好，咖啡香醇濃郁，具有善於款待別人的店員當是關鍵的元素，第一線服務人員是消費現場的靈魂，是取悅顧客最重要的角色，是企業超越顧客期待的重要環節。如果把消費現場

當作宴會場，那麼每一家企業的每一位員工都是主人，而每一名消費者都是我們的客人，主人的責任在取悅客人，使得參與盛會的每一個人都能賓至如歸。

堅持5B精神是星巴克的待客之道，2004年，該公司執行長霍華德·舒茲（Howard Schultz）發現隨著組織的越來越龐大，要維繫顧客與星巴克的正向情感連結是日益困難，爲了將眞誠款待的文化傳達到組織的神經末梢，他們提出面對顧客時應有的5項行爲準則：

1.Be Welcoming：熱情歡迎。

2.Be Genuine：誠心誠意。

3.Be Knowledgeable：熱愛分享。

4.Be Considerate：貼心關懷。

5.Be Involved：全心投入。

爲鼓勵員工落實5B精神，在日常工作中體現眞誠款待的文化，星巴克發行了5B小卡片，每當有員工展現出好的行爲，或者幫助了別人，任何人都可以掏出5B卡寫上肯定與讚賞的話，讓工作夥伴在第一時間感受到人與人之間的貼心與關懷。同儕認同是一種正向的推動力量，即時的表揚可以激發出個人的成就感，創造出團隊強烈的感情連繫，凝聚出組織的一體感。與其說星巴克是從事咖啡事業，倒不如說他們經營的是心靈事業，是透過一杯咖啡來促進人類心與心的交流，拉進人與人之間的距離，而5B精神就是這心靈事業的指導方針。

對於經營實體通路的企業而言，顧客進門後的30秒是關鍵時刻（the moment of truth），在這段期間服務人員要善盡主人的責任，一個眼神，一個招呼，一個笑容，都要讓客人感受到溫暖的熱情，就好像在招待自己的好朋友。許多人進星巴克不爲咖啡，他們來這裡聊天、寫部落格、談生意，有些人來這裡則只爲品嚐店裡的朝氣、活力與陽光，尤其是上了年紀的顧客，有時間看店員神采奕奕的招呼客人也是一種幸福。

5B精神不僅僅侷限於面對顧客，同時亦是員工彼此相互對待的方式，在星巴克內部沒有階級森嚴的上下層關係，有得是一種平等尊重、認同激勵的夥伴關係，其組織內部相當講求人與人之間的親切互動，同時強調每日精神

上的鼓舞（daily inspiration），希望在平日相互鼓舞的過程中激發彼此的生命活力，並將這樣的服務熱忱傳遞至顧客端。

　　祕密客來無影去無蹤，暗中稽核評分的方式，往往讓服務業的工作人員陷入「雞蛋裡挑骨頭」的負面情緒。對此，臺灣星巴克總經理徐光宇在《30》雜誌的專訪中說：「與其戰戰兢兢地做到100%的服務，寧可讓員工保持放鬆、愉快的心情，投入80%的心力注意工作流程，保留20%與顧客互動的空間，更能讓顧客感受到服務。」。徐光宇取消祕密客的評分制度，轉而採用「顧客心聲調查」，讓工作人員隨機邀請顧客上網填寫問卷，下次來店時便可獲得一杯免費飲料，鼓勵員工每天都與顧客互動。把服務人員「害怕祕密客」的負面情緒，轉為「對顧客微笑更重要」的正面情緒，提升服務品質，也培養更多對星巴克滿意的顧客。

　　在星巴克，有一個特別的行銷方式—口碑行銷，也可以說是熱迷行銷。這種行銷方式是利用親和力及感染力，經由消費者及員工的親身體驗所散播出去。而且這種行銷手法幫星巴克節省了巨額的廣告費用和促銷預算。星巴克每位員工都心甘情願的當起星巴克的廣告代言人，提供高品質的服務，再經由員工的口述和其擁有的親和力，以及藉由顧客的親身體驗，造成此一行銷方式具有相當大的擴散感染力。消費者成為了星巴克的熱迷，而在星巴克的獨特體

✦星巴克經理克里斯（Chris）雇用自閉男孩沒人看好，殊不知他「超特別煮咖啡方式」反讓客人搶著購買（圖片來源：LOOKER NEWS）

驗、獲得的享受以及擁有的極品品質，再透過這些熱迷熟客的口傳遞到週遭親朋好友的生活裡面，這種具有親身體驗的說法，特別容易使人相信。經過這樣反反覆覆的傳播，星巴克因而減少許多行銷上的開支，這些節省下的開支又用於員工的福利上，這種無止境的循環締造了星巴克的咖啡傳奇。

資料來源：廖志德，用心經營當下每一次的生活體驗，能力雜誌，第91期。

影片來源：https://reurl.cc/VaAkn6

5.3.2　服務流程設計流程

　　設計的暖身活動無論是在工作坊或實際操作流程中都是具有「策略性意涵」的，安排在「設計前」的目的為「消除隔閡、建立互信（破冰）」，於「服務中後期」為「消除疲勞、激發鬥志（充電）」，於「設計結束前」著重在「收斂發想、付諸實現（降溫）」。故適時運用不同的暖身活動為設計流程添加一些活力、趣味，亦可使設計過程愈加順利。楊振甫和黃明佳（2011）針對四個服務設計流程「discover（探索）」、「define（定義）」、「develop（發展）」、「deliver（實行）」的步驟與工具作以下相關敘述：

(一)discover（探索）

1. **確認議題**：評估專案的限制，包括金錢、時間等資源。試圖讓設計參與者可考量到所有「利益關係者」的立場「換位思考」，運用post-it寫下「可能的選項」，並輪流說明、提問，票選其中2-3個選項進行統整，盡可能以「簡潔」、「完整」的概念表達。

2. **創新價值**：思考「利害關係人」的潛在需求（包含社會、公眾、員工、股東、顧客、關係夥伴等），「組織的策略方向」是否能提供正向價值（對於社會、政治、環境、情感等），「顧客的未來參與度」為何？能否賦予顧客更多的能力（除了單純購買外，是否有加值擴展、共享網絡的可能）。

3. **盤點知識**：盤點「已知」與「未知」知識。「已知」包括，人們想要什麼？有何技術資源？有何相關案例（不同產業、不同地區）？「未知」包括，利益關係人的期望、需求？傳達價值的方法？可能面對的挑戰？

4. **確認訪談員名單**：定義訪談員需符合的條件（所得、居住、消費頻率...）。評估受訪者類型，包括具有代表性（代表特定族群的想法）、重度用戶、最難接受的用戶（極端者）。

5. **選擇研究方法**：EX.個人深度訪談（individual interview）、受測者自我記錄（self- documentation）、行為潛影（shadowing）。

(二)define（定義）

1. **資料說明**：具體完整的陳述由上個步驟記錄下的資料，包括具體行為、目標、或是某個行為背後的原因。儘量採取故事性的陳述（5W1H），以提高資訊間的關連。

2. **資訊理解**：例如同理心地圖（empathy map）、顧客經驗旅程（customer experience journey）。

3. **設計觀點**：萃取洞見，將前一段同理心地圖、顧客旅程所整理的資料進行「語意重組（reframing）」以重新檢視「創新價值」。語意重組的方式包含「新的利益關係人」、「新的策略方向」、「顧客參與程度」、「新的使用情境」，此階段建議採「群組分析」的方法，加速「資訊分類（群組、因果、相關）」的過程，並評估是否能達成策略目標，有否相互矛盾、對比的陳述，這些看似矛盾的陳述往往都能帶出不錯的洞見。而經由重組後將得到新的「設計觀點（Point of View, POV）」，其三大要素為「一個清楚定義的對象」、「以動詞表達的需求」、「說明該需求產生的原因」。

4. **設計缺口**：接續「POV」，以「How might we⋯（我們如何能...）」開始進行機會點（缺口）的陳述。

(三)develop（發展）

1. **腦力激盪（brainstorming）**：針對「HMW」的問句提供具體解決的方案。【暖身活動：兩兩分組，以送禮或出遊的點子，由兩人分別提問回答，但第一輪回答以「嗯⋯但是」開頭，第二輪回答以「好！而且...」回應。讓組員感受到不同回應方式所造成的「感受差異」】

2. **打造原型（prototyping）**：將同一解決方案拆分為兩組，一為設想「最可行」之方案，另為「最具前瞻性」之方案，時間許可下，可將主題兩相調換。原型打造的方式包含實體模型（2D、3D）、故事板、角色扮演、新的服務藍圖等。並思考本次設計的「創新獨到」之處，包含優點、價值、為什麼比別人好？為什麼利益關係人要買單？成本、資源從哪來？等。

3. **展示、回饋**：將小組成員賦予不同的角色職責，包含(1)簡報者(2)記錄者(3)觀察者。盡可能設計一個適合的情境，增加外部參與者的真實互動體

驗。可適時提出「這是你心中想要的嗎？」「如何修改會覺的更好？」「如何修改會更吸引你？」等問題。

(四)deliver（實行）

1. **獲利模式**：顧客價值（最具有吸引力的地方）、利潤來源（重點產品或服務是什麼？多少錢？如何支付？）、利益關係人的參與動機（價值傳遞的管道、方式，由誰傳遞？利益關係人支持的理由？可能的挑戰？如何克服？）

2. **所需能力**：接續上述的價值傳遞方式，盤點出該設計方案需要的能力或條件（人員、生產、製造、財務、技術、合作關係等）。可行性為何？服務藍圖（service blueprint）將協助盤點工作的進行。

3. **策略評估**：以「設計策略矩陣」評估設計策略是屬於哪一類型？包含「加值創新」、「漸進式創新」或「突破式創新」。並討論其創新的風險強度是否能接受。

4. **里程碑**：寫下執行步驟、設定查核點，並確認工作分配及具體目標。

5. **方案試行**：籌組試行小組，評估試行方式，確認評估要項，判斷成功與否的標準為何？

6. **學習計劃**：重新思考使用者的問題是否被解決？經由定期的資料搜集，以評估方案是否需要被修正，或可有其他創新的方案產出。

　　雙薪家庭及社會年齡老化的現象致使家事產業的快速形成與大量人力的需求，家事產業長久以來的人工作業模式，往往被包裝為邊際勞動力的刻板印象，影響家事產業的專業形象。在家事產業的環境中，雇主如何選擇適當的管家、配對後的管理工作及雙方的互動都是目前家事產業極待解決的問題。隨著網際網路普及和電子商務愈趨成熟，一些學者專家試圖發展一個家事產業的仲介網站來解決上述問題。在陳宗義研究團隊（2006）研究中，首先進行家事產業的特性分析，希望藉由設計出符合雇主及管家需求的網站如下：

1. **解決每個家庭的需求**：每位消費者藉由瀏覽本網站，觀看所建構的服務內容及提供的各項資訊能夠真正幫助每個家庭找到適合的家事專家，來幫忙解決、滿足每個家庭的需求，以貼心的服務態度和堅持不變的服務品質，達到確實的替每個家庭解決家事困擾。

2. **提高就業機會**：本網站期望能夠對社會貢獻一份心力，正所謂取之於社會，回饋於社會，能夠幫助一些二度就業的人、失業的人或想兼差的人，透過本網站的協助來找到事業的第二春，連帶也可以達到安定社會秩序、穩定人心，以提昇社會的就業率。

3. **提昇管家的專業素質**：本公司會要求每一位在學管家參加專業的職前訓練和輔導，提昇每一位管家的素質，使管家可以在家事方面更能表現專業和自信的一面，使雇主放心的將家庭一切家事交由專業的管家處理。

4. **提昇雇主的生活品質**：藉由本公司的專業管家來協助處理家庭中的一切家事，使雇主的居家環境更好、更有生活品質，有更多的個人時間，讓專業的管家能夠為雇主提供貼心的服務內容，真正的達到提昇雇主的生活品質。

5. **資訊透明化**：透過本網站使雇主和管家之間的資訊流通更為透明化，擺脫一般傳統仲介的介紹方式，家事產業網站期望雇主可以直接先在網路上做初部的篩選，來直接觀看管家的基本簡介等等的相關資訊，並使更多的訊息能夠確實即時的通知雇主和管家。

6. **提高通路接受度**：期望能夠讓傳統的仲介工作進入數位化的時代，並且藉以來提升網站的知名度，讓更多的人知道本網站能夠幫助你輕輕鬆鬆的解決家事困擾。

　　接者，該研究團隊提出研究的核心流程設計主要以管家觀點和雇主觀點來做區分，流程如下圖5-4所示：

1. **雇主**：雇主先提出服務需求後，本公司再依雇主所提出的條件來篩選出符合的管家，再經由雇主自行選擇想要的管家，而該名管家再依雇主所指定的日期與時間完成雇主所提出的服務需求，在服務過後雇主再進行服務滿意度的調查，以便我們了解該名管家的服務品質，最後再進行結帳的手續即可。

2. **管家**：管家在提出應徵的申請後，再參加本公司所規定的職訓課程，課程結業後本公司便進行資格的審核與篩選，合格者即可提供服務，在完成一項服務後仍可繼續等待下一個工作的到來。

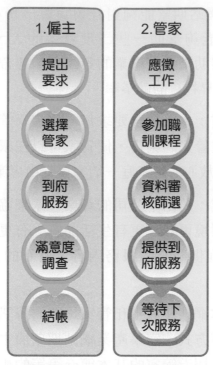

圖5-4 核心作業流程圖

本系統功能與流程規劃如下：

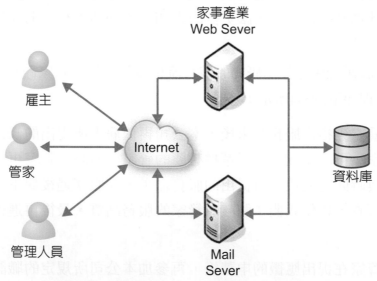

圖5-5 家事產業的仲介網站系統架構圖

1. 由左而右分別是客戶端、網際網路、伺服端以及資料庫。

2. 前台作業主要是提供買家、賣家來做使用，而買家就是指雇主、賣家就是指管家。

3. 後台作業主要指管理者介面。

4. 不管是使用者或管理者都是透過網際網路來操作，最後透過伺服器直達資料庫。

5.3.3　服務流程設計流程服務流程設計之步驟

1. 明確目標、目的或使命

服務流程設計時，必須明確服務組織使命、宗旨、戰略規劃、目標要求等，並根據上述基本要素清晰界定輸入—加工—輸出的基本要素和屬性，使執行者能夠更加明確服務組織的目標和使命。

2. 確定內部需求和能力要素

服務流程設計內容必須符合服務組織內部需求及其相關能力，以便提高服務質量和效率，這些要素大多涉及有效產出率、時間、成本、品質等。

3. 適宜組織結構與文化環境

必須適宜組織結構與文化環境，其中，組織結構涉及技術系統或專用技能（如軟體開發、保險精算、數據統計、會計）等硬體設施，還包括一些軟體內容，如組織使命、職能特點、團隊或小組結構形式（如R&D團隊、採購小組、營銷小組等），同時必須兼顧軟硬體及其交錯性有機整合要求，力求使其形成獨特的文化氛圍。

4. 分析現有技術或可獲得技術能力

服務流程設計時必須分析現有技術或可獲得技術能力。IT技術應用已使數據輸入從手工抄寫發展到電子媒介，並使服務作業運營效率和大幅度提高，如果相關IT技術比較缺乏或不足，則必須加大投資力度。

5. 準確定位所有利益相關者

跨邊界作業活動流程參與者均為利益相關者，服務流程設計時必須準確定位利益相關者，以免在整體協調方面犯邏輯錯誤。Roethlisberger認為：現代經濟活動產生了許多工作團隊，個人之間和不同團隊個人之間存在一種行為模式，而且不同於社會關係，每項活動都存在社會價值和等級。因此，服務流程設計時，需對服務作業活動流程參與者的實際工作位置、社會地位等進行綜合考慮，力戒利益相關者相互間界面混亂和利益衝突。

快送 Service 高鐵強化會員服務 開發會員經濟

　　2019年，臺灣高鐵訂定四大發展方向，TGo會員服務即為重點項目之一，期望以波段式優惠活動、燃點品項多樣化等吸引旅客加入TGo會員，開發會員經濟，同時提供多樣化個人及旅遊產品、服務與優惠專案。並藉由數位化銷售平台建立，導入敬老與愛心票旅客的證號登錄機制，以及語音行動訂票機制，並擴大行動、電子支付使用範圍，提高票證銷售便利性，滿足不同客群市場需求，推動尖離峰行銷優惠差異化，提升整體產值。

　　臺灣高鐵營運邁入第13年，初期僅提供車站窗口及自動售票機售票，隨著高鐵公司持續運用智慧運輸科技，陸續推出網路訂位系統、便利商店、「T Express」行動購票App等購、取票方式，致力提供旅客更便利的票務服務。

✦ 臺灣高鐵「Messenger智慧購票」服務訂位功能示範

　　為提供旅客更加多元、友善的購票服務，臺灣高鐵公司領先國內大眾運輸業者，首度在Facebook Messenger推出「Messenger智慧購票」服務，即日起旅客透過Messenger即時通訊軟體及手機的語音或文字輸入，在輕鬆對話之間，即可完成車票預訂，還能查詢訂位紀錄、詢問票務問題，隨時隨地

為您服務，宛如您的隨身訂位助理。歡迎旅客多加利用，體驗臺灣高鐵「Messenger智慧購票」服務的便利。

TGo會員購票搭乘高鐵每消費20元即可累計1點，累計達500點數可兌換或折抵車票票價，「高鐵假期」旅遊專案行程也可以紅利點數折抵行程款項，並有會員專屬生日禮、高鐵車站周邊商家、旅行社商品優惠等。此外，臺灣高鐵為慶祝TGo會員人數突破百萬，將鎖定會員首度推出「百萬感動、百萬美好」快閃購票活動，22日晚間10點限定一小時購買兩人同行、同享半價的專案車票，共有2,500組優惠車票。

隨著高鐵TGo會員、點數經濟逐漸發酵，旅客黏著度提高，帶動運量持續提升，2019年以來各月載客量皆超越內部目標，累計上半年營收突破200億元，以236.28億元創下同期新高紀錄，年增5.64％。

資料來源：楊文琪，臺灣高鐵訂票再進化 臉書「Messenger智慧購票」上線，經濟日報，2019年3月28日；陳昱光，高鐵拚運量，點數經濟立功，工商時報，2019年7月17日。

影片來源：https://www.youtube.com/watch?v=Ij1lEGLeKn8

5.3.4　服務藍圖

服務藍圖是一張用來描述服務傳遞過程、順序、關係及依賴性之流程圖，它能將設計者對服務或產品的各項品質維度及其容差透過圖形予以目視化解釋（Chuang, 2007）。發展服務藍圖需要先確認所有與服務傳遞和生產有關活動，並且說明這些活動的關聯。服務藍圖的主要特性之一可以區分顧客接觸到的「前場」和顧客看不到員工作業及支援過程的「後場」，在前後場之間就形成「可看見線」（Line of Visibility）（請見圖5-6）。

顧客常常會希望提供服務的企業全面地了解他們同企業之間的關係，但是，服務過程往往是高度分離的，由一系列分散的活動組成，這些活動又是由無數不同的員工完成的，因此顧客在接受服務過程中很容易「迷失」，感到沒有人知道他們真正需要的是什麼。為了使服務企業了解服務過程的性質，有必要把這個過程的每個部分按步驟畫出流程圖來，這就是服務藍圖。但是，由於服務具有無形性，較難進行溝通和說明，這不但使服務質量的評價在很大程度上還依賴於我們的感覺和主觀判斷，更給服務設計帶來了挑戰。

　　服務藍圖不僅對作業經理人有幫助，對於行銷經理人而言也是很有用的工具。由於服務藍圖描述顧客和員工之間的互動，以及這些互動如何藉由行銷、作業及人力資源管理等三方面的整合。服務藍圖同時也幫助管理者確認在服務過程中可能會降低服務品質的潛在失敗點（failure points），如此管理者便可預先設計出如何避免疏失的程序或應變的處理計畫（周逸衡、凌儀玲，2005）。服務藍圖可廣泛應用在各種產業，例如：銀行貸款業（許淑寬、陳量媛，2003）、餐飲服務（周逸衡、凌儀玲，2003）、供應商整合（Fliess and Becher, 2006）、量販店賣場服務（Chuang, 2007）等。

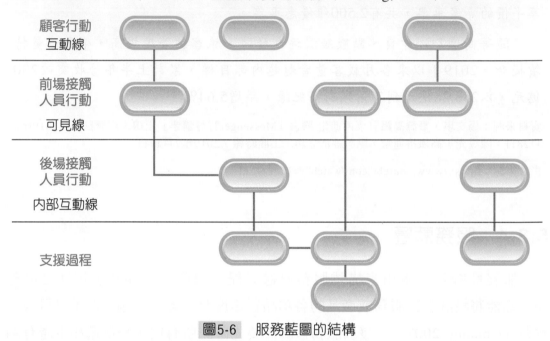

圖5-6　服務藍圖的結構

　　美國著名服務管理學者林恩・修斯塔克發展出「服務藍圖」（service blueprint）的概念，以下6個步驟拆解服務傳遞過程，同時考量影響服務品質的員工、實體展示（physical evidence）和內部支援過程（support process），是服務設計和服務品質改善的實用工具：

1. **確定繪製藍圖的範圍**：先思考希望釐清哪一部分的服務，才能確定藍圖繪製的範圍。以快遞服務藍圖爲例，可考慮只繪製單純快遞配送，或針對企業客戶、兩小時配送、來店交件等服務細項，各別製作藍圖。

2. **確定誰是顧客**：面對不同顧客，會使服務過程有所差異。為特定市場區隔的顧客繪製藍圖，能夠避免思緒混亂，更確保服務能滿足顧客對應的需求。

3. **從顧客角度找出顧客行動（customer action）**：顧客行動指的是顧客購買、消費、評估服務時經歷的選擇和行動步驟。這會促使相關人員對於顧客有一致的想像，能夠站在顧客的角度，思考如何影響顧客對於服務的認知。例如快遞服務中可能有的顧客行動包括：打電話叫快遞員、交遞包裹、簽收包裹等。

4. **畫出前場（onstage）、後場（backstage）接觸（顧客）的員工和科技系統**：前場、後場的員工都是在第一線接觸顧客的人，兩者以顧客「可見線」（line of visibility）做區隔，前場人員執行的活動是在顧客注視之下完成，後場則否。例如在快遞服務中，負責在客服中心接訂單電話的員工，就屬於後場。

5. **找出相關支援部門**：支援部門並不會和顧客有所接觸，但卻是完成服務必備的內部工作。以快遞服務為例，必備的內部工作包含分派運送員、以飛機運送和分類包裹等，都屬於服務藍圖中的支援部門。

6. **在顧客行動上填入實體展示**：顧客行為中可能看到和接受到的有形物品稱為實體展示，包含表單、裝飾品、環境設備等，這些物品都會影響提供的服務與定位是否一致。服務藍圖不只能在部門內使用，對外與廣告代理商或與公司銷售團隊溝通時，也很容易從中選出重要的溝通訴求。妥善運用此工具，便可對於服務的設計、傳遞和改善進行更全面的思考。

在圖5-7可看到保險業服務藍圖詳細描繪出每個服務接觸之流程，每個過程都可能產生服務失誤，並且彼此間存在一定程度之因果關係，例如：保戶若在一開始於核保事項告知不實，將會影響到理賠結果。從服務藍圖中可看出，服務提供過程可分為四大部分：

1. 顧客流程（包括顧客於服務系統中可能進行的活動或採行的步驟）。

2. 前場和顧客接觸人員之活動（這些活動是顧客可以看見的）。

3. 後場人員支持前場服務人員所應進行的各項活動，這些活動和前場的服務人員有直接關係。

4. 支援性活動（這些活動和前場服務人員有間接關係）。

　　在張旭華和呂鐨洧（2010）研究保險服務業的關鍵失誤點，多發生在前場流程和顧客流程的互動上，包含：

➡ **場景1**：業務人員拜訪。

➡ **場景2**：保險商品的介紹，會因爲業務人員之服務態度不佳，或專業能力和表達能力不足而產生失誤。

➡ **場景3**：保戶投保階段，可能因保戶本身的告知不實，或是業務員的不當招攬行爲，於保戶塡字保單的未詳細說明被保人所享有之權益、保單費率、紅利、承保範圍等應注意事項而產生糾紛。

➡ **場景4**：保險公司承保，可能因不當招攬未詳盡審查責任，或承保人員於承保後未留意保戶保單期限與告知保戶相關權益。

➡ **場景5**：保戶要求理賠，可能因客服人員態度與承保人員與理賠單位處理速度，而產生服務失誤。

➡ **場景6**：保險公司勘查，可能因核賠過程相關證明不足，而使保戶未能獲得理賠而產生糾紛。

➡ **場景7**：保險公司支付賠償，可能因賠償金額和保戶認知有差異，而產生糾紛。

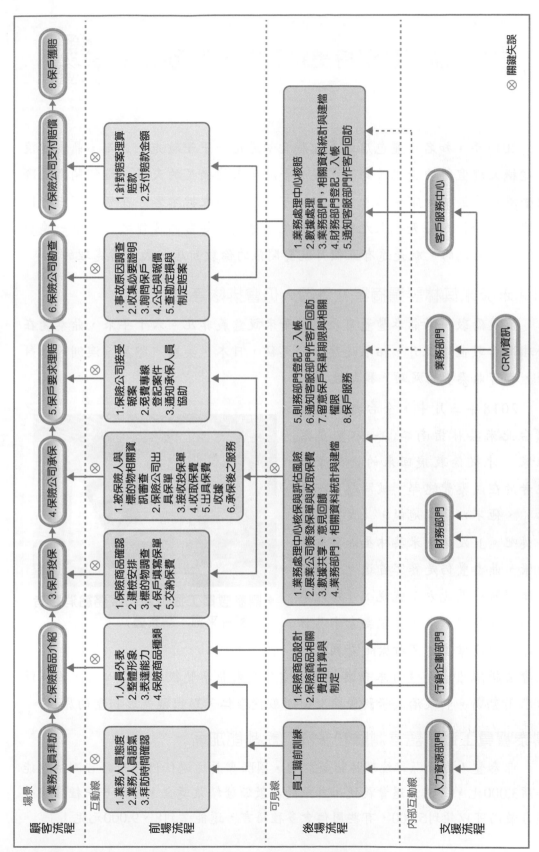

圖5-7　保險業之服務藍圖

資料來源：張旭華、呂鑌洧（2010）

鼎泰豐堅持美食和提升服務品質

　　2018年，知名小籠包店鼎泰豐將堂堂邁進一甲子時光。然而，鼎泰豐沒有趁機大肆宣傳的慶祝活動，也沒有臺灣店未能摘星的失落，這個聞名國際的臺灣小吃霸主如常準點營業，迎接守候門外的大批來客。在新北市中和區的總部，照樣在每天早上九點整召開視訊會議，如常的運作之外，唯一嗅出一絲緊繃氣息的，就是還有五個月就要開張的倫敦新店，太多待處理的事。

即使未被米其林評選摘星　外國人仍會排隊等候

　　前進倫敦，對鼎泰豐董事長楊紀華來說意義非凡。六十年來，鼎泰豐在全球開店數直線上升，拓展速度十分迅猛，日本、美國、印尼、澳洲、杜拜等，都有鼎泰豐的足跡，獨缺歐洲。

　　2018年三月中，全台都在關注《台北米其林指南二〇一八》星落誰家，才從倫敦飛回來的楊紀華與記者約在鼎泰豐總部，被問起「米其林」，他不以為意地說，「大概不會得獎吧。」沒拿下米其林星等其實不打緊，鼎泰豐仍是饕客首選。老爺酒店集團執行長沈方正就說：「以鼎泰豐的服務品質水準，應該要拿米其林星等；但沒拿星也不打緊，外國人一

✦ 鼎泰豐員工提供親切服務給消費者
（圖片來源：鼎泰豐）

樣會去排隊！」、「日本音樂製作小室哲哉來鼎泰豐很愛吃空心菜，因為炒出來不會塌。」政治大學科管與智財所教授李仁芳點出觀光客朝聖的原因。

鼎泰豐員工通過語言測驗和多開口說都能加薪

　　鼎泰豐人力資源部經理林梅英說明，國際專員通過任何一項語言測驗就能加薪3,000元，每個月還會視使用外語的次數頒發績效獎金，「單一一種語言一個月最高可以領到5,000，有些同仁會多種語言，還能拿到8、9,000元呢！」

若不是國際專員，鼎泰豐也準備了簡單的外語服務每日一句教材，影音、文字皆有，包括招呼、點餐、加茶、送菜，以及簡單的應對、尋求幫助等，「所以面試時不用擔心要講流利的英文，反應快、笑容佳也是重要條件。」另外，鼎泰豐還製作了一本英文服務手冊，集結所有客人可能會問的問題，「希望員工就算英文不夠好，需要用英文應答時還是會有專業的樣子。」

若以多益（TOEIC）英語測驗參考標準，根據鼎泰豐內部統計，能在工作應對上自然得體的員工，多益分數大約落在605分到780分之間，語言能力好的員工更有機會到海外分店交流學習。鼎泰豐也開設一系列溝通表達、英日文點餐等課程，還有一對一的「小老師」制度，每位新人都由具備語言專長的資深員工擔任專屬小老師，同進同出學習現場服務與溝通技巧。

由於語言能力普遍好，鼎泰豐也不乏有員工存錢後決定出國遊學、打工度假，楊紀華對此樂見其成。例如餐飲組副主任、國際專員張雅屏，曾離職去日本念語言學校，楊紀華主動邀請她在鼎泰豐東京店打工，讓她感念在心，加強語言能力後回到臺灣，決定重回鼎泰豐任職。

從小吃老店走向國際，鼎泰豐長紅60年的關鍵，靠的是不只是美味，而是高度專業紀律和精益求精的學習精神，造就了無可取代的品牌價值。不只擄獲了全球消費者的心，就連招募會上都有外國人的身影。未來，楊紀華還打算進軍歐洲，持續將臺灣飲食文化發揚光大。

設置「微笑獎金」每月由鼎泰豐主管考核　最高員工可拿5千元

在鼎泰豐，光擦一張兩人座的桌面，至少就有九個步驟，連沈方正都直呼「太佩服」。服務員首先得觀察桌子、椅子、地板是否有客人的遺留物，接著取出清潔「三寶」——抹布、方形餐巾和酒精。先用一般抹布，由外到內呈S形擦拭，接著在桌面正中間噴上酒精，同時拿出方形餐巾遮著酒精噴，以免影響到隔壁桌的客人用餐，然後用餐巾再次以S形擦拭。擦拭完將餐具放置於正中間，接著將盤子放好，然後擺湯碗，最後再擺放筷子、紙巾。記者好奇詢問，在鼎泰豐這樣的「SOP」有多少？有兩百種嗎？楊紀華回答，「絕對超過。」

鼎泰豐最知名的招牌「笑容」，也暗藏學問。在鼎泰豐的服務人員，都要上笑容指導課程。為了鼓勵員工將笑容內化融入服務，每月由主管打分數，達到標準以上，給予五百元到五千元的微笑獎金，另外，還由同仁票選出每季的「微笑天使」，各店前三名可獲頒二千元到三千元的獎金。

　　人資經理林梅英透露，為了教導員工笑，楊紀華先生曾找了幾個有表演背景、戲劇系畢業的職員錄製微笑影片，示範如何微笑。「你知道臉部要怎麼笑嗎？先把嘴巴吸緊像個小籠包，再將嘴巴張到最大像個獅子嘴，重複幾次這個動作，就像按摩，能讓臉部放鬆，笑起來才會自然。然後練習咬筷子，露出上四、下四的牙齒，那樣的笑容最好看。」

鼎泰豐藉由代理商協助　建立跨國營運系統

　　近年日本流行臺灣熱，包含日出茶太、春水堂、蜷尾家、鹿角巷，這些臺灣的餐飲品牌在日本發展都有一個共通點，就是透過代理商處理日本拓點和營運等業務。為什麼大部份品牌要透過代理商？因為台日之間，無論文化、語言都存在著鴻溝。

　　日本風土民情和臺灣不同，例如不會在電車上講電話、不隨地而坐、不邊走邊吃。語言也是需要克服的難題，日本人說話很委婉，如果在溝通上出現困難，就不能取得互信。

　　因此，當企業對日本環境不熟悉時，最好的方式就是將品牌授權給代理商營運。

　　鼎泰豐就是很成功的例子，它不僅透過代理商成為在日本相當知名的餐飲品牌，同時還養成一套流程系統。1996年，日本百貨公司高島屋把鼎泰豐找到日本新宿開店。除了原汁原味呈現好吃的小籠包，高島屋更替鼎泰豐建立系統，包含菜單設立、作業手冊、規格書等等。

　　高島屋利用經營百貨的經驗，將來自臺灣的鼎泰豐，塑造成日本消費者喜歡的感覺，日本人對鼎泰豐的親切度便上升了。經過高島屋調整，鼎泰豐體認到經營餐廳要有所規劃，開始嚴格要求品質和服務。現在，可以看到鼎泰豐的服務員戴著耳機聽從調度，例如當大人帶小孩用餐時，小孩餓了、不耐煩可能會吵鬧，出餐順序就要以小孩為優先。

　　另外，遇到歐美遊客用餐時，會先上湯品。因為歐美人習慣一道一道分開吃，不像亞洲人會將湯和主餐搭配著食用。許多臺灣的名店主要是靠經驗法則做生意，而缺乏系統。到日本和代理商合作時，就容易被牽著鼻子走。

資料來源：黃家慧，鼎泰豐隱形聖經，今周刊，2018年4月3日；徐重仁，臺灣服務業出口日本，借鏡鼎泰豐經驗，天下雜誌，2019年10月8日；賴亭宇，十大美食鼎泰豐獎勵員工學外語，打造暖心服務，今周刊，2019年11月14日。

影片來源：https://www.youtube.com/watch?v=N3kZ7q_rYBc

服務行銷新趨勢

➡ 摩斯漢堡送餐機器人

東元電機今年與東元餐飲事業共同參加2019國際食品展，東元展出國產首台商用DC變頻冰箱和送餐機器人。東元表示，東元DC變頻商用冰箱採用迴轉風流、快速製冷，讓冰箱內溫度常保均勻，並採用環保無氟冷媒，比傳統定頻冰箱省電40％，低峰時段，低頻運轉，適當冷卻能力，可幫餐廳業者省電；冰箱使用尖峰時段，高頻運轉且快速追蹤負載。東元還加入智能化服務，以IoT技術24小時即時監控冰箱用電及各層溫度，確保食材安全，一旦數據異常，會即時發出警報，通知管理者進行維修，不論是單店或是連鎖店，都可以做到能源管理（EMS）和預警服務。

東元電機自動化暨智能系統事業部與東元集團綜合研究所共同開發的送餐機器人，率先應用在關係企業摩斯漢堡，身為東元送餐機器人催生者的東元集團會長黃茂雄，幫摩斯漢堡用的送餐機器人取名為Miss Mos Burger。

◆ 東元集團會長黃茂雄，幫摩斯漢堡用的送餐機器人取名為Miss Mos Burger（圖片來源：工商時報）

東元主管指出，東元服務型機器人是由東元研發生產，採用東元DC伺服驅動器與馬達，打造底部「智慧移動平台」（AGV），擁有優異的即時空間定位、精準的穿越能力、卓越的動態避障功能等，上半部可因應客戶的需求，做客製化應用，除了在智慧城市展會場展示的送餐機器人之外，也適用於物流、公共服務、醫療養護、保全巡檢等等，還可搭配符合企業形象的載台外型設計，為客戶提供完整的解決方案。

東元主管表示，服務型機器人底部的「智慧移動平台」（AGV），擁有視覺特徵辨視、空間定位、精準穿越、動態避障、地圖編輯、和控車設定介面等多重特色，目前正積極與系統整合商洽談中，未來將因應送餐、導覽、保全巡檢等不同需求，提供客製化的整合服務。在工業運用面，未來發展重點將規劃

「智慧移動平台」（AGV）導入智慧工廠，利用IoT物聯網技術，建立智慧機電製造解決方案，提升工廠作業效率，開拓新商機。

缺工、速食變慢食，大老闆下開發令治客訴

與全台餐飲業一樣，摩斯漢堡也面臨人力成本大幅上升、缺工等問題，五年來光是兼職人員成本就暴增三成，即便薪資提高，過去缺人兩週內就能補齊，現在一個月還找不到人，大夜班時薪近兩百元，仍多有空缺。此外，摩斯主打現點現做，新鮮上桌一直是優勢，卻也是最大劣勢，做餐時間至少是其他速食店的五倍到十倍，十分鐘能出餐就算「快速」。

✦ 客人點完餐後會拿到號碼牌，摩斯機器人就會自動跟到桌前把餐點送上（圖片來源：商業周刊）

當人力成本上漲，補人不易，內場人員還得兼點餐與送餐，更加延遲做餐時間，導致摩斯陷入了「速食」變「慢食」的困境。抱怨出餐慢是摩斯最大客訴來源，占總體客訴高達三成。因此，東元集團會長黃茂雄在兩年前下達開發摩斯送餐機器人的命令。

摩斯優勢在於，它有一個製造業爸爸。東元是臺灣首間機械製造業多角化經營餐飲業的企業，旗下共十五個餐飲品牌，今年營收目標上看百億元，其中摩斯漢堡去年營收達五十二億元。在製造端，有成本優勢、規模經濟；在服務端，有現場經驗，降低一般機器人實用低、體驗差的致命傷。

十人團隊睡店裡追蹤 改定位、介面，只差速度

更慘的是，整個機器人模組都向中國購買，感測與速度都龜速，平均送一餐要兩分鐘，「而且第一代定位功能很差，動不動就迷航原地打轉，當時首度測試時，所有長官都在場，機器人不斷亂跑失控，很尷尬！」東元綜合研究所經理林家仁說。

問題如雪花紛飛，工程師乾脆直接睡在摩斯，與店長焦點訪談，週週開會追蹤店鋪抱怨，有問題就改。先是把機器人瘦身50%，模組改用自家的馬達與電控系統，加強定位功能，於是又花一年讓速度提高一倍，平均一分鐘就能送餐完成。

「起初我們把操作介面的字體弄太小，按鈕很多，許多店長就拒用！」東元自動化暨智能系統事業部協理林勝泉苦笑，部分店員年紀較大，看到電腦就怕，只好再改，工程師也下海教學；機器人高度也摸索出九十公分的最適身高，避免客人翻倒餐點。當店鋪給予機器人團隊反饋，當天就能夠處理完畢。

現在，送餐機器人已發揮實用功能，可負擔一間店四分之一的送餐量，高峰時可節省40%的送餐時間。且測試的二十四小時店鋪，更能直接取代大夜班的送餐人力。只不過，二代機器人速度雖提升，但平均送餐速度仍不及真人快，導致部分店家不太願意使用；此外，機器人定位有技術限制，當店鋪改變座位排列，須重新請工程師輸入門市座位圖才能避免機器人迷航，雖三天內可設定完成，但這也表示，若機器人大量應用，須養更多工程師維持後續服務。

另一個挑戰是，機器人加快送餐速度同時，還能維持服務品質。李世珍舉例，如果機器人送餐中途，食物被攔截，或被撞擊而打翻，能否妥善處理；抑或是機器人能否與人互動、微笑、問候等，都會影響客戶對於機器人服務的評價，「還是要想清楚，機器人的價值在哪裡。」

資料來源：沈美幸，東元電機 發表摩斯漢堡採用送餐機器人，工商時報，2019年6月19日；陳承璋，機器人爆失業潮，母公司東元自主開發有勝算？摩斯漢堡送餐機器人 七百天開發迭代內幕，商業周刊，1654期，2019年7月25日。

服務這樣做

▶ 日本海茵娜飯店機器人服務V.S.趣淘漫旅飯店真人服務

　　三年多前，有一家日本酒店將自己描述為「世界上第一家由機器人組成的酒店」，開業時旋即成為全球頭條新聞，不僅因為採用機器人員工，酒店獨特的環境配置方法也成為話題，但是最近傳出這家日本酒店已經解雇數百名機器人員工，因為他們沒有把工作做好，還給人類員工找麻煩。

　　這家酒店是位於長崎豪斯登堡裡的飯店名為海茵娜飯店（Henn na Hotel），當時官網聲稱櫃檯配置多語種機器人協助辦理入住或退房手續。衣帽間還有機器人手臂幫客人存放行李。還說到機器人雖然不是人類，但機器人帶來的有趣時刻也會溫暖你的心。此外，一旦使用臉部辨識系統註冊，將無需攜帶房間鑰匙或擔心鑰匙遺失。開幕時總裁談到未來願景，表示希望90%的酒店服務工作由機器人負責。

✦ 海茵娜飯店用機器人取代人類服務（圖片來源：ETtoday、科技新報）

　　但是經過三年多，證明機器人並不能勝任這些任務，奇怪飯店因此解雇243個機器人，其中一個機器人是玩偶模樣的助手，放在每個房間裡，叫做Churi。Churi應該要回答客人有關當地景點問題的詢問，幫客人計劃住宿。但實際上Churi甚至連簡單的請求都做得零零落落，比如客人問主題公園什麼時

候開放這種問題都無法招架，客人反而要向人類員工尋求幫助，據說耽誤了他們原本的工作。

海茵娜飯店還解雇了兩名櫃檯接待機器人，它們本來要迎接客人並協助辦理入住手續，但機器人無法手動影印客人護照，這項動作是入住日本飯店時的要求，所以任務被人類接管，等於櫃檯機器人就無法派上用場了。還有一個無用的機器人配置就是行李機器人，酒店只有兩個行李機器人，但只能到達酒店100間客房的24間，且還要在好天氣情況下才能運作，遇到壞天氣就只能晾在一邊。就算機器人可升級變得更聰明，但升級成本太高，不見得比雇用人力便宜。

來到另一家趣淘漫旅飯店，這裡沒有制式的「歡迎光臨」，也沒有一字排開的鞠躬問候，但消費者來此飯店能感受到服務人員迎接他們如家人般的開朗笑容和發自內心的親切問候。

✦ 趣淘漫旅飯店提供人員親切服務（圖片來源：今周刊）

對待客人像朋友打造公司年輕品牌形象

為什麼這間開幕僅兩年的飯店和別人不一樣？台北趣淘漫旅總理經杜蕙玲表示，「溫度，是趣淘漫旅最重視的核心理念，我待員工如客人，員工把客人

當朋友,這樣的服務才能貼裡入心。」趣淘漫旅在一開始的設定,就是針對年輕族群而規劃的「潮」牌飯店品牌,個性、科技、趣味,是飯店欲傳遞給來客的服務內容,所以杜蕙玲鼓勵員工,不要如背稿般的制式問候,可以發想專屬自我且有特色的招呼語,甚至是用如同玩遊戲的方式來待客,讓台北趣淘漫旅予人從入門的第一時間,即留下深刻印象。

杜蕙玲表示:「飯店業很重視經驗,若沒有從基層積累和客人應對的相處,遇到問題很難作立即反應處理。」在過去晶華六年多的時間,從櫃檯、服務中心、總機到訂房等單位全都待過,這段時間打下她對飯店管理的深厚基礎,同時也因為接觸到國際旅館金鑰匙組織,為能成為金鑰匙成員,她離開晶華,陸續到威斯汀、春秋烏來等飯店就職,最終也獲得臺灣為數不多的金鑰匙成員認證。

金鑰匙成員和一般飯店從業人員有何不同?杜蕙玲認為金鑰匙就像是一份使命,它雖然可以拓展飯店業的人脈,但相對的,對客人的要求,是更要「使命必達」。她舉例說明,在春秋烏來的服務期間,她就抱持一個信念,「有些客人,一輩子可以就只花錢來住這一次,無論如何,都必須要盡心盡力提供服務。」為此,像是在推薦周邊旅遊景點時,為了不讓來客踩雷,她甚至會事前親自實地走一遍,以求能掌握所有服務細節。

資料來源:黃嬿,3年實驗失敗,日本機器人酒店決定重新雇用人類,科技新報,2019年1月19日;今周刊,溫度,是飯店待人接物的服務密碼,2019年9月27日。

⏱ 問題討論

1. 海茵娜飯店採取機器人在實際工作提供客人服務時表現如何?
2. 什麼是趣淘飯店的核心理念?趣淘飯店是如何經營以吸引年輕族群入住?
3. 在杜蕙玲的看法,金鑰匙成員和一般飯店從業人員有何不同?

本章習題

1. 服務接觸之意義？

2. 學者Solomon *et al.*（1985）研究服務接觸有哪三種特性？

3. 學者Solomon *et al.*（1985）研究服務接觸之構面應涵蓋哪三項內容？

4. 學者Gabbott and Hogg（1998）研究，將服務接觸分成哪四類型？

5. 學者王居卿（1993）研究，顧客待在服務現場做為衡量指標，可分為哪三類服務接觸？

6. 為何要建立良好的顧客關係？其目的為何？

7. 學者Zeithaml和Bitner（2000）研究，建立顧客關係對組織之利益有哪些？

8. 整個市場結構進入到「Smart Market」，它是由哪三種因素組成？

9. 學者Kalakota 和Robinson兩位學者認為顧客關係管理可分成哪三個面向？每個面向所代表之做法為何？

10. 學者Davenport *et al.*（2001）研究認為執行顧客關係管理有哪些重要之策略目標？

11. 學者Winer（2000）的研究，完整顧客關係管理系統之執行可分哪七個步驟？

12. 學者Kolter（1996）將公司和顧客的關係分為哪五個層次？

13. 學者洪建志（2000）之整理，顧客關係管理成功之要素有哪些？

14. 服務流程設計之意義為何？

15. 學者蘇以娜（2011）研究臺灣殯葬業執行殯葬禮儀服務中要經歷哪十二項服務流程內容？

16. 在星巴克個案中，星巴克提出面對顧客時應有哪5項行為準則？星巴克口碑行銷作法為何？

17. 學者楊振甫和黃明佳（2011）針對四個服務設計流程之步驟和內容分別為何？

18. 服務流程設計之步驟為何？

19. 何謂服務藍圖？

20. 學者林恩‧修斯塔克發展服務藍圖概念，拆解哪6個步驟來描述服務傳遞過程？

21. 學者張旭華和呂鑌洧（2010）研究保險服務業的關鍵失誤點有哪些？

參考文獻

1. 王一芝，2010，礁溪老爺大酒店把握每個服務接觸點，遠見雜誌，295期。

2. 林讓均，2010，寶來證客製化擄獲七十萬股民心，今周刊，727期。

3. 孫維敏，2010，倩碧讓年輕人認同老品牌的秘訣，今周刊，727期。

4. 陳瑄喻，2015，六福村AED每走3分鐘有1台，中國時報。

5. 郭子睿，2011，服務設計發展對設計業轉型影響之研究，國立台北科技大學創新設計研究所碩士論文。

6. 葉明東，2008，服務設計：瓜地馬拉市公共汽實系統，國立清華大學科技管理研究所碩士論文。

7. 張旭華、呂鑌洧，2010，以整合性模式探討保險業服務設計與服務品質提升，管理與系統，第17卷，第1期，頁131-157。

8. 楊振甫、黃則佳，2011，打開服務設計的秘密，中國生產力中心。

9. 經濟部商業司，2000，1999年度臺灣「顧客關係管理」運用現狀調查報告，電子商務導航，第二卷，第13期。

10. 經理刊月刊編輯部，2012，臺灣星巴克總理理徐光宇：花80%的心力注意流程，保留20%的愉快與顧客互動。

11. 劉愛珍，2008，現代服務學概論，上海財經大學出版社。

12. 盧智芳，2011，沈方正：學講話，學聽話，Cheers雜誌。

13. 蘇以娜，2001，臺灣殯葬服務業服務品質提升之研究，美國基督教僑力會基督書院行政管理學系學士畢業論文。

14. NCR Co, 1999，認識CRM的真貌，0&1 BYTE，電子化企業：經理人報告。

15. John OTT, 陳曉開整理，1999，「成功地發展及執行持續性的關係行銷」，電子化企業：經理人報告。

16. Bitner, M. J. (1990). Evaluating service encounters: The effects of physical surroundings on employee responses. Journal of Marketing, 54(2), pp. 69-82.

17. Bitner, M. J., Brown, S. W., & Meuter, M. L. (2000). Technology infusion in service encounters. Journal of the Academy of Marketing Science, 28(1), pp. 138-149.

18. Bitran, F. & Lojo, M. (1993). A Framework for Analyzing the Quality of the Customer Interface. European Management Journal, 11(4), pp. 385-396.

19. Brain, S. (1999). E-Business Executive Report. ARC, 3, pp. 9-15.

20. Chandon, J.-L., Leo, P.-Y., & Philippe, J. (1997). Service encounter dimensions-a dyadic perspective: Measuring the dimensions of service encounters as perceived by customers and personnel. International Journal of Service Industry Management, 8(1), pp. 65-86.

21. Davenport, T. H., Harris, J. G. & Kohli, A. K. (2001). How do they know their customers so well? MIT Sloan Management Review, 42(2), pp. 63-73.

22. Gabbott, M. & Hogg, G. (1998). Consumers and Services. England: John Wiley & Sons Ltd.

23. Glazer, R. (1999). Winning in Smart Markets. MIT Sloan Management Review, 40(4), pp. 59-69.

24. Hollins, G. & Hollins, B. (1991). Total Design: Managing in the Design Process in the Service Sector, London: Pitman.

25. Kalakota, R. and Robinson, M. 1999. E-Business: Roadmap for Success, Addison-Wesley.

26. Keng, C.-J., Huang, T.-L., Zheng, L.-J., & Hsu, M. K. (2007). Modeling service encounters and customer experiential value in retailing: An empirical investigation of shopping mall customers in Taiwan. International Journal of Service Industry Management, 18(4), pp. 349-367.

27. Kolter, P. (2000). Marketing Management (10th ED.) Englewood Cliffs, New Jersey: Prentice-Hall Inc.

28. Maister, D. H. & Lovelock, C. H. (1982). Managing Facilitator Service. Sloan Management Review, Summer, p. 28.

29. Moritz, S. (2005). Service design: Practice access to an evolving field. Msc thesis, KISD.

30. Shostack, G. L. (1985). Planning the Service Encounter in J. A. Czepiel, M. r. Soloman & C. F. Surprenant (Eds), The Service Encounter: Managing Employee/ Customer Interaction in Service Business, pp. 243-254. MA: Lexington Books.

31. Soloman, M. R., Surprenant, F. C., Czepiel, J. A. & Gutman, E. G. (1985). A Role Theory Perspective on Dyadic Interactions: The Service Encounter, Journal of Marketing, 51, pp. 73-80.

32. Surprenant, F. C. & Solomon, M. R. (1987). Predictability and Personalization in the Service Encounter. Journal of Marketing, pp. 86-96.

33. Winsted, K. F. (1993). Service Encounter Dimensions: A Cross-cultural Analysis, Doctoral Dissertation, University of Colorado at Boulder.

34. Swift, R. S. (2000). Accelerating Customer Relationship: using crm and relationship technologies. Prentice Hall.

35. Winer, R. S. (2001). A Framework for Customer Relationship Management. California Management Review, 43(4), pp. 89-105.

36. Wu, C. H.-J., & Liang, R.-D. (2009). Effect of experiential value on consumer satisfaction with service encounters in luxury-hotel restaurants. International Journal of Hospitality Management, 28(4), pp. 586-593.

Chapter 06

服務實體環境

學習目標

✦ 服務現場的內部裝潢、傢俱設備、空間設備、聲音、顏色等會影響顧客對服務的整體感受

✦ 瞭解服務實體環境之相關理論（例如：M-R 模型、劇場理論模型、服務環境理論模型、社會服務環境理論模型等）

✦ 明白服務實體環境中若重視美學價值，將會帶給消費者愉悅反應

✦ 知道何謂商圈？影響店鋪商圈大小的因素？開店與商圈選擇的要領

本章個案

✦ 服務大視界：太魯閣晶英酒店轉虧為盈

✦ 服務這樣做：微風台北車站奇蹟

服務大視界

▶ 太魯閣晶英酒店轉虧為盈

　　觀光飯店股王晶華，在2014年東臺灣版圖確立。除了宜蘭蘭城晶英酒店外，礁溪捷絲旅也加入版圖，最重要的是矗立在太魯閣、海拔逾3千公尺的太魯閣晶英酒店，2014年終於由虧轉盈，晶華集團東臺灣最後一具獲利引擎終於到位。特別的是，終結太魯閣晶英連年虧損的推手，是飯店總經理新秀，67年次、現年42歲的楊雋翰。當年接掌太魯閣晶英酒店，他年僅33歲，創下全台五星級飯店最年輕總座記錄。

　　楊雋翰曾在六福集團工作過，24歲轉進晶華集團承辦宴會廳業務，26歲負責晶華進入新光三越開宴會廳的業務，28歲籌劃晶華館外宴會廳「台北園外園」，30歲接掌發展晶華館外餐廳泰市場等，每隔2年就跳一階。他32歲「下部隊」到太魯閣晶英任執行副總，隔年升總經理，乃晶華董事長潘思亮刻意栽培的年輕大將。楊雋翰說，他在晶華集團待了11年，印過的名片卻已近10張，幾乎每年都有新職務、新挑戰。

✦ 太魯閣晶英酒店外觀

　　為何能解決太魯閣晶英長年虧損？楊雋翰指出，飯店經營不外乎三步驟：發現問題、解決問題、預防問題，假設太魯閣晶英有400項問題，3天解決1個問題，一年就解決了100多個問題，3～4年就解決完畢，重點是要不要執行。楊雋翰上任後，重新定位太魯閣晶英，縮減團客比例、以降低交通因素影響團客上山；增加散客比例，讓散客平常日上山住房也有樂趣，每晚找原住民樂團高歌、在高山環繞中架設野台電影院，房客在戶外或坐或躺，欣賞電影、也欣賞另類太魯閣氛圍。

楊雋翰更大幅縮減飯店房間數，打掉小坪數房間併成大房型，提升住房品質，餐廳則留中式、西式各一，強打山上才有的野滋味，幫助餐飲營收。

　　「口碑是最好的策略」，楊雋翰表示，讓更多客人體驗過太魯閣晶英的美好，透過朋友之間的口耳相傳，比砸大錢做廣告還有用。令人難以置信的是，楊雋翰接掌太魯閣晶英之前，其實只有宴會餐飲經驗，對於客房操作並不那麼熟悉，如此大的轉變，會不適應嗎？「不會，晶華服務的核心理念是『將心比心』，問題自然就會迎刃而解」，楊雋翰解釋，「宴會和客房的邏輯是共通的，桌子呈盤和房間擺設的基本概念是一樣的，不管做什麼，邏輯都是最重要的。」一路走來，楊雋翰將旁人眼中的爛差事，化為寶貴契機，對於有心進入這行的年輕人，他建議「要勇於接受挑戰，可以不求戰，但不能懼戰。」

　　太魯閣晶英酒店前身是蔣公行館，晶華集團入股55%，1991年接手重建、1997年正式營運，卻一路慘澹經營，連虧16年，如今在楊雋翰重新擦亮太魯閣晶英招牌後，一躍成為晶華集團東部小金雞。

資料來源：陳景淵，37歲總座讓太魯閣晶英轉虧為盈，聯合報，2015年5月25日；黃冠穎，策略經營/太魯閣晶英酒店總座楊雋翰分眾行銷打造群山間的魔法天地，經濟日報，2015年7月20日。

晶英酒店在台版圖	
晶英（Silks Place）為晶華集團旗下品牌，定位是城市首選之五星級旅館	
太魯閣晶英酒店	前身為天祥招待所，為蔣公行館之一，1991年晶華集團入股55%，2010年更名太魯閣晶英酒店。
蘭城晶英酒店	環華豐公司投資開發蘭城新月，旅館部分委由晶華管理，以櫻桃鴨、親子飯店聞名。
台南晶英酒店	晶華向國泰租地斥資10億元改裝，2014年開幕。

資料來源：聯合報

⏰ **動腦思考**

1. 太魯閣晶英酒店總經理楊雋翰是如何解決該酒店經營長年虧損問題？

2. 楊雋翰總經理為何認為太魯閣晶英酒店經營方式透過朋友之間的口耳相傳會比花大錢在廣告較好呢？

6.1 服務實體環境之角色扮演

　　顧客出現在服務過程中，扮演服務參與者的角色，已經廣為服務管理者和服務設施設計者所重視，很多服務管理者將顧客當做共同生產品（co-producer），甚至將顧客視為半個員工（partial employee）。由於顧客出現在服務實體環境的現場，服務管理者必須特別注意服務實體環境對顧客之影響。

　　對顧客而言，服務的消費利用，實際上對服務實體環境的一種經驗。所以服務現場的內部裝潢、傢俱設備、空間設備、聲音、色彩等，都會影響顧客對服務的整體感受。因此，以服務接觸為焦點，分析顧客和服務實體環境之互動過程，了解顧客如何從服務實體環境中蒐集有形之線索，以評價服務是服務管理之重要研究議題。

　　服務業行銷和一般傳統的行銷是不太相同的，傳統的行銷注重的是商品和通路，而服務業行銷除了商品之外，服務實體環境的規劃、服務人員的訓練、服務的傳遞流程等，都不在傳統行銷的範圍討論中，卻是服務業很關鍵的成功因素。

　　在傳統的行銷研究領域中，談到有形商品的行銷策略，通常強調四個基本的組合要素；也就是行銷組合4Ps：產品（Product）、價格（Price）、通路（Place）、推廣（Promotion）。然而為了瞭解服務業中服務績效水準的特質，服務業行銷在傳統的4P中，融入了和服務傳遞的三項成分：實體環境（Physical environment）、流程（Process）和人員（People），來擴大服務的行銷組合，此7項要素組成了「服務行銷組合」（7Ps），代表服務業管理者可以藉這些關聯的決策變數來進行有效的經營。

　　實體環境之所以受到服務業行銷學者的重視，是因為這些可見的線索都提供了關於服務品質的實體證據，他們可以提供顧客先入為主的印象，甚至影響顧客的消費情緒，進一步影響顧客的購買意願、滿意度和購買後之行為，所以服務業必須很小心對待這些實體證據。

6.2 服務實體環境之理論與構面

6.2.1 M-R模型

　　莫利比亞—羅素模型（Mehrabian-Russell model）是由環境心理學發展而來。環境心理學主要研究範圍包括了環境屬性、環境質量和環境評價、密度、擁擠以及空間行為。在此模型中，情緒扮演一個重要的角色，因為它會導致行為的產生。例如：在零售商店中，我們不會因為身邊有太多的人而逃避環境，相反地，我們可能因為擁擠、太多人妨礙著我們，缺乏意志控制能力，以及無法快速得到想要的東西而感到不高興。Mehrabian and Russell（1974）利用消費者的情緒狀態，分別是愉悅（pleasure）、激發（arousal）、支配（dominance）。而藉由情緒產生的行為變化，則由趨避行為（approach avoidance）來衡量，以圖6-1表示：

圖6-1　M-R模型

資料來源：Mehrabian and Russell（1974）

　　Donvan and Rossiter（1982）率先將M-R模型應用於零售環境中發展出適用於零售領域與環境心理學的理論架構。Donvan and Rossiter（1982）驗證了情緒是影響惠顧行為和意圖關係的重要中介變數，並發現由環境引發的「愉悅情緒」和「喚醒情緒」不僅會讓顧客在店內停留更久的時間，提高購買的意願，研究發現，顧客對於額外的時間及金錢花費平均可能會增加12%，並提高與現場人員的互動意願。然而，原始M-R模型的限制在於它沒有針對特定環境建立明確的分類系統，因而Baker（1986）建議將環境刺激分為以下三類：

1. **環境提示（ambient cues）**：指環境中的背景狀況，例如：音樂、溫度、噪音、燈光等屬之。

2. **社會提示（social cues）**：指環境有關於「人」之因素，服務人員及顧客皆包括在內，例如：現場人數、顧客類型、買賣雙方之行為等。

3. **設計提示（design cues）**：指有關美學之一切因素、建築物、風格及佈置包含其中。

歪腰郵筒

　　全台刮起一陣「歪腰郵筒」旋風，但過多的拍照人潮，讓北市南京龍江路口的交通受影響，附近居民的生活也被打擾，中華郵政原本決定將郵筒搬到博愛路的北門郵局，但網友希望郵筒留在原地，前文化部長龍應台也在臉書發文指郵筒搬家才是真正愚蠢。中華郵政董事長翁文祺表示，為了順應民意，經過2015年8月12日下午開會討論，決定將郵筒留在原地。

　　翁文祺指出，網友的聲音他都聽見了，但北門郵局是古蹟，且人行道更為寬敞，加上郵局內又有親子館，不只拍照不會受影響，還能順便認識建物的歷史與文

✦ 颱風蘇迪勒過後，「歪腰郵筒」小紅小綠莫名爆紅

化。不過他也坦言，由於不少網友希望留在原地，今天下午臨時開會後，決定讓郵筒留在原地。不過他說，由於郵筒越來越傾斜，將派人補強，拍照民眾也要注意自身安全，避免影響交通。這兩支郵筒已變成台北市的觀光資產，他呼籲台北市政府也要協助維護當地的安全與交通。

　　前文化部長龍應台在臉書發文表示，把小紅小綠搬到別處去，才是真正愚蠢。它使一個活生生的記憶，一個美好的難得的會心一笑變成兩個壞掉的郵筒、沒意義的鐵罐頭，希望中華郵政能讓兩支郵筒「小紅」和「小綠」留在原地。她說，這幾年的臺灣充滿了怨戾之氣，譬如多次衝撞官署、因為停電而毆打台電的技術人員。在怨戾瀰漫中，幽默是集體所需要的身心調養，是面紅耳赤時突然出現的會心一笑。

「小紅、小綠就是我們集體的會心一笑。」龍應台指出，中華郵政明天要把兩支郵筒搬走，搬到寬闊的北門讓大量觀光客可以拍照，「我想，郵政總局完全沒理解小紅小綠的意義。」她在文章中提及，「兩個歪腰郵筒之所以迷倒了我們，是因為它意外地凝聚了我們的集體記憶：所有臺灣人對於颱風的感受、那一夜的狂風暴雨的每一個腦海中的鏡頭、南京和龍江路口的街景和氛圍、清早發現郵筒歪頭時的驚訝片刻和會心的幽默，甚至包括了其後群眾的不可思議的傻像…這看不見的點點滴滴情感記憶才是小紅小綠真正迷人的原因，絕對不是幾片鐵合起來的兩個方罐頭啊。」

資料來源：邱瓊平，順應民意 歪腰郵筒不搬家了，聯合晚報，2015年8月12日。

影片來源：https://youtu.be/dmQRQasaz6Y

6.2.2　劇場理論模型

Erving Goffman（1959）在所著的The Presentation of Self in Everyday Life中，以戲劇表演的過程比喻社會互動的過程，藉此檢驗社會互動結構，成為當代劇場理論的研究始祖。Grove & Fish（1983）以Goffman（1959）的劇場理論概念，應用在服務交易情境上，做為瞭解及分析互動服務接觸之相關行為。Grove, Fisk & Bitner（1992）延伸此一研究方法之服務業中，將服務接觸時之情境以劇場表演的模式看待，用來解釋服務消費時的互動關係，將服務人員視為和顧客同一舞台上的演員和觀眾，場景則是進到表演場所內之佈景和道具等，相互配合共同服務表演，如圖6-2所示。

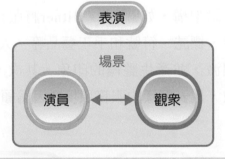

圖6-2　劇場理論組成要素

資料來源：Grove, Fisk & Bitner（1992）

　　Grove, Fisk & Bitner（1992）發展出的研究架構，以戲劇描述服務接觸的過程，其中包含四大組成要素：演員（actors）、對象（audience）、場景（setting）與表演（performance），請見表6-1劇場要素變數定義與衡量。

表6-1　劇場要素變素定義與衡量

構面	定義	衡量
場景（setting）	服務傳遞的場所	服務的實體環境（建築外觀、設計風格等）
演員（actors）	傳遞服務的人員	服務人員的外表、專業度、投入程度（服裝儀容、態度等）
觀眾（audience）	接受服務的顧客	共享服務場景的顧客，會因其他顧客行為、態度等而相互影響
表演（performance）	服務的傳遞	服務的過程

資料來源：李思慧（2012）

6.2.3　服務環境理論模型

　　以環境心理學的基本模型為基礎，Bitner（1992）發展「服務環境」的理論架構，如圖6-3。Bitner將服務環境中的主要構面區分周遭環境、空間/機能、標誌、符號和手工藝品等。人們在服務環境中會整合性的知覺到這些環境刺激，並產生整體的印象。其次，在模式中以顧客和員工的反應作為中介變數，代表同樣的服務環境會因為顧客喜好的不同而有不同的效果。

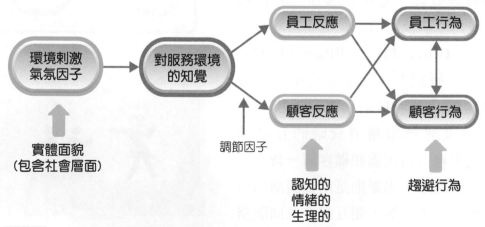

圖6-3　服務環境理論架構（The service scape conceptual framework）

資料來源：Tombs and McColl-Kennedy（2003）

此模型的重要貢獻在於，將員工的反應涵蓋在服務環境之中，服務環境中的時間更長，藉由服務環境的設計來提高員工的生產力和傳遞服務品質亦是重要的議題。服務環境中的員工和顧客的反應，可以區分為認知上的反應、心理上之反應和情緒上的反應。這些內部的反應往往會導致外部行為的發生、行為變化包括趨近和迴避的行為傾向，趨避行為包括了：友好關係（affiliation）、探索（exploration）、承諾（commitment）、停留較久的時間（stay longer）、迴避行為則可視為趨近行為的相反。

　　此模型和傳統的M-R模型有很大的差異，在M-R模型中，只重視情緒上的反應，因為服務環境架構更重視服務環境中的社會層面，它將員工和顧客同時納入社會要素的變因中進行其反應與行為變化的探討，然而這個架構仍是建構在M-R模型的理論基礎上。從Bitner（1992）提出了服務環境理論架構後，服務環境中之社會要素開始受到行銷學者研究上的重視，特別是以研究擁擠為最多數。當人們對空間的需求超過環境供給時，就會引起擁擠感。

6.2.4　社會服務環境理論模型

　　Tombs and McColl-Kennedy（2003）結合了(1)Bitner（1992）的服務環境架構（service scape）；(2)環境心理學的理論—趨避理論（approach-avoidance theory）、行為設定理論（behavior setting theory）；(3)社會心理學—社會促進理論（social facilitation theory）；(4)組織行為—情感事件理論（affective events theory）提出了「社會服務環境理論模型」（social-service scape conceptual model），如圖6-4所示。

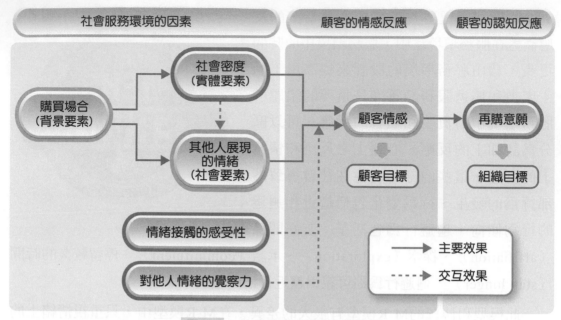

圖6-4　社會服務環境理論模型

資料來源：Tombs and McColl-Kennedy（2003）

　　此模型將服務環境中的社會刺激有系統的分為三大因素：實體要素（physical element）、社會要素（social element）、背景要素（contextual element），並將研究的焦點放在環境中的社會層面（即顧客和服務提供者）上。因為實體要素泛指社會密度亦即擁擠的概念，已有很多學者做深入研究。故特別將模型中的社會要素和背景要素進行探討。

　　此模型社會要素是指在零售環境中的個人。許多研究指出，由員工所創造出來的正面情緒，會影響顧客產生正面的情緒（Sutton, 1991）。除了員工和顧客之間的情緒接觸外，Holt（1995）的研究中，討論顧客和顧客之間的情緒接觸，研究發現其他顧客所展現的情緒，會在顧客的消費經驗中形成共同的情緒，並扮演重要的角色。

　　至於該模型中之背景要素，根據Wicker（1992）指出，個人的行為會受環境中背景的要素的線索所影響。例如：教堂用來舉行喪禮或婚禮，能使觀禮的人產生完全不同的情緒反應，因為發生事件的背景意義、內涵不同而產生了情緒反應的差異。

在服務業行銷的研究中，很多學者針對服務行銷組合中的「實體環境」進行研究。實體環境包括了建築物的外觀、景觀美化、內部裝潢、設備、工作人員、招牌、文宣等其他可見、可觀察到的線索。在和零售業相關之實體環境研究當中，最常被研究的六大變數為：外部變數、一般內部變數、佈置和設計變數、銷售點、裝飾變數以及人員變數（Turley and Milliman, 2000）。對服務實體環境可以從不同的角度作不同的分類。不同類型的服務實體環境對顧客的心理及其判斷服務產品品質的過程有不同程度的影響。從構成要素上來劃分，可以區分為實體環境展示、資訊溝通展示和價格展示：

(一)實體環境展示

實體環境的實體因素主要包括三大因素：周圍因素、設計因素和社會因素。

1. **周圍因素**：指空氣的清新度、氣溫、濕潤度、光亮度、噪音、氣氛、整潔度、環境的安全度等。上述要素通常被顧客認為是構成服務產品內涵的必要組成部分，他們的存在並不會使顧客格外地興奮和驚喜，但如果沒有這些因素或者這些因素達不到顧客的期望，就會削弱顧客對服務的信心。例如：餐廳應該具有清潔衛生的環境和溫馨的氣氛，如果這些達到了消費者的要求，即使菜餚沒什麼特色，但顧客還是會感到滿足。相反，如果衛生環境不合格，就會令顧客大為反感，另選餐廳，並且告知自己周圍的群體某某餐廳不衛生，這樣必然會影響餐廳的來客數。

影響「氣氛」一些因素包括：

(1) 視覺

零售商店使用「視覺商品化」（visual merchandising）一詞是說明視覺因素會影響顧客對商品觀感的重要性。零售業的視覺商品化目的在於確保無論顧客在搭電梯，或等待付帳時，服務行銷的形象建立仍持續在進行。照明、陳設佈局、顏色、服務人員的著裝和外表等都是視覺商品化之一部分。

(2) 氣味

氣味會影響形象。零售商店（例如：花店、香水、麵包、咖啡店）會使用香味和芳香來行銷其產品。麵包店可巧妙地使用風扇將剛出爐的麵包香味吹散到街道上；餐館、牛排店等也可以利用香味達到良好的效果；至於那些事業服務業的辦公室、皮件的氣味和皮件亮光蠟或木製地板打蠟後的氣味，往往可以發散一種特殊的豪華氣味。

(3) 聲音

聲音往往是氣氛營造的背景。電影製告廠商很早就察覺其重要性，即使是在無聲默片時代，配樂就被視為一項不可或缺的氣氛上的因素。例如：航空公司在飛機起飛之前會播放給登機乘客令人舒暢的旋律和青少年流行服裝店的背景音樂會有很不一樣的聽覺感受。再者，若想營造一種「寧靜」氣氛，可以使用細心的隔間、厚地毯、較矮天花格或是行銷人員用輕聲細語的方式，這種氣氛在圖書館、書廊等場所是很有必要的。

(4) 觸覺

厚重質料鋪蓋的厚實感、地毯的厚度、壁紙的感度、咖啡店桌子的木材感和大理石地板的冰涼感，都會帶來不同的感覺和散發出特殊的氣味。某些零售店是以樣品展示的方式來刺激顧客的感度，但有些商店（例如：博物館、古董店、陶瓷店等），會禁止使用觸感。一般來說，產品使用的材料和陳設展示的技巧都是吸引顧客購物的重要因素。

2. **設計因素**：指產品有形構成中的結構、造型、顏色、風格等美學因素和陳設、標識等功能因素，這類因素主要被用於改善服務產品的包裝。如：酒店服務場所的設計、景區景觀和路線的設計、高爾夫球場的規劃設計等，設計性因素的主動刺激比周圍環境更易引起顧客的注意，鼓勵其採取接近行為。

微風台北車站店王─花月嵐

　　一走進位於台北車站二樓，招牌蒜香拉麵味從橘黑色系的花月嵐店內飄散而出，守候在店外走廊長長的人龍，即使是冷門的下午時段也沒斷過，空氣中獨特的麵香彷彿磁鐵，把粉絲一個個吸了過來。可別以為這只是一家普通的人氣拉麵店！它不僅連續拿下好幾年微風台北車站年營業額最高的「店王」寶座，一天平均賣出七、八百碗拉麵，一個月創造出五百六十萬元的業績，在花月嵐全台的16家分店中，至今紀錄沒被打破，甚至綜觀全球，更無人能出其右。

　　值得一提的是，二十多年前，臺灣曾有一波日本拉麵店來台設店潮，但後來出現蛋塔效應而銷聲匿跡；而2007年在台北車站開店的花月嵐，則是這波來台設點的拉麵店中，最早的一家。也由於花月嵐北車店一開市就創下驚人業績，旋即掀起了第二波日本拉麵店來台展店的風潮，許多拉麵業者因此將微風台北車站視為「臺灣拉麵的復興基地」，連後續的品牌都爭相在微風北車設店，為的就是要站穩成功的第一步。

設計平價拉麵菜單，打響名號

　　分析花月嵐北車店一炮而紅的主因，花月嵐督導江致賢語帶感謝地說：「還好我們當初選的是微風！」他分析，有別於一般賣場經營者，都只急著將攤位出租給店家，等著收租，微風不僅在花月嵐進駐前，替每個店家做足功課，還在開幕前找各店家開會，商討完美的經營策略。首先在定價策略方面，江致賢說：「當時微風就分析，根據市調顯示，台北車站的消費單價大概落在160至180元之間，因此建議我們一開始可以主打二百元以下的平價拉麵！」而晶旺把這項建議與日本總部討論，後來才為臺灣設計兩百元以下的拉麵。果不其然，這項平價策略十分符合台北車站的客層，一開幕就吸引不少衝著來品嘗「俗擱大碗」的消費者。

匾額改裝成燈箱，變打卡熱點

　　微風充當花月嵐軍師的案例還不只這樁。黃文炘表示，微風三不五時就會建議店家改裝門面，甚至會雞婆地畫設計圖給店家參考。他舉例，花月嵐初來乍到北車店時，一開始是沿用日本風格，但幾個月後，微風認為花月嵐門面設計太過四平八穩，缺乏亮點，於是提議可以將原本掛在門楣上的店名匾額改為大型燈箱，一來可以做足氣勢，二來又能成為吸客焦點。而花月嵐一聽，立即製作了一個一層樓高的巨型店名燈箱，由於十分醒目，不但成功吸引過路客的目光，成為食客打卡的熱門景點，更進而增加來客數，甚至後來連日本總部也將這個「燈箱策略」引進日本，漸漸成為花月嵐全球各店的標準配備。從2007年開店至今，花月嵐不但在臺灣順利開出十六家分店，甚至日本總部還希望晶旺前往中國設店，對花月嵐而言，台北車站店不但是「成功的第一步」，更是無可取代的標竿。

◆ 微風台北車站二樓花月嵐店景及店面擺設

資料來源：張譯天，揭開北車微風「店王製造機」秘訣，今周刊，968期，2015年7月13-19日，頁130-131。

影片來源：https://youtu.be/B8PdOy59VhA

3. **社會因素**：指在服務場所內一切參與及影響服務產品生產的人，包括服務員工和其他出現於服務場所的人士，他們的人數、言談舉止等都有可能影響顧客對服務的品質的期望與認知。例如：在對民航服務人員的管理上，各個航空公司，對其服務人員的要求標準都很嚴格，整潔、專業化的服裝，良好的儀表儀容。在進入自己的工作崗位後，其個人表現更要嚴格遵守對服務規範，以真心的笑容和禮貌而快捷的反應對待每一位顧客。

快送 Service

阿聯酋航空杜拜總部 空姐訓練過程

　　阿聯酋航空（Emirates）這些年是航空界閃耀之星，是目前全球飛機訂購量最大的航空公司，也是全球成長最快的航空公司。阿聯酋航空曾進入全球五百大商業品牌排名、獲得全球航空公司品牌排名第一，當然也是許多對航空業懷抱理想的人士，最想進入的企業。目前阿聯酋航空聘請有40幾位臺灣籍機組人員，包含2位機長、2位座艙長。這次負責接待的阿聯酋航空工作人員之一正是臺灣籍座艙長何幸凌，她已進入阿聯酋航空服務14年，表現傑出，她對阿聯酋航空的企業文化與精神引以自豪。何幸凌表示，阿聯酋航空新進員工訓練課程為期七週半，包括第一週介紹杜拜、當地住宿資訊、文化方面需注意事項等，接下來就開始進行訓練課程，第一個是航空安全緊急法，再來是醫護方面的緊急急救、維安、機上餐點服務、企業形象等訓練。

✦ 阿聯酋航空空姐制服代表了阿拉伯文化（圖片來源：阿聯酋航空）

　　負責阿聯酋航空安全訓練的Nebojsa Ivkovic表示，阿聯酋航空機艙模擬器所有設備花費超過2億美元，每年約有五千多名空服人員在此受訓畢業，阿聯酋航空空服員訓練中心設備先進，除了阿聯酋航空本身之外，不少其他航空公司也和阿聯酋航空租用以訓練空服員。在機艙模擬器上，飛機上許多緊急狀況都可以模擬，例如遇到亂流、火災、迫降，以火災來說，溫度可以調節、可以模擬冒出來的煙，機艙上的窗戶也會依特定狀況出現畫面，非常逼真。

　　在機艙模擬室中，提供和真實機艙內同樣尺寸空間，臺灣媒體記者也見識到有「空中巨無霸」之稱的A380模擬環境，最引人關注的豪華設備，包括頭等艙乘客專屬的機上貴賓室「空中酒吧」、水療沐浴間等。阿聯酋航空負責機上精品、餐食服務訓練的Kim Ho Shong表示，阿聯酋航空對機艙設計非常講究，「空中酒吧」吧台桌就採用大理雲石，造價高達2萬4千美元，包括投射燈創造效果都考慮在內，為的是營造奢華質感；為了新的水療沐浴間，阿聯酋航空在每班飛機也都特別培訓2名空服員，提供乘客相關諮詢服務。許多航空公司非常注重空服人員的體重與體態，聽說空服員若穿不下制服會面臨停飛，Sarah Barton則表示，阿聯酋航空對空服員關心的是健康，所以要求的是健康的身材體態與比例，並不要求特別瘦。

　　也許大家會好奇，為什麼在空服員訓練中心拍攝的照片中，都看不到空姐呢？因為阿聯酋航空對企業形象非常重視，凡穿著制服的空姐若接受採訪與拍照，都需事先報備經過核可。

資料來源：方雯玲，阿聯酋航空杜拜總部 空姐訓練揭密，欣傳媒，2014年4月3日。

影片來源：https://youtu.be/N8niT0xBaf0

(二)資訊溝通展示

　　資訊溝通是另一種服務展示形式，這些來自公司本身以及其他引人注意的溝通資訊通過多種媒體傳播展示服務。從讚揚性的評論到廣告，從顧客口頭傳播到公司標記，這些不同形式的資訊溝通都傳送了有關服務的線索，影響著公司的行銷策略。資訊溝通展示的常用方法有：

1. 服務有形化

讓服務更加實實在在而不那麼抽象的辦法之一，就是在資訊交流過程中強調與服務相聯繫的有形物，從而把與服務相聯繫的有形物推至資訊溝通策略的前沿。麥當勞公司針對兒童「快樂餐」計劃的成功，正是運用了創造有形物這一技巧。麥當勞把漢堡包和法國炸製品放進一種被特別設計的盒子裡，盒面有遊戲、迷宮等圖案，也有羅納德‧麥克唐納德自己的畫像，這樣麥當勞把目標顧客的娛樂和飲食聯繫起來，令這些目標顧客高興。

2. 資訊有形化

資訊有形化的一種方法是鼓勵對公司有利的口頭傳播。如果顧客經常選錯服務提供者，那麼他特別容易接受其他顧客提供的可靠的口頭資訊，並據此做出購買決定。因此，顧客在選擇保健醫生、律師、汽車機械師、或者大學教授的選修課之前，總要先詢問他人的看法。

(三)價格展示

價格是市場行銷組合中唯一能產生收入的因素，而其他的因素都會引起成本增加。此外，價格之所以重要還有另一個原因：顧客把價格看作有關產品的一個線索。價格能培養顧客對產品的信任，同樣也能降低這種信任。價格可以提高人們的期望（它這樣昂貴，一定是好貨），也能降低這些期望（你付出這麼多錢，得到了什麼？）。由於服務是無形的，服務的不可見性使可見性因素對於顧客做出購買決定起重要作用，價格的高低成為消費者判斷服務水準和品質的一個依據。

文創藝術+在地美食　昇恆昌蘊育
國門機場內可享受美食與優質服務

桃園國際機場第二航廈管制區內「中央區綜合免稅商店」暨四樓「餐飲美食區」，在ROT業者昇恆昌公司的專業規畫與效率執行下，投入近10億元的高額預算，以不到一年的時間即完成第一階段改建裝修。

　　桃機二航廈管制區內設置綜合免稅商店案，整體的空間設計規畫，由昇恆昌力邀知名國際機場室內設計團隊——英國「The Design Solution」，打造具通透性的商業空間，讓旅客一進管制區便能感受到出境大廳及全新動線的開闊寬廣氛圍。空間並融入臺灣元素，邀請文創藝術家范承宗、陳怡潔、詹雨樹等大師，結合臺灣流行與藝術文化，透過虛實整合的多媒體視覺體驗，給國內外旅客耳目一新的全新感受。

　　在第一階段施工期間橫跨春節與暑假兩大臺灣旅遊旺季，昇恆昌團隊克服國門機場旺季施工的困難，在對旅客影響最小的情況下夜間施工，並採用高難度的無立柱懸臂鋼構工法，完成第一階段裝修改建工程，打造出「亞洲最具規模單一綜合免稅商店」的創舉。

　　昇恆昌表示，在本案中，臺灣文創藝術家范承宗特別製作「藏山」及「旅客」等巨型裝置藝術，以玉山為首，帶領世界八大高峰的山稜壯麗形象，並以線裝書牆表彰臺灣為華人傳統與流行文化聖地，向世界傳達臺灣自然與人文兼具的絕美特色。而多媒體藝術家陳怡潔的光帶作品，也

✦ 昇恆昌破例讓一些在地美食名店進駐機場
（圖片來源：昇恆昌官方臉書）

透過大尺寸數位螢幕的翻轉流動，震撼旅客的感官視聽。並由此出發，結合「香化區」香氛氣味傳導系統的「嗅覺」、「中西美食餐飲區」的味覺，旅客虛實整合VR智慧試妝的數位購物「觸覺」，打造出旅客「五感具足」的熱情與歡愉感，創造臺灣獨有、引人入勝的精采機場體驗經濟。更同步國際人權趨勢，設置性別平等廁所，強化旅客盥洗設施的智能與數位化，讓桃園機場的公共設施與商業服務，與世界先進機場並駕齊驅。

　　另外，為滿足國門機場餐飲服務的品質與需求，昇恆昌多次尋訪臺灣在地知名美食業者，以嚴格食安標準及謹守細緻工序為承諾，成功邀請林東芳牛肉麵、KiKi、泰昌餅家及阿鴻小吃等在地美食業者，破例進駐機場展店。並招商

引進國際知名餐飲品牌，如麥當勞、星巴克、Jamba Juice等，讓機場餐飲更爲多元與國際化，並已提前在2019年初，將臺灣與國際餐飲美味，呈現在國內外旅客面前。

資料來源：楊文琪，昇恆昌打造桃機二航廈中央區免稅商店暨餐飲區開幕，經濟日報，2019年11月20日。

影片來源：https://www.youtube.com/watch?v=QpMjZXfQtR0

6.3 服務實體環境之美學價值

6.3.1 美學的意義

　　美學是研究人與生活上之間的審美關係，對於美學的評斷受了人主觀意念對物體上的影響，是經過人的主觀感受才有了美和醜的分別，所以美醜是跟著個人感覺走的，這些都圍繞在我們的生活當中，更是生活中不可或缺的因素。根據德國哲學家Baumgarten（1750）所提出的定義，第一美學是研究美的藝術理論，第二美學是研究感性和知識的學問，第三美學研究是充滿運用感性認識的學問。而Hegel（1981）又將德國美學推向另一個高峰，認爲「藝術美」高於「自然美」，因爲藝術美代表了心靈再生和創造的美，象徵了人的自由，故又稱美爲藝術哲學。

　　在近代的美學理論楊裕豐（2003）就曾做以下的論述，以本質（essence）、形式（form）之意涵理論。本質是指事務的最精要的質（quality），形式指事物呈現的樣貌、外貌、整體意涵，簡單的說美不是孤立的，而是與人的需求被滿足時之精神狀態相關聯繫的人與刺激的互動過程，這種狀態包含三個要素：

1. **信號**：引起人愉悅反應的一切刺激，是產生美的原因。
2. **主體**：人與美產生的場所。
3. **美感**：人的需要被滿足時人對自身的狀況產生的愉悅反應。

6.3.2 環境美學

　　環境美學包括兩個不同之研究領域：第一種是以科學的方法來使用，第二種是以物理刺激和人類反應之間的關係為實證美學和環境心理學領域（Parsons & Daniel, 2002）。Nasar（2010）將環境美學定義為實證美學和環境心理學的綜合學科，也就是以科學方法來討論環境物理因素和人類美感反應之間的關係。環境美學包括感官美學、形式美學和象徵美學三種：

1. **感官美學（sensory aesthetics）**：探討感官知覺系統，是視覺、聽覺、嗅覺、味覺與觸覺，以及接收外界環境刺激，所產生的愉悅感覺。

2. **形式美學（formal aesthetics）**：探討人類因事物的形態或是結構所產生的美感體驗，它重視結構上或幾何上的品質，是設計者在設計階段一個很重要的參考指標。

3. **象徵美學（symbolic aesthetics）**：此類美學強調形態的內涵意義和因經驗、文化造成對物體認知不同之因素分析，亦重視環境給予人類在聯想上的意義，風格是其中較為突出顯著的因素。

　　上述三種環境美學在日常生活中，感官美學注重人的反應，形式美學是探討環境內容物件在美學上的性質，即考慮到物品上的比例、色彩等。象徵美學則是指人因不同的環境及文化、經驗，所產生之內涵感知。

6.4 服務實體環境與商圈選擇之關聯性

6.4.1 何謂商圈

　　商圈就是指店鋪以其所在地點為中心，沿著一定的方向和距離擴展，那些優先選擇到該店來消費的顧客所分佈的地區範圍，換而言之就是店鋪顧客所在的地理範圍。店鋪的銷售活動範圍通常都有一定的地理界限，也即有相對穩定的商圈。不同的店由於經營商品、交通因素、地理位置、經營規模等方面的不同，其商圈規模、商圈型態存在很大差別。即使是同一個店，在不同時間也可以會因為不同因素的影響，而引致商圈的變化，比如說原商圈內出現了競爭，吸引了一部分的顧客，商圈規模時大時小，商圈形態表現為各種不規則的

多角形。為便於分析，通常是以商店設定地點為圓心，以周圍一定距離為半徑所劃定的範圍作為商圈設定考慮的因素。商店的商圈一般由以下三部分組成：

1. **主要商圈（primary trading area）**：這是最接近商店並擁有高密度顧客群的區域，通常商店55%～70%的顧客來自主要商圈。

2. **次要商圈（secondary trading area）**：這是位於主要商圈之外、顧客密度較稀的區域，約包括商店15%～25%的顧客。

3. **邊際商圈（fringe trading area）**：這是指位於次要商圈以外的區域，在此商圈內顧客分佈最稀，商店吸引力較弱，規模較小的商店在此區域內幾乎沒有顧客。

6.4.2　影響店鋪商圈大小的因素

(一)店鋪的經營特徵

經營同類商品的兩個店鋪即便同處一個地區的同一條街道，其對顧客的吸引力也會有所差異，相應地商圈規模也不一致。那些經營靈活，商品齊全，服務周到，在顧客中樹立了一種屬寄生性質的店鋪，本身並無商圈，完全依靠因其他原因或前往其他店鋪購物而隨機光顧的顧客。

(二)店鋪的經營規模

隨著店鋪經營規模的擴大，它的商圈也隨之擴大。因為規模越大，它供應的商品範圍越寬，花色品種也越齊全，因此可以吸引顧客的空間範圍也就越大。商圈範圍雖因經營規模而增大，但並非成比例增加。

(三)店鋪的商品經營種類

經營傳統商品、日用品的店鋪，商圈較經營技術性強的商品、特殊性（專業）商品的店鋪要小。

(四)競爭店鋪的位置

相互競爭的兩店之間距離越大，它們各自的商圈也越大。如潛在顧客居於兩家同行業店鋪之間，各自店鋪分別會吸引一部分潛在顧客，造成客流分散，商圈都會因此而縮小。但有些相互競爭的店鋪毗鄰而設，顧客因有較多的比較、選擇機會而被吸引過來，則商圈反而會因競爭而擴大。

(五)顧客的流動性

　　隨著顧客流動性的增長,光顧店鋪的顧客來源會更廣泛,邊際商圈因此而擴大,店鋪的整個商圈規模也就會擴大。

(六)交通地理狀況

　　交通地理條件是影響商圈規模的一個主要因素。位於交通便利地區的店鋪,商圈規模會因此擴大,反之則限制了商圈範圍的延伸。自然和人為的地理障礙,如山脈、河流、鐵路以及高速公路會無情地截斷商圈的界限,成為商圈規模擴大的巨大障礙。

(七)店鋪的促銷手段

　　店鋪可以通過廣告宣傳,展開公關活動,以及廣泛的人員推銷與營業推廣活動不斷擴大知名度和影響力,吸引更多的邊際商圈顧客慕名光顧,隨之店鋪的商圈規模會驟然擴張(邵仲岩,2009)。

台中市十二期重劃區成為飯店夯聚落

　　重劃區裡蓋最多的竟不是住宅大樓,而是一幢幢各具特色的商務旅館,連知名文創品牌也搶進,這裡就是距離逢甲夜市僅五分鐘車程的十二期重劃區,也是目前台中最夯的飯店新聚落。

文創品牌效應　房價拉抬至三千元

　　近期最受關注的觀察指標,就是知名的花園農場薰衣草森林旗下的「緩慢文旅」新品牌,也將進駐十二期文華路與漢翔路口興建文創旅館,由於知名度高,預期帶動區域商旅房價提升至一晚3,000元以上。劉敏璃是逢甲商圈最大商旅品牌老闆,七年前與在地建商久樘建設共同投資文華道會館,目前在商圈擁有兩個聚點,房間數近200間,2008年開幕的文華道,可說是帶動逢甲夜市商旅轉型的分水嶺。這家隱身在文華路小巷內的商旅,沒有臨近大

馬路邊的優勢,憑藉獨特的藝術家旅店風格,開幕初期靠中科人支撐五成客源,打破商務店不住夜市的魔咒。

發小吃券　闢泡腳池、交誼廳

劉敏瑛觀察,逢甲夜市是超級吸客機,飯店與其守株待兔,不如主動出擊,於是她請同事找出排隊名店,推出專案,住宿就送免費「小吃消費券」,意外刺激文華道住房率提升,也吸引五十家店家配合。據了解,文華道每年支付給小吃攤的消費券金額高達120萬元,這招也替文華道成功開拓國旅客源市場,分散營運風險。此外,文華道還有創新的服務設施,例如:泡腳池、交誼廳,吸引住客回流,顛覆傳統旅館業的經營模式。

文華道在競爭激烈的逢甲商旅市場找到自己的藍海,開幕至今始終維持七成以上的住房率,穩健的表現讓劉敏瑛決定擴大投資,於2012年重金押注台中市政府在十二期重劃區招標的停車場BOT(民間興建營運後轉移)案,興建台中市第一棟公有立體停車場兼飯店商場的複合式大樓。

「同業不看好啊,一方面先前有兩位投標者棄標,二方面大家都等著看我們如何把停車場變旅館?」回想如今已開發為「星享道」商旅餐飲大樓的過程,她的口氣聽得出艱辛,「星享道有三家餐廳,看似與夜市美食硬碰硬,其實是引導客人先來用餐,逛夜市反而成為餐後消化晚餐的休閒活動,意外增加許多聚餐團體目的型消費。」

事實上,大逢甲商圈周邊也有台中老飯店跨區卡位,例如新開幕的「逢甲商旅」,就是由台中老牌飯店帝寶飯店出手,承租中古商辦大樓再進行接皮改裝,由於裝潢設備提升,跳脫過往老牌飯店面臨的惡性殺價競爭,操盤表現不錯,吸引同業紛紛跟著加入戰局。

「觀光業一定要有旅館才會延長生命週期,消費者去的次數自然就多了。」劉敏瑛認為,會住逢甲夜市的客人特別會精打細算,如何創造超值感、營造出差異化,才是在十二期新逢甲飯店市場勝出的關鍵。

資料來源:梁任瑋,建商、老飯店、文創搶進一個月就新開一家商旅,今周刊,969期,2015年7月20-16日,頁92-94。

影片來源:https://youtu.be/AKh9fGpW5sY

6.4.3　開店與商圈選擇的要領

　　當瞭解了商圈的型態特性後，優勢或劣勢之於經營者的關聯當然也需審慎列入評估的內容；優勢特性選擇分別有：(1)同產品不同特色或服務型態各異的店家群聚商圈；(2)具備關聯或互有增補商品易產生串連性消費的共存商圈。

　　絕對避免的劣勢條件：(1)將店開設在會被競爭店家夾殺或斷點的位置，或是消費能力被別店或其他業別攔截並滿足了消費者；(2)同質性高者眾多且已飽合或已超出可被消化總量。選定開店與商圈的要領，應可概分出重點四項如下：

1. **區形地理**：人潮動向與流量、雙單向道路、地下道or天橋、運輸設施阻隔。
2. **商圈容量**：區域面積大小關係商品的多樣性與塑性、消費者數量及多元性。
3. **消費特性**：衝動性消費者致不穩固形態，商圈範圍受限，反計劃性消費者之則廣。
4. **常態消費**：一般性的消費效率密度，關係商圈的大小。

　　到了決定開店的階段，商圈的選擇真是何其的重要，佔據了店舖開業極大的篇幅，更是開店前優先考慮要素！但似乎又並非如此簡單，其實到了這階段，該做的事不多，只有「調查」與「評估」，但也是更實際及細微的工作。

　　經營方式及方向、產品結構採市場調查作為評估開店的可行性評估，確認資料的準確度因而相當重要，更影響了商品選擇或勞務，甚至是否開店的可行性。也就是「市調分析」顧客，不是有其消費行為的不同，就是我們打算賣什麼給他（她）們？顧客買什麼？或打算賣什麼產品給顧客？可以賣什麼產品？顧客為什麼要買某項產品？購買者的角色，是買來自用或代理親友購買？決定者是誰？消費時間、購買地點、消費方式（現金、刷卡…），任何的消費行為請先用「疑問句」列出，從商圈內的消費者，並在不同的時間段落作最深入的詢問統計，才可以客觀的總結出有效的資訊。

　　至於販售的商品或勞務本身，則是最顯著易得的資料，只要勤於在希望選定的商圈內，作諸如掃街與筆記記錄即垂手可得；而可以從如下幾項著手：商品飽合度、同業競爭店數、是否介入與介入方式（副產品或領袖商品），也就

是針對自己預定銷售的商品或勞務作為記錄對象的依據。而市場現況需求與未來發展的可能性、替代性及興衰可能因素調查（避免誤入雷區），則是經營選定產品長遠考量也要注意的，事業的長遠發展不可只著重在當下看得到的市場與回收，更應確認永續經營的可能性與機率、條件。

　　持續進行中的現有銷售量與規模，則是開創事業的要素，穩固的基礎。而影響銷售量的因素：比如相同及相似商品的商圈內各店市場佔有率、消費者能力、公共措施與季節影響、同業競爭、地理環境、商品、商品屬性等，更是選擇或修改、甚至進化商品與進場競爭不二考量選店評估包括了消費動線、人潮流量、客源屬性、坪數格局、顧客階層、消費能力等，不外乎以上是選擇店面應考量的基礎要素。

麥當勞的商圈調查

　　麥當勞市場目標的確定需要通過商圈調查。在考慮餐廳的設址前必須事先估計當地的市場潛能。麥當勞把在制訂經營策略時確定商圈方法稱作繪製商圈地圖，商圈地圖的畫法首先是確定商圈範圍。

　　一般說來，商圈範圍是以這個餐廳中心，以1~2公里為半徑，畫一個圓，作為它的商圈。如果這個餐廳設有汽車走廊，則可以把半徑延伸到四公里，然後把整個商圈分割為主商圈和副商圈。商圈的範圍一般不要越過公路、鐵路、地下道、大水溝，因為顧客不會越過這些阻隔到不方便的地方購物。

　　商圈確定以後，麥當勞的市場分析專家便開始分析商圈的特徵，以制訂公司的地區分佈戰略，即規劃在哪些地方開設多少餐廳為最適宜，從而達到通過消費導向去創造和滿足消費者需求的目標。因此，商圈特徵的調查必須詳細

統計和分析商圈內的人口特徵、住宅特點、集會場所、交通和人流狀況、消費傾向、同類商店的分佈，對商圈的優缺點進行評估，並預計設店後的收入和支出，對可能淨利進行分析。在商圈地圖上，他們最少要查出描述以下數據：

立地商圈調查
展開步驟

→

(1) 立地形態的決定
(2) 商圈地圖的作成
(3) 立地商圈調查書的作成
(4) 商圈、動線、地點的評價
(5) 可能營業額的估算

立地商圈形態
決定的評價作業

→

- 徒步客為主體的商圈：住宅街的立地形態、車站周邊繁華的街的立地形態、辦公街區的立地形態。
- 車客為主體的商圈：郊外區的路邊立地形態。
- 進行立地商圈調查的進行時，要做商圈、動線、地點的評價與著手可能營業額的估算。

- 餐廳所在社區的總人口、家庭數。
- 餐廳所在社區的學校數、事業單位數。
- 構成交通流量的場所（包括百貨商店、大型集會場所、娛樂場所、公車站和其他交通工具的集中點等。
- 餐廳前的人流量（應區分平日和假日）、人潮動向。
- 有無大型公寓或新村。
- 商圈內的競爭店和互補店的店面數、座位數和營業時間等。
- 街道的名稱。

資料來源：MBA智庫。

影片來源：https://youtu.be/jnsyJuSoX94

服務這樣做

➡ 微風台北車站奇蹟

這個賣場面積只有大型百貨公司的三分之一，但它一年二十二億元營業額超越許多知名百貨；客單價只有百貨公司的十二分之一，但它的坪效比全台營業額最高的百貨王一新光三越台中店還要高。過去五年，當百貨公司的成長率陷入瓶頸，平均不到一成時，它八年成長二十倍。這是臺灣第一個成功的車站型賣場，讓原本暮氣沉沉的台北車站煥然一新，微風食尚廣場締造出臺灣賣場新紀錄！

在它之前，臺灣沒有說得出名號的車站型賣場

不同於百貨公司的消費者以購物為目的，在車站經營是要能抓住趕搭車的通勤客，兩者模式截然不同。但是，微風食尚廣場經營至今，不僅成功抓住通勤客，甚至讓不搭車的人專程跑來車站消費，創下等同一級百貨公司的營業規模。根據臺灣鐵路局調查，目前每天約有四十五萬人次穿梭台北車站，其中有二十萬人是為了搭台鐵和高鐵，再扣掉路過、轉乘的人口，現在大約有二十萬人是衝著美食廣場而來。這意味著台北車站每年一億六千多萬人潮中，就有七千三百萬人次是微風自己締造出來的。

人潮帶來錢潮，捧出許多業績嚇人的名店。以全台連鎖日式拉麵店龍頭花月嵐為例，2007年來台開的第一家店就選在微風食尚廣場，每月五百六十萬元的營業額，不僅讓全台其他十五家分店望塵莫及，更是花月嵐全球業績最好的店。

店王製造機三個關鍵，讓它一年帶進七千萬人潮

若是台北人，一定會對廣場目前的榮景感到驚奇，因為同一地點，在微風進駐前的十八年間，賣場一直經營不起來，人潮稀落竟讓三個經營者倒閉，一度成為遊民流竄的聚集地。接下爛攤子的微風，一開始也是四處碰壁，前往邀約鼎泰豐、欣葉等名店吃了閉門羹，微風執行常務董事廖鎮漢回憶，曾有原本答應進駐的夜市小攤，到了簽約時卻推說：「兒子要聯考，沒人顧店，不來了！」即使後來將抽成金打六折，但到了原訂開幕日，招商還不到四成，最終在廖鎮漢重新擬定策略、加碼投資後，才讓原本開幕遙遙無期的賣場順利開張。

關鍵一：專攻美食，主打消費迅速的產品，瞄準45萬旅客

　　廖鎮漢回述，2006年拿下台北車站二樓賣場經營權時，內部曾為了經營項目爭議不休。但對市場敏感的廖鎮漢獨排眾議，決定將這近三千坪的二樓賣場全作為美食街。計畫一出，百貨同業議論紛紛，因為從百貨經驗來看，能創造績效的就是高單價的精品服飾，美食街只是附帶服務，怎麼撐得起業績？廖鎮漢的想法在於通勤客多才更該主打消費最不花時間的美食；其次，他洞悉全臺灣的商圈，雖然餐廳林立，卻過於分散，消費者浪費在找餐廳的時間幾乎和用餐時間一樣，「我把三千坪的賣場打造成全台最大的美食街，這可以有效省下找餐廳的時間，消費者一定會進來！」此外，廖鎮漢更看到了台北車站除了通勤客以外的「約會商機」，「說到約會，你多半想到『車站』嘛，而約會要做什麼？當然是去餐廳吃飯了。」事後證明，這個定位真的抓對了。在微風接手經營的隔年，業績就衝上八億元，是前經營者金華百貨的四倍。除了定位正確外，「櫃位配置」也是一門學問，如何在空間安排上，同時滿足「通勤客」和「約會客」這兩種目的截然不同的客群？

✦ 微風台北車站二樓美食街

關鍵二：櫃位配置抓住你，便宜、高單價店交錯，讓人潮川流不息

　　起先，有團隊成員建議，將二樓空間一分為二，西半邊為「自助式的共食區」，迎合通勤族用餐快速、價位低廉的需求；東半邊則是針對約會客而設的中高價「店面式餐廳區」，但此案被廖鎮漢否絕。因為一分為二，一下子讓客人往兩邊走，人潮立刻被分散，人氣變得冷清。廖鎮漢腦中想的是，如何讓不同目的客人在同一空間裡活動，卻又錯落有致，匯集出熱鬧的美食氣氛。廖鎮漢發現，微風北車二樓，中有天井阻隔，呈現「回字型」，於是腦海裡，將賣場分為回字型轉角的「角落帶」，和連接轉角的「長廊帶」。

　　首先，廖鎮漢將「角落帶」的空間留給趕時間的通勤客，設置出餐快速的「自助共食區」，「原因是台北車站的四個樓梯和手扶梯，都在轉角處，這樣才能讓通勤客一上樓就用到餐！」而為了體貼通勤客，廖鎮漢更先依照臺灣人最普羅的口味，規畫「牛肉麵競技館」、「咖哩皇宮」、「臺灣夜市」和「美食共和國（異國美食區）四大主題區，每區都引進六至八個店家進駐，而這種口味壁壘分明的分區策略，能夠讓選定主題區的通勤客，一進場就過濾掉不想要的櫃位，更快做出決定。

✦ 微風台北車站內特色分明用餐主題區

　　「也許你會問，萬一上樓才發現並不是自己想選的主題，會不會直接走下樓？或者即使在角落帶用完餐後，也就不願逗留了？放心，微風早就解了套。」東方線上行銷副總監李釧如一手拿著賣場的格局圖，一手豎起大拇指，直呼微風櫃位配置的高明之處。

　　她解構，回字型的賣場，原是商場最爛的格局，因為很少客人有耐心逛完一整圈，但微風為了破除這項障礙，刻意將咖啡、茶飲、麵包等輕食設置在連接四個轉角的「長廊帶」，這有兩個用意，一是看準了許多在角落帶完餐的通勤客，通常會再買飲料上車，因此人潮會自然往前走到長廊帶，增加了消費。其次，針對起先走錯主題區，想把握時間，隨手買個輕食的人，也被迫往前覓食，不知不覺中就帶動了人潮，也增加消費。

✦ 微風台北車站咖啡販賣區位於連接四個轉角的「長廊帶」

　　有別於「共食區」主打的是快速用餐、平均客單價在二百元以下的通勤客；針對客單價三、四百元以上約會客而設的「餐廳區」，微風也故意設在長廊帶。李釧如說，這是因為長廊帶離電扶梯較遠，微風算準了這些約會客會願意多花時間挑餐廳，「我每次約會，一定都在微風台北車站二樓繞完兩圈再決

定吃什麼。」「你想想，通勤客和約會客都被留下來多逛了，這裡的人潮怎能不『川流不息』？」

2006年微風剛接手台北車站賣場時，第一案想的是一般平價美食街的規格，但經廖鎮漢翻案後，目標族群擴大了，也必須經營出高質感，所以決定加碼兩億元，將裝潢預算由1.5億元提升至3.5億元。廖鎮漢移植微風廣場的裝潢規格，運用大片的拋光石英磚，營造大器格局；平淡無奇的牆面，也安上黑色鏡面玻璃，打造出寬闊與時尚感，讓美食區也能有精品百貨的氛圍。知名裝潢設計師、將作設計負責人張成一說，微風台北車站二樓的舊米黃色調的地板，是最能促進食欲的顏色，而走道刻意留下四米寬空間，則巧妙營造出街廓感，從種種細節，就可以看出微風深度掌握消費者心理學的一面。

✦微風台北車站比照精品百貨裝潢，地板的拋光石英磚散發出能促進食欲的米黃色調，寬闊走道則營造出街廓感

關鍵三：嚴格選店策略，想要進駐過三關，業績不好一樣被踢出

微風台北車站站長劉文茂透露，任何想進駐微風台北車站的店家得過三關：第一關，由微風食品小組帶領進行小組調查、試吃並詢問廠商的意願；第二關加入總經岡一郎的意見，若再能通過者，便由廖鎮漢親自出馬。照理

說，能進入第三階段的應該已經是名店了，但通常會被廖鎮漢刷掉一半。然而，有幸在微風台北車站設店的店家，更得戰戰兢兢，因為根據微風台北車站的內規，只要是業績排名在後10%的店家，就算招牌再大，隨時都有可能會被淘汰。

就算是自己選的店，廖鎮漢同樣不留情面。2007年微風台北車站剛開幕時，廖鎮漢曾仿照東京自由之丘的甜點森林，規劃了集合各家甜點名店的「甜點小路」主題區，但才三個月，發現業績連預估的三成都不到，就立刻撤掉。最讓廖鎮漢自豪的，則是微風台北車站有一群「最愛管閒事的樓管」。

印象中的賣場樓管，大多是掛著臂章維護櫃位整齊或是調停櫃姐和顧客間的紛爭。但在微風台北車站樓管的角色極為吃重，除了要維護賣場環境的秩序，更要定期到別的賣場考察、市調並觀察、解析各櫃位業績，提出菜單配置、定價策略甚至行銷活動的建議，因此有別於一般百貨一整棟樓只設五到十名樓管，只有三層樓的微風台北車站，就配置了三十名樓管。

資料來源：李建興，微風憑什麼在台北車站創造奇蹟，今周刊，968期，2015年7月13-19日，頁124-129。

⏱ 問題討論 ————————————————

1. 微風採取那些經營策略一個曾是遊民流竄、人潮稀落讓商家退避三舍的台北車站賣場起死回升，締造出連萬坪百貨都望塵莫及的成績？

2. 微風台北車站如何在空間安排上，同時滿足通勤客和約會客此兩種截然不同的客群呢？

3. 廖鎮漢如何移植微風廣場的裝潢規格運用在台北車站的賣場上？

4. 任何想進駐微風台北車站的店家要過那三關呢？

5. 擔任微風台北車站的樓管要扮演那些角色？

1. 爲何實體環境會受到服務業行銷學者的重視呢？

2. 莫利比亞─羅素模式（Mehrabian-Russell Model）對於情緒是如何描述？

3. 學者Backer（1986）針對環境刺激分爲哪三類？

4. Grove, Fisk & Bitner（1992）以戲劇描述服務接觸的過程，其中包含哪四大組成要素及其衡量的方式分別爲何？

5. Bitner（1992）發展出服務環境理論模型的重要貢獻爲何？此模型和傳統的M-R模型有哪些差異？

6. Toms and McColl-Kennedy（2003）提出社會服務環境理論模型的內涵爲何？

7. 在從事零售業相關研究，對於實體環境最常被研究的六大變數有哪些？

8. 影響實體環境的實體因素主要包括哪三大要素？

9. 影響氣氛因素很多，其中視覺、氣味、聲音、觸覺因素是如何影響消費者感受和購買意願？

10. 一般而言，資訊溝通展示的常用方法有哪些？

11. 美學的意義爲何？

12. 根據楊裕豐（2003）對美的看法爲何？包含哪三個要素？

13. 環境美學包括哪三種美學概念？

14. 何謂商圈？它由哪三部分組成？

15. 商圈依形成的各階段，分爲哪幾種型態？

16. 影響店鋪商圈大小的因素有哪些？

17. 選定開店和商圈的要領有哪四項內容？

參考文獻

1. 方雯玲，阿聯酋航空杜拜總部 空姐訓練揭密，欣傳媒，2014年4月3日。

2. 李建興，微風憑什麼在台北車站創造奇蹟，今周刊，968期，2015年7月13-19日，頁124-129。

3. 李思慧，以劇場理場理論觀點探討民宿服務接觸對知覺價值之影響，真理大學休閒遊憩事業學系碩士班碩士論文，2012年12月。

4. 邱瓊平，順應民意 歪腰郵筒不搬家了，聯合晚報，2015年8月12日。

5. 邵仲岩，商業企業經營管理，哈爾濱工程大學出版社，2009年1月。

6. 陳景淵，37歲總座讓太魯閣晶英轉虧為盈，聯合報，2015年5月25日。

7. 黃冠穎，策略經營/太魯閣晶英酒店總座楊雋翰分眾行銷打造群山間的魔法天地，經濟日報，2015年7月20日。

8. 梁任瑋，建商、老飯店、文創搶進一個月就新開一家商旅，今周刊，969期，2015年7月20-16日，頁92-94。

9. 張譯天，揭開北車微風「店王製造機」秘訣，今周刊，968期，2015年7月13-19日，頁130-131。

10. Baker, J. (1986). The Role of the Environment in Marketing Services. In : Czepiel, J. A., Congram, C. A/. and Shanahan, J. (eds). The Services Challenges: Integrating for Competitive Advantage, 19-84, Chicago, IL: American Marketing Association.

11. Bitner, M. J. (1992). Servicescapes: The Impact of Physical Surroundings on Customers and Employees. Journal of Marketing, 56(2), pp. 57-71.

12. Donovan, R. J. and Rossister, J. R. (1982). Store Atmosphere: An Environmental Psychology Approach, Journal of Retaining, 58(1), pp. 34-57.

13. Goffman, E. (1959). The Presentation of Self in Everyday Life. Garden City, NY: Doubleday.

14. Grove, S. J., & Fisk R. P. (1983). The Dramaturgy of Service Exchange: An Analytical Framework for Services Marketing. in Berry, L. L. and Shostack, G. L. (eds.), Emerging perspectives on Services Markering, Chicago, I. Lamerican Marketing Association, pp. 45-49.

15. Grove, S. J., Fisk, R. P., & Bitner, M. J. (1992). Dramatizing the Service Experience: A Managerial Approach, in Swartz, T. A., Bowen, D. E., & Brown, S. W. (Eds), Advances in Services Marketing and Management, 1, pp. 91-121.

16. Holt, D. B. (1995). How Consumers Consume: A Typology of Consumption Practices. Journal of Consumer Research, 22(1), pp. 16-33.

17. Mehrabian. A. and Russell, J. A. (1974). An Approach to Environmental Psychology. Cambridge, MAL MIT Press.

18. Nasar, J. L. & Terzano, K. (2010). The Desirability of Views of City Skylines after dark. Journal of Environmental Psychology, 30(2), pp. 215-225.

19. Sutton, R. I. (1991). Maintaining Norms about Emotional Expression: The Case of Bill Collectors. Administrative Science Quarterly, 36(2), pp. 245-268.

20. Tobms, A. G. and McColl-Kennedy, J. R. (2003). Social-Service scape Conceptual Model. Marketing Theory, 3(4), pp. 37-65.

21. Turley L. W. & Hoffman K. D. (2001). The Role of the Environment in Self-service Encounters, American Marketing Association, Conference Proceedings 12, pp. 182-188.

22. Wicker, A. W. (1992). Making Sense of Environments. In W. B. Walsh, K. H. Craik and R. H. Price (eds). Person-Environment Psychology: Models and Perspectives, 157-192, Hillsdale, NJ, Erlbaum.

NOTE

Services Marketing and Management

Chapter 07

顧客抱怨與服務補救

學習目標

✦ 明白造成顧客抱怨的原因、顧客抱怨行為分類、服務移轉行為的影響因素

✦ 瞭解服務缺失之意義、服務缺失管理之重要性、服務缺失之種類

✦ 知道服務補救之意義、服務補救之重要性、服務補救之措施

✦ 讓顧客易提供意見回餽、有效落實服務補救步驟內容、處理顧客抱怨與服務保證、瞭解不同抱怨顧客的不同需求

本章個案

✦ 服務大視界：化顧客抱怨為企業競爭優勢

✦ 服務這樣做：Uniqlo 超級店長制 掌握顧客喜好

服務大視界

➡ 化顧客抱怨為企業競爭優勢

美國奇異公司，開闢電話中心解決顧客的抱怨，平均每10元的支出，就可以贏得17元的新生意。根據研究，有效回應顧客抱怨，投資報酬率高達50%到400%。企業該如何處理顧客抱怨，並善用其中的資訊？在絕大多數企業的眼中，處理顧客的抱怨，是傷神又賠本的額外工作。所以

不僅處理的過程不嚴謹，收到的抱怨大部份都石沈大海，也不願在顧客服務上多做投資，負責的員工多半薪資不高、條件較差。這實在是個錯誤。其實，建立高品質的顧客服務系統，是企業最佳的投資標的。建立良好的顧客服務系統，妥善處理顧客抱怨、提供補償，不僅可以免費取得有關產品與服務的資訊、改進公司形象、增加銷售。

提出抱怨的顧客不是「上門要東西」的敵人，研究顯示，在不滿意的顧客中，有45%的人不會提出抱怨。他們有的是甘心沈默，有的則是轉而投入其他公司的懷抱。50%不滿意的顧客會提出抱怨，但是他們的抱怨幾乎都是石沈大海，消失在企業的某個角落。只有5%的不滿意顧客，會不只一次地提出抱怨，直到高階管理人聽到他們的聲音才會罷休。而願意花時間、花力氣提出抱怨的顧客，即使抱怨得不到回應，他們再次購買產品或服務的比例仍有37%，而不提出抱怨的顧客只有9%。這顯示，提出抱怨的顧客，才是忠實的顧客。

企業要留住忠實的顧客、改進顧客服務，首要目標就是好好照顧投訴無回應的50%顧客。最有效的照顧方式，就是提供「馬上辦」服務，培養員工主動積極的態度、並且充分授權，讓顧客第一次提出抱怨時，就可以立即獲得處理。英國航空公司（British Airways）給予所有員工五千美元的權限，在權限內立即處理接到的抱怨。巴黎的迪士尼樂園則是在每個遊樂區準備一系列小禮物，讓不滿意的顧客立即得到些許安慰。

✦ 巴黎迪士尼米奇和米妮精靈吊飾

資料來源：天下雜誌，化顧客抱怨為競爭優勢，192期，2012年6月25日。

🕑 **動腦思考**

1. 為何美國奇異公司能從解決顧客抱怨賺新生意呢？

2. 企業為了留住忠實顧客，要透過改進顧客服務，請從個案中找出有那些企業照前述方式實施，其具體行銷內容為何？

7.1　顧客抱怨行為

　　顧客抱怨是對企業所提供的產品或服務不滿意，所以抱怨行為是不滿意的具體行為反應，意即實際的結果不如預期或未能滿足需求；另一方面，也表示顧客仍舊對該企業仍懷有期待，希望其能改善提升服務品質，否則，大可用腳投票將該企業列為拒絕往來戶。而企業顧客抱怨處理的目的乃迅速做出回應與處理，以消除顧客不滿與防止再發，並不斷提升產品與服務之品質，提高顧客滿意度與忠誠度。

7.1.1　造成顧客抱怨的原因

　　服務的產生和消費是同時發生的，服務遞送和服務提供者無法分離，因此在服務遞送時的任一服務接觸點發生失誤，就可能導致消費者負面反應產生（Goodwin and Ross, 1992）。Maxham（2001）認為顧客抱怨是指發生在顧客和公司間，與服務有關的不幸或問題（不管是確實發生或顧客知覺到的）。

　　Bitner（1990）所提出的觀點是從顧客的角度來看，通常會從服務接觸或顧客直接觸企業的時間來評估企業的服務，因此提出一套結合顧客滿意、服務行銷、歸因理論的服務接觸模式（如圖7-1所示），並且發現當顧客感覺抱怨的原因，可歸咎於企業且極有可能再度發生時，其對企業之不滿意程度容易上升。一些控制變數，例如：提供補償、實體環境、員工解釋等，會影響顧客對抱怨原因的歸屬，以下為看到抱怨時，顧客之回應情形：

1. 當顧客抱怨發生時，顧客感覺原因若屬企業可控制的，其不滿意程度會提高。

2. 當顧客抱怨發生時，若顧客感覺這種原因可能會再發生的話，則會感到更不滿意。

3. 當員工對於顧客抱怨原因提出解釋時，顧客較不會將抱怨的原因完全歸咎於企業。

4. 顧客對於企業能否控制顧客抱怨，會受到企業對於顧客抱怨是否能提供補償而有所影響。

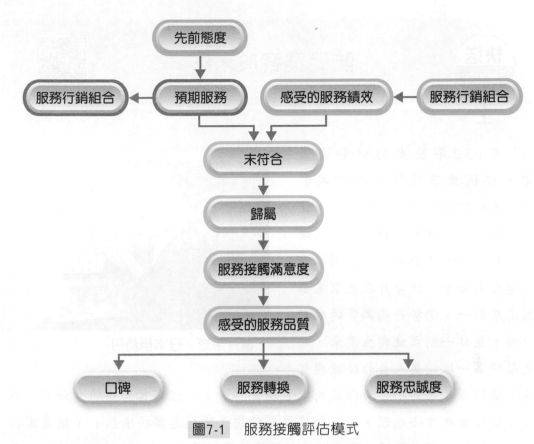

圖7-1　服務接觸評估模式

資料來源：Bitner（1990: 71）

　　此外，Bitner, Booms and Terault（1990）從服務接觸的觀點來探討顧客抱怨的原因，他們從餐廳、旅館、航空公司等行業，七百件案例去調查顧客不滿意的狀況，透過重要事例法，結果將顧客抱怨原因分為三大類：

1. 服務傳送系統失誤之員工反應，包括對無法提供之服務的反應、超出合理時間之延遲服務、其他核心服務失誤等。

2. 顧客需求及要求之員工反應，包括對有特殊需求顧客之反應、對有特殊偏好顧客之反應、容忍顧客錯誤之反應、對可能打擾其他顧客之反應等。

3. 員工自發性行為，包括對顧客之關心與注意、超乎平常之員工行為、不同文化模式中之員工行為、遭受斥責狀況下之反應等。

防範奧客於未然

　　有132年歷史的伊勢丹百貨，堪稱東京百貨業的時尚教主，主攻20到40歲的年輕客層，連偶像明星都喜歡來這裡朝聖。《鑽石週刊》2007年公布百貨公司顧客滿意度調查中，伊勢丹在東京首都圈高居第一。伊勢丹高品質的服務口碑，並非一創立就與生俱來，而是累積第一線銷售人員的經驗與智

✦ 圖片來源：日本伊勢丹

慧，集結百年來的功力所形成的「服務寶典」。處理奧客問題的方針是：與其等奧客發飆才去處理，更高的境界是能夠「防範奧客於未然」，讓奧客找不到「奧點」可以發揮，甚至開始認同你的服務品質。

　　伊勢丹的「防奧」第一步，是要求員工練好基本功，從待客禮貌、產品熟悉度、解說技巧到狀況處理，都做到讓奧客無話可說。這些訓練的教戰守則，來自第一線資深員工的經驗。伊勢丹深知「資深是寶」，善用各部門身經百戰、業績卓著的資深超級店員，將多年來在第一線磨練出的待客智慧與銷售技巧，編纂成教戰手冊，成為可以傳承給新人的知識庫。以女鞋部門為例，32年資歷、創造15萬雙鞋銷售紀錄的資深店員飯山喜代子，就負責編寫「女鞋銷售祕笈」。其中包括各種鞋子材質的差異、製作過程、設計風格、不同鞋子的收藏方式、修補技巧等專業知識。而且，還須訓練如何向顧客解說，因為賣鞋子跟賣鍋子、賣衣服的銷售技巧是完全不同的。伊勢丹每個新進店員都必須熟讀這套女鞋祕笈，並由資深人員親自訓練，以打造「親切感」，與「專業度」兼具的下一位超級店員。

　　防奧第二招：掌握不同市場的顧客特質。防奧守則並非一體適用，而須依據不同市場的顧客個性與特質，來加以調整，才能因地制宜。例如，天津伊勢丹前社長稻葉利彥發現，許多進軍中國的日本企業常感頭痛的關鍵，就是中國顧客的三大特性：(1)面子至上主義（只要讓我有面子，一切好說）；(2)自我中心（我的事是全世界最重要的）；(3)死不認錯（再怎麼錯都一定不是我的錯）。這跟日本顧客的特質完全不一樣，因此，待客之道也必須調整。以面子至上主義為例，稻葉利彥認為，中國人好面子，有好的一面，也有壞的一面。只要能深入理解其中的幽微面和奧妙之處，就能妥善處理奧客問題。像「今天就給我一個面子吧！」在中國就是很好用的神奇關鍵語。有一次，一位年輕的中國女性顧客到天津伊勢丹購物，因為小地方發生誤會而大發雷霆，但是，問題其實並不出在伊勢丹本身。為了避免影響到店面其他正在購物的客人，伊勢丹專門處理客訴的主管，把這位女客人請到貴賓室，先傾聽她的不滿，再予以詳盡解釋。由於「領導」（中國人對「主管」的稱呼）親自出面，讓女客人覺得自己受到重視，再加上負責客訴主管說出具有神奇功效的那句：「今天就給我一個面子吧！」女客人終於平和地離去。此外，天津伊勢丹也將日本服務精神引進中國，讓中國員工與顧客了解「原來真正有品質的服務是可以做到這樣的」。例如，天津伊勢丹要求店員做到：(1)抱著幼齡小孩的顧客上門，主動協助使用店內的嬰兒車，讓客人方便購物。(2)客人詢問洗手間在哪裡時，不是只有指引方向，而要帶領顧客走過去。(3)即使是廉價商品，當顧客詢問時，也要親切說明。

　　防奧第三招：奧客是企業最好的老師。除了處理技巧之外，待客之道最重要的，是企業的「心」。以奧客而言，伊勢丹認為，奧客不是麻煩製造者，而是企業最好的老師。因為，奧客可以讓企業發現自己還有哪些地方做得不夠好，進而發現經營上的盲點，並予以改進。至於那些因消費經驗不愉快就轉頭離去、以「再也不上門」來懲罰企業的客人，雖然不吵不鬧，企業卻永遠無法了解自己哪裡做得不好。反而是奧客能勇敢、直接、大聲地指出缺點，企業怎能不感激這樣的「老師」。

資料來源：張漢宜，伊勢丹終極三招防奧客，天下雜誌，426期，2011年4月13日。

影片來源：https://youtu.be/l8CA4N5Dk3U

7.1.2 顧客抱怨行為分類

回顧「顧客抱怨行為」（Customer Complaint Behavior, CCB）之研究，發現遲至1980年代才被學者所探討（Richins, 1983）。所謂的顧客抱怨行為，可將其定義為「顧客感覺不滿意之後的情緒或情感下（feelings or emotions）所引起的顧客反應」（Singh, 1988）。消費者抱怨行為是指經由認知不滿的情感或情緒所引起的反應，亦即抱怨行為是消費者對商品或服務品質不滿的一種具體表現。

(一)Day and Landon（1977）的分類

Day & Landon（1977）以理論的研究方式將消費者購後產生不滿意情緒後會出現的行為分為兩大類，如圖7-2所示：

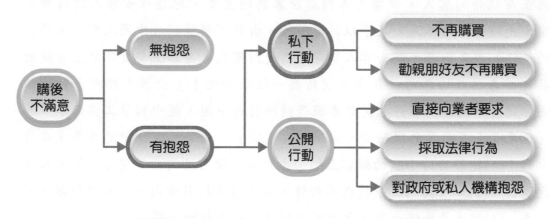

圖7-2　Day & Landon（1977）的涉入概念圖

Day（1980）對於在1977年所提出之分類重新做了修正，第一層仍將顧客抱怨行為分為行動或不行動；第二層則將行動已抱怨的目的為分類基礎，其認為顧客抱怨與否，都是為了達成各種特定的目的，因此將抱怨行為分為三種分類：

1. **尋求補償**：直接或間接尋求法律途徑向業者要求補償，例如：請消基會協會助、採取法律行動、向製造商抱怨等。

2. **抱怨**：表達自己不滿意的情緒給他人，也就是告訴本身的親朋好友不滿意的購買經驗。

3. **個人抵制**：因不好的購物經驗而不再向該企業進行消費行為（抵制購買該產品、品牌等）。Bearden and Teel（1983）認為消費者不滿意程度會影響其是否進行顧客抱怨行為的可能性。Bolfing（1989）、Day（1984）則發現消費者認為抱怨價值的高低將會影響進行顧客抱怨行為。另外Blodgett, Wakefield and Barnes（1995）亦說明抱怨成功可能性是影響顧客抱怨行為的因素之一。

(二)Singh的分類

Singh（1988）是第一位使用驗證性的方法來找出抱怨行為類型的研究學者，他試圖以系統性的方法，整合以往的研究，以解決顧客抱怨行為相關觀念對於定義、分類方式、衡量等一致的問題，他以抱怨的對象而言，將顧客抱怨分為三類，如圖7-3所示：

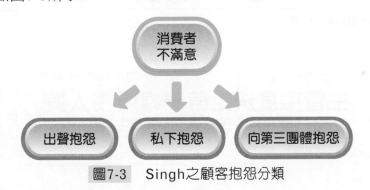

圖7-3　Singh之顧客抱怨分類

資料來源：Jagdip Singh.（1988）

1. **出聲抱怨（voice complaint）**：向銷售者尋求賠償或無行動。

2. **私下抱怨（private complaining）**：例如負面口碑宣傳或個人抵制行動。

3. **向第三團體抱怨（third party）**：向政府或有關機關抱怨或訴諸法律行動等。

Singh（1990）針對其1988研究中的顧客抱怨行為之分類為基礎，進行集群分析，將消費者不滿意後之反應型態區分為四群：

1. **被動型**：不採取行動。

2. **發聲型（voicers）**：只有出聲行動。

3. **憤怒型（irritates）**：出聲與私下行動。

4. **行動型（activists）**：出聲、私下與第三團體均有。

接者，Singh進一步依市場疏離、社會利益、個人規範、私人反應、第三團體等來分析出各式型態消費者之特質，如表7-1所示。

表7-1　顧客抱怨型態特質

特質	被動型	發聲型	憤怒型	行動型
市場疏離	較少	較少	較多	較多
抱怨獲取社會利益	較非正面態度	正面態度	正面態度	非常正面支持
私人規範對抱怨態度	感覺較少正面	正面態度	更正面態度	非常正面態度
第三團體反應	較少	較少	較少	非常多
私人反應	較少	較少	較少	非常多
聲音反應	較少	較多	有點正面	非常多
年齡	較年輕	較年長	較年長	較年輕

資料來源：Jagdip Singh（1990）

主管態度決定第一線服務人員處理顧客抱怨的結果

當我們身處在服務業和餐飲業，應該會感受到近年處理客訴，比過去更有挑戰性。由於網路查詢資訊容易，顧客碰到問題大多先自己上網找解方，無法解決才轉向客服。因此，公司收到的客訴，往往比過往的狀況更困難、複雜。

果果管理顧問執行長陳慧如提醒，要是第一線人員缺少事前演練，遇到態度較為嚴厲的客人很容易亂了陣腳，不但無法解決顧客問題，還可能造成更大的負評！他整理出3個最常發生客訴的原因及解法，建議主管在每次月會、晨會與

◆ 流程正確？網傳客訴處理「五大SOP」（圖片來源：聯合新聞網）

夥伴討論客訴案例案例，沙盤推演應對之道，第一線的人員才能在碰到時，成功將化危機爲商機。

1. 服務態度不佳→人力不夠、店員忙不過來

客人常會投訴店員服務態度不佳，例如叫了好幾次都沒來、服務時缺乏笑容，但陳慧如指出，這往往不是店員偷懶、不敬業，而是店內人力吃緊，忙不過來。以海底撈例，該公司爲了使服務品質提升，門市比一般餐飲業者多配置10%的人力，方便支援和補位，讓每位服務員都能好整以暇地接待每位客人。

2. 產品品質瑕疵（常見是說明不足）

對品質有期待是顧客的權利，產品有問題，企業就有義務盡速解決。然而，在銷售現場常常發生顧客認知錯誤才前來客訴，店長和主管該做的是盡可能充分說明、減少誤解。以過去鞋業爲例，有些顧客沒注意到部分鞋款使用環保材質、沒有常穿就會自然分解，在鞋子出問題後才回頭客訴，抱怨貨架標示不清。店長回頭檢討流程，並向總公司反應，往後在鞋盒內附上說明書，或在架上明顯標示，以避免類似狀況發生。

3. 別輕易向顧客履行承諾

在應付客訴時，服務人員常會因顧客的壓力，害怕得罪對方而給似是而非的承諾。例如對方要求退貨時，明明商品已拆封剪牌下過水、不符合退貨規定，卻回答「我可以幫您爭取一下……」，讓顧客認爲有退貨的可能。

在上述的情境，如果無法當場確定能否退貨，就告訴顧客何時回覆他結果即可。據消基會調查，消費者等待回覆時間的極限，平均是4個小時。若對方很急，以提前半小時、並且只提前一次爲原則，否則顧客會以爲能無限縮短得到答案的時間。

資料來源：楊修，第一線員工態度差，不是他懶惰難搞！通常是主管犯了這個錯，經理人，2019年4月26日。

影片來源：https://www.youtube.com/watch?v=ie5_uQGB7f8

7.1.3　服務移轉行為的影響因素

歸納過去在探討顧客抱怨行為的影響因素有以下三大類（王明俐，2011）：

1. **個人特徵因素**：例如：人口統計變數、個人價值觀、性格因素、對把怨的態度、對企業及政府的態度等。

2. **情境因素**：例如：提供者的回應角色、抱怨成本、社會氣候、責任歸屬等。

3. **產品因素**：例如：商品或服務的價格及重要性、抱怨成功的可能性、消費者的經驗。

Day（1984）提出顧客抱怨行為的四項因素：(1)尋求賠償的困難度；(2)消費者的購買知識與經驗；(3)消費事件的重要性；(4)抱怨求償成功可能性。

Bearden & Oliver（1985）提出服務缺失發生時，有些企業則規範限於政策原則或員工未被充分授權等問題，而未對顧負責任；有些企業為維持服務滿意保證的信譽，會想盡辦法補救服務缺失。當服務缺失發生時，顧客認知抱怨求償成功可能性越高，向企業提出抱怨可能性也越高。

Keaveney（1995）將顧客不滿意的抱怨行為，以採取轉換服務供應商為研究主題，調查服務業顧客838件案例後，發現有八大項因素會影響顧客消費行為轉換，而顧客有兩方面之行動，其一為服務轉換的口碑宣傳，另一則為找尋新的服務供應商，其八大原因如下：

1. **價格**：高價、調漲價格、不合理定價、欺騙性價格。

2. **不便利**：地點、調漲價格、不合理定價、欺騙性價格。

3. **核心服務失誤**：服務錯誤、帳單錯誤、服務災難。

4. **服務接觸失誤**：不關心、不禮貌、沒反應、專業知識缺乏。

5. **服務失誤反應**：負面反應、沒反應、拒絕處理。

6. **競爭**：找到更好的服務。

7. **道德問題**：欺騙、強力推銷、不安、利益衝突。

8. **非志願轉移**：顧客遷移或企業遷移。此種顧客不滿意之轉移，不再向原來企業交易，而尋求新服務供應的狀況，對企業所造成的影響也最為嚴重，因此企業應避免此情形的發生。

解決顧客抱怨

　　一個不滿意的顧客,將使企業損失許多潛在客戶,其實只要處理得當,甚至可以得到更多顧客。一架由英國倫敦經美國紐約、華府,飛往邁阿密的英航班機,因為「機械故障」,迫降在紐約後就停飛。英國航空公司立刻調度班機,將63名旅客接往目的地。當這63名旅客分別抵達華府或邁阿密時,英航職員立刻呈遞致歉信,並解說辦理退款的手續:63名旅客可退回全額票款,免費搭乘此班飛機。英航的補救措施十分高明,因為顧客的抱怨對企業的傷害至巨。

　　根據統計,大約只有4%到10%的顧客,對服務品質不滿時,會找企業投訴;其他的消費者,雖不向提供服務的公司抱怨,卻會到處毀謗這家公司的服務品質。平均每一名不滿意的顧客,至少會向他周圍的九名熟人抱怨。不過,一旦此家公司對顧客的抱怨有了善意的回應,顧客通常會再額外地採購這家公司的產品;採購的金額,甚至比完全沒有抱怨的人還多。

資料來源:編輯部,妙用顧客抱怨,天下雜誌,133期,2012年6月28日。

影片來源:https://youtu.be/58aPiEG79-0

7.2　服務缺失

　　從1980年起,許多學者以不同的角度出發,包含服務品質的觀點,以及服務接觸的觀點,探討服務缺失的發生,並擴大服務缺失研究的廣度及深度。當企業努力地、認真地致力於提供良好的服務品質給予顧客的同時,在服務消費者的過程中,只要讓顧客覺得不滿意,服務缺失就會發生;服務缺失的發生可能是企業的機會也可能是威脅;服務補救若不合宜,則服務缺失就可能會是企業致命的威脅,相對的服務補救若是合宜,則服務缺失將會是企業成長茁壯的催化劑。

7.2.1 服務缺失之意義

　　服務性產品具有無形性、異質性、易逝性及不可分割性的特質,且每一位顧客對於服務水準的要求不一,因此,只要消費者能接觸到服務的地方,都有可能發生服務失誤且是無法避免。服務失誤的發生,若能就顧客的需求妥善處理,則更能提高顧客的滿意度;換句話說,將服務失誤置之不理或是處理不當,則可能導致顧客的抱怨,致使顧客流失等。Westbrook(1981)認為服務失誤的發生,是從產品的來源、實際購買到消費者真正使用的一系列「服務過程」,服務失誤的嚴重程度會因此有所不同。Bell and Zemke(1987)主張當顧客所經歷的服務不如預期時,即產生服務失誤。Binter et al.(1990)則指出服務失誤有可能發生在許多方面,例如:企業無法達到顧客所要求的服務、服務的執行未依標準作業方式或是核心服務低於可接受的水準等。

　　大多數的學者認為只要顧客對於服務的預期感到不滿意,稱之為服務失誤。因此業者應該要提供的服務,是由顧客所進行服務品質之判定,並不是依照企業所訂定之標準即可,即使企業感覺服務沒有缺失,卻也可能會有顧客提出反應及抱怨,故「零缺點」在服務上委實不太可能(鄭紹成,2002)。

「不好意思」處理服務缺失

　　真有點不好意思說這個,但「不好意思」可能就是臺灣服務業的致命傷。服務業要做好,簡單說來分為兩塊:前台的人際介面,還有後台流程;後者是骨架肌肉,前者是人碰到人時的態度舉止。服務態度好,固然是提高「返客率」的重要因素,但它無法彌補後台流程的缺失,而對臺灣服務業的威脅正在這兒。

　　由於臺灣人和善有禮,而發展出一種「用態度掩蓋流程問題」的文化。當問題冒出時,前台人員一連串的抱歉,客戶也因為人員的「態度很好」而忍耐。就在這「不好意思喔」和「沒關係」之間,冷氣房裡的高層管理人員

（或大小老闆），逐漸對後台流程的缺失麻木，甚至培養出一種「前台人員（銷售員、服務員、安裝員、維修員等）就應該用好態度來消弭客怨，實在擋不住了，公司才當作個別事件來解決」的習慣。

　　以3C、家電賣場為例，其配送安裝多外包給第三方，但卻鮮見公司用心理順這後台流程。貨品的機種型號繁雜，經常出現零配件不合而須往返兩三次。此時，一連串的「不好意思」就成了流程缺失和知識不足的潤滑劑，造成客戶有氣發不出，只能下次換一家買，但換了之後大多經驗相同。銀行、電信雖然業態和實體買賣不一樣，但當後台流程有問題時，客戶的經驗也差不多。客服人員總想以「不好意思喔、耽誤了您的時間」，還有一連串的關切來岔開問題，而從不承認、面對那是公司流程的缺失。有時，同一類問題三年後還存在，令人懷疑這家公司究竟有沒有一套連結「客戶問題」和「即時流程改善」的內部機制。

資料來源：范疇，「不好意思」拖垮臺灣服務業，今周刊，956期，2015年4月16日。

影片來源：https://youtu.be/UXX1kSri3lI

7.2.2 服務缺失管理之重要性

　　Albrecht and Zemke（1985）指出服務缺失後，若服務補救能處理妥當，可維持住95%的不滿意顧客，反之，則只能維持64%的顧客。因此，可以得知服務缺失是在所難免，再加上吸引新顧客的成本大約是留有一位舊顧客所需費用的五倍，因此，快速和合適的服務補救更是不可或缺的，服務缺失若是處理得當，才能化危機為轉機，才有機會和顧客建立起長期的顧客關係。Tax and Brown（1998）提出四個有效確認服務缺失的方法：(1)設定服務標準，使用顧客可以預期應有的服務水準；(2)與員工溝通服務補救的重要性，訓練員工對服務缺失及補救負起責任；(3)訓練顧客如何抱怨，如設置顧客抱怨管道等；(4)使用科技設施支援，如設置免費客服中心處理顧客抱怨等。

善用ChatWork工具改善服務缺失

　　不少經理人也許有類似經驗：使用通訊軟體卻因為經常當機、訊息接收延遲，而耽誤了重要資訊；回想起上周交辦的工作，卻始終蒐尋不到交談記錄，或者，跟群組對話時，新加入的成員看不到先前的討論，必須再重複先前的對話；甚至是，與客戶開會前，臨時想找個重要資料，卻忘了存在哪裡，怎麼找都找不到等。

　　大多數通訊服務的行動版軟體或是E-mail，用來做為職場溝通或交辦工具時，都不友善，不是少了即時性，就是沒有搜尋功能、無法有效管理，讓團隊工作效率大打折扣。在日本素有「企業版Line」之稱的ChatWork，整合了時下通訊軟體的功能，並修正使用者對通訊軟體的服務缺失，所設計出的「企業專用」線上即時通訊軟體，推出後使用者眾。目前已有全球183個國家、超過66,000家企業使用ChatWork作為協作、通訊的工具，預估未來將成為能改變世界工作方式的基本配備。

　　全球電子零件代理商杰股份有限公司透露，在使用ChatWork後，不但提高了整體的運作效率、在團隊溝通上也更為順暢，並指出，包括企業內外的往來電子郵件幾乎減少了一半；不同部門建立的跨部門群組，更讓溝通更為順暢；更重要的是，在外拜訪客戶的業務能透過ChatWork，即時獲得內勤人員的訊息，使客戶問題能快速得到處理；此外，還可透過工作指派功能，讓工作負責人員清楚了解工作內容，所有相關人員能同步更新工作完成的進度及狀態，大幅減少重複溝通所浪費的時間及精力。除了具備群組交談、工作管理、檔案共享、視訊會議／語音通話等多項功能；ChatWork的最大特色，是讓企業使用者可透過即時交流，確實將工作效率提升，降低開會次數，達到具有效率的工作模式。

資料來源：經理人整合行銷部，用Line已經落伍了！善用ChatWork新工具，企業溝通無障礙，2015年5月5日。

影片來源：https://youtu.be/OyfVmew9ueE

7.2.3　服務缺失之種類

　　Hoffman *et al.*（1995）以餐飲業為研究對象，採關鍵事件法，從三百七十三件服務缺失案例中歸納：

1. **服務傳遞系統或產品缺失**：產品品質不佳、提供之服務過於緩慢、硬體設備缺失、公司規定的政策。

2. **顧客個別需求之反應缺失**：提供之產品未依訂單之要求烹煮、未依顧客之要求安排座位。

3. **員工自發性行為**：員工不恰當之行為、員工疏忽造成錯誤之訂單、員工疏忽造成訂單遺失、員工疏忽造成結帳時計算錯誤等三大類之服務缺失。

　　Bitner *et al.*（1990）以定性研究之關鍵事件法，從顧客接觸到服務的觀點來探討服務缺失。並蒐集航空、旅館、餐館業共七百件案例，歸類服務失誤來自於以下三大群：

1. **服務傳遞系統或產品缺失**：對無法提供服務的反應、超出合理時間之延遲服務及其他核心服務缺失。

2. **顧客個別需求之反應缺失**：對於有「特殊需求」顧客之反應、對於有「特殊偏好」顧客之反應、容忍顧客錯誤之反應及對可能打擾其他顧客之反應。

3. **員工自發性行為**：對於顧客之關心及注意、超出平常員工之行為、文化模式中之員工行為、遭受斥責下之反應及整體消費評估（gestalt evaluation）。

實體店面對外送夯經濟
同時顧好店內服務品質

　　臺灣外送平台經濟夯是因為外送平台看到一些在臺灣成長中餐廳提供代勞商機：來自於現在都市工作的人因為本身工作繁忙無法抽空外出公司吃飯而產生的代勞需求。

　　全台最大美食外送平台foodpanda宣布外送服務已進駐嘉義和彰化，看好在地小吃、餐廳店家及連鎖餐飲品牌。對於這些小吃、餐廳店家和連鎖餐飲品牌會考慮和外送平台進行共同合作拓展業務，主要

◆ 外送的代勞需求來自本身工作繁忙無法抽空外出公司吃飯而產生（圖片來源：聯合報資料）

原因是可以開發平常不會到店消費的銷售機會。

　　在foodpanda執行外送業務大量增加下，這樣對開餐廳或連鎖餐飲品牌實體經營店內的服務品質會不會因為外送平台經濟夯而受影響呢？以小籠包名店鼎泰豐為例，到該店內品嚐小籠包時，可享受到先咬破一角，令湯汁流出，品嚐肉汁經過蒸籠淬煉出的精華，而後再配上些許醬油與薑絲，它能勾勒出豬肉更鮮甜的味道。這種近乎完美味覺在口中迸發體驗，會讓只從外觀看不太起眼的小籠包，充滿無可取代的魅力展現。

　　服務業重視顧客感受，鼎泰豐強調以數據思考來進行本身服務改善，其經營團隊可從相關數據找出問題癥結處，例如：平日與周末假日在每個時段比與來客數曲線比較、各店的服務人力與顧客數量比例。當店內每個人都能運有數據思考時，在鼎泰豐這兒就會針對顧客的抱怨不滿中從服務到食物找出原因，根據研究顯示，將顧客抱怨處理好，70%顧客會再次購買，當場解決會有95%會再次購買，並會轉告五人。

　　近來聽聞部分顧客到一些小吃、餐廳店家用餐時，在點完餐後平均5-10分鐘後能享用食物，因店家有提供外送服務，致使店內用餐顧客最快要等30分鐘才能吃到所點食物，造成他們對店家不少抱怨，甚至說出以後會減少到店用餐機會。當出現服務缺失時，如果能及時處理服務補救，一般可挽回九成左右不滿意顧客，反之，針對顧客有提出不滿意要求置之不理時，僅能保住五成顧客。一般來說，找一位新顧客的成本是留住一位舊顧客所需花費五倍以上。因此，在外送平台蓬勃發展下，實體店經營者要能提供合適的服務補救、店內好的服務品質，和顧客建立長期的顧客關係。

資料來源：古楨彥，觀點投書：外送平台經濟夯，實體店經營要顧好服務品質，風傳媒，2019年8月24日。

影片來源：https://www.youtube.com/watch?v=3vEZWzUVBhk

7.3　服務補救

　　顧客抱怨行為是指消費者在面對不滿意的服務失誤時可能會採取的反應。而對顧客抱怨的處理，可稱之為服務補救（service recovery）。若使用適當的補償措施和抱怨解決方法，就能把不滿意的顧客轉變為滿意的顧客且對於再購意願具有正面的影響（Halsead & Page, 1992）。然而，在服務過程中，錯誤的發生是難免的，而服務補救就是提供一個機會去彌補這個錯誤並提供一個讓顧客留下正面服務經驗的機會。

7.3.1　服務補救之意義

　　服務補救是指當顧客抱怨發生時，服務提供者針對顧客的抱怨行為，所採取的反應和行動。學者鄭紹成（1997）則認為服務補救是：「顧客認為當服務失誤發生後，企業所採取任何挽回顧客之彌補失誤行動，不論其挽回效果為何。如：企業未採取任何積極行動、沒有任何處置；或採取口頭抱歉、給予免費贈送、折扣、贈送禮物、贈送優待券、管理人員出面處理等均屬之。」。而Maxham（2001）指出服務補救是服務者為了減輕或回復顧客在服務傳遞過程中遭受的損失所採取的行動。Buttle and Burton（2002）則是將服務補救定義為「任何回復經歷服務失誤之顧客滿意度的必要行動」。

　　Gronroos（1988）認為服務補救亦可稱為服務抱怨處理，係指服務提供者為因應服務失誤所採取的反應和行動，也就是服務提供者執行一些動作來回應服務失誤。Firnstahl（1989）覺得服務所造成的失誤，可透過服務補救行為來執行，此動作會使得顧客更滿意該企業。另有學者主張就算是最好的公司仍避免不了服務失誤，而服務補救即是企業用來解決顧客抱怨，並透過抱怨處理與顧客建立良好關係，增加顧客對企業之信賴。服務補救的措施，如果執行不善時則會增加顧客不滿意的機會（Hart, Heskett & Sasser, 1990）。Zemake and Bell（1990）的研究說明服務補救係指當企業的產品或服務未達顧客期望時，企業所採取的彌補回應措施。

7.3.2　服務補救之重要性

　　Hart *et al.*（1990）認為對服務失誤進行補救行為，可讓顧客衡量企業的正面行動，藉此能加強顧客與企業間的聯繫。Clark *et al.*（1992）認為良好服務補救不但留住原先不滿的顧客，還能增強顧客對企業形象的認知。由此可見，服務補救對於一個企業之重要性。企業對服務失誤的回應能造成二次滿意，且能幫助公司建立與顧客長期、持續且有利益的關係。而就企業經營角度來看，儘管企業對服務補救所花費的成本相當可觀，但有機會能幫企業改善本身服務系統之缺失處，將導致更多顧客滿意該企業，就良性循環的觀點而言，服務傳遞系統改善更可降低系統成本（Firnstahl, 1989）。

　　Spreng *et al.*（1995）提出顧客相信如果服務提供者承認其錯誤，並經由有效的服務補救與顧客進行相互溝通時，將會使顧客降低對於失誤的負面影響，並轉移顧客歸咎失誤的方向，可見抱怨處理對於服務提供者的重要性。透過積極執行確認服務失誤及有效執行服務補救的方案，可使每年老顧客的續約比率高達98%（Rossello, 1997）。Bejou and Palmer（1988）是認為當服務失誤發生時，若能透過有效的服務補救，則會對公司的信賴、承諾與滿意關係提高。由於在發生服務失誤後，顧客通常帶有高度的情緒涉入（如不耐煩、憤怒等），且會比平時更重視服務者的表現，因此服務補救對顧客評價的形成有著深遠的影響（Smith *et al.*, 1999）。

一般來說，對於服務補救的重要性，可分為三大類，如圖7-4：

圖7-4　服務補救的重要性

1. **顧客忠誠度的提升**：有效的補救方式，能增強消費者心目中對已購買的產品或服務品質的認同感。也就是說有效的補救措施能增強消費者對企業的忠誠度（Zemke & Bell, 1990）。另一方面，在相關的文獻探討中也發現到：相較於第一次服務滿意，顧客在抱怨處理後得到的二次滿意，會帶來更高的顧客忠誠度（Etzel & Silverman, 1981）。

2. **企業獲利力的提升**：Gilly（1987）的研究中指出，滿意服務補救的抱怨顧客，會比「滿意但沒有抱怨」的顧客，有更高的購買意圖。總而言之，服務補救工作雖是企業產生令顧客不滿之後的行動，但在適當處理的情況之下，企業反而會因此而擁有更高的顧客再購利益。而根據Tax and Brown（1998）的研究證據顯示，在服務業中顧客忠誠度對企業的獲利是有顯著的影響。

3. **挽回受損的顧客關係**：我們發現大多數的文獻研究均指出，服務缺失後，顧客對企業的信心、忠誠度、滿意度等均會下降，企業若未能及時做出有效且適當的處理，不但會失去這個顧客，更會因負面口碑的影響，造成潛在顧客的流失，由此可知服務失敗後，如果不能補救，其機會獲益之損失是非常嚴重的。而且，企業愈能注意服務補救的問題並加以妥善的處理，服務補救愈能發揮功效，其不僅能修正服務過程中較弱的環節，也會增加企業的獲利能力。如果服務過程中偶有疏失，服務補救管理也可以適時發揮功效，挽回受損的顧客關係（Brown, 1997）。

快送 Service

服務補救技術與藝術

　　舉例來說，聞名全球的文華飯店在出現服務疏失時，他們秉持的原則是「過度補償」。例如：如果房間的迎賓小點心中服務人員少放了一包茶包，發現之後除立即補上之外，還會加贈房客水果或餅乾等，以便及時挽回顧客的心，給予比顧客預期還要多的補償，快速將顧客的心贏回來，是文華飯店的堅持。

✦ 圖片來源：台北文華東方酒店

　　某日與家人至一家知名的泰式餐廳用餐，點了幾道菜準備大快朵頤，其中包括一道泰式風味的豬肉春捲。因為口味不習慣，豬肉味道太重，因此只吃了一小口，就沒有人再動筷子了，由於這純粹是個人口味問題，並非食材不新鮮或者烹調有問題，筆者也沒向有餐廳反應，心想著口味吃不慣，記得下次別再點這道菜就罷了。但該餐廳的經理卻留意到這種情況，前來問個究竟，筆者表示因豬肉味道太重家人吃不慣，所以整盤原封不動。該經理了解狀況後，主動致歉並表示該道菜不收費，並且免費招待飯後甜點，由餐廳買單。

　　當下的感覺，除了這家餐廳深諳待客之道外，還有些受寵若驚，畢竟點到一道吃不習慣的菜，雖有些懊惱，但並非餐廳該負的責任，當下婉拒了經理的好意，但對方相當堅持，幾番推託之後，也就恭敬不如從命，對於餐廳這樣的處理方式，打從心底覺得相當欣慰。飯後，該位經理拿出菜單要招待甜點，但本人說什麼也不好意思點，雖說對方經理一直勸說不要客氣，但本人認為對方如此有誠意，自己實在不能做個吃人夠夠的奧客，不好讓店家付出額外的成本，堅持予以婉拒。當然，對於這家能夠站在顧客角度以同理心來服務顧客的餐廳，過度補償的結果，就是多了一位長期的忠誠食客。

資料來源：中國生產力中心編輯部，服務補救的技術與藝術，2010年9月20日。

影片來源：https://youtu.be/bcLVRnqsNLs

7.3.3　服務補救之措施

Miller *et al.*（2000）提出服務補救的檢視程序，程序中說明服務補救的期待會受到失敗嚴重性、認知的服務、顧客忠誠度以及服務保證的影響，而補救的方式有：實質性及心理性兩種，至於前線人員的授權及補救的速度會影響補救的結果，而補救的結果則會表現在顧客的忠誠度及滿意度上。

Hoffman, Kelley and Rotalsky（1995）曾以餐飲業做為調查研究對象，採用關鍵事件法，將331件服務補救方式分為八大類（如表7-2所示），評分以1到10依序表示最差到最好。由研究發現，餐飲業者在補救措施上，餐廳使用的服務補救方式有八種，包括免費用餐、折扣、優惠券、管理者出面解決、替換、更正、道歉與不做行動，而餐廳應偏重考慮免費用餐、折扣、優惠券、管理者出面解決等實際具體之補救，實質效果會較佳。結果顯示，免費用餐是最有效的補救，但餐廳最常使用的補救方式卻是替換。

表7-2　餐飲業之服務補救方式

服務補救方式	評分	比率	顧客保留率	備註
免費用餐	8.05	23.5	89.0	效果高
折扣	7.75	4.3	87.15	
優惠券	7.00	1.3	40.0	最少使用
管理者出面解決	7.00	2.7	99.8	
替換	6.35	33.4	80.2	最常使用
更正	5.14	5.7	80.0	
道歉	3.72	7.8	7.4	
不作任何處置	1.71	21.3	51.3	效果差

資料來源：Hoffman *et al.*（1995）

比道歉更重要的事

原本以為，韓劇《情定大飯店》只是一齣帥哥美女愛來愛去的芭樂劇，不料在觀賞之後，卻從中看到了處理客訴的絕佳範例。該劇有段情節是這樣的：

一位貴婦洗完澡出了浴室，赫然發現珠寶首飾不翼而飛，她強烈懷疑是剛剛打掃房間的清潔婦偷走的，因此與清潔婦起了爭執。值班女經理獲知消息後立刻趕到房間，向客人表達歉意與安撫，並表示會盡全力協助尋找珠寶。貴婦氣憤地說：「不用找了，一定是這兩個清潔婦偷的！」值班經理陪著笑臉說：「我相信我們飯店員工的人格，她們絕不會做出這種事。客人，妳要不要仔細想一想，會不會掉在別的地方了？」「妳的意思是我自己弄丟的囉？我不管，我要妳們飯店賠償我的全額損失！」貴婦的火氣更大了。

「不好意思，我們會視狀況而有不同的賠償，但不可能全額理賠，這是飯店的規定，」值班經理的聲音也大了起來。客人抓狂了：「珠寶是在飯店不見的，飯店就有義務要全額賠償！妳不能負責，找能負責的人出來！」值班經理也火了：「我就是能負責的那個人！規定就是規定，我們飯店不可能全額賠償！」「妳們飯店偷了我的珠寶還不賠償，妳兇什麼兇！」女客人語畢就一掌摑在值班經理的臉頰上。經理不甘受辱，於是也揮拳出去，兩人扭打在一塊，現場一陣混亂……。

無論是教科書的金科玉律或服務業的實戰守則，遇上客戶抱怨的首要之務就是先道歉，但在上述案例裡，值班經理雖然一開始就道了歉，但客戶顯然不買帳。雙方在你來我往之間，真正的問題不斷被轉移：從客戶遺失珠寶，變成爭執清潔婦是不是賊；接著轉成飯店需不需要全額賠償；然後又演變為值班經理能不能全權負責；最後更是員工和顧客演出全武行，簡直要把飯店形象毀於一旦！

　　其實，客戶有抱怨就先道歉的對應方式並沒有錯，只不過，要道歉的人往往不明白自己「為什麼要道歉」或是「為了什麼事道歉」。相信絕大多數飯店從業人員在碰到上述情況時，可能都會做出和值班經理類似的反應，覺得要為「客人在飯店遺失物品」這件事先道歉。但實際上，值班經理根本還不清楚珠寶究竟是「遺失」還是「遭竊」？又「珠寶是否真的是在飯店裡不翼而飛的」？

　　試問，在事情的來龍去脈還沒搞清楚之前就先道歉的做法，真的有助於解決問題嗎？如果員工向顧客致歉的事由，根本就不是客戶發怒的原因或問題的癥結所在，那麼整件事情的後續發展完全走了樣，就不足為奇了，而值班經理當然也只能大嘆學校所教全是錯的。其實，值班經理真正應該道歉的地方，是「讓客人如此生氣」這件事。畢竟飯店是讓客人休憩平靜的場所，現在卻讓客人發怒不得安歇，真是飯店工作人員一大失職！

　　假如值班經理在說出對不起之前，能夠先了解顧客抱怨的內容究竟是什麼，之後再站在對方的立場來思考整件事並表達歉意，應該就能對於客人生氣的原因發揮同理心。而客人一旦察覺到飯店人員十分明白她的感受，自然就比較能夠心平氣和地聆聽飯店人員的分析，從客觀的角度來釐清珠寶是否確為清潔婦所偷，然後仔細回憶首飾遺失的整個經過。由此可見，不明就裡地道歉方式，很容易會模糊了問題的焦點。客人才是當事人，唯有營造出客人與飯店人員齊心合作的狀態，才有可能找出事情的真相，澄清「東西如何丟失」的始末。

資料來源：經理人月刊編輯部，比道歉更重要的事，2008年9月8日。

影片來源：https://youtu.be/-nRxGhPLtxk

　　Kelly *et al.*（1993）認為服務補救是不能吝於花費的，因為服務補救是業者請求顧客再給一次服務的機會，其研究發現服務的有效方法有「給不滿意顧客優先補償權」、「賠償金錢」、以及「給貴賓卡」或「提昇道歉之層級」。他們更提出六種不同的服務補救策略：被動補救、有系統回應、早期預警、零缺點、逆向操作及正向證明（詳見表7-3）。

表7-3　服務補救策略優缺點比較

方法	意義	優點	缺點
被動補救	對顧客之抱怨依個案處理	容易實施、費用低	不可信的、突發的
有系統回應	有制度的反應顧客抱怨	提供一可靠的制度來回應服務缺失	可能不會時宜
早期預警	對失敗的預警先採取行動	降低服務缺失對顧客的衝擊	分析與監視服務傳遞的過程非常昂貴
零缺點	消除服務傳遞系統中可能的錯誤	消除服務缺失	太困難，因為服務傳遞的變異性大
逆向操作	有意的缺失以展示服務補救的能力	增加顧客忠誠度	沒考慮到服務缺失對顧客之衝擊
正向證明	對於競爭者的缺失採取反應	獲得新顧客	競爭者服務缺失的資訊不易取得

資料來源：Kelly et al.（1993）

7.4　顧客對有效服務補救的反應

　　Gilly（1987）對於顧客抱怨處理的研究發現，滿意抱怨處理的顧客，會較「滿意且沒抱怨」的顧客，有較高的購買意圖。換言之，顧客抱怨處理雖是企業令顧客不滿後所採取的行動，但若能妥善處理，則反而使顧客有更高的再購意圖。Firnstahl（1989）認為顧客抱怨處理雖然有時成本昂貴，但卻可視為改善服務系統的機會，而導致更多顧客滿意，同時服務傳送系統的改善，也會帶來另一種成本的降低。

7.4.1　讓顧客易提供意見回饋

　　現今處於以客為尊之時代潮流下，有別於以往生產者導向之產品符合規格就是優良品質的觀念，顧客滿意與顧客成功的服務新思維散布於各行各業，抱怨之產生源自於顧客期待（口碑、個人需求、過去經驗）與實際現況之落差，其形成乃是一連串之失誤所造成。現僅就個人親身經歷進行探討，有次慶生帶家人到某知名牛排西餐廳分店用餐，因適逢假日因此事先訂位，當日到

場後卻等待20幾分鐘方才入座，用餐一半後發現未配送附餐，經向服務員洽詢，其回覆為忘記了（當日客人很多），接著將生日促銷附贈的一瓶紅酒裝袋送上，於結帳時特別要求其提供滿意度調查表，當下即寫上今日所發生之缺失，過了幾天後，收到該餐廳之道歉函與一份禮品兌換券（下次用餐時），如果是您，您還會再度光臨該餐廳嗎？該餐廳其實錯失好幾次彌補過失的機會點，也印證了顧客抱怨是一連串的小缺失所構成的，首先於事先訂位卻等了20幾分鐘，其次忘了送附餐、餐用紅酒無法當場飲用與顧客書面抱怨於離去前毫無反應，最後，不具誠意的道歉函與下次光臨之禮品券，而該分店最後也關店了，此案例也間接證實了相關調查報告數據（梁秋錦，2014）：

1. 不滿顧客4%會抱怨，91%不再光顧。

2. 顧客不滿意，會告訴8~13人。

3. 抱怨處理好，70%顧客會再購買，當場解決95%會再購買，並會轉告5人。

4. 顧客滿意，會告訴5~6人。

5. 開發新客戶之費用為保有舊顧客的6倍。

　　要充分開發顧客抱怨這項資產，企業除了被動地馬上處理顧客的抱怨，還要更積極地鼓勵顧客上門抱怨。公開顧客投訴的管道、簡化投訴的程序，以方便顧客投訴。鼓勵多抱怨，一家連鎖餐廳將公司總裁的姓名與聯絡地址印在餐巾紙上。文華酒店（Mandarin Hotel）則是捨棄制式的顧客滿意問卷，讓員工主動

◆ 戴爾電腦提供產品諮詢及購買聊天室服務

與顧客接觸，當場解決問題。美國戴爾電腦公司（Dell Computer）在顧客購買後四個月，主動打電話詢問使用情形，一年要打五十萬通電話。這樣主動出擊的做法不但解決顧客的問題，更使得滿意的顧客變成公司的大使，免費為公司宣傳。

餐飲業生意好壞
決定在飯店前廳服務

　　在前廳服務中，最大的特點就是要以各種各樣的人打交道，在為顧客服務的過程中會與他們產生各種各樣的互動。如果互動良好，顧客會感到被尊重被優待，就會積極地將自己這種美好的感受直接傳達給自己的朋友或同事，比如在FB和IG朋友圈發照片等，這對飯店的品牌宣傳至關重要。每一個前廳服務人員都應該鍛煉自己與顧客的互動能力。

　　「碳佐麻里」前身為民國91年於台南開設的「炭火工房燒肉居酒屋」，一開始以平價而優質的燒肉美食切入市場，在當時造成轟動，帶領台南燒肉店的流行，民國93年開設第二間店，「那時我們想創立一個新的品牌名稱，打算以『炭』為開頭命名，」碳佐麻里的江亞軒總經理回憶當初。「正當大家集思廣益，突然有人冒了一句台語：『炭走麥離』（譯音，賺錢賺到走不開之意）。」配合餐廳以燒肉加入日本料理的複合新型態，於是「碳佐麻里」這個日本味濃厚的新品牌名稱誕生。有趣的是，反過來以台語念：「里麻佐碳」，諧音是「你也很賺」的意思。因此，「碳佐麻里」這個名字很快地便深植於台南鄉親的腦海。

　　在台南開業十年後，碳佐麻里跨足高雄版圖，於民國102年開設第三間高雄美術館旗艦店，並於107年打造出有「亞洲最美燒肉餐廳」之稱的高雄時代園區。在高雄時代園區內，碳佐麻里大膽地做了一項重大改革—將iPad直接交到顧客手上點餐，讓每一桌客人都有專屬使用的iPad。

✦ 碳佐麻里大膽地做了一項重大改革—將iPad直接交到顧客手上點餐，讓每一桌客人都有專屬使用的iPad（圖片來源：iOS企業應用指南）

　　以往受限於人力，當來客數一多，往往沒有辦法一次將所有在外候位的顧客全數帶入座。一定要等到已入座的顧客都已經點餐完畢，才有人力將下一批顧客帶入座並服務點餐。現在，只要餐廳內有空位，服務人員便可先引導顧客入座，並交給顧客一台專屬iPad，讓他們自行點餐。顧客點完餐後，點一下iPad點餐系統介面上的服務鈴。服務人員只需在此時至桌邊核單確認，不必一直在桌邊守候，使人力效率大幅提升。

　　此外，iPad內建好用的app與服務，也有助於餐廳營運及服務。比如說，前台訂位人員利用Numbers美觀好用的表格來製作訂位表單，並透過iCloud共享，凡有權限的工作人員，均可透過店內的Mac、iPad，甚至自己的iPhone手機隨時掌握目前訂位狀況。iPad配備高畫質相機，最適合拿來替顧客拍合照。以往只有一台數位相機輪流各桌使用，十分不方便；現在直接使用桌邊的iPad，拍攝出來的相片清晰銳利、色彩飽和，透過無線網路傳輸到印表機即可列印，毋需久候，對顧客體驗大大加分。

資料來源：王平，服務員巧用六招，讓顧客更喜歡來你的餐廳，職業餐飲網，2019年3月7日；服務業–以iPad打造全方位餐廳經營的精品燒肉餐廳「碳佐麻里」，ios企業應用指南，2019年7月1日。

影片來源：https://www.youtube.com/watch?v=-M7suKqH-DM

7.4.2 有效落實服務補救步驟

　　企業在了解妥善處理顧客抱怨的價值後，可以依照下面的步驟，重整自己的顧客服務系統。

1. 計算最近不滿意顧客的數目與所接到抱怨的次數，並了解這些不滿意的顧客是如何表達不滿？向誰表達不滿？

2. 評估顧客對現行處理方式的滿意度。比較獲得回應、沒獲得回應與沒有抱怨三種顧客，在購買行為上的差異。

3. 檢視目前接受與回應抱怨的部門，並評估成本與授權系統。

4. 評估妥善處理顧客抱怨後，能增加多少繼續消費的顧客。

5. 讓公司所有部門都協助顧客服務部門，提供最好的服務。將訓練、人員調配、資訊基礎建設等整合起來，建立新的顧客服務系統，從顧客忠誠度、銷售增加率的角度，評估成本效益。美國奇異公司（GE）開闢電話中心接聽、解決顧客的抱怨電話，他們每十元的支出，就可得到十七元的新生意。

6. 訂定具體的行動計劃，包括：打開溝通管道、加快回應速度、改進傳遞顧客抱怨到相關部門的方式、以符合經濟效益的方式迅速且妥善地處理抱怨，評估顧客投訴與企業回應的結果，以及銷售量與企業形象的進步程度。

航空服務員重建旅客信任

　　在民航業，美好的服務總是能讓旅客心生溫暖。然而，當服務出現失誤時，旅客與服務員之間難免出現摩擦，產生矛盾。當服務溫暖不再，工作人員應如何重建旅客的信任，化解服務危機？或許，發生在國航重慶分公司的故事能帶給我們一些啟示⋯⋯。

　　「在服務補救過程中，值機領班的處理方式是恰當而富有成效的。從可能引發服務投訴到旅客最終認可服務工作，這起服務補救的成功，除了優秀的服務能力，更重要的是服務員真誠的服務態度。」針對2015年5月15日中國航空重慶地服值機領班與高端旅客的服務補救案例，分公司地服部客運經理歐陽麗如此評價道。

　　接著回到故事現場—當日10點29分，金卡旅客王先生帶著行李急匆匆地趕到中國航空重慶頭等艙櫃檯，向服務員提出改簽CA985航班（起飛時刻11點）的需求，並說明自己已購買CA1432航班（起飛時刻12點15分）頭等艙機票。雖然離結束登機只剩一分鐘時間，但值機員從最大化滿足旅客需求出發，在查詢發現經濟艙還有空位後，根據以往服務經驗隨即著手辦理。考慮到艙位差額，值機員建議王先生買一張CA985航班機票，原CA1432機票（已經通知該航班會延誤）可作全額退票處理。遺憾的是，雖經努力，王先生未能成行。

　　王先生的情緒一下被觸發，認為值機員業務技能不熟練，才導致了該結果。隨後，王先生坐在貴賓旅客乘機登記區的沙發上，一直要求值機員改簽。面對爭執，值機員十分委屈，她認為雖然沒有成功，但也是出於好心。值機領班杜坤了解情況後進行了及時處理，並讓旅客滿意成行。

　　這只是服務補救案例中的普通一例。「如何做到令他滿意？」杜坤說，「在提供補救服務的過程中，我認為把握三個處理原則，就能扭轉局面、化解危機。」

　　第一，全面掌握情況，果斷作出判斷。鑒於雙方在此過程中的不愉快，杜坤首先走近這位旅客，面帶微笑地表達了服務歉意，隨後遞給他一杯溫水，希望他先消消氣，並告訴他需要一點時間了解情況然後進行處理，請他耐心等待。「為了避免他們再起爭執，彼此冷靜，我把值機員叫到辦公室，順便了解情況。」杜坤綜合了旅客與值機員所述問題，作出了基本判斷：這是一起因值機員辦理時間不足導致服務失敗的案例。隨後，杜坤安撫值機員情緒，並與值機員商議了初步補救措施。

　　第二，擺正服務姿態，始終站在旅客的角度。服務者重點關注服務過程與旅客重點關注服務結果是一對矛盾。如若服務需求沒滿足，服務期待未實現，旅客情緒自然不好，對接下來的服務行為也更加敏感。因此，在實施服務補救過程中，首先要站在旅客的立場，為旅客著想，將真誠的服務融進一言一行中。見這位旅客一直坐著，杜坤面帶微笑地走過去，採用中國航空服務規範中的蹲姿蹲在他面前以示尊重。「先表達服務歉意，然後從值機員服務初衷、航班保障要求等方面動之以情，曉之以理。」杜坤這一蹲就近半個小時，其語言與行為也收到了成效，王先生的情緒逐漸開始緩和。「王先生坦言，他也看到值機員盡力了。但他不需要過多解釋，要看到實實在在的行動。」杜坤隨後表示，馬上拿出服務方案。

　　第三，尋求並實施恰當的補救措施。要實現讓旅客滿意的目標，補救方案就需要在考慮運行成本控制、實際操作性等問題的基礎上，儘量滿足旅客的利益訴求。考慮到這位旅客是中國航空金卡旅客，以及CA1432航班延誤的事實，杜坤提出「原CA1432頭等艙機票退票、通過升艙讓旅客以CA985經濟艙價位乘坐CA1432頭等艙」的補救方案。果然，這個方案得到了領導認可，

杜坤與王先生繼續溝通。王先生也表示欣然接受。接下來，杜坤親自為他辦理登機牌、托運行李，將他送到安檢門口。在路上，杜坤再次表達服務歉意。「沒想到，這位旅客笑了起來，緊緊握住我的手，感謝我們所作的努力，還讓我轉告他對值機員的歉意。」最後，旅客開啓了一段愉快的旅程。

　　故事就此告一段落。在候機樓，在值機櫃檯，不愉快的服務總會在不經意間發生。「心中有旅客，服務日日新。」杜坤說：「唯有眞誠的服務，才能讓旅客灰暗的心靈天空重見陽光，繼而看見旅客臉上綻放的笑容。」在歐陽麗看來，隨著服務經驗的積累，杜坤在應對複雜問題上顯得遊刃有餘，服務心態也更加成熟。這種心態在服務補救中越來越重要。她說：「做服務工作，難免會百密一疏，出現問題不可怕，可怕的是沒有一種成熟的姿態和經驗去應對。」服務補救，就是在日常工作疏漏或者差錯之處進行的一種充分發揮主觀能動性的二次工作，工作的好與壞直接決定事件收尾的成與敗。因此，與其說巧用服務補救是一種化解不可避免或不可預期矛盾的成熟方法，還不如說是一種成熟的心態。這種適應航空服務業的發展趨勢之舉，關鍵在於，決定做就得眞心、用心去做，這正是成熟服務心態的體現。

資料來源：周軍、歐陽麗，眞誠讓旅客心靈天空重現陽光，中國航空，2015年5月26日。

影片來源：https://youtu.be/NpgpsuJOcco

7.4.3　處理顧客抱怨與服務保證

　　Hart, Heskett and Sasser（1990）研究發現若要建立顧客抱怨處理的技巧，公司需要朝以下幾點方向努力去設計一套計畫，內容包括衡量成本、打破沈默、預期提供補救措施的需求、快速行動、訓練員工、授權給第一線員工。Gilly, Stevenson and Yale（1991）以醫院為研究對象，探討抱怨行為的流程、管理與可能的缺口，並發展出顧客抱怨的資訊流，如圖7-5所示。顧客向第一線員工提出抱怨，而員工往上向仲裁者及抱怨處理者通報，在這所有的過程中可能遭遇到阻礙，在管理人員作出指示後，由適當的服務人員來回應顧客的抱怨，並滿足顧客的需求，強調與顧客接觸之服務人員的重要性。

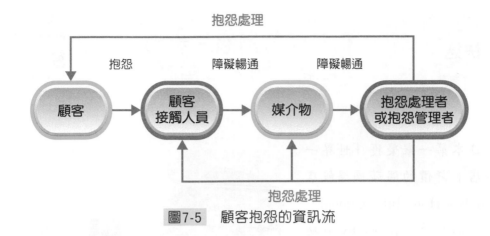

圖7-5　顧客抱怨的資訊流

　　Cash（1995）以英國航空公司為研究對象，認為處理顧客抱怨之五大步驟分別為：

1. **傾聽**：顧客抱怨處理之首要步驟在於傾聽顧客之心聲，用以瞭解顧客不滿意的內容。

2. **道歉**：顧客永遠是對的，提出道歉撫平顧客的情緒。

3. **關切**：站在顧客的立場，以同理心對待，展現公司的處理誠意。

4. **賠償**：對於失敗的服務給予顧客實質的補償。

5. **紀錄**：建立顧客抱怨檔案，主要瞭解造成顧客抱怨的原因，提出檢討改進，防止日後再度發生。

　　李宜玲（2000）以百貨公司為研究對象，將顧客抱怨處理方式歸納為以下四種分類：

1. **即時—心理**：包括現場人員道歉、管理者出面解決、立即改正服務態度、承諾改善。

2. **非即時—心理**：包括事後電話道歉、信件回覆。

3. **即時—實質**：包括免費贈送、退還金額、贈送禮物、更換產品。

4. **非即時—實質**：包括給予折扣、給予折價券。

　　研究結果發現，顧客抱怨處理方式偏好順序為：即時實質→即時心理→非即時實質→非即時心理。因此，即時性策略抱怨處理效果較實質性策略為佳。

化解顧客抱怨三步驟
─消氣、滅火、留面子

日本第一家榮獲「世界一級飯店」評價的溫莎國際飯店（Windsor Hotel International）社長窪山哲雄，在《CEO成功學2，這樣服務就對了》一書中指出，抱怨多半源自於人際之間的認知差異，而非絕對的是與非，因此他建議不妨以下列3個步驟冷靜處理，化解一觸即發的衝突：

✦北海道溫莎國際飯店

步驟1：將顧客帶離現場

窪山哲雄指出，先將顧客帶離現場，讓抱怨情形得以暫停；接著再請遭顧客抱怨的服務人員也暫時離開，改由職位較高的人員，換個場景處理顧客抱怨。其實，會對工作人員大發雷霆的顧客，大多是因為找不到台階下，也就是欠缺讓自己心平氣和的良機，所以才會不住地抱怨。因此，將顧客帶離抱怨現場，並且換人處理，將有助於顧客緩和憤怒。

步驟2：保護抱怨顧客的尊嚴

如果抱怨的情況持續下去，周圍的顧客可能會把發怒的顧客看成是壞人。這時候，即使顧客的憤怒實在沒道理，服務人員還是應該挺身而出，針對「是因為我們讓顧客不高興」的事實表達歉意，承擔起「造成顧客憤怒」的責任。

　　不論面對任何顧客，都要維護他們的尊嚴。即使工作人員誠心誠意地接待，偶爾還是會因為不符顧客要求而讓對方生氣，但時時刻刻保護顧客的尊嚴，是服務人員最基本的專業技巧。

步驟3：發自內心的真誠道歉

　　聽到顧客抱怨時，經常有服務人員會連聲說「但是／因為……」，急著解釋狀況，但在顧客眼裡看來，這只是在找藉口罷了。然而，不要辯解也並非要服務人員不斷向顧客道歉，因為如果態度不夠真誠、方式不夠簡潔，也可能適得其反。窪山哲雄強調，向顧客道歉時，要注意態度及聲調。如果是低著頭、高聲且快速地說「真是對不起」，反而可能會讓對方認為：「他是不是在敷衍我？」理想的道歉方式，是將視線集中在顧客身上，並且以低聲、沉穩的方式，說出道歉的話語，因為最重要的是將道歉的「心意」傳達給顧客，而不僅止於道歉的「表象」而已。

資料來源：窪山哲雄，CEO成功學2：這樣服務就對了，尖端出版。

影片來源：https://youtu.be/ZIA7ldQsyiQ

7.4.4　瞭解不同抱怨顧客的不同需求

　　針對屢次抱怨的顧客可以分為五大類型，每種類型各有不同的需求如下：

1. **「品質監督型」的顧客**：抱怨產品的缺點，希望公司加以改進。服務周到的企業不僅要立刻回應，最好還能隔一段時間後，再寄信告訴顧客，上次的問題已經徹底解決。

2. **「討價還價」型的顧客**：希望向公司要求損失賠償。

3. **「使用受害」型的顧客**：期望得到服務人員的同情。

4. **「追根究抵」型的投訴顧客**：希望為自己的問題找到答案。

5. **「忠實愛用」型的投訴顧客**：主要目的在於表達祝賀、甚至希望能夠參與其中。顧客除了會提出抱怨，有時候也會表達讚美之意，這是企業用來激勵員工的最佳工具，高階主管應該直接告訴被讚美的員工這個振奮人心的消息。

服務這樣做

▶ Uniqlo超級店長制 掌握顧客喜好

過去，很多經理人總是把「聆聽顧客心聲」掛在嘴邊，卻沒有養成「向客戶發問」的習慣。沒有發問，當然不會有回答；沒有回答，自然沒有資訊；沒有資訊，就對消費者一無所知，顧客就會覺得你不懂他，然後轉身走向了解他的人，比如競爭者。不希望與顧客的合作關係，有被競爭對手趁隙搶單的機會，在確定成交之後，必須精心準備問題，做球給對方，讓他有機會吐露心聲。

◆ Uniqlo為了慶祝會員數超過1,500萬，將自2019年11月29日開始一連舉辦連續七天的感謝祭！（圖片來源：Uniqlo官網）

迅銷公司（Fast Retailing）及Uniqlo創辦人柳井正，在2019年滿70歲。不久前他接受採訪表示，想尋找公司接班人，而且傾向是女性。目前最熱門的候選人，是2019年被拔擢為日本部門執行長的赤井田真希，年僅41歲。《商業周刊》於2010年，首先訪問赤井田。當時她32歲，已是銀座旗艦店超級店長（店長最高階職位），更是日本Uniqlo 8位超級店長之一。

店長是連接企業和顧客最重要的橋樑，在Uniqlo藉由超級店長制度，希望培養他們擁有社長般的責任感與經營者思維。Uniqlo全球9百多位店長，都能向總公司反映顧客需求，每年兩次全球店長大會，由Uniqlo創辦人柳井正親自主持。但只有Star店長和SS店長，才能每週坐上總部的會議桌，並經常與柳井正共餐。

Uniqlo店長按業績規模分為三級：超級明星店長（Super Star簡稱SS）、明星店長（Star）、區經理（Supervisor），三者獎金都和業績連動。在Uniqlo，Star店長和SS店長成立的目的有兩個：第一為透過這些店長，Uniqlo每週掌握顧客喜好開發商品，調整工廠生產線。Uniqlo全球溝通部

長真英郎指出，「所有訊息發生在店長接觸客戶的那一瞬間，Uniqlo成長的最大引擎就是好店長。」例如，Uniqlo熱賣2千萬件的bra top，來自顧客反映希望在家穿著舒適胸罩，甚至可以把內衣穿出去，經由問卷調查和店長回饋到總部，開發出產品。

第二為提升店內服務，Super Star店長有七成時間花在教育店員。赤井田真希舉例，在Uniqlo時間是用「秒」來計算，曾有客戶抱怨等待收銀時間太長，在營業會議時，馬上裁決要縮短結帳時間由原本90秒變成65秒。店長必須隨時注意店員服務，Uniqlo每位店員都配有耳機麥克風，作用有三：指令發布，互相支援，鼓勵指正。

SS店長制度是1999年Uniqlo進行「ABC改革」時導入，當時Uniqlo掀起刷毛外套熱潮後，店鋪突破300家，柳井正發現店長根本不動頭腦也有業績，於是他決定由總部中心制改為店鋪中心制，視店鋪是主角，總部是支援中心，「總部是手足，店鋪才是頭腦」。過去都是總部決定每家店要進多少貨、進哪些樣式顏色，他把決定權交給店長。

訓練店長，思考如何做生意

柳井正希望店長擁有社長般的責任感，欲在店長身上複製柳井正，並讓店長們帶領Uniqlo邁向世界第一。

一、店長要為了實現顧客的需求，努力提供適切的商品與無懈可擊的賣場。

二、店長要發揮服務的精神，為眼前的顧客盡自身的全力。

三、店長要抱著比任何人都高的目標，於正確的方向提供高品質的服務。

四、店長要時而魔鬼，時而天使，對屬下的成長與未來負責。

五、店長要對自己的工作抱著無比的自信與不尋常的熱情。

六、店長是員工的模範，對屬下與總部拿出領導力。

七、店長確切思考營運計畫，並提供具有特性與附加價值的賣場。

八、店長要贊同經營理念與FRWAY，全體員工都要確實實踐。

九、店長要在優良的店鋪中販售優良的服裝，提高收益並貢獻社會。

十、店長要有謙卑的心，對自己抱以期望，無論在哪個崗位都能成為適任的第一人選。

結論

　　如果顧客跟我們所想的相同，喜歡我們的公司地點、營業時間、產品服務或創新設計，這樣我們就會出現了一個擁護者，心情也能跟著好一整天；如果顧客表示其忠誠對象並非貴公司，而是我們組織中的某一個人，那麼我們就會學到不一樣的東西，像是哪位部屬值得提拔；如果客戶坦承他們只是因為別無選擇才跟我們做生意，我們也能發現「可能會背叛我們的人」，並詢問哪裡不滿意，趕快修改，讓他們變成忠誠客戶。

資料來源：高士閔，客戶為什麼背叛、投入競爭者懷抱？6個提問，讓顧客找不到理由離開你，經理人月刊，2019年8月5日；陳如瑩，Uniqlo將交棒女性？柳井正最熱門接班人、41歲赤井田真希獨家揭秘，商周.com，2019年9月6日。

⏱ 問題討論

1. 在Uniqlo，店長按業績規模分為哪三級？

2. 在Uniqlo，Star店長和SS店長成立的目的有哪兩個？

3. Uniqlo創辦人柳井正是如何培養店長擁有社長般的責任感與經營者思維？

本章習題

1. 何謂顧客抱怨？

2. 根據學者Bitner, Booms和Terault（1990）研究透過重要事例法，將顧客抱怨分為哪三大類？

3. 根據學者Day（1980）研究將顧客抱怨行為分為哪三種分類？

4. 根據學者Keaveney（1995）研究中發現有哪八大項原因會影響顧客消費行為轉換？

5. 何謂服務缺失？

6. 學者Tax and Brown（1998）研究中提出哪四個有效確認服務缺失的方法？

7. 學者Hoffman *et al.*（1995）、Bitner *et al.*（1990）、Kelly *et al.*（1993）分別提出哪些服務缺失之分類內容？

8. 何謂服務補救？

9. 一般來說，服務補救的重要性可分為哪三大類？

10. 根據Hoffman, Kelley and Rotalsky（1995）研究中發現餐廳使用的補救方式有哪八種？哪些效果高？哪些效果差？

11. 學者Kelly *et al.*（1993）研究中整理出哪六種不同的服務補救策略內容？

12. 一般來說，企業可採取哪些作法讓顧客感受到服務補救的有效反應？

13. 企業可依據哪些服務補救的步驟來重整本身的顧客服務系統？

14. 學者Cash（1995）研究中認為處理顧客抱怨之五大步驟之內容為何？

15. 針對屢次抱怨的顧客可分為哪五大類型？每種類型各有哪些不同的需求？

1. 王明俐，2011，消費者涉入對顧客抱怨行為之影響—兼論消費者習性為干擾變數之研究，育達商業科技大學企業管理系碩士論文。

2. 天下雜誌，2012，化顧客抱怨為競爭優勢，192期。

3. 中國生產力中心編輯部，2010，服務補救的技術與藝術。

4. 李宜玲，2000，顧客抱怨強度與服務復原策略關係之研究，中原大學企業管理研究所碩士論文。

5. 周幸叡，2011，究極之宿：加賀屋百年感動，高寶國際。

6. 周軍、歐陽麗，2015，真誠讓旅客心靈天空重現陽光，中國航空。

7. 范疇，2015，「不好意思」拖垮臺灣服務業，今周刊，956期。

8. 翁毓嵐、邱琮皓，2014，滅頂行動蔓延掃到臺灣之星，中時電子報。

9. 張漢宜，2011，伊勢丹終極三招防奧客，天下雜誌，426期。

10. 梁秋錦，2014，顧客抱怨是企業的寶藏，中國生產力中心。

11. 經理人整合行銷部，2015，用Line已經落伍了！善用ChatWork新工具，企業溝通無障礙。

12. 經理人月刊編輯部，2008，比道歉更重要的事。

13. 編輯部，2012，妙用顧客抱怨，天下雜誌，133期。

14. 鄭紹成，1997，服務業服務失誤、挽回服務與顧客反應之研究，中國文化大學國際企業管理研究所碩士論文。

15. 鄭紹成，2002，二次服務不滿意構面之研究：由服務補救不滿意事件探索，中山管理評論，頁397-419。

16. 賴建宇，2011，宅世代上網抱怨 殺傷力最強，天下雜誌，426期。

17. Albrecht, K. and Zemke, R, (1985). Service America, Dow-Jones Irwin, Homewood, IL, p. 129.

18. Bearden, W. O., & Teel, J. E. (1983). Selected determinants of consumer satisfaction and complaint reports, Journal of Marketing Research, 20(February), pp. 21-28.

19. Bearden, W. O. and Oliver, R. L. (1985). The role of public and private complaining in satisfaction with problem resolution. Journal of Consumer Affairs, 19(Winter), pp. 222-240.

20. Bejou, D. and Palmer, A. (1988). Service Failure and Loyalty: An Exploratory Empirical Study of Airline Customers. Journal of Service Marketing, 12(1), pp. 7-22.

21. Bell, C. R. and Zemke, R. E. (1987). Service Breakdown: The Road to Recovery. Management Review, 76(10), pp. 32-35.

22. Bitner, M. J. (1990). Evaluating Service Encounters: The Effects of Physical Surroundings and Employee Responses. Journal of Marketing, 54(2l), pp. 69-82.

23. Bitner, M. J., Booms, B. H. and Tetreault, M. S. (1990). The Service Encounters: Diagnosing Favorable and Unfavorable Incidents. Journal of Marketing, 54, pp. 71-84.

24. Blodgett, J. G., Wakefield, K. L., & Barnes, J. H. (1995). The effects of customer service on consumers complaining behavior, Journal of Services Marketing, 9(4), pp.31-42.

25. Bolfing, C. P. (1989). How do consumes express dissatisfaction and what can service marketers do about it? Journal of Services Marketing, 3(Spring), pp. 5-23.

26. Brown, S. W. (1997). Service Recovery through IT: Complaint handling will differentiate firms in the future. Marketing Management, 6(3), pp. 25-27.

27. Buttle, F. and Burton, J. (2002). Does service failure influence customer loyalty. Journal of Consumer Behaviour, 1(3), pp. 217-227.

28. Cash, J. I. Jr. (1995). Management Agenda British Air Gets On Course. Information week, May.

29. Clark, G. L., Peter F. K. and David, R. R. (1992). Consumer Complaints: Advice on How Companies should Respond Based on an Empirical Study. Journal of Services Marketing, 6(1), pp. 41-50.

30. Day, R. L. and Landon, E. L. Jr. (1977). Toward a Theory of Consumer Complaining Behavior, In A. G. Woodside, J. N. Sheth and P. D. Bennett (Eds), Consumer and Industrial Buying Behavior, New York: North Holland.

31. Day, R. L. (1980). Research Perspectives on Consumer Complaining Behavior, in Theoretical Developments in Marketing, Editorial volume, Jr. Lamb, Charles, W. and

32. Patrick, M. Dunne, Chicago, IL: American Marketing Association.

33. Day, R. L. (1984). Modeling choices among alternative responses to dissatisfaction, In T. C. Kinnear(Ed.), Advances in Consumer Research, 11, Provo, UT: Association for Consumer Research, pp. 496-499.

34. Etzel, M. J. and Silverman, B. I. (1981). A Managerial Perspective on Directions for Retail Customer Dissatisfaction. Journal of Retailing, 57(3), pp. 124-136.

35. Firnstal, T. W. (1989). My Employees Are My Service Guarantees. Harvard Business Review, Journal of Retailing, July-August.

36. Gilly, M. C., Stevenson, W. B., and Yale, L. J. (1991). Dynamics of Complain Management in the Service Organization. Journal of Consumer Affairs, 25(2), pp. 295-322.

37. Gilly, M. C. (1987). Post Complaint Processes: From Organizational Response To Repurchase Behavior. Journal of Consumer Affairs, 21.

38. Goodwin, C. and Ross, I. (1992). Consumer Responses to Service Failures: Influences of Procedural and Interactional Fairness Perceptions. Journal of Business Research, 25(2), pp. 149-163.

39. Gronroos, C. (1998). Service Quality: The Six Criteria of Good Perceived Service Quality. Review of Business, 9, pp. 10-13.

40. Hart, W. L., Heskett, J. L., and Sasser, W. E. (1990). The Profitable Art of Service Recovery. Harvard Business Review, July-August, pp. 148-156.

41. Halstead, D. and Page, T. R. (1992). The Effects of Satisfaction and Complaining Behavior a Consumer Repurchase Intentions. Journal of Consumer Satisfactions, Dissatisfaction and Complaining Behavior, 5, pp. 1-10.

42. Hoffman, K. D., Kelley, S. W., and Rotalsky, H. M. (1995). Tracking service failures and Employee recovery efforts. Journal of Service Marketing, 9(2), pp. 49-61.

43. Jacoby, J. and Jaccard, J.J. (1981). The Sources, Meaning, and Validity of Consumer Complaint Behavior: A Psychological Analysis, Journal of Retailing, 57(3), pp. 4-24.

44. Kelly, S. W., Hoffman, K. D., and Davis, M. A. (1993). A Typology of Retail Failure and Recoveries. Journal of Retailing, 69(4).

45. Keaveney, S. M. (1995). Customer Switching Behavior in Service Industries: An Exploratory Study. Journal of Marketing, 59, pp. 71-82.

46. Maxham, J. G. (2001). Service Recovery's Influence on Consumer Satisfaction, Positive Word-of-Mouth, and Purchase Intentions. Journal of Business Research, 54(1), pp. 6-16.

47. Rossello, B. (1997). Customer Service Superstars. ABA Banking Journal, 89(10), pp. 96-104.

48. Singh, J. (1988). Consumer Complaint Intentions and Behavior: Definitional and Taxonomical Issues, Journal of Marketing, 52, pp. 93-107.

49. Singh, J. (1990). A Typology of Consumer Dissatisfaction Response Styles. Journal of Retailing, 1(Spring), pp. 57-99.

50. Spreng, A. S., Harrell, G. D., and Mackoy, R. D. (1995). Service Recovery: Impact on Satisfaction and Intentions. Journal of Service Marketing, 9(1), pp. 15-23.

51. Tax, S. S. and Brown, S. W. (1998). Recovering and Learning From Service Failure. Solan Management Review, Fall.

52. Westbrook, R. A. (1987). Product/consumption-based affective responses and post purchase processes. Journal of Marketing Research, 24(8), pp. 258-270.

53. Zemke, R. and Bell, C. (1990). Service Recovery: Doing it right in the second time. Training, 27(6), pp. 42-48.

NOTE

Chapter **08**

行銷溝通與服務推廣

學習目標

- ✦ 瞭解行銷溝通之定義、分類、角色與有那些工具可達到行銷溝通目的
- ✦ 明白行銷溝通環境變化對服務行銷人員的挑戰、整合性行銷溝通之必要性
- ✦ 知道溝通是如何進行、有效行銷溝通之步驟內容
- ✦ 曉得如何設定促銷預算方法、影響設計推廣組合之原因

本章個案

- ✦ 服務大視界：行銷從知道「為什麼」開始
- ✦ 服務行銷新趨勢：翻轉沒落商區 推動共享辦公室
- ✦ 服務這樣做：全聯做好與消費者溝通和服務工作 成為零售龍頭

服務大視界

▶ 行銷從知道「為什麼」開始

　　我們每天吃喝玩樂用到的品牌商品不計其數，但是你有想過這些商家或公司為什麼要提供這些產品給你嗎？為什麼星巴克會存在？為什麼Nike要賣運動用品？為什麼蘋果要賣電腦？而且，在這麼多相同商品可以選擇的時代，為什麼喝咖啡還是偏好星巴克，買電腦還是偏好蘋果，這些品牌如何在眾多競爭對手中脫穎而出，深受消費者喜愛是個值得探討的課題。

　　領導學專家Simon Sinek在TED《How Great Leaders Inspire Action》的演講裡用黃金圈理論（golden circle）的來解釋公司產品行銷。圈內到圈外分別為「為什麼」、「如何做」及「做什麼」，他用這三個概念來說明該如何激勵人心，引起共鳴。為什麼代表的是企業理念，如何做則是如何傳達企業的理念，做什麼則表示已融入企業理念的產品。

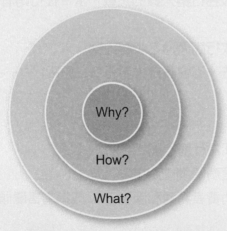

Why?：為什麼，也就是目標(Purpose)
-你的動機為何？你相信什麼？

How?：如何做，也就是過程(Process)
-採取具體行動以瞭解為什麼？

What?：做什麼，也就是結果(Result)
-你要怎麼做？檢視為何有此結果。

✦ 商業黃金圈是由Why、How、What三圈所形成

　　許多領導品牌都是以理念出發與消費者溝通，例如：Nike是希望將靈感和創新帶給每個運動者、可口可樂則是傳達快樂。這些企業讓消費者認識的並非只有他們所賣的產品，而是讓消費者先認識他們存在的目

的後，才會讓你知道他們的產品是什麼，但大部分公司都反其道而行，直接讓消費者知道企業賣的產品或是產品特性，但在消費者眼裏，你賣的東西跟別人的一樣。

Simon為了讓我們更了解這其中的差異，他以蘋果為例用兩種論述的方式讓你感受。「我們做了很棒的電腦，有漂亮的設計、容易上手而且符合使用者需求，你要不要買一台？」這是由產品面出發；而另一種是由理念出發，這也是蘋果實際做法「我們存在的目的是挑戰現狀及不同的思考方式，而挑戰現狀的方式就是，讓我們的產品有漂亮的設計、容易上手而且符合使用者需求，我們剛好做出了電腦，要不要買一台？」可以很顯然感受到哪種說法比較容易說服你付錢。

可口可樂也是一家徹底使用黃金圈理論的公司，想到可口可樂你腦海中浮現的可能不會是碳酸飲料，而會是快樂，這也是他能持續經營一百多年的原因。可樂只是用來傳達快樂的產品，而可口可樂公司是因為要傳達快樂而存在，而非為了販售碳酸飲料。可口可樂全球碳酸飲料品牌中心資深副總裁Wendy Clark在可口可樂期刊上發表的《所有行銷策略都應該從為什麼開始》內說道：

✦ 2020可口可樂「食尚餐廚集點送」促銷活動，可口可樂復古氣炸鍋尺寸為300 x 370 x 290mm，共500個

「當我們以產品為主而不是以理念為主時，可做的決策變少了，也無法大膽執行，作品變得不引人注目，而且我們的影響力變小了。」

也因為可口可樂發展任何事業都是以核心理念出發，所以只要符合核心理念，任何領域都是他們的產品線，所以近年他們也開始關注社會議題，如：產

品碳排放、淨水、健康照護等。除此之外，由Joe Vitale及Craig Perrine合著的書籍《Inspired Marketing！》裡面也提到類似的想法：

「具啓發性的行銷，是需要内心、崇高的目標或理想與正確的行銷策略做結合，這必須將熱情融入你的產品，你的產品才會脫穎而出。」

這樣我們就可以理解，為什麼Google、Virgin這些企業可以不斷地擴大他們的影響力。他們的誕生從來不是為了賣任何東西，而是為了更崇高的理念，所以公司跨足的領域及影響力可以持續擴張。我們從不認為Google開發機器人、自動車，Virgin開健身房是件很奇怪的事；反觀，若公司成立是為了賣東西給消費者，反而侷限公司未來的發展及影響力，這也是臺灣大多數公司目前面臨的困境。

資料來源：ALPHA CAMP，行銷從知道「爲什麼」開始，2014年10月12日。

🕐 **動腦思考** ─────────────────────────

1. 爲何喝咖啡要偏好星巴克？買電腦要偏好蘋果呢？

2. 若公司成立只是爲了賣東西給消費者，反而會侷限公司未來的發展及影響力，爲什麼呢？這種情形有發生在臺灣大多數公司嗎？

8.1 行銷溝通之定義、分類、角色與主要型態

8.1.1 行銷溝通之定義

　　行銷溝通是指在一個品牌的行銷組合中通過與該品牌的顧客進行雙向的訊息交流建立共識而達成價值交換的過程。就本質而言，行銷與溝通是不可分割的，「行銷就是溝通，溝通就是行銷。」行銷溝通的目的有兩個：創建品牌和銷售產品。

　　在企業中，行銷所扮演的角色隨組織層級不同而有所變化，在企業層級中，強調行銷就是文化，在策略事業單位之層級，行銷就是策略，在營運層級中，行銷就是戰術。行銷是組織在不斷追求生存與成長過程中，所選用最有效之工具之一，其目的在於滿足需求。因此必須找到一群顧客並確認需求，以使開發適當的產品或服務。當有了產品，行銷人員立即就擬好定價、推廣及配銷通路之計畫，使產品能如期的送到消費者手上。溝通的定義是把個人或團體的觀念或資訊，藉由媒介工具或行動傳遞給他人或團體，歷經回饋而共享意見的整個動態過程（馮凱，2005）。行銷溝通之意義是指行銷者試圖傳達其品牌的意義給消費者，但消費者認知的意義可能不同於行銷者原意，如表8-1所示。

表8-1　行銷者試圖傳達其品牌意義給消費者瞭解

廣告作品	意象的觸發、共鳴的作用（內涵）
文案：語言之訊息 圖案：（映象）藝術創意圖像之訊息	訊息表達、商品形象（外延）

8.1.2 行銷溝通之分類

　　可以將行銷溝通按功能、溝通雙方的性質、訊息傳遞方向和目的劃分為以下四類：

(一)按功能

　　可分為工具式溝通（instrumental communication）和感情式溝通（emotional communication）。工具式溝通是指發送者訊息、知識、想法、要求傳達給接受者，目的是影響改變接受者的行為，最終達到組織的目的。感

情式溝通指溝通雙方表達感情，獲得對方精神上的同情和諒解，最終改善相互間的關係。在醫療溝通中，工具性（專注於任務的行為）和情感性（社會情緒性行為）是一個重要的區分；前者是屬於認知的，後者是屬於情緒的範疇（Bensing, 1991）。以上兩種行為可以整合至醫師的角色功能中。Hall *et al.*（1987）將工具性的行為定義為「使用於問題解決，以技術為基礎的技巧，構成醫師被諮商時所需專門知識的依據」；而情感性行為則被定義為「具有外顯社會—情緒含意的口語陳述」。其他的學者對情感性行為的定義有「醫師視病患為一個體，而非一個案的行為」或「為了建立及維持醫病之間的良好關係而採取的行為（Buller and Buller, 1987）」。

(二)按溝通雙方的性質

可劃分為人際溝通（interpersonal communication）、群體溝通（communication in groups）、組織溝通（organizational communication）和大眾媒體傳播溝通（mass media communication）等。人際溝通是指人們之間的信息交流過程，也就是人們在共同活動中彼此交流各種觀念、思想和感情的過程。這種交流主要通過言語、表情、手勢、體態以及社會距離等來表示。例如：在某年兒童節所做出的一份調查，兒童的第一心聲在於當父母心情不好的時候，不聽小孩說話，這種溝通方式很差。

群體溝通指的是組織中兩個或兩個以上相互作用、相互依賴的個體，為了達到基於其各自目的的群體特定目標而組成的集合體，並在此集合體中進行交流的過程。一個典型的群體（陪審團）溝通案例，12個陪審團成員來自不同背景，雖然面對的是同一個案件，但是必然會有不同的看法。這些不同的看法，或者來自成長背景，或者來自私人經歷，或者來自生活觀察，或者來自思維習慣等方面。要達成一致，顯然是個艱難的過程。這個「一致」的達成，需要的不只是簡單的「少數服從多數」這樣的某些原則，而是基於事實、正確的態度和合理的推斷。

組織溝通指的是好幾個人或團體之間的溝通，是傳遞組織上下之間傳達資訊的行動或行為。組織溝通在企業組織管理是維繫組織內部人員關係的必要條件之一，其目的在於透過組織內部成員的互相聯繫，增進彼此信任與了解，有效判斷本身行為與活動狀態，以作為協調與一致性行動，來達到組織內部擬定的目標。

收費是為顧客好

　　如果談生意已進入議價階段，恭喜，有個潛在客戶對我們銷售的東西感興趣，而且大抵化解了他們猶豫不決的原因。通常議價只是一個過程，而且多數業務員有明確的方法可順利過關。說故事並不是要取而代之，但可以補強。就像順風行銷瑞克‧萊恩的解釋，「如果在議價時可以讓故事自然流露，我會更容易成功。」

　　就跟所有行業一樣，有相關技能和經驗的人更有機會成功。而對那些力爭上游的模特兒來說，要取得技能和經驗最理想的地方之一，就是Excel Models & Talent。該公司老闆梅麗莎‧穆迪（Melissa Moody）二十五年來將模特兒推上女性雜誌，如Vogue、Elle，及《柯夢波丹》（Cosmopolitan），也將模特兒送上紐約、巴黎，及米蘭的伸展台。她所經紀的歌手及舞者曾拿下知名大獎，包括葛萊美獎、全美音樂獎，以及青少年票選獎。同於傳統的經紀公司，Excel並非只是媒合客戶與模特兒，並以仲介交易收取佣金。他們指導學員的造型、演戲、專業禮儀，以及產業中的各種業務。

　　而且梅麗莎每年親自帶領他們去紐約、洛杉磯，和巴黎吸收經驗。當然，她有時也會幫他們直接跟客戶預約。但她也可以透過合作的國際經紀公司網絡，幫他們找到全世界的工作機會。因此，她因為這些服務需要向學生收費就可以理解。不過，她還是常常遇到潛在客戶提出質疑：「這一行不應該有什麼東西需要預先付費的」，通常是由家長陪同的14歲少女。

　　遇到這種狀況，梅麗莎有三種反應。第一種，她請他們參觀辦公室。「你們看到什麼？你們認為我哪來的錢支付教室、家具、燈光？」她問。如果行不通，她會詢問這未來的模特兒或她的父母，他們以什麼為生。「啊，好，你是會計師」，她可能這樣回應：「因為我需要報稅。但是除非我拿到退稅，否則我不想付費。你願意幫我繳稅嗎？」當然不願意。

　　如果這兩種回答無法解決他們的疑問，梅麗莎會拿出殺手鐧：故事。

　　這個故事說的是克莉絲汀，一個棕髮、高顴骨的17歲長腿美女。她有成為世界級超模的條件，也是梅麗莎的優秀學生之一。一次紐約年度大賽中，克莉絲汀在1,200名少女中獲得亞軍。隔週回到家，她接到來自經紀人與客戶的回電高達前所未見的 42 通。梅麗莎幫她挑出最好的機會，而克莉絲汀和父母再次前往紐約簽約。

　　在重要會議當天，梅麗莎接到克莉絲汀的電話，她正在前往客戶辦公室簽約的路上，就坐在計程車後座用手機打電話。克莉絲汀流淚哭泣。「出了什麼事？」梅麗莎問。

　　克莉絲汀深思熟慮後改變想法了。當模特兒從來不是她的本意。那是她媽媽的想法。克莉絲汀想出人頭地，只不過不是在這一行。「梅麗莎，我畢業時在班上名列前茅。我不想靠長相吃飯，」她說。她想上商學院，經營公司。「我該怎麼辦？」

　　故事到了這裡，梅麗莎停頓一下，對潛在客戶說明，如果克莉絲汀沒有付費在Excel取得訓練及經驗，她會如何回答問題。「我會告訴她，『克莉絲汀，我在妳身上和一紙合同投資了1萬5千美元(約31萬新台幣)。趕緊去辦公室把合約給簽了，我才能把錢賺回來！』但因為那不是我的做法，我真正對她說的是：『克莉絲汀，順從妳的心意。回家去追求妳的夢想。』」而克莉絲汀就這樣做了。

　　梅麗莎處理客戶質疑的方法給我們兩個教訓。第一，她知道自己最大且最好的武器就是故事，而非事實或論點。第二，這一個故事可以凸顯她的定價策略是為顧客著想，而不是只為了賺錢。

　　說故事與她前面兩種回應迥然不同。需要支付燈光和家具的開銷，是梅麗莎必須收取費用的理由。而拿免費報稅服務比喻，也說明為何梅麗莎需要事先收費。但是克莉絲汀的故事則展現對學生的益處。事先付費可以讓你的經紀人將你的最佳利益放在心上，並幫你擋掉以後或許不願意承擔的責任。按照梅麗莎的看法，少一分都算是敲詐。

資料來源：Paul Smith（保羅.史密斯），《故事銷售贏家：懂人性、通人心，超級業務員必備的25套銷售劇本》，天下雜誌出版社出版，2018年8月29日。

影片來源：https://www.youtube.com/watch?v=fhPPmdI44Ck

　　大眾媒體傳播溝通是指大眾傳播媒體對於啓發式的過程扮演著雙重的角色：第一，大眾傳播媒體對民眾形成意見的基本認知；第二，大眾傳播媒體提供很多新的資訊，來引發啓發式決策的形式，所以民眾能由此得到相當廣大與最新的標準、價值、看法、態度等基本認知，來作出對事情的判斷（DelliCarpini, 2004）。傳播媒體簡稱傳媒，一般使用上常稱爲媒體或媒介，指傳播訊息的載體，即訊息傳播過程中從傳播者到接受者之間攜帶和傳遞信息的一切形式的物質工具，現在已成爲各種傳播工具的總稱，如電影、電視、廣播、印刷品（書籍、雜誌、報紙），可以代指大眾媒體或新聞媒體，也可以指用於任何目的傳播任何訊息和數據的傳播工具。

(三)按訊息傳遞的方向

　　可分爲單向溝通（unilateral communication）和雙向溝通（bilateral communication）。單向溝通是指發送者和接受這兩者之間的地位不變（單向傳遞），一方只發送信息，另一方只接收信息。雙向溝通中，發送者和接受者兩者之間的位置不斷交換，且發送者是以協商和討論的姿態面對接受者，訊息發出以後還需及時聽取反饋意見，必要時雙方可進行多次重覆商談，直到雙方共同明確和滿意爲止，如交涉、協商等。在表8-2可以看到單向溝通和雙向溝通之比較：

表8-2　單向溝通和雙向溝通之比較

因素	結果
時間	雙向溝通比單向溝通需要更多的時間。
信息和理解的準確程度	在雙向溝通中，接受者理解信息和發送信息者意圖的準確程度大大提高。
接受者和發送者置信程度	在雙向溝通中，接受者和發送者都比較相信自己對信息的理解。
滿意	在雙向溝通中，接受者和發送者都比較滿意單向溝通。
噪音	由於與問題無關的信息較易進入溝通過程，雙向溝通的噪音比單向溝通要大得多。

　　以大眾傳播業爲例，在60及70年代，當產品及品牌種類與數量快速增殖，並且資訊來源及管道也快速擴張之下，這種單向溝通的所謂大眾傳播，對消費者的影響力開始減弱。此時代由於製造商控制大部分的產品資訊，消費者

常是依據這些資訊從事消費行為，且因當時沒有其他的溝通管道，因此單向溝通系統運作即可滿足製造商銷售與消費者購買的需求。

　　到了90年代中期，從試圖影響消費者行為的角度來看，這種單向傳播根本是無用武之地。也因媒體的重大變革，導致雙向溝通的產生。在某些領域裡，這種雙向溝通被稱為關係行銷（relationship marketing），此意味者買方與賣方存在著一種源於資訊交換與分享共同價值的關係。

品牌要和市場做有效溝通
取決在於內容行銷

　　前富盈數據創辦人陳顯立認為品牌想要溝通的閱聽者或消費者，就是我們自己！怎麼做？以下提供兩個觀念：

一、要懂得運用內容與市場溝通，過去與現在的差別，只在於工具的不同

　　過去的消費者獲得資訊的能力叫薄弱，促銷什麼，市場就熱賣什麼；反觀現在的消費者取得資訊能力強，雖然無法確定是否絕對比我們強，但市場不再像以前以少數的控制變數就可以。因此，現在要解決的依舊是「資訊落差」問題，只是不在於資訊量多寡，而是特定的切入角度或運用方式。

二、這個時代的內容溝通，十分仰賴數位科技的運用

　　很多人上網搜尋資訊、社交需求（看FB/IG）或通訊傳訊，這些動作，也是為了想得到更多資訊。儘管看起來人們獲取資訊的能力變強，其實不然，因為網路上看到的資訊都是「被設計排序過」，例如Google的搜尋排序是照它的演算法、FB顯示的貼文及廣告訊息都是為你的習慣而整理，這些都是被餵養特定訊息的結果。

　　運用數位科技的目的，是為了增加資訊傳達的效率跟速度，重點還是要放在「內容本身是不是夠吸引人」，才能真正傳遞給想要溝通的目標消費者。我做過數家大型零售商的高階管理工作，一路到自己創業，一連串的經歷讓我發現，「影響媒體做到資訊交換」才是網路時代最重要的事——不是偏行銷學，比較像是心理學。

消費者是因為想要解決問題而有產品需求，為了找尋解決方案，在比較分析各種解決方案後，才會下最終決定。不過，消費者在做決定的當下，會受到自己過往經驗或所處環境影響，而那些分析不同解決方案的理性理由，則是為了支持自己的決定。

為什麼呢？因為人是「慣性」的動物。舉例來說，到夜市逛街買雞排，有兩個攤位並列，一家排隊的人多，一家排隊的人少，通常人們會選擇買有很多人排隊的那攤（口味不見得好吃）。這個行為就是由「慣性」驅動，非感性也非理性，只是「選擇排隊人多的攤位」來支持自己決定的理由。

資料來源：陳顯立，策略行銷/品牌溝通，內容才是王道，經濟日報，2019年7月6日。

影片來源：https://www.youtube.com/watch?v=_X64UfK48kE

(四)按溝通目的

又可分為告知性溝通（informative communication）和說服性溝通（persuasive communication）。

癌末病情的告知，就醫療實務而言，乃係一種醫病溝通（communication）的執行，只不過其溝通的課題係聚焦在末期癌病的特點、治療與預後而已。由於醫病溝通理論與技巧的學習與切磋，於傳統醫學教育的格局裡，一向不佔任何有形的地位，再加上過去一般醫護人員的養成訓練中也較少注重醫療倫理相關議題之探討，導致不少臨床醫師至今仍在「應該」或「不應該」告知癌末病情的迷思中原地踏步，無所適從；而少數臨床醫師雖有「應該要告知」的認識，然其告知癌末病情的態度或稍嫌馬虎，其溝通技巧也存在有改善之空間，倉促為之遂不免於披露癌末病情之過程中，造成一些癌末病人或家屬不必要的心理傷害。如此惡性循環的結果，又更加深病人家屬堅持臨床醫師不得對病人本身吐露癌末病情的決心，進而造成其它醫師日後告知癌末病情的阻力。

教師的說服性溝通是否有效，就要看教師是否採行之有效的教學技巧。教師的說服性溝通對於學生有不同層次的影響，如正面影響和負面影響：學生接受教師的說服，在態度和行為上有所好轉，或者相反，學生對教師的說服產生叛逆和抵觸，導致負面效應；暫時影響和長久影響：教師的說服性影響是限於一時一地還是長久的持續的；對態度、行為、人格的影響：教師的說服性溝通是否可以對學生世界觀、人生觀的培養與建立起到積極的影響。

8.1.3　行銷溝通之角色

　　服務應以顧客為導向，服務商品的開發須符合顧客需要。服務的需求量很難加以估計，服務常經由「人」來傳遞，使得「人」在整個服務過程中扮演重要的角色。

　　1995年學者Mary Jo Bitner提出的「服務行銷金三角」是指公司、顧客及服務提供者（即員工）三者，彼此間互有關聯且相互影響。首先，在公司與顧客之間，是透過外部行銷來設定「承諾」；簡單說，就是公司透過行銷活動，諸如廣告、人員推銷、促銷活動以及訂價策略等，以提升公司的服務形象。服務層面與顧客溝通之間所存在的其他相關因素，如服務人員、設施的裝飾與設計、以及服務過程本身等，亦能幫助顧客期望的設定。此外，服務保證與雙向溝通，則是提升服務承諾的其他方法，避免低度或過度承諾，導致公司與顧客關係的脆弱。

　　其次，在公司和服務提供者間，可藉由內部行銷來提昇履行承諾的能力。由於員工的訓練培養不易，因此企業不應輕易使用懲罰或開除來威脅員工，應以教導或學習方式進行服務品質的改善。最後，服務提供者和顧客之間，可透過互動行銷的方法來履行承諾，服務提供者必須掌握公司與顧客之間的互動，亦即服務被生產和消費時的關鍵時刻，才得以履行服務承諾。

　　在行銷實務上，公司必須在三者間取得最佳平衡，所以在「服務行銷金三角」（詳見圖8-1）中，應設法在公司、服務提供者與顧客間建立各種溝通方式，以期達到最好的互動。在公司和服務提供者之間，公司可以透過垂直或水平溝通的內部行銷溝通方式，對服務提供者傳達公司的理念與管理方式，以減少不必要的反彈或政策不能有效執行的情況發生；在公司和顧客之間，可以透過廣告、銷售推廣、公共關係及直效行銷等方式的外部行銷溝通，和顧客保持良好的互動，並建立良好的形象；而服務提供者和顧客之間，可以透過人員銷售、顧客服務中心、服務接觸及服務設施等互動行銷的方式，給予顧客高滿意度的服務。

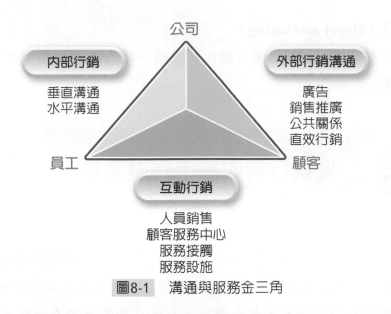

圖8-1　溝通與服務金三角

8.1.4　行銷溝通之主要型態

行銷溝通組合（marketing communication mix）又稱推廣組合，包含以下五種工具：

1. 廣告（advertising）

一種最古老的促銷工具，主要是藉由媒體來溝通概念、商品，或服務。例如：電視廣告、報紙廣告、雜誌廣告、收音機廣告、戶外看板廣告、產品包裝廣告、及海報等。

2. 人員銷售（personal selling）

指銷售人員直接與顧客面對面的溝通，可以使用言語、動作、或表情等方式直接與顧客溝通。

3　銷售促銷（sales promotion）

指企業提供短期額外誘因，以激勵顧客購買的一種活動，這是除了提供產品原有的屬性與利益外，在短期內刺激顧客購買的一種方式。

4. 公共關係（public relation）

指企業與利害關係人（顧客、供應商、經銷商、股東、媒體、及政府單位等）建立良好關係，並經由傳播媒體之宣傳，以推廣及維護公司形象。

5. 直效行銷（direct marketing）

指使用郵寄目錄、電話、電子郵件、網路、及傳真等方式，直接與顧客溝通的一種方式。

 場景行銷成為行銷溝通重點

商研院行銷所透過超過200場和當地買主媒合洽談的經驗發現，東協及印度的採購及買主愈來愈少單純從產品和價格面來評估產品的市場潛力，反而是看「那些產品符合市場最新趨勢？」、「那些產品在網路上擁有聲量（市場基礎）？」、「那些產品在來源國熱銷？電商平台詢問度高？代購熱銷商品？」因此，商研院行銷所提出，針對東協及印度市場數位原生世代的消費者及買主採購，應該透過全新行銷模式；從「產品」轉向「場景」、創造爆紅產品、向買主「逆行銷」。

有別於中間財及耐久財講究的是規格、創新和價格，消費財更重視品牌形象和目標消費者生活風格的連結，以及使用場景。看看臺灣消費品品牌的行銷，以及韓流透過偶像劇來行銷的差別就可以發現，臺灣美妝品品牌在行銷時仍是著重產品功能、屬性（例如：玻尿酸、生物纖維面膜、胺基酸

◆ 穆斯林人成為各大美妝品牌廠商不可忽視市場（圖片來源：換日線/張道芳）

成分/貨品等），但韓流美妝品則更結合了韓流偶像明星（人物）和使用情境（場景）。換句話說，產品不再是整個行銷溝通的主角，而是如何在使用情境中找到適配的solution（也就是產品）才是整個行銷溝通的重點。

高熱搜及網路聲量，向買主「逆行銷」

　　在多年與東協印度買主的商業洽談的經驗中，發現當地買主不僅不熟悉臺灣品牌，更在來源國形象上，認為臺灣產品和日韓產品難以匹敵。例如，越南買主心目中臺灣具優勢的消費品品項僅有面膜，對於其它產品認識度均低。因此，即使臺灣美妝保養品業者向買主推薦面膜之外的其它產品項目，買主最終也是選擇來自日韓的保養品（即使名不經傳）。換句話說，無論是在市場聲量基礎或來源國形象上，臺灣消費品仍略遜一籌。

　　東協及印度數位原生世代的買主在選品上，多透過網路搜尋、網路代購、社群網站廣告、社群網紅分享來尋找潛力採購商品。對於知名度較低的臺灣消費品，往往比日韓產品，更多了一層市場調查的手續。許多臺灣業者在這一關，即使在產品面向上獲得比較高的評價，但在整體評分和購買意願上仍不如日韓品牌。

　　為此痛點，商研院行銷所發展出一套全新數位行銷產品測試模式，除了可以迅速打開品牌在當地的市場知名度，同時又可用最快速、低成本的方式針對特定目標市場進行產品測試，協助臺灣消費品品牌挖掘潛力推廣商品。

　　透過線上市場品牌聲量累積及網友反饋，商研院行銷所將此數據成功向東協及印度買主進行「逆行銷」，讓當地數位原生世代的買主迅速認同臺灣品牌的市場基礎、提高採購意願、縮短決策時間，幫助臺灣品牌加速在東協及印度市場落地接單。

資料來源：杜晉軒，臺灣美妝品在印度東協拚不過日韓？場景行銷才是關鍵，關鍵評論，2019年10月22日。

影片來源：https://www.youtube.com/watch?v=1rBz6DId1-c

8.2 行銷溝通環境變動和整合性行銷溝通之必要性

8.2.1 行銷溝通環境變動

　　從1980年以後，在臺灣從事服務業的服務行銷人員面臨到許多問題和挑戰，包括服務品質的衡量及改善、有效開發新服務、有效溝通服務形象、有效因應需求變動、員工的選擇與激勵、服務的訂價、服務組織的設計、標準化與個人化的權衡、服務新觀念的保護、服務品質與價值的溝通以及服務品質傳送的一致性等面向。

　　科技革新速度驚人，平均一週就有一種新技術出現，外在環境變動太快，僅賴行銷人一人智慧難以應付。想打贏這場戰，行銷人得試著網羅「消費者」，做為策略夥伴。已有不少企業意識到消費者力量，採逆向行銷策略，邀請消費者參與商品設計、通路及行銷溝通的活動，也在網路上設計專屬平台，偕同消費者力量，創造品牌價值。把行銷主權「開放」給消費者，可說是當前最熱門的行銷詞彙。例如：全球最大網通廠商思科（Cis-co），原為降低客服人員成本，把顧客常提問的問題po上網，未料這個問答網站，變成熱情顧客分享消費體驗、交流商品問題的平台。再者，iTry試用情報網、華人最大美妝網站Fashion Guide的「試用大隊」，讓廠商在商品上市前，用最短的時間，蒐集消費者意見，以調整行銷步伐。在數位溝通行銷模式下，消費者成為行銷人員的好夥伴，更決定了商品銷售的成敗（林婉翎，2008）。

　　為了替聽障民眾營造無障礙的溝通環境，日本的東日本旅客鐵道公司（JR東日本）繼2013年5月初表示導入7,000台平板電腦以提升服務品質後，同時宣布從2013年6月起，將利用平板電腦展開手語翻譯服務測試。JR東日本這次的新嘗試，是透過遠端翻譯服務TELTELL及iPad的視訊機能進行。站務人員如果遇到需要使用手語的乘客，便以iPad連接到翻譯服務中心，讓乘客透過視訊功能和手語工作人員溝通。同樣地，假如站務人員有事傳達，也可以用同樣方式處理。除了東京站、品川站、涉谷站等重要交通樞紐的服務中心之外，JR東京綜合醫院也會提供遠端手語翻譯服務。

　　現在網路行銷越來越盛行，如果一個行銷活動單靠網路來進行行銷是否可以達到最大效益呢？如果我們是屬於網站經營者，獲利模式除了賣網路廣告外，最好再多家整合行銷的服務提供，這樣更可以讓業主掏出更多的錢。不過為何整合行銷可以有這麼多好處呢？最主要的原因在於不同人常接觸的媒體並不一樣，至今沒有一個媒體可以涵蓋住所有人群，因此，如要讓整體行銷效果更加擴大，那麼整合行銷是不可不去重視的一種行銷方式。

台北東區老店金石堂熄燈

　　金石堂忠孝店將在2015年8月25日拉下鐵門，結束近30年的營業。金石堂總經理楊宏榮表示，為了打平租金，該店縮小坪數、轉型為文具店，反讓業績惡化，證明「書店必須以書為主軸」。金石堂將在東區另覓新點，希望打造兩百坪、以書為主軸的理想書店。

　　金石堂忠孝店1985年開幕，是金石堂第四家分店。全盛時期擁有三層樓、三百坪的書店面積。忠孝店鄰近國父紀

◆金石堂台北市忠孝店因租約到期，預計2015年8月25日歇業（圖片來源：金石堂）

念館與延吉街，初創時是時髦東區少見的書店。在1990年代的出版黃金年代，該店經常舉辦新書發表會、作家簽名會，打造燦爛的文化風景。忠孝店在東區黃金地段，十年來面臨實體書店業績衰退，房租卻不斷飆漲的窘境。

　　楊宏榮表示，為了打平房租，這十年忠孝店面積縮水至七十坪，還分出一半空間經營文具，「轉型」為文具專賣店，卻難挽頹勢。「實在不像書店」，

楊宏榮表示，忠孝店面積太小，藏書有限，也無法辦講座、簽名會，難以吸引愛書人前往。就算轉型為文具店也無法吸引顧客，業績反而更差。忠孝店近三年出現赤字，金石堂經營團隊評估後決定「放手」。

金石堂仍視台北東區為「一級戰區」。楊宏榮表示，最近正在東區尋覓適合地點展店，坪數希望能達到理想的兩百坪。書店還是要具有一定的規模，包括坪數與書種，才能吸引愛書人前往。

忠孝店的例子讓楊宏榮警覺，面對實體書市衰微，書店雖必須往「複合型書店」邁進，仍必須把握「書才是書店靈魂」的原則經營。文創商品及文具只能是書的「衍伸商品」，「文創」一旦喧賓奪主，反倒嚇跑書店讀者。因應書市變化，金石堂不斷調整書店型態，今年總計收了六家舊店，但也開了五家新店，分店數多年來維持五十家左右。

資料來源：陳宛茜，賣文具挽不回顧客 台北東區老店金石堂將熄燈，聯合報，2015年8月22日。

影片來源：https://youtu.be/WfweKCPDt2A

8.2.2　整合性行銷溝通之必要性

整合性行銷溝通（Integrated Marketing Communication, IMC），亦稱「整合性行銷傳播」，為1990年代一項行銷的重要發展。行銷者瞭解到各種行銷管道功能整合起來，做整體的規劃與執行，才能發揮功效，讓各項溝通工具發揮最大的功效（黃俊英，2003）。

(一)整合性行銷溝通之定義

整合性行銷溝通較早期的定義是美國廣告代理協會1990年所提出，其將整合性行銷溝通定義為：「一種行銷溝通規劃的觀念，這種觀念承認一個評估各種溝通領域（例如：一般廣告、直接反應、促銷和公關）之策略性角色的綜合計畫所具有的附加價值，並結合這些領以提供一個清晰、一致及最大的溝通效果」。

Schultz *et al.*（1993）指出，整合性行銷傳播是行銷傳播規劃的一個概念，強調行銷的傳播工具的附加價值及所扮演的策略性角色，結合行銷傳播工

具，例如：一般廣告、直效行銷、人員銷售、公共關係等，提供清楚、一致性及最大化的傳播效果。

　　Petrison and Wang（1996）指出整合性行銷溝通是由二個觀念所組成，一為「執行的整合（executional integration），指溝通訊息的一致，又稱訊息的整合，即利用相同的基調、主題、特徵、標誌、訴求以及其他相關的傳播特性，來達到整合的目的，故又稱訊息的整合；因為消費者很難區分訊息的來源，因此很容易被不同的來源的訊息所混淆。另一個為「計畫的整合」（planning integration），即想法上的整合，意即將所有與產品有關的行銷活動加以整合，從策略計畫開始就協調一致，以擴大行銷的效能和效率。

(二)整合性行銷溝通的實施層級

　　Thorson and Moore（1996）將整合性行銷溝通的實施層級分成七個階段，如表8-3所示：

表8-3　整合性行銷溝通的實施層級說明

階段	說明
階段一 對整合的認知	整合性行銷溝通必須認知到外在環境的變化，並以全新的經營體系回應市場的改變。
階段二 形象的整合	企業認知到傳達一致的訊息與感覺的重要性，講求視覺形象與口語傳播質感。
階段三 功能的整合	企業對於傳播工具的運用更投入，對行銷工具的優勢進行策略性分析。
階段四 協調的整合	所有傳播工具都被放在同等重要的地位，無孰輕孰重的刻板印象。
階段五 消費者為主的整合	隨著整合程度提高，消費者區隔也需重新界定，並將消費者與潛在消費者納入行銷整合的思考架構。
階段六 利益關係人為基礎之 整合	除了以消費者為主的認知外，公眾與利益關係人對企業有著成敗之影響。
階段七 關係管理的整合	溝通專家必須和企業管理成員進行直接接觸，進行整體管理流程的整合。

資料來源：Thorson and Moore （1996）

　　在表8-4可看到以Thorson and Moore（1996）提出的整合性行銷溝通層級架構來套用解釋以新光三越信義新天地為例之分析內容：

表8-4　信義新天地之整合性行銷溝通層級分析

階段	說明
階段一 對整合的認知	信義新天地各館座落在百貨業的超級戰區，近年來仍持續不斷有新的百貨業者加入競爭，因此新光三越認知在此環境下他們需以全新經營體系回應市場改變與需求。
階段二 形象的整合	在信義新天地設有A4、A8、A9、A11等四館各有不同的定位，A11定位在年輕客群、A8定位在全家型、A9定位在金字塔頂端客層、A4則女性客層往精品調整。信義新天地意識到行銷整合的重要性，故相關活動在行銷溝通上加以整合，期使顧客認知到一致的訊息和感覺，因此透過跨館共同主題之整合行銷活動企劃，完成整合形象之目的。
階段三 功能的整合	為使整合工作更為深化，信義新天地四館在組織上做調整，期望藉由功能整合提升行銷效益、減少行銷預算。
階段四 協調的整合	新光三越信義新天地進行組織架構改變，管理權責不再使用傳統的樓管制度，改成跨四館的業種區分制度，以強化功能和協調整合。組織調整後除提升四館間之協調外，尚可透過人力縮編達成節省人力成本之效益。
階段五 消費者為主的整合	新光三越透過各種生活化提案和顧客進行溝通，改以拉高來客數為其行銷目標之一，跳脫以往用新產品吸引顧客上門的方式，透過各種生活化提案來刺激顧客，期望建立顧客就算不消費也有到百貨公司之慾望。
階段六 利益關係人為基礎之整合	信義新天地重視員工、社區、媒體和供應商之整合，強化對員工的內部行銷、對社區媒體公關的重視以及透過組織結構調整為跨館業種區分達成與供應商間之進一步整合。
階段七 關係管理的整合	以顧客導向為前題，達成公司內外的關係管理與整理管理流程的整合。民眾可以悠遊的使用立體空橋、人行徒步系統，漫步穿梭在各建築物、商場及綠地廣場間，不用擔心下雨或人車爭道。人們都可以在這兒享受娛樂、購物、逛街、看展覽優閒的樂趣，也吸引了很多國內外的觀光客。

資料來源：孫儷芳、林佩融、林心妤、林立珊、邱怡蓁（2012）

8.3 溝通之過程和有效行銷溝通之步驟

溝通過程（communication process）是指溝通主體對溝通客體進行有目的、有計劃、有組織的思想、觀念、訊息，使溝通成為雙向互動的過程。

8.3.1 溝通之過程

人際溝通是人與人之間訊息傳送的接收的互動過程，這樣一來一往的訊息互動，形成了彼此雙方的溝通，也建立起彼此的人際關係，其中包含六個要素：溝通情境、參與者（訊息傳送者及接收者）、溝通訊息、溝通管道、雜音及回饋，如圖8-2所示。

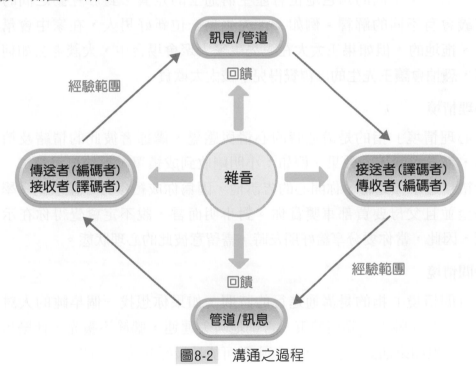

圖8-2　溝通之過程

(一)溝通情境（communication context）

人與人溝通所處的情境，將會影響人說什麼及如何說，溝通的情境至少包五個面向：物理情境、文化情境、社會情境、心理情境以及時間情境。

1. 物理情境

「物理情境」是指溝通時的外在環境：溝通的地點、氣溫、光線、環境噪音、溝通者之間的身體距離、座位安排及溝通時間的長短等，都可能影響

談話的內容、氣氛或意願。例如：在吃飯的場所，人多吵雜，情話綿綿在此時，可能是白費力氣的，因為對方根本聽不清楚你在說什麼。

2. 文化情境

「文化情境」是指溝通者在社會學習過程中，所學到的信念、價值觀、行為與生活規範。而我們經常從經驗中學習蘊含於文化中的溝通規則，譬如說，臺灣的學生上課時，總是專心聽講，很少會與老師討論或發表意見，而美國的學生則是以發問方式為自己解決疑惑。

3. 社會情境

「社會情境」指的是溝通雙方的關係，例如：夫妻、親子、手足、師生、朋友，不同的角色地位會產生溝通上的差異，對於互動之間的訊息定義會有不同的解釋。例如：王先生是一位新好男人，在家中會幫忙洗衣、拖地的，但如果王太太在王先生家人聚會場合中，大談老公如何做家事，恐怕會讓王先生的母親覺得兒子被太太欺負。

4. 心理情境

「心理情境」指的是溝通時的心情與感覺，溝通者彼此的情緒及精神狀態，都會影響溝通效果。例如：小明剛收到成績單，得知自己被二一，心情糟糕透了，此時，你開心的告訴他，因為你成績優秀，領取到了學校獎學金並且父母要買部車獎賞你。對小明而言，說不定會覺得你在示威炫耀，因此，當你要分享給好朋友時，需留意彼此的心理狀態。

5. 時間情境

「時間情境」指的是溝通進行的時間，如果你想找一個早睡的人討論事情，最好在晚上八點前結束，否則他呵欠連連，腦筋不靈光，什麼事也別提了；但如果遇到夜貓子，半夜兩點可能是最好的溝通時間。

(二)參與者（participants）

參與者是溝通進行的主角，雙方進行溝通時，傳送訊息者同時也是接收訊息者。人們除了藉由說、寫、手勢、臉部表情來傳送訊息，也藉由聽覺、嗅覺、視覺、觸覺等方式接受訊息。溝通者本身的個別差異包括生理的、心理的、經驗領域、知識技能、性別及文化上的差異，說明如下：

1. 生理的差異

人的生理差異包含種族、性別、年齡、體型等，都會影響彼此的溝通。人類是經由聯結（association）和類化（generalization）的過程來學習時。因此，我們對於那些與我們具有類似身體特徵的人，會較了解他們及認同他們。例如：一個180公司的高個兒，就很難理解150公分的人，是如何痛恨公車的手把做得那麼高。

2. 心理的差異

心理差異包含溝通者的個人特質、自信、價值觀等，個性內向的人可能無法與整天活蹦亂跳的外向性格者相處。同樣的，一個充滿自信的人，在事事猶豫遲疑人的眼中，則成了一個傲慢不拘、專制跋扈的人。因此，當我們對別人的心理特徵不了解時，往往造成彼此雙方溝通上的誤解。

3. 經驗領域差異

經驗領域代表著不同的家庭、生活、工作及社團經驗等，當兩個經驗領域重疊越多，越容易達成溝通。如果兩個是同一政黨屬性的人，談論政治話題，溝通上會比較協和；相反的，若處於敵對狀態，溝通就會產生障礙，難以溝通。

4. 知識技能差異

人因學習而成長，經由教育的洗禮，人們更懂得如何表達思想、情感與溝通的技巧。因此，飽讀詩書者能以更有效的溝通方式與人溝通；相反的，較沒有受過教育的人，因所學有限，在溝通中比較無法充表達自己的意思，甚至以拒絕溝通來掩飾。

5. 文化及性別差異

在不同文化中溝通的效果也會不同。例如：在日本與朋友約七點見面，一定是準時赴約，而在泰國曼谷，七點只是一個參考數值，如果七點半到，表示尊重你是個外國人，怕你不習慣，通常八點到，已經算準時了。所以，在不同文化的國家，就得了解當地的文化習性，就是所謂的入境隨俗。

而不同性別的差異，就常發生在男女性別溝通的障礙上，男性會以簡短的詞句說明自己的感受，女性則會以多種形容詞來表達看法。例如：路上看到一個美麗的女孩，男性會說「正點」，女性則會以臉型、身材、五官來詳加說明；換言之，男性的溝通語言較簡略，女性則較詳述。

(三)溝通訊息（communication messages）

溝通所傳達的內容就是所謂的「溝通訊息」，訊息並非單純的由一人傳至另一人，其過程極為複雜，必須先將欲傳達的內容意義予以結構化成為訊息，稱之為編碼（encoding），通常這是傳訊者的表達能力，而接收者將所接收到的訊息解構成自己認同的意思，稱之為譯碼（decoding），譯碼也會因接收者對訊息的解能力而有不同程度的差異。就如同老師上課一樣，同學理解的程度各有不同。

(四)溝通管道（communication channel）

溝通管道是訊息傳送的媒介，是訊息來源與接收者彼此互通的橋樑。在溝通過程中，通常是經由一個以上的管道來進行的。例如：你和同學約放學後一塊去看電影，你可能會邊看手錶，邊說：「放學後，大約5:20，在前面的樹下集合。」手指著前面的樹。這樣的傳播過程，是經過語言及非語言的管道，將訊息傳送給接收者。

(五)雜音（noise）

雜音就是干擾溝通進行的各種因素，使得溝通的訊息被誤解或無法達成。「雜音」可以發生在溝通歷程中的任一階段，它阻礙溝通的形式可分為：外部的（external）、生理的（physiological）、心理的（psychological）。所謂外部的雜音，指的是物質的雜音，它包含所有妨礙接收訊息的因素，以及其它可以分散注意力的人、事、物；第二是生理的雜音，例如身體過於疲勞、本身的聽力不佳，當然再精彩的演講、再動人的電影情節，要完全融入，則成法不可能的任務，這就是生理的雜音對溝通所產生的干擾。心理的因素更是在溝通過程中屢見不鮮的干擾雜音，例如：數學不好，自然上課時有聽沒有懂，儘管老師賣力的教，也難除你心中的恐懼；當英文不好的你，遇見老外，他說了最簡單的「How are you？」，你都手足無措到不知該回答「I am fine, thank you! And you?」這是心理因素所造成的干擾。

(六)回饋（feedback）

回饋是對訊息的反應，可以讓傳送者知道其所傳送的訊息是否被聽到、被看到、被了解或者被誤解。訊息的回饋與傳送的方式是一樣的，可以是語言的，也可以是非語言的，它的歷程也是十分複雜。

8.3.2　有效行銷溝通之步驟

在資訊爆炸的時代裡，要打動顧客的心，讓產品被廣爲接受，需要的不只是好產品、好定價，還需要好的「行銷溝通」（marketing communication），也就是爲品牌「發聲」、與消費者對話並且建立關係的方法。針對如何發展有效的行銷溝通，學者Kolter提出了以下6個步驟（經理人月刊編輯部，2010）：

步驟1：對誰說？確認目標客群

首先可透過「使用習慣」和「忠誠度」來區分目標客群：是新客層或既有使用者？是否特別忠於某品牌，或時常交替使用不同品牌？其次可透過熟悉度與愛好度的交叉評量，歸類目標客群對於品牌的認識。例如，若目標客群對於產品的熟悉度和愛好度都偏低（即少數知道的人，皆抱持負面印象），就必須先低調地逐步改善品質，之後再設法提升知名度。

步驟2：爲什麼要說？確認希望達成的溝通目標

Kolter提出了4種可能的目標，分別是：

1. **種類需求**：在消費者的認知中，建立起對產品或服務的需求，尤其常見於嶄新的產品。例如，電動車首度問世時，首要的溝通目標便是確立消費者對於電動車款的需求。

2. **品牌知名度**：讓消費者對品牌具有辨別能力。

3. **滿足需求**：家庭清潔用品通常以問題解決爲導向；食品則訴諸情感或感官，設法引起食慾。

4. **促進購買意圖**：利用折價券或買一送一方式，鼓勵消費者下定決心購買商品。

步驟3：說什麼、怎麼說、誰來說？設計溝通方案

1. **訊息策略（說什麼）**：消費者期待從產品得到的回饋，可分爲理性的、感性的、社會的或自我滿足；而使用的經驗類型又可分爲使用後的結果經驗、使用中的產品經驗或偶然使用的經驗。將4種回饋類型與3種經驗類型交叉對應後，可歸納出12種訊息類型，例如「讓衣物更潔白乾淨」包含的

訴求是伴隨使用結果經驗的理性回饋保證；「小小果粒，大大滿足」則是連結了使用中的經驗與感性回饋保證。

2. **創意策略（怎麼說）**：這項策略可劃分為兩種，其一是「資訊訴求」：詳細說明產品或服務的特質與好處，例如伏冒膠囊可減緩感冒症狀、全聯比其他競爭者提供更低廉的價格等。另一個是「轉變訴求」：說明與產品無關的利益或形象，例如曼陀珠廣告中女主角的正面思考態度。

3. **訊息來源（由誰來說）**：代言人的專業度、可靠度、喜愛度，均會構成訊息的可信度。專業度指的是溝通者具備的專業知識；可靠度指客觀誠實的程度；喜愛度則是指訊息來源的吸引力，真誠、幽默和自然不做作的特質，通常最討人喜歡。

步驟4：選擇溝通管道

1. **人際溝通管道**：一般而言，價格昂貴、高風險或不常購買的產品，或是能夠暗示使用者身分地位或品味的產品，透過人際影響力特別有效。

2. **非人際溝通管道**：指面對大眾的溝通方式，包含媒體、促銷、活動體驗和公共關係。

3. **溝通管道的整合**：人際溝通雖然比大眾傳播更有效，但大眾媒體仍是刺激人際溝通最主要的方法。在整合溝通管道時，通常會先透過媒體將訊息傳播給意見領袖，再由意見領袖傳達給較少接觸媒體的客群。

步驟5：制定行銷溝通預算

1. **財力所及範圍**：以企業可負擔的金額來設定預算。

2. **營業額百分比**：以特定的營業額百分比，或售價百分比來制定促銷費用。

3. **目標任務法**：在制定促銷預算之前，先訂定明確目標，再估計所需的花費。例如，某飲料公司經過計算後發現，廣告訊息若能接觸到目標市場中80%的消費者，並達成40次曝光，將產生最大效益，於是便依據此明確目標預估廣告預算。

步驟6：決定行銷溝通組合

　　展開行銷溝通時，最常採用的溝通形式包括以下6種：廣告、促銷、公關宣傳、事件與活動體驗、人員銷售及直效行銷。行銷人員可擇一使用，或

是透過整合行銷傳播（integrated marketing communication），用多元溝通形式，搭配多重階段活動，多管齊下。在選擇溝通組合的過程中，企業可依據產品的市場類型、消費者的購買意願階段與產品生命周期，做出最適當的決策。

1. **產品的市場類型**：消費市場較適合採用促銷及廣告；企業市場由於規模較大，商品複雜、昂貴，較適合採用業務拜訪的人員銷售形式。

2. **消費者的購買意願階段**：溝通成本會隨著消費者購買意願的階段性變化而改變；廣告和宣傳品在建立知名度的階段影響最大，但在確認購買與再次交易階段，則主要受人員銷售和促銷影響。

3. **產品生命周期**：溝通方式的成本效益，也會隨著產品生命周期階段有所改變。

意義行銷之重要性

　　「奇蹟不在於我跑完了，奇蹟在於我有勇氣起跑」，麥克每次看到這句美國著名的路跑作家約翰·賓漢說的話，內心就會燃起熊熊火焰，一股想要奔跑的欲望油然而生，只是雜事纏身，他已經好久沒跑了。

　　但自從上個月發現了一個Nike+的App後，麥克的跑步精神又重新被激發了，因為在慢跑時，Nike+會幫他計算跑速，會告訴他跑了幾公里，途中還會跟他加油，也可以聽音樂，更會幫他統計總里程數，然後告訴他你已達到藍級，紅級或綠級，讓他非常有成就感，尤其還可以跟各地跑步者串連，成績更可以馬上上傳臉書，同時也可以利用教練課程改善跑步技巧，現在，他每天下班就迫不及待地，在Nike+的陪伴下往前奔跑突破自己。

◆ 圖片來源：iTunes

　　崔伯‧愛德華（Trevor Edward）是Nike+的開發者，他是Nike的行銷經理，他知道每一個喜歡跑步的人，最難熬的就是一個人孤獨地在路上跨出每一步的感覺，他知道只要有人陪伴他們堅持下去，就會跑得更遠更快樂。

　　由於深刻了解消費者的想法，愛德華在升任為Nike全球品牌副執行長後，決定在行銷上不再使用對產品的「推或拉」（push & pull）策略，而是要改用「更有意義的行銷法」：也就是提供某些超越產品利益的新觀念或新價值，使行銷本身變得更有意義，讓消費者會主動來聯結並樂於分享。

　　這是因為在幾次欲求洞察研究中，愛德華發現很多跑者常因一個人跑步太單調，或缺乏誘因及動力而放棄不跑，愛德華知道這種情形下，投入再多廣告費也是無濟於事，因為他們缺乏的是跑步時的陪伴及激勵。

　　愛德華因此決定跟Apple合作開發一款App，藉由iPod及iPhone的即時性與方便性，跟跑者聯結（connecting），並提供跑者相關資訊，讓他們知道自己的速度及進度，以作呼吸、腳步及速率等的調整，愛德華知道，以前資深跑者自己都會帶紙筆，記錄每次的跑步成績，他相信現在由智慧型行動裝置代勞，這個設計一定會很受歡迎。

　　果然，2006年Nike+ipod這個突破性的設計立即宣布上市，馬上吸引世人目光，每一個愛跑步的人都想買來試試，媒體更是大篇幅報導，尤其2010年正式與iPhone結合，之後更推出Android版，Nike+已成為每一個跑步者的最愛，當然最受矚目的是Nike+推出後，Nike的跑鞋銷售立即成長8%，同時帶動其他系列商品的成長。

　　前Nike總經理的愛德華說，他在決定捨棄應用傳統行銷，也就是企劃一支30秒廣告，然後在各大媒體播放，並輔以一些促銷活動的行銷法時，內心也曾有一番掙扎，因為把過去成功模式放棄了，萬一失敗了怎麼辦？

　　但是，他說Nike的品牌精神是「開創者」（Explorer，第二種品牌人格原型），因此我們的使命不是幫助媒體公司存活，而是要以更創新更有意義的行銷活動，讓消費者樂於聯結及分享（engaging and sharing）。

　　他相信「意義行銷」是未來趨勢，因為當行銷從溝通「效益」變成溝通「意義」時，品牌的動能變高了，與消費者聯結的速度變快了，這時候產品

的銷售不再依靠投入大量媒體費用來「推或拉」，而是讓消費者主動來聯結及分享，企業的成本因此可以降低，利潤相對也會顯著提升。

資料來源：蔡益彬，行銷最錢線/意義行銷 用聯結與分享攬攬客，經濟日報，2015年7月13日。

影片來源：https://youtu.be/K5k8QgH095Q

8.4 設定促銷預算方法和影響設計推廣組合之原因

促銷預算是指企業在計劃期內反映有關促銷費用的預算。促銷支出是一種費用，也是一種投資，促銷費用過低，會影響促銷效果；促銷費用過高又可能會影響企業的正常利潤。促銷預算也就是計劃，即為了某一特殊的目的，把特定的一段時期內促銷活動所需開支的費用詳細列明用錢數體現出來。

8.4.1 設定促銷預算方法

常用的促銷預算方法有：

1. **銷售百分比法**：該法以目前或預估的銷貨額為基準乘以一定的百分比作為促銷預算。

2. **量入而出法**：該法是以地區或公司負擔得起的促銷費用為促銷預算。即是指將促銷預算設定在公司所能負擔的目標。以該方法決定預算，不但忽視了促銷活動對銷售量的影響，而且每年促銷預算多寡不定，使得長期的市場規劃相當困難。

3. **競爭對等法**：該法以主要競爭對手的或平均的促銷費用支出為促銷預算。公司留意競爭者的廣告，或從刊物和商業協會獲得行業促銷費用的估計，然後依行業平均水平來制定預算。採用這種方法的原因包括：(1)競爭者的預算代表整個行業智慧的結晶；(2)各競爭者若互相看齊，常能避免發生促銷戰。但公司沒有理由相信競爭者能以更合理的方法為它決定促銷費用。各公司的情形都大不相同，其促銷預算又怎能為別的公司所效法，而且也無證據顯示，以競爭者看齊的方式編列促銷預算並不能真正能防止爆發促銷戰。

4. 目標任務法：促銷預算是根據行銷推廣目的而決定的，營銷人員首先設定其市場目標，然後評估為達成給項目所需投入的促銷費用為其預算。目標任務法是最合邏輯的預算編列法。以目標任務法編列促銷預算，必須：(1)儘可能明確地制訂促銷目標；(2)確定實現這些目標所應執行的任務；(3)估計執行這些任務的成本，成本之和就是預計的促銷預算。目標任務法能使管理當局，明確費用多少和促銷結果之間的關係，然而它卻是最難實施的方法。因為通常很難算出哪一個任務會完成特定目標。

另外，應特別注意的是，許多促銷效果是累計性的，必須到一定的程度才能發揮應有的效果。如果促銷費用忽高忽低或發生中斷，都會使促銷效果不但無法延續，還可能會打擊內部士氣，甚至會引起經銷商或零售商的反感。促銷預算的步驟如下：

1. 建立市場營業額目標。

2. 建立新的促銷所要達到的市場百分比。

3. 確立知曉品牌顧客群中應有多少比例被促銷手段所吸引，從而會發生購買行為。

4. 確立促銷行為的持續時間。

5. 確立不同促銷手段的運用總數。

6. 在支付不同促銷手段總額的平均成本水準下，確定必須的促銷預算。

廣告預算如何制定

　　廣告業越來越專業，企業主管應該密切注意花了錢做出的廣告，究竟有多大的功效。很不幸的是，許多小公司仍用老舊的方法執行廣告預算。常見方法如下：傳統的方法主管根據去年的廣告總預算（x），加上某個數量（a），乘上一個百分比（y），就是今年的預算（x+ay）視市場競爭程度的方法企業常為了競爭而增加廣告經費。他們根據同業為了銷售所花費的平均廣告花費，算出所產生的效果，製造比率，比較一番，再造出自己的預算，以為廣告佔有率等於市場佔有率。主管命令的方法主管根據過去的經驗與現在的預感，用直覺決定了預算。

　　根據銷售比率的方法很多公司常用預定的營業額，乘上固定比率，就是廣告的預算。根據傳統的看法，以為廣告應該有助決定能增加多少銷售，正好相反。這些傳統方法結果都產生了不切實的預算，因為，第一，他們假定市場保持現狀。第二，大多數的主管缺乏估算要花多少時間與金錢的專業能力。第三，也是最重要的，在制定預算時，這些方法都缺乏行銷目標。廣告最後結果是不是可以再多選一下好鏡頭、細心剪接、弄得更漂亮些，直接受預算多少的影響。因此，要完全達成廣告目標，預算必須充分反映為達成這些目標所必須花用的錢。「目標與任務」的方法主管根據明確特定的行銷目標，分配預算，決定用最好的媒體，估算需要多少錢。如只看表面，目標與任務的方法比別的方法都好。但這需要精確的成本估計，不同的傳播媒體要花多少錢，還要非常清楚廣告商向媒體買時間或版面的微妙關係，以及如何選擇使用媒體。通常只有非常大的廣告公司才有在這方面詳盡的資料。

資料來源：編輯部，怎樣花廣告預算？天下雜誌，53期，2012年6月28日。

影片來源：https://youtu.be/kETycNZjW7I

8.4.2　影響設計推廣組合之原因

推廣組合是一種組織促銷活動的策略思路，主張企業運用廣告、人員推銷、公關宣傳、營業推廣、四種基本促銷方式組合成一個策略系統，使企業的全部促銷活動互相配合、協調一致，最大限度地發揮整體效果，從而順利實現企業目標。公司面臨著把總促銷預算分攤到廣告、人員推銷、營業推廣和宣傳活動上。影響推廣組合決策的因素主要有以下六項內容：

1. 促銷目標

促銷目標是影響促銷組合決策的首要因素。每種促銷工具—廣告、人員推銷、銷售促進和人員推廣—都有各自獨有的特性和成本。營銷人員必須根據具體的促銷目標選擇合適的促銷工具組合。

2. 市場特色

除了考慮推廣目標外，市場特點也是影響推廣組合決策的重要因素。市場特點受每一地區的文化、風俗習慣、經濟政治環境等的影響，促銷工具在不同類型的市場上所起作用是不同的，所以我們應該綜合考慮市場和促銷工具的特點，選擇合適的促銷工具，使他們相匹配，以達到最佳促銷效果。

3. 產品性質

由於產品性質的不同，消費者及用戶具有不同的購買行為和購買習慣，因而企業所採取的推廣組合也會有所差異。

4. 產品生命週期

在產品生命週期的不同階段，促銷工作具有不同效益。在導入期，廣告投入較大的資金用於廣告和公共宣傳，能產生較高的知名度；促銷活動也是有效的。在成長期，廣告和公共宣傳可以繼續加強，促銷活動可以減少，因為這時所需的刺激較少。在成熟期，相對廣告而言，銷售促進又逐漸起著重要作用。購買者已知道這一品牌，僅需要起提醒作用水平的廣告。在衰退期，廣告仍保持在提醒作用的水平，公共宣傳已經消退，銷售人員對這一產品僅給予最低限度的關注，然而銷售促進要繼續加強。

5. 推動策略和拉引策略

推廣組合較大程度上受公司選擇「推動」或「拉引」策略的影響。推動策略要求使用銷售隊伍和貿易促銷，通過銷售管道推出產品。而拉引策略則要求在廣告和消費者促銷方面投入較多，以建立消費者的需求欲望。

6. 其他行銷因素

影響推廣組合的因素是複雜的，除上述五種因素外，本公司的行銷風格，銷售人員素質，整體發展戰略，社會和競爭環境等不同程度地影響著推廣組合的決策。行銷人員應審時度勢，全面考慮才能制定出有效的推廣組合決策。

網路創業若干迷思

網路開店成本比實體低？

　　網路開店成本比實體店低很多嗎？老實告訴你，我認識創業兩年以上的網路開店人氣賣家，他們每一年必須再投入至少百萬元，做為廣告和研發產品的固定投資，再經過二到三年沒日沒夜的苦熬之後，才有機會成為網路人氣賣家。

　　別以為網路開店的經營成本比

✦《數位時代》評選2015年網路人氣賣家100強並舉辦頒獎典禮（圖片來源：數位時代）

實體開店划算！網路開店確實少了昂貴的實體店面租金與裝潢，但有更多轉嫁成本，例如：投入更多的廣告行銷資源吸引穩定的人潮上門，此外，你也要花更多心思，頻繁地推出不同網路促銷活動，甚至還要自行吸收運費成本，才能讓人更容易下單；而做網路生意，你更是不能怕客戶退貨或奧客找上門。這些，都是在網路上開店必須納入的固定成本。

　　有太多網路開店平台為了招募新的網路賣家進駐，告訴你只要收取年費三萬元內，成交抽2%~10%不等的佣金；以上這些條件，看似比起實體開店容易，實際上，當正式在網路上開張做生意之後，衍生的開支更多、更龐大，這些開銷將產生在創業之初忽略的廣告行銷、銷售服務與人事管銷上。長期而言，網路開店的成本並不會比實體店面低，你得小心定謹慎評估每一個投入和產出的過程，是否把你辛苦賺到的商品利潤給侵蝕了！

流量小，網路開店無法賺錢？

　　網站流量是大小，確實影響銷售總金額，但流量小不見得就賺不到錢；關鍵在於流量是否精準？以及上門光顧的網路顧客提袋率是否高？一位網路賣家說他每天苦於找流量，因為一天只有兩百人造訪，訂單只有四到五筆；另外一位網路賣家剛好相反，一天也只有兩百人造訪，但訂單卻很穩定有二十筆。為什麼兩位網路賣家流量差不多，訂單數卻可以差上五倍？

　　答案是：高訂單數的賣家，客戶回購頻率非常穩定，每三個月至少回訪一次，而且，再次購買機率達到25%；如果單月有兩百人造訪，其中就有十五張訂單是老客戶貢獻，其餘訂單，才是新進客戶所購買。

表1　六大開店平台比較

	收費	可上架商品數	金物流特點	數據串接	SEO開放度
91APP	年費較高，另抽取5.5%成交費	官網上無特別說明	提供代開電子發票	FB、GTM、GA、Yahoo等11家數據	無特別強調
SHOPLINE	旗艦方案收取營業額1%服務費，其他方案不抽成	高階計畫1000，其餘無限	直接串接7-11和全家取貨付款、取貨不付款	低階方案僅限FB10件商品、GTM和Yahoo	部分版型可以修改html、css
Cyberbiz	年費以外，另抽取3～5%成交費	低階方案250，其餘無限	提供代開電子發票	可串接FB、GA、GTM、Yahoo	開放的部份較多，但仍有限制
waca	月費制，不抽成	150～10000	所有方案都有完整的金流服務	基本為GA及FB，其他數據依不同方案開放	無特別強調
QDM	年費以外，另抽取0%～5%結單費	25、300、無限	所有方案都有完整的金流服務，可串街口支付	FB、Google再行銷標記、Google購物廣告	開放的部份較多，但仍有限制
Shopify	年費以外，另抽取0.5%～2.9%成交費以及服務費	無限	提供國外信用卡系統，會被抽取國外交易手續費	和多種第三方數據合作，可輕鬆串接	彈性大，有許多套件可加購

（資料統整至2019年3月）

握有熱門商品，肯定賣得好？

　　網路上商品推陳出新的速度極快，少數熱門商品更是被炒翻天，似乎人人想買，握有熱門商品的店家，肯定在網路上大撈一筆！的確，熱門商品的關注度一定比其他長銷型商品來得大，而且容易被網友討論，進而引發搶購潮。

✦ 六台開店平台

　　不過，熱門的商品不一定會賣得好的主要原因，在於當你的熱門商品不具獨占性，很容易有其他店家也進貨來賣，當市場上人人都賣熱門商品時，最終只會走向「價格競爭」的廝殺大戰！

資料來源：MBA練功房，想在網路開店的你，卡關了嗎？今周刊，2014年10月2日；Cynthia，《常用開店平台比較，經營網路商店一定要做的五個重點》，成長駭客行銷誌，2019年3月19日。

影片來源：https://youtu.be/Ce6Kz22_Y7w

服務行銷新趨勢

➡ 翻轉沒落商區 推動共享辦公室

在2019年，有四個外資共享辦公室品牌插旗臺灣，除了港商The Hive Taipei年初已經在台北車站附近的金石堂城中店舊址設點外，其他三個品牌，包含美國第二大獨角獸的WeWork、港商漢森集團的WorkTech、新加坡商的JustCo，都要如火如荼裝潢中，到下半年才會全部完工對外公開。

至於為什麼爭相此時進駐？WorkTech臺灣CEO蔡佳峻直言，截至2018年，臺灣共有24個共享工作空間，全亞洲最少，而台北A辦每年平均一坪109美元，全亞洲第4低位，故無論傳統的辦公樓租金或聯合辦公的租金仍有很大的進步空間。另外，臺灣Hot Desk（共享辦公桌）的平均每月租金為414美元，比上海、成都、東京、馬尼拉、印度及澳洲布里斯本都高，和上海、廣州、東京，以及首爾的租金看齊，租金水平不錯，證明有發展潛力。

田揚名表示，受到網路通訊快速改變工作型態，也加速共享辦公空間的全球需求，以更多元開放式辦公室、多樣服務型態，有別過往商務中心單調的空間限制。臺灣的金融及科技研究發展，新創公司不斷冒出頭，預計未來共享空間市場需求會越來越高。

✦WeWork的明亮空間、繽紛色彩，令人好奇屆時台北據點，他們將如何把臺灣風格融入室內設計中，令人相當期待（圖片來源：WeWork官網，示意圖）

共享辦公室能否獲利的關鍵在哪裡？

　　以WeWork的模式為例，和現正流行的「孵化器」、「加速器」、「育成中心」、「共用空間」等設施（以下簡稱雙創空間），其實沒有什麼不同。不同的是，這些模式是搭上了「創客運動」的風潮，打著「雙創：創新創業」的旗號；而WeWork則是搭上「共享經濟」的熱潮，打著「共享辦公室」的旗號，學著「互聯網公司」圈錢、燒錢、建平台、搞規模，但卻賠大錢的手法。雙創空間的業者本質上都是「房東」，但在空間的基礎上，提供了許多的「增值服務」給房客。

　　雖然這類空間的「房租」，可以因為提供了額外的增值服務，而高於純地產租賃業務的市場行情，但想要因此而形成規模、擴大營收獲利，幾乎是不可能的事。在一窩蜂的情勢下，競爭非常激烈；如果只靠房租收入，恐怕連生存都有問題。

　　在這些雙創空間的背後，其實都有「投資基金」在撐腰，包括種子基金、天使基金、創投基金、Home Office家族投資基金等；所以這些雙創空間只是各種投資基金的前沿機構，用來發現有潛力的新創公司，以便達到早期投資的目的。

　　WeWork比雙創空間更糟的是，它並非以投資新創、發現獨角獸為目的，也就不會有後續的投資回報；它反而仿效許多互聯網公司圈錢、燒錢的模式，希望能夠建立規模與流量，成為一個大平台。如果仔細分析一下一些成功的互聯網公司，就會都有一些關鍵條件：創造價值的商業模式、高科技的解決方案、以及創業初期「輕資產、低費用」的架構。

　　WeWork的長期租借合約和快速發展，使得它背負著巨大的費用；在它的營運模式和工作團隊中，也沒見到有什麼高科技研發團隊和技術。最重要的關鍵是：WeWork沒有創造新價值，反而增加了營收風險。共享經濟的三個前提：都是昂貴的「沉沒成本」、都是「低稼動率」以及提高稼動率的「邊際成本」很低，但是可以增加營收與獲利。

　　對於WeWork來說，辦公室的長期租賃合約並非「沉沒成本」，而是「新增成本」。對於辦公室業主來說，如果長期租給WeWork，稼動率就可以達到100%；但WeWork在花大錢裝潢好之後，還得透過廣告行銷將辦公室「分租共用」。這就像許多五星級飯店中的高級自助餐餐廳，如果達到、甚至超過一定的客流量，就會賺錢；反過來說，如果沒有達到最低客流量，就可能會賠錢。

　　WeWork讓辦公室業主獲得100%的資產稼動率，但把租來的辦公室營運成本拉高之後，卻自己承擔降低之後的稼動率。在沒有高科技增值服務可以提供給房客的情況下，就好像承包了五星級飯店的自助餐廳，卻只提供普通的菜色、又想收取高昂的費用，自然乏人問津，虧損也就不令人意外了。

The Wing共享辦公室重視女性、細節和強化社交服務

　　主打共享辦公室的新創公司 WeWork，自2010年創立以來話題不斷，在2019年1月獲得軟銀（Softbank）的投資，估值上看470億美元（約新台幣1兆4,545億元）。不過，隨著WeWork申請上市，外界也質疑公司的鉅額虧損、創辦人亞當・諾伊曼（Adam Neumann）還因為管理問題被迫下台。

✦ 2016年成立的The Wing，提供共享辦公室的服務（圖片來源：經理人月刊）

　　對比WeWork先盛後衰，光是2018年就虧損19億美元（約新台幣590億元），2016年成立的The Wing，同樣提供共享辦公室的服務，並鎖定女性客戶；雖然話題性沒有WeWork高，至今8個據點都獲利，2017到2018年間的營收成長高達500%。

「比起閃電擴張，我們重視的是品質，以及是否賦予這個空間意義，」The Wing共同創辦人奧黛莉‧蓋爾曼（Audrey Gelman）說。蓋爾曼在創辦The Wing以前，曾從事政治工作。在男性當道的環境中，蓋爾曼發現自己找不到一個地方，能夠兼顧個人和工作空間；她時常帶著電腦，尋覓各種工作場地，甚至得在咖啡廳的廁所換衣服，讓她感到非常不人性化（dehumanizing），因此萌生創辦The Wing的念頭。

知名廣告公司Wieden＋Kennedy創意長柯琳‧德庫希（Colleen DeCourcy）認為，The Wing的成功關鍵在於，給予女性發聲空間，讓他們在辦公室感到安全、充實，最重要的是，女性握有主導權。隨著Me-too運動（鼓勵女性為自己發聲，勇於在社群平台公開曾受侵犯的經歷）發酵，The Wing的出現正好迎合時代所需。

1. 重視細節

在The Wing裡，從家具擺設、空間配置到餐廳食物，都必須很「Wing」（Wing-iness），包含符合女性需求、善待女性員工、採用女性創業家的承包商等。舉例來說，化妝間額外準備吹風機、捲髮器等用品；設置托嬰區、哺乳間，讓媽媽們保有自己的工作及生活空間。

2. 強化社交功能

不只提供辦公空間，The Wing也是一個社群聚落。每月定期舉辦各類型的社交活動，比如說，講座分享、主題派對、跳蚤市集等，內容從職場到健康無所不包。好萊塢女星梅莉‧史翠普（Meryl Streep）、珍妮佛‧勞倫斯（Jennifer Lawrence）都曾受邀 The Wing的交流活動。

The Wing解決不同年齡、階層的女性需求，創業女性可以在這裡尋求建議、已婚女性在這裡可以拓展社交圈、單身女性在這裡可以培養新興趣；豐富生活之餘，還可能結交到人生重要的朋友或合作夥伴。

資料來源：財訊，看上臺灣共享辦公室租金高，4大品牌爭相來台插旗，2019年7月27日；程天縱，共享辦公室有商機嗎？：從製造業角度看創新#2，吐納商業評論，2019年10月16日；經理人月刊，一樣做共享辦公室，為何We Work神話破滅，The Wing營收卻增加500％？2019年11月24日。

服務這樣做

➡ 全聯做好與消費者溝通和服務工作 成為零售龍頭

在1998年，當時對零售百貨一竅不通，從未接觸過民生百貨的林敏雄（現為全聯實業董事長）接手了那時以軍公教福利品為主的全聯社，全聯實業也因此誕生了，林敏雄接下全部的66間店面並堅持繼續僱用全部員工，當時全聯在全台雖有些店面，但一直沒辦法打進桃竹苗等地區，就在苦惱之際，在該地區有多家分店的楊聯社有意讓出，林敏雄得知後認為機不可失，立馬併購了楊聯社，此舉也成為了全聯實業拓展版圖的開端。從那之後，全聯實業先後收購了日本品牌善美的超市以及台北農產超市的經營權，這幾次的收購也讓全聯實業不僅在生鮮食材和蔬果物流的處理技術上有大幅的增長，它也加速拓展全聯在臺灣的市佔率。

全聯招攬前統一集團總經理－徐重仁擔任總裁。空降為全聯實業新總裁，隨即宣布發動臺灣物流業第二次革命，致力將全聯從原本傳統雜貨店類型蛻變成新穎的便利商店，把原本的服務和產品內容都進行升級全力搶攻年輕客群，更積極打造小農銷售平台，在農業掀起另一波革命。

全聯擺脫軍公教福利中心印象

全聯從軍公教福利中心逐步轉型，一改福利中心印象，開始改裝門市，全聯併購松青超市後，店舖風格吹起日系風。第三代店面由日本超市改造王西川隆設計，讓門市煥然一新。西川隆表示，台日習慣不同，日本人將超市視為冰箱，每天到超市採買，臺灣不會每天採購。改造全聯門市時不會完全套入日本形式，而是因地制宜，設計

✦ 全聯第三代店面由日本超市改造王西川隆設計，業績明顯成長（圖片來源：風傳媒）

之前還到臺灣傳統菜市場觀察，讓超市氛圍符合當地需求，並融合當地元素。他說，消費者走進全聯新一代門市，映入眼簾的是當季蔬果，而燈光打在蔬果，不僅色澤看起來鮮豔，也提醒民眾時序已到夏季尾聲，後來才會走到魚肉區、鮮乳、乾貨。

除了路線配置，燈光也是改造重點，全聯行銷部副理穆傳哲說，若光線過度照射會影響食物新鮮度，也會影響消費者購買慾，且不同商品，燈泡所需瓦數均不同，是一門學問。穆傳哲指出，門市經由改造後，改善商場購物動線，冰箱尺寸加大，也導入熟食區、咖啡區及座位區，增加消費者購買慾，此外，附設停車場讓民眾安心購物，業績較先前成長約達5成。

全聯推出PX Pay服務 讓消費者變成點點控

全聯營運長蔡篤昌表示，全聯過去只能刷部分公司的信用卡，推出PX Pay之後與一銀、中信、玉山、台北富邦、台新、永豐、國泰世華及聯邦等八家銀行攜手合作，信用卡公司也開始重視全聯市場，就會像百貨公司周年慶一樣，推出更多活動機制，「全聯，越來越像百貨公司」。

蔡篤昌還透露，由於目前全聯的主要客群年齡層較大，可能使用兒孫淘汰的舊手機，軟體版本太老舊以致無法下載App，在PX Pay推出之後，目前正與信用卡公司討論辦卡禮乾脆送手機，有信用卡公司表達相當興趣。此外，根據全聯分析目前使用數據顯示，以PX Pay結帳筆數約占10%，以25歲至45歲為主要族群，目標在今年下載會員數達320萬人。

✦ 全聯PX Pay支援信用卡與儲值金支付功能
（圖片來源：經濟日報）

　　過去，全聯非現金支付占比約25.5%，推出PX Pay之後，占比提升至逾30%。對此，蔡篤昌表示，這顯示行動支付並未影響悠遊卡、信用卡等非現金支付，反而額外增加使用，且不只下載量破百萬，使用者綁信用卡數量也超過50萬張。蔡篤昌分析，PX Pay可以快速成長有二大原因，一是配合銀行推出優惠夠力，二是全聯會員忠誠度高。

全聯選擇走一條獨特道路

　　20年前，臺灣超市都為港資與日資的天下，全聯進入的時機晚又無技術優勢，因此全聯至此都堅持採用低價、平價的策略營運。全聯更延續全聯社一貫理念並大膽喊出：「只賺2%利潤」、「給消費者更好的東西，但價格成本不變」並強調低價就是全聯的競爭力及可塑性。

　　全聯實業曾六次併購都是被動式，例如：收購楊聯社22間分店、日系善美超市的5個據點等等。都不是全聯主動發起併購。全聯併購的企業不到10家，在被動式併購過程中，被收購方沒有任何一個企業抱怨過，因為透過併購，該公司不僅被保留，且所有主管及員工都繼續聘用。過去，全聯以薄利多銷與物美價廉搶攻市場；在未來，全聯的營運策略不排除是繼續規模化的拓展版圖及制度化、系統化搶攻零售天下。

資料來源：Jacky Chen，全聯實業如何成為營收千億的臺灣零售龍頭的，OOSGA，2019年5月；葉卉軒，全聯推出這個服務後，越來越像百貨公司，經濟日報，2019年6月12日；蔡梵敏，日本設計師操刀，全聯門市改造後業績飆升5成，中央通訊社，2019年9月23日。

⏱ 問題討論

1. 日本超市改造王西川隆如何進行全聯第三代店面設計，使其經營門市煥然一新？

2. 試述全聯在推出PX Pay服務是如何影響消費者購物習慣？

3. 比較全聯在過去和未來營運策略上有哪些差異處？

本章習題

1. 行銷溝通之定義為何？

2. 行銷溝通按功能、溝通雙方的性質、訊息傳遞方向和目的劃分哪四類？

3. 何謂工具式溝通和感情式溝通？

4. 何謂人際溝通、群體溝通、組織溝通和大眾媒體傳播溝通？

5. 何謂單向溝通雙向溝通？

6. 何謂告知性溝通和說服性溝通？

7. 「服務行銷金三角」中公司如何在服務提供者與顧客間建立各種溝通方式，以期達到最好的互動？

8. 行銷溝通組合（或稱推廣組合）包括哪五種工具？

9. 整合性行銷溝通的定義為何？

10. Thorson and Moore（1996）將整合性行銷溝通的實施層級分成哪七個階段？每階段的說明內容為何？

11. 何謂溝通過程？溝通過程中包含哪六個因素？

12. 發展有效的行銷溝通，學者Kolter提出了哪六個步驟？

13. 常用的促銷預算方法有哪些？

14. 促銷預算的步驟內容為何？

15. 影響推廣組合決策的因素主要有哪六項內容？

參考文獻

1. 王榮章，用與眾不同的方式溝通「低價」，今周刊，645期，2009年4月30日。

2. 林婉翎，網路商戰 口碑就是業績，經濟日報/企管副刊，2008年5月23日。

3. 孫儷芳、林佩融、林心好、林立珊、邱怡蓁，商圈生活化經營：新光三越信義新天地之整合行銷溝通，2012第八屆知識社群國際研討會，中國文化大學、美國托萊多大學亞洲研究學院主辦，2012年6月1日。

4. 黃俊英，行銷學的世界，二版，台北：天下遠見，2003年。

5. 陳宛茜，賣文具挽不回顧客 台北東區老店金石堂將熄燈，聯合報，2015年8月22日。

6. 馮凱，設計與行銷之溝通管理研究，銘傳大學設計管理研究所碩士論文，2005年7月。

7. 經理人月刊編輯部，《王品集團個案全解析》，2008年9月1日。

8. 經理人月刊編輯部，6步驟為產品「發聲」打動顧客的人，2010年6月15日。

9. 蔡益彬，行銷最錢線/意義行銷 用聯結與分享爛攬客，經濟日報，2015年7月13日。

10. 龔大中，當創意遇見創意：創意人龔大中的創意發現誌，時報出版，2015年6月8日。

11. Bensing, J. (1991). Doctor-patient communication and the quality of care.Social Science & Medicine, 32, pp. 1301-1310.

12. Buller, M. K. & Buller, D. B. (1987).Physicians' communication style and patients' satisfaction. Journal of Health and Social Behavior, 28, pp. 375-388.

13. DelliCarpini, M. X. (2004). Mediating Democratic Engagement: The Impact of Communication on Citizens' Involvement in Political and Civic Life.In L. L. Kaid (Ed.), Handbook of Political Communication Research (pp. 359-434). New York: Lawrence Erlbaum Associates.

14. Petrison, L. and Wang, P. (1996). Integrated Marketing Communication: Examining Planning and Executive Considerations. In Thorson, E. and Moore, J. (Eds). Integrated Communication: Synergy of Persuasive Voices, 153-166, Mahwah, N. J.：Lawrence Erlbaum Associates.

15. Schultz, D. E., Tannebaum, S. I., and Lauterborn R. F. (1993). Integrated Marketing Communication, Lincolnwood III：NTC Business Books.

16. Thorson, E. and Moore, J. (Eds) (1996) Integrated Communication: Synergy of Persuasive Voices, Mahwah, N.J.：Lawrence Erlbaum Associates.

Chapter 09

服務業人力資源管理

學習目標

✦ 明白人力資源具備無形資產本質以及人力資源管理會計與服務業企業
經營的本質契合性

✦ 瞭解服務業人才招募、如何選擇服務業銷售人員、服務業人才培訓

✦ 知道幾個不同學派的激勵理論、激勵的方法

✦ 給予員工價值觀、對組織的認同、員工生涯發展

本章個案

✦ 服務大視界：中國大陸經濟轉型對現代服務業人才的要求

✦ 服務這樣做：Costco 競爭優勢和員工福利待遇

服務大視界

▶ 中國大陸經濟轉型對現代服務業人才的要求

知識型和創新型並重

現代服務業人才必須掌握豐富的專業知識、科學的知識結構和先進的經營管理理念，而且還要具備廣泛的相關學科知識和本身專業前瞻性知識。中國大陸的經濟轉型能不能實現產業結構的優化和經濟發展方式的真正轉變，很重要的因素在於是否能在組織創新、制度創新、管理創新和市場創新等方面實現突破，建立起創新型的現代組織體系、現代市場機制體系和培育一批強大的創新型企業，轉變為具有強大驅動力的創新型經濟。

兼顧技能型和複合型人才

現代服務業往往處於產業鏈的高端環節，技術密集是其關鍵特色。與工業製造業等傳統產業不同，現代服務業產品的生產和推廣，不再是純粹的「人機對話」（即不再是按照機器、設備、工具較為固定的程式進行相對簡單的、重複性的機械操作），而是強調對新興訊技術的熟練運用，人與人之間的相互溝通以及手、眼、耳、口等各種器官整體協同能力的綜合發揮。為此，現代服務業人才必須具有豐富的專業知識和高超的專業技能，專業實務操作能力的高低是劃分現代服務業人才層次的主要衡量標準。

具有較強的團隊合作精神和能力

現代服務業產品的生產和服務具有高度的融合性，產業鏈各種環節銜接十分緊密，單依靠個人的能力難以完成，必須進行國際的互助合作才能達到「1+1大於2」的效果。

資料來源：楊力，中國經濟轉型背景下現代服務業人才培養戰略研究，中信股份數據中心，2014年6月3日。

☉ 動腦思考

1. 在中國大陸對於現今服務業人才要求有哪些？
2. 現代服務業從業人員為何要重視團隊合作精神和能力呢？

9.1 人力資源管理會計之重要性

人力資源管理會計（human resource management accounting）是從管理會計角度研究人力資源會計問題而產生的一個新領域，是利用現有的人力資源會計理論，對企業人力資源進行預測、決策、規劃、控制、考核、評價和報告，為管理和決策提供人力資源方面的會計訊息，以滿足企業經營管理的需要。

9.1.1　人力資源具備無形資產的本質

人力資源作為無形資產，是因為它具備了無形資產的本質，不具備實物形態。人力資源管理會計是無形的，其核心內容是人的知識、素質和技能。在知識經濟時代，人力資源管理會計的優劣是決定企業能否發展的決定性因素，擁有優秀的人力資源管理會計，不僅可以使企業在市場競爭中占得先機，而且還能夠給企業創造巨大的財富，得到超額的利潤。並可以長期使用。人力資源管理會計一般都是以簽訂契約的方式有償取得，除非特殊情況，契約的期限一般是長期穩定的，一旦取得後，人力資源管理會計給企業帶來的經濟效益都是長遠的。無形資產未來價值的不確定性，人力資源管理會計在這方面也不例外，一方面不能確保人力資源管理會計賺取超額收益的永久性；另一方面它為企業創造的超額收益同樣難以分辨單項無形資產所做出的貢獻。

9.1.2　人力資源管理會計與服務業企業經營的本質契合性

從服務業企業的特點可看出，服務業企業從事的是與顧客直接接觸較多、較密切的行業，需要人與人直接的溝通與交流，它比傳統的製造業更重視顧客滿意度、服務人員素質的培養與提高，以便於工作人員更好、更優質地為顧客服務，這種能力是獨一無二的，是與服務業企業的核心競爭力高度相關的，為了提升服務業企業的核心競爭力，必須高度重視企業的人力資源管理，規範員工的行為，才能提高企業的服務質量。因此，人力資源管理會計與服務業企業經營具有天然的本質契合性，人力資源管理會計在服務業企業具有廣泛的適用性和重要的應用性價值。

9.2 服務業人才招募與培訓

9.2.1 服務業人才招募

招募（recruiting）是指吸引合格的應徵者前來應徵、參與甄選流程並願意接受聘僱。為了要讓服務事業中，空缺的職位有適合的人來應徵，常是組織面臨難題之一。好的職位需要合適的人，才能將此職位的功效發揮到最大，招募條件的設定是根據分析工作結果後，所訂出的工作規範與資料，以使在尋找合適及具有才能的人。

(一)確認職缺條件與甄選條件

所謂職缺條件（qualifications）意指透過工作分析，產出工作說明書和工作規範，定義做好該職務所必要的專業及管理職能，考量人員和職務的適配性，期以做好該職務所設定的主要任務。甄選條件（selection）係指經由科學化的流程與工具來蒐集人員的資訊，並利用這些資訊來挑選出最符合職缺條件與組織想要的人選。人力資源需求的預測應遵循以下方式：

1. **選擇人力需求預測**

   人力需求預測是對企業人力資源需求產生影響的主要因素，例如：業務量是基本業務人員需求預測的主要影響因素。在選擇人力需求預測時，要充分考慮企業的生產經營特色，並與人力資源需求成一定比例關係。

2. **測算人力資源的基本需求狀況**

   企業選定了人力需求預測之後，要先瞭解人力需求預測與人員配置狀況之間的歷史比率關係，然後運用趨勢分析法或迴歸分析法計算企業過去若干年（例如：5年）的業務量與基本業務人員配置狀況的平均比率關係。在此基礎上根據企業經營計畫中制定的業務量，計算出所需基本業務人員，即所需基本業務人員=業務量/平均比率。

3. **根據相關變化因素調整所需基礎業務人員**

   現實環境中，由於生產方式的改進和管理水準的提高而引起的勞動生產率的變化，使得企業對人力資源的需求數量發生變化。同時，企業提高產品和服務質量的要求也對基本業務人員的質量要求發生了一定的變化。企業

在預測人力資源需求狀況時要綜合考慮這些因素，據此對人員需求進行調整，才能使預測結果基本符合企業的實際狀況。

4. 考察現有人力資源狀況及其預期流動率，確定所需外部補充人員

為了確定所需外部補充人員，企業必須對現有人力資源狀況進行瞭解，包括現有人力資源的數量、技術水準、能否勝任現在的職務，是否需要做出調整或進行培訓等。在此基礎上還要根據過去企業歷史中人員流動狀況去預測未來流動率，包括由於辭職、解聘、退休等原因引起的職位空缺，據此對預測結果進行調整，最終確定所需外部補充人員。

5. 確定其他工作職位人數

預測出所需基本業務人員需求狀況後，企業可以根據基本業務人員與其他工作職位人員的歷史配比情形，考慮以上變化因素，採用轉換比率法或人員比例法預測其他工作職位的人員需求狀況，例如：基本業務人員與技術人員的比例為10：1，則可以根據業務人員的數量估算出技術人員的需求量，同理可推算出管理人員、研發人員等的需求量。

服務業面試必問題目

為什麼想進服務業？

　　這幾乎是每家企業都會問的必考題。鼎泰豐人力資源部經理林梅英指出，轉職動機與服務熱忱有關，動機明確，才能維繫高度熱忱。若回答：「我發現自己對前一份工作沒有興趣，反倒是服務業的特質很適合我。」林梅英認為，這顯示已經深刻思考過職涯發展方向。但如果回答：「因為鼎泰豐好吃，我很喜歡你們的品牌。」這種答案聽起來雖然有趣，卻無法為自己加分。

晶華酒店人資副總經理李靖文則從經驗中發現，超過8成的人回答：「我很喜歡吃、美食、旅行。」雖然這代表應試者對這行業有興趣，但顯然對工作本質不甚瞭解，很容易因預期過高，最後出現認知落差而離開，自然也會引發企業的疑慮。

你曾經有哪些機會發揮領導力？

服務業需要的是全方位的「店長型人才」，不論向上晉升或培養團隊，都需要領導力。因此王品集團、肯夢AVEDA、鼎泰豐、瓦城泰統集團、優衣庫與晶華酒店等企業面試時，都會特別留意過往工作是否有帶人經驗，就算是曾完成的專案或帶過幾個人的小團隊，都可證明自己具備不錯的溝通與管理能力。

你知道做這一行很累嗎？

這是鼎泰豐、晶華酒店必問的題目。很多人資主管擔心應試者不理解實際工作時需要的速度和體能，結果一做就吃不消。因此，回答時，最好表現自己對此已有充分瞭解和準備，例如：「我知道很累，要站8小時，我也已經做好準備。」或者：「我知道很累，但是希望更進一步瞭解細節。」這時大多數人資主管都會覺得你態度積極，願意向你說明，當然獲得工作的機率也會隨之大增。

你想來從事什麼職務？

以餐飲業來說，人資主管會請應試者明確說明想擔任的職務，是外場服務員還是內場廚房工作？再透過對話，判斷你是否可以勝任。最好一開始就明確指出自己想爭取的職務，讓面試主管知道你做過「功課」。另外，臺灣優衣庫（UNIQLO）管理部部長鍋島康友建議，向企業說明自己「未來」計畫擔任的角色更重要，因為企圖心強烈，清楚知道自己想走什麼樣的路，才是企業的理想人選。

你認為過往的工作經驗，哪些可以運用在新工作上？

很多人會直覺回答：「過去有某某累積，可以在新工作上發揮。」事實上，面試主管真正想知道的，未必是你過去的專業多厲害，而是當中有哪些

與「服務」相關。林梅英舉例，曾經有來鼎泰豐面試的人表示，平時在辦公室很熱衷替同事訂便當，顯示她喜歡「服務人」，符合鼎泰豐要的人格特質，讓她印象深刻。

遇到挫折，你如何調適心情？

每天服務形形色色的客人，絕對少不了「高EQ」，包容性要強。不管心情再不好，也不能把情緒放在臉上，要能將情緒「歸零」，微笑面對客人，因為每個客人都是第一次被你服務，也非常期待服務品質。因此，管理、消化自己的情緒非常重要，要將私人情緒與工作做很好的切換。

資料來源：陳怡伶，服務業面試必考10大問，Cheers雜誌，138期，2012年2月。

影片來源：https://reurl.cc/QprzZ9

(二)服務業人才招募來源

1. 招募管道選擇的原則

例如：符合甄選條件的應徵人數是否足夠？這些應徵者的職能水準是否符合預期？接洽該招募來源的可行性？過去或同業經驗中的口碑如何？（包括工作績效和離職率）預算與成本？組織內的限制，例如：為強化既有員工的向心力，是否應先從內部招募起？

2. 決定招募管道

根據招募管道的選擇原則與來源清單，組織可選擇各類招募來源的並行方式來徵才，用最少的成本來招募符合需求的人力。依內外部招募分別建議如下：

(1) 內部招募：

　　A. 職缺公告—採內部職缺公告方式進行招募。

　　B. 同仁內舉—由同仁推薦其它單位的正式員工，經用人單位主管許可後，無須經由正式甄選，直接進行內部轉任。

　　C. 內部非正式員工—由用人單位主管推薦，經由正式甄選的程序，通過後直接晉升為正式員工。

　　D. 繼任計畫—又通稱接班人計劃（succession plan），大多應用在管理職，經由一套系統化的流程來評鑑並發展組織內部有潛力的人才庫。

內部招募人才的好處是一方面讓公司的員工有生涯發展的機會，另一方面也可以提高員工的士氣。以美國聯邦快遞（FedEx）為例，聯邦快遞的每個職位都有一個內部的「預備隊」，其做法是將各個職位先做好工作需求的分析，瞭解做這個工作需要那些才能、學歷或是證照等等，訂出來之後就公告給所有的員工。假如有員工對地區營業主任的職位有興趣，員工就可以先知道這個職位需要什麼條件或資歷，同時可以跟人事單位登記，當員工達到這個職位的條件之後，人事單位就會把他列為該職位的候選人。一旦此職位出缺了，就優先從候選人當中去挑人遞補。

(2) 外部招募：

　A. 毛遂自薦—適用所有職類，人力資源單位皆可保留符合職位說明基本要求，但尚未有職缺的應徵者名單，先進行初階篩選。

　B. 同仁推舉—由同仁推薦外部人選。從過去的實證研究中，經同仁外舉而錄用的員工，其績效符合預期，且流動率較低。

　C. 人力銀行—由於成本低，已成為各大組織外部招募的主要管道之一。

　D. 公司外部招募網站—除了可作招募來源外，亦可用較小的成本來提升組織形象。

　E. 獵才公司—適用某職級/職等以上職缺，若缺乏內部候選人，可委由外部獵人頭公司進行招募事宜。惟須留意其顧問對該職缺的專業和產業知識，否則可能鬧出要一隻狼犬，卻送來一批瑪爾濟斯的笑話。

　F. 在校生實習或儲備制度—適用管理職以外的職缺，落實既有的實習生制度，招募素質與潛力較佳的在學生擔任正式工作，一旦畢業後，若其表現符合期許，可直接錄用為組織正式員工。其好處在於可用較低的價格雇用高素質但缺乏經驗的勞動力來做原成本較高的工作，又可當作未來正式人才的網羅工具，節省招募成本。

　G. 人力派遣—鑑於人力成本效益的考量，對於所有基層例行工作的職缺，皆可將人力派遣當作另一條招募來源。理由在於大多屬例行性作業性質之職務，對組織營運或策略目標的影響力有限，而人力派遣的成本低廉，可讓組織的資金投入在關鍵人力上，符合人力資本投資的最佳組合。

　H. 商業競賽—對於行銷公關、財務金融與管理幕僚職類的優秀人才難求，可以專案方式，以進行商業個案競賽來遴選及網羅年輕的精英，亦可強化組織形象（孫弘嶽，2015）。

外部招募人才一般都是用在比較基層的員工，因為基層員工通常流動率比較高，採用外部招募人才的方式比較容易擴展招募的來源，也可以讓公司有新陳代謝的機會。

臺灣產學落差大 服務業人才不易留住

學校培育人才，就業後反而用不上，產學落差一直是嚴重的問題，高雄餐旅大學校長容繼業表示，面臨大環境的改變，產業界、學校與學生三方面都必須做改變。

服務業看重的是軟實力，而企業仍普遍存在不做人力資源的發展，抱持著用完就丟的心態，在人才培訓這方面，總覺得「挖角」比自己訓練來的更方便快速；容繼業說，從現在每年快速擴張百家旅館的情形，企業認為挖角比較快的心態來看，「這與企業培養人才不積極有關，出現了人力斷層，以往培養中階主管需要3到5年的時間，現在雖然縮短到1至2年，但人力補充的速度仍比不上挖角的速度，且企業要重新培養也來不及」。

人才培育首重態度、語文、能力

容繼業認為，大環境面臨薪資不高、國內外企業搶人，這是造成服務業高流動率的原因，尤其中階主管人才缺口情況更是嚴峻，因此，產業結構、人才培育方式要改變，「可以開設短期中階人才培育課程，以往課程需要幾年時間，現在可設1年專班來銜接」，而在校學生需要重視的就是倫理道德、語言與專業能力的養成。現在面臨到國際化的環境，工作是有機會到國外發展的，而在學的能力養成就可透過理論與實務的結合，以及考取相關證照。

企業實習有助確立職涯方向

學校的書本教育與企業的實際運作過程差距仍大，為補足認知與實際的落差，大學與企業簽訂實習計畫，讓學生透過職場訓練，確立自己是否適合

從事服務相關的行業。臺北晶華酒店公關副總張筠表示，現在許多學校簽訂實習的時間已從寒暑假延長到半年，甚至是1年到2年的時間，主要是加強實務經驗，而晶華每年在招募正職人員的過程中，發現實習經驗的積累是造成回流率很高的因素。

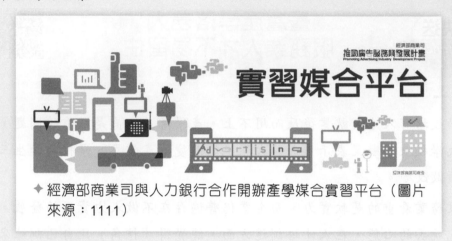

✦ 經濟部商業司與人力銀行合作開辦產學媒合實習平台（圖片來源：1111）

資料來源：大紀元，台產學落差大服務業人才留不住，2015年8月9日。

影片來源：https://youtu.be/fidEHVy3dS8

9.2.2　選擇服務業銷售人員

(一)銷售人員之定義

　　葉日武（1997）認為銷售人員是由廠商聘請銷售人員，來擔任產品的代言人，以達成既定的知覺與銷售目標，也是創造顧客價值的重要媒介，藉由銷售前、過程及銷售後所提供的各種服務，除有效的提升產品利益外，也能協助達成個別交易，而創造出後續的重複交易，以及由顧客口碑所衍生的無數交易機會。學者鍾燕宜（2002）以完成任務的差別，定義不同的業務員，如表9-1所示。

表9-1　業務員之分類

分類	主要任務	舉例說明
送貨員	負責將產品運送至顧客指定處	外送員、送報員
內部接單人員	在經銷或零售店內服務顧客	7-11店員、專櫃人員
外出接單人員	至顧客處展示產品	推銷員

分類	主要任務	舉例說明
業務代表	以建立商譽、提供資訊和教導現有的或潛在的顧客，爭取訂單並非主要的任務	現場諮詢人員、藥品業務代表
有形產品接單人員	以銷售有形產品為主	電話行銷人員
無形產品接單人員	以銷售無形產品為主	保險業務員

資料來源：鍾燕宜（2002）

 快送 Service　挑選合格的銷售人員　

1.看他的外表

　　是否具備富有可信度的外在形象？凡是一看就過於精明強幹的人，或者是一看就像做生意的人是不太適合做銷售的。其原因在於這類人會引發顧客高度的戒備心。所以給人可信感不強的人是絕對做不好銷售員的。

2.看他的賣點

　　讓眼前的這個人用較短時間介紹他自己。美國西南航空公司（SouthwestAirlines）是美國八大航空公司中規模最小的一家，也是連續近30年來唯一獲利的一家。它的招聘政策很有特色，在招聘空姐的時候，為了確保乘客對空姐滿意，就請二十幾名常搭乘飛機的乘客來做評委，給十名應聘者打分。該航空公司認為，如果這些乘客都對這位應聘者不喜歡，那麼這位小姐長得再漂亮也沒有用。由乘客自己挑選出來的空姐，至少在培訓方面的成本會比較低，因為她本身就已經是乘客喜歡的空姐了。

3. 高成就感

　　高成就感就是強烈地渴望有所作為。對銷售員而言，就是對高薪有著強烈的渴望，知足常樂的人是不適合做銷售員的。銷售是一個壓力很大的職業，銷售員將不斷地遭受拒絕與失敗，如果沒有強烈的成就欲，就無法激發起突破客戶重重障礙的雄心。也許有這麼個人，他看上去很粗糙，說話也不那麼斯文，但他時時想到的是一定要把產品賣出去，他始終不忘最終的結果，那他就是個以結果為導向的人。

4. 看他的專業背景或經歷

　　是否與你的產品和行業有關。假如是醫藥方面的產品，你顯然希望銷售人員最好讀過醫學院或者相關學校畢業，對醫藥方面有一定瞭解。大多數企業的銷售卻不需要懂得非常複雜的專業知識，可以從市場上招聘銷售員後進行培訓。

5. 看公司前台人員對應聘者的第一印象

　　在很大程度上即可昭示此應聘者接觸潛在顧客的情形。如果這個應聘者不夠精明，無法給人留下很好的印象來獲此職位，那麼你怎能指望他拜訪客戶時能表現得更出色呢？

6. 事先訂好招聘職位的素質要求

　　對銷售主管和經理應有一個性向測試，但這個測試並不對普通銷售人員實施。該測試從性情、品格和經驗等方面把握銷售主管和經理的特質，使他們能與公司的銷售戰略保持一致。

7. 銷售人員流失率高是何原因造成的呢？

　　許多銷售管理人員對於優秀銷售員應具備那些素質的理解是比較片面的。銷售員經常受到冷落、拒絕、嘲諷、挖苦、打擊與失敗，每一次挫折都可能導致情緒的低落，「樂天派」遠比尋找「聰明人」更重要。另外，一年內調換單位達三次以上的人：無非是兩種情況，第一種情況是此人能力太差，因此在任何一個單位都幹不長，這樣的人自然是不能招聘來的；第二種

情況是此人是流浪漢性格，那麼他同樣會把進入目前的公司當做他漫漫人生旅途的又一站。

8. 敏銳的洞察力

敏銳的洞察力表現在銷售員特別善於傾聽，善於傾聽的要則在於：銷售員的肢體語言與口頭語言和顧客說話的內容高度配合一致。例如：顧客在講述他艱苦奮鬥的創業史，善於傾聽的銷售員就會表露出敬佩的表情，甚至適當地睜大眼睛并用一些感嘆詞來配合顧客的述說，肯定對方從而引發讓顧客說話的積極性，為深入交談創造條件。

9. 銷售經驗

招聘有銷售經驗的人有利有弊；有銷售經驗的人上手比較快，但大量的企業經營實務顯示，從人才市場上招聘有銷售經驗的人，其忠誠度比較差。

10. 怕女人的男人或怕丈夫的女人

凡是在夫妻生活中無法平等相處的人，其性格一般具有較強的妥協性，這樣的人在銷售產品中也會具有較強的妥協性。在談判中，他們很容易相信客戶為討價還價而發出的各種抱怨，不但對這種假抱怨信以為真，而且會向上級報告。如果銷售部門中有這樣的人太多，就會有許多虛假的訊息圍繞在行銷副總或銷售部經理。

11. 不招聘剛離婚者

無論如何，離婚是對人心靈的沉重打擊，剛離婚者心理狀態是很糟糕的。剛離婚者通常很難接受銷售過程中的心靈折磨。

12. 不招聘自述長期懷才不遇者

經常感嘆「千里馬常有，伯樂不常有」的人是不能被錄取的。因為一個人長期懷才不遇，必然隱藏著重大的缺陷。

13.一般不招聘剛從學校畢業的大學生

有很多企業到高等學校去招聘應屆畢業生做銷售員，這其實是一種錯誤的做法。因為高等學校畢業生儘管學歷較高，但沒有經歷過社會風雨的摔打，他們的心理素質會較一般有歷練的人差。

資料來源：www.whyandhow.org 為什麼 怎麼辦。

影片來源：https://youtu.be/NOl0v54DaXo

(二)銷售人員之任務

一般而言，銷售人員除了為公司增加利潤外，還必須完成其他的任務，學者Kotler（1986）認為，現今企業中銷售人員必須擁有下列六大項任務：

1. **開拓（prospecting）**：除了公司原本建立的顧客外，銷售人員必須自己開發、培養新的潛在顧客，增加公司的消費群。

2. **溝通（communication）**：銷售人員必須向顧客溝通有關公司服務和產品的情報。

3. **銷售（selling）**：銷售人員從事「推銷術的藝術」，包括接近顧客、展示產品、答覆異議和完成銷售。

4. **服務（serving）**：銷售人員必須向顧客提供不同之服務，包括磋商問題、提供建議和協助購買決策。

5. **資訊收集（information gathering）**：銷售人員代表公司執行市場調查且收集市場資訊，同時也代表顧客向公司反應各項建議。

6. **配置（allocating）**：銷售人員必須能評估顧客的素質，針對不同顧客擬定不同銷售目標，並且隨時掌握公司產品數量，避免缺貨。

9.2.3　服務業人才培訓

從學習的角度來看，訓練是人力資源管理很重要的範疇。訓練不僅僅是員工個人的學習，將個別員工的訓練加總，就會變成公司整體的學習。長遠來看，企業最好能夠變成是一個有學習能力、對環境適應性高的組織，這

樣對組織的績效成長或競爭能力都會帶來很大的幫助。一般來說，員工訓練可為職場訓練（on-the-job training）和進修訓練（off-the-job training）。而職場訓練又稱員工訓練，可再細分為四種訓練，分別是在職訓練（in-service training）、職前訓練（pre-service training）、始業訓練（orientation training）、師資訓練（train the trainer）。

服務業的第一課

　　從人才的「選訓留用」四個面向來看，第一是選，面試時就要注意他的「聽話」、「講話」能力。如果症狀太嚴重，是教不來的。第二是訓。不要覺得聽話、講話不需要訓練，在今天的服務業環境中，最簡單的方式是，教他一旦聽到無法判斷的狀況，要找主管。我們會這樣說：「你聽了以後覺得意思『怪怪』的，就要告訴主管。」不能只對年輕人說「覺得有問題時」要發問，問題就是他不覺得有問題。

　　講話的禮儀也要教，像不要有語助詞，不要把平常講話的方式直接用在工作中，這是我們每個月都要訓練、內化的課程。選了也訓練過後，如果他還不行，那就不能留。因為要是始終沒有「人」的溫度跟感覺，在這個行業中，發展遲早會碰到限制。

　　每個人都能做到會聽會講，競爭力才會出來。我常跟我的同事說，如果繼續以那種方式聽話、講話，以後你們就沒有工作了，因為智慧型電腦聽懂的程度會比你們還高。這也是在服務業工作時，真正的第「一之一」課。

資料來源：沈方正，服務課程一之一：學講話，學聽話，天下雜誌，2012年1月17日。

影片來源：https://youtu.be/Zki80eZuG9Q

(一)新進人員始業訓練

在招募之後要先進行所謂的新進人員始業訓練（job orientation）。有些小公司比較不重視新進人員的訓練，因為規模小，新生訓練往往需要等累積到一定的數量後才可以實施，但是員工在等待的過程中，有時就已經失去新生訓練的效果，這對員工並不是好事。現在很多大公司會把新生訓練視為是必備的工作，以求讓員工盡快瞭解和適應公司、及早進入狀況。例如：IBM的新進員工除了在當地的訓練，甚至還要送到地區總部去訓練。而且現在因為e-learning技術的逐漸普及，透過資訊科技的協助，可以讓新生訓練的實施更為簡單、方便。

訓練、磨練不清楚
合理、不合理間認知有落差

什麼樣的要求，常被新人認為是「不合理的磨練」？狀況可略分為下列3種：

1. 小事：如維持桌面整潔、文件裝訂須在同一側、影印時邊緣不可出現陰影……明明都是雞毛蒜皮，老闆到底在意什麼？

2. 不斷重複的事：一份5頁的企劃案，可以反覆修改10幾次才過關。老闆是故意整人嗎？

3. 不簡單的事：突然被交付意料之外的重要任務。

從年輕人的角度理解，確實容易覺得不合理，但主管之所以這麼做，背後當然有理由，問題是，大部份主管都只記得下指令，卻忘了告訴部屬「為什麼」。

知名彩妝師游絲棋，自己也曾是「被磨練」的過來人。她的第一份工作是服裝目錄造型助理，平均每天得拍完200～300套衣服，工時動輒20個小時起跳，被老鳥呼來喚去甚至欺負，更是家常便飯。

然而，在完成繁瑣工作的同時，她留心觀察攝影、服裝、模特兒等各種「看似與自己無關」的細節，果然讓成長速度遠快於同儕，半年後即轉型為自由接案。2007年成立雅德爾造型公司後，又多了老闆的身分，開始帶領

團隊，指導新進彩妝師。「彩妝這行總給人光鮮亮麗的印象，很多人進來後，馬上覺得想像跟現實落差太多，」游絲棋坦言，自己就遇過自稱滿腔熱情、拚命拜託才終於入行的小朋友，不到2星期就跑掉了。如何避免類似狀況一再發生？她的答案是——完整而誠實的溝通。

初期溝通會發生在入行前。由於彩妝工作技術含量極高，勢必得經過長時間練習，才有機會「出師」。每當新人報到，她一定如實描述這份工作最辛苦的面向，包括壓力大、工時長、休假不定時等等，更鼓勵家長一塊來旁聽，「不要讓他們直到上工那天，才瞭解真實世界的樣子。」正式成為團隊一員後，隨著訓練展開，溝通重點就變成「為什麼要這樣做」。游絲棋分析，年輕人並非不願承擔責任，只是相對缺乏耐心，面對任何指令，都想知道背後目的。她舉例，若要求新人主動和顧客溝通，不妨加一句「因為彩妝不只講究技術，能聽懂客人的需求，對以後獨當一面更有幫助！」簡單一句話，內容即涵蓋2個層次：為什麼要求你做這件事，以及做完它能帶給你什麼價值。

資料來源：蔡茹涵，如何讓新人從原石磨成美鑽？Cheers雜誌，179期，2015年8月。

影片來源：https://youtu.be/COKepicMiPY

(二)職前訓練

在新生訓練之後，接下來就是職前訓練（job preview）。職前訓練一般偏重有關知識及技術熟稔之研習為主，促使新進人員不至於對工作環境陌生，對於負責的工作執行內容無頭緒（李聲吼，2000）。職前訓練和在職訓練不同，職前訓練是在員工還沒開始工作之前所安排的訓練課程，因為新進員工不見得一進公司都能馬上上線工作，有時直接上線的結果不僅容易造成員工的壓力，更會影響工作的品質。以餐飲業為例，在晶華酒店，新進職員一定要參加為期3天的職前訓練，透過角色扮演、看錄影帶模擬情境等方式，讓員工體認到「將心比心」的態度與服務方式，之後再經由工作經驗的累積，讓員工能自然而然「看出客人心裡在想些什麼」。關心客人不是嘴巴說說，僅僅用語言來表達，而是要從表情以至於肢體，都讓客人感受到誠摯的關懷。

　　進行職前訓練可以讓新進的員工瞭解要如何有效地完成工作的內容。有些公司還會派給新人一個「師父」（mentor），來教導他工作上的相關事項，透過這種「師徒制」的方式進行職前訓練，新進人員就能有一個良好的適應期。

(三)在職訓練

　　在職訓練對企業和員工而言也很重要，因為在職訓練可以讓員工和技術的發展同步，或是讓企業擁有更好的工作方法或是工作技術，進而提升生產力和生產效率。在職訓練和「進修」（off-the-job training）又不太一樣。在職訓練通常是在企業內部所做的訓練，員工一樣照常工作。進修則多半是在員工工作以外的時間，甚至會暫時離開公司，比如說讓員工暫時停職去國外學習新技術，或是像中小學老師要在暑假時到政大上兩個月的訓練課程，都是進修的一種。

　　比起臺灣企業，外商企業普遍更重視員工的訓練。很多外商每年都會提撥預算讓員工去進修，這些預算員工可以直接請領，目的就是鼓勵員工多參加相關的進修課程，甚至取得正式的學位，讓員工提升自己的知識和能力。例如聯邦快遞，每年都會讓每位員工知道個人有多少的訓練費用，員工就可以選擇要去上語言課程，或是專業技術的訓練，上完之後再跟公司請領這筆預算就可以了。臺灣企業在對員工的訓練上，一般質量比較參差不齊。

　　然而，近年來，國內的大型企業也漸漸開始重視員工訓練的工作，有些公司甚至還會要求員工每年要有一定的教育訓練時數，使員工不至於和技術的發展脫節。

　　像是台電，就在內部設立不同的訓練中心，因為台電有很多的工作需要專業的技術、甚至是專業證照，所以台電對員工的訓練工作就不能馬虎、必須加以重視（經理人月刊編輯部，2007）。

(四)師資訓練

　　師資訓練是對擔任訓練工作的教師訓練，以教學方法及指導能力的培訓為主。進修訓練或稱管理人員訓練（management training）其訓練對象分為：一般主管人員訓練其訓練對象分為：成本、業務經營、品質等，各方面的管理知能。高級主管人員訓練：則選拔具有才幹的中層主管人員，輪流或代表各部門主管業務，使其瞭解各部門業務並吸收經驗，以備他日擔當更高層次的主管（李聲吼，2000）。

9.3 服務業人才運用與激勵

　　很多服務事業在嚴謹經過人才招募、甄選、培訓後，卻發現好的人才還是發揮出好的工作績效，此時很多企業領導階層開始急於挖角新的人才，或推動教育訓練來改善績效。事實上，有經驗的管理顧問會指出前述情形是報酬與績效的「激勵制度」不合理，或是沒有設計出具有很強吸引力的制度。這是屬於人才運用的問題，訓練充分的好人才，願不願意「為組織所用」，發揮本身具備能力和潛力去完成組織目標，這是「制度」問題。

 快送 Service

現代中國大陸服務業人才面臨瓶頸因素

現代服務業人才數量、品質與經濟轉型發展要求偏差較大

　　人才數量和品質與產業旺盛的人才需求及品質要求嚴重不匹配是現代服務業發展的一大瓶頸。

　　在現實的現代服務業中，很大一部分從業人員都是從傳統產業轉化過來的，他們沒有經過系統、專業的職業培訓，從業觀念、服務理念和工作態度等帶有極強的傳統產業「烙印」，技術創新主要側重於模仿式、複製式創新，高端、自主創新能力偏低；部分從業人員雖掌握某專業或者某領域的較高技能，但跨行業、跨領域的專業知識和實踐技能卻相對不足，技能型、創新型、複合型的高級管理人才特別是行業領軍人才更是嚴重不足。如高級物流管理人才、投資經紀人、涉外法律人才、建築設計師、數字通信工程師、金融諮詢師、仲介服務人才和專業保健諮詢師等已成為發展現代服務業的「軟要素」。

　　以傢俱行業為例，全中國大陸從事傢俱企業3萬多家，設計師規模卻不足3,000人。在養老服務業中，全中國大陸養老護理員潛在需求量約達1,000萬，而卻僅約5萬人擁有養老護理員職業資格證書，而且高達2／3的在職養老服務人員是初中及以下文化學歷。在服務外包行業，全中國大陸服務外包企業每年的工作職位缺口約達20萬個，上海每年就有3萬個服務外包工作職位找不到合適的人才，而且這種缺口日益增大。

現代服務業人才結構不夠合理

　　當前，中國大陸現代服務業人才結構呈現出典型的「金字塔」結構，即技術含量較低的單一型初級、中級人才供給相對充足，處於金字塔的底部，而處於金字塔頂端的高級人才，特別是複合型、領導型人才極為短缺，現代服務業人才「過剩─緊缺」現象十分突出。有關數據顯示，中國大陸交通運輸、批發零售業及倉儲郵政業等傳統服務業行業人才總量為16.8萬人，占現代服務業人才比重的42%，而金融業、文化娛樂業、資訊傳輸電腦服務和軟體業等高端服務業人才總量僅約為4.2萬人，比重不足11%。

　　以上海金融業為例，基礎性、通用型的金融人才供給較為充裕甚至局部過剩，而保險精算、保薦代表人、資產信託、投資經理、核保審賠和金融工程等方面高端化人才異常匱乏。其他現代服務業亦是如此，越是高端產業、高端環節的高級人才越是奇缺：文化創意產業的網站開發工程師、廣告設計、藝術衍生品銷售等人才最為缺乏，航運業的物流方案經理、航運融資經理等人才也極為難求。

團隊合作精神和能力有待增強

　　現代服務業是與其他產業高度融合而且產業鏈條各個環節密切配合的高技術產業。中國大陸經濟轉型的時代也正是服務驅動發展的時代，服務業和服務貿易已經成為推動全球經濟結構調整和可持續增長的催化劑，而且各國發展的重點和彼此合作的熱點也越來越向現代服務業集中。由此釋放的信號是：現代服務業與其他產業的融合發展和競爭合作的增強必定會引發對現代服務人才合作精神的培養、合作能力的提升。事實也是如此，競合戰略已經成為包括現代服務業在內的現代企業增強競爭力的重要選擇。

　　然而，現實的困境卻讓我們擔憂並成為現代服務業發展的限制，不少現代服務業從業人員的團隊合作意識還較為淺薄，他們更加注重的是個人能力的提升，甚至還在一定程度存在傳統產業中以「按件計酬」、「數量取勝」的舊式思維，認為與他人合作可能會帶來個人資訊和「技術」的外流而無形提高對手的競爭力和增加對自己發展的障礙。

資料來源：楊力，中國經濟轉型背景下現代服務業人才培養戰略研究，中信股份數據中心，2014年6月3日。

影片來源：https://youtu.be/19f6WwSe3xg

　　員工對工作的滿足與否，對他個人在工作上的喜好有很密切的關連，但這在一個需要集體合作的工作裡，如何去去除個人因素的影響、去除個人間的摩擦，讓團體產生共同的使命感與共識，就顯得相當重要。這關係到一個團體的認知與至忠誠，這都有賴一個主管去營造，主管只要一有私心，馬上就會有負面的影響出現，團體內的摩擦和不滿就會伺機而動。

9.3.1 激勵理論

　　關於「激勵」，有很多不同學派的理論，以下將針對一般常使用和見到的理論合實務作法來做說明：

(一)公平理論（equity theory）

　　倡導出「公平理論」的J.Stacy Adams亞當斯認為，員工會比較他們產出與投入之間的關係；然後進一步比較自己與他人的投入、產出比。如果員工察覺自己的比率與他人相同時，則公平是存在的；但如果發現比率是不相等時，則認為有不公平。當不公平的情況發生時，員工會試圖作一些修正。其結果有可能是：生產力降低（或提昇）、品質下降（或改善）、缺勤率高（或低），有些企業甚而反映在員工離職率上。一般來說，我們會不時地拿自己與他人比較，如果我們大學畢業，沒有多少職場經驗進到公司上班，該公司提供我們一份年薪約60萬元的工作，對一個剛入社會的年輕人而言，應該屬於一份不錯的薪資收入，所以快樂接受並心懷感激。但過了半年，發現我們的同事也是剛從

大學畢業，無論年齡、經驗、資歷、學校排名等，都與我相仿，但他的年薪卻比我們高出10萬多元時，我們不禁開始憂鬱沮喪。

(二)增強理論（reinforcement theory）

根據心理學的操作制約理論（operant conditioning），人們可以藉由獎賞與懲罰這樣的刺激—反應（Stimulus-Response, S-R）來學習被期望的行為。簡言之，這種刺激—反應模式就好像人類利用棍子與紅蘿蔔來驅使驢子行走的方式。對於S-R理論的應用，以行為學家 Skinner所提出的強化理論（Skinner's operant reinforcement theory）最為經典。將該理論 運作在績效管理中，有助於主管刺激員工展現出好的工作行為，降低不好的工作行為，以提升工作績效。主管可以利用增加或消弱某種刺激物（stimulus），包含員工喜歡的或不喜歡的事物（desirability of stimulus），因情況來強化（contingencies of reinforcement）員工增加或減少某種行為反應（strength of response）。其中強化模式可分為四類：

1. **正增強（positive reinforcement）**：增加給員工喜歡的刺激，來提升員工好的行為。例如每當員工有好的表現時，就給予讚許或獎勵，員工會再用好的表現來換取下一次的讚許或獎勵。

2. **懲罰（punishment）**：增加給員工不喜歡的刺激，來減低員工不好的行為。例如員工出現不佳的表現時，就給予責難或處份，員工會降低這種不好的行為，以避免下一次換來處分或責難。

3. **消弱（extinction）**：降低給予員工喜歡的刺激，來減低員工自以好但其實不好的行為。例如員工在會議中發表一些無關會議主題的事時，他會期望有主管有強烈的反應，但當主管不理會他這個行為時，該員工就會降低這種自討沒趣的行為（因為當他再發表這些言論時，主管不會理會他）。

4. **負增強（negative reinforcement or avoidance）**：降低給員工不喜歡的刺激，來增加員工好的行為，或增加給予員工喜歡的刺激，來降低員工不好的行為。例如員工會提高工作效率，以避免主管的責難，或不再加班、拖延工作，來換取主管的讚賞。

(三)馬斯洛的需求層級理論（Maslow's hierarchy of needs）

　　馬斯洛（Maslow）強調人類的動機是由多種不同性質的需求所組成，而各種需求之間，又有先後順序與高低層級之分，故而被稱為需求層級理論。馬斯洛的需求層級理論中人類的多種需求，可按其性質由低而高分為七個層次，各層級需求的名稱及其對個體行為所發生的互動作用分別如圖9-1所示：

1. **生理需求**：指維持生存及延續種族的需求，如飲食、睡眠、性慾。

2. **安全需求**：指希求受保護與免於遭到威脅從而獲得安全感的需求，如困難求人幫助、危險求人保護、職業希求保障、病痛希求醫治等。

3. **歸屬需求**：指被人接納、愛護、關注、鼓勵及支援等需求。

4. **尊重需求**：指獲取並維護個人自尊心的一切需求，如被人認可、讚許、關愛等。

5. **自我實現需求**：指在精神上臻於眞善美合一至高人生境界的需求，亦即個人所有理想全部實現的需求。

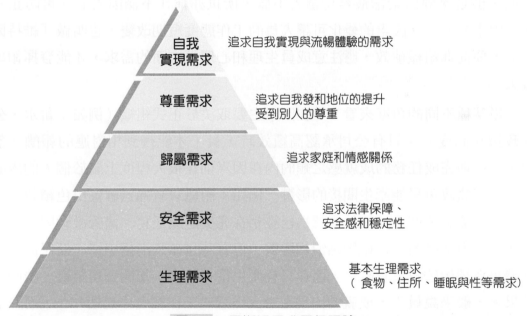

圖9-1　馬斯洛需求層級理論

　　自我超越的需求是馬斯洛需求層級理論的一個模稜兩可的論述。通常被合併至自我實現需求中。1954年，馬斯洛在《激勵與個性》一書中探討了他早期著作中提及的另外兩種需求：求知需求和審美需求。這兩種需求未被

列入到他的需求層級排列中，他認為這二者應被歸屬於尊敬需求與自我實現需求之間。

6. **求知需求**：指個體對己、對人或對事物變化中所不理解而希望理解的需求，如探索、操弄、試驗、閱讀、詢問等。

7. **審美需求**：指對美好事物欣賞的需求，如希望事物有秩序、有結構、順自然、循真理等心理的需求。

(四)激勵保健理論（motivation-hygiene theory）

以赫茲伯格（F.Herzberg）為代表，西元1950年代後期提出激勵保健理論，也稱「保健二因理論」、「二元因素論」、「兩因素理論」等。

激勵因素可激發人員工作意願，產生自動自發的工作精神，故又稱「滿意因素」（可帶來滿足），內容包括：成就感、賞識（褒獎）、工作本身、責任、升遷、發展。赫茲伯格發現覺得不滿意的項目多和工作的「外在環境」有關，即為保健因素—它是消極的在於維持原有的狀況，故對進一步改善並沒有幫助，但是保健因素卻最容易讓人不滿，所以亦稱「不滿因素」（可防止不滿的因素）。這些因素的變化可讓人員的工作態度短期改變，也叫做「維持因素」，要促進組織績效，應注意成員生理和心理兩方面的需求，才能發揮領導效果。

從某種不同的角度來看，外在因素主要取決於正式組織（例如：薪水、公司政策和制度）。只有公司承認高績效時，員工才能得到相對應的報酬。然而，出色地完成任務的成就感之類的內在因素則在很大程度上屬於個人的內心活動，組織政策只能產生間接的影響。例如：組織只有通過確定出色績效的標準，才可能影響個人，使他們認為已經相當完美達成任務。儘管激勵因素通常是與個人對他們的工作積極感情相聯繫，但有時也涉及消極感情。而保健因素卻幾乎與積極感情沒有關係，因為只會產生精神沮喪、離開公司組織、曠職等結果。一般來說員工，成就的出現在令人滿意的工作經歷中超過40%，而在令人不滿意的工作經歷中將會低於10%左右。

9.3.2　激勵方法

　　一般認為，給員工提供更高的薪酬、更好的待遇就可使員工快樂，達致激勵效果。其實，金錢的確是激勵員工的主要因素，一個穩定的報酬計畫對吸引、保留優秀人才的確非常關鍵，但在實務上金錢並不總是唯一的解決辦法，在許多方面它也不是最好的解決辦法。原因很簡單，金錢所能發揮到的激勵作用有短暫效果，額外得來的現金很快會被員工花掉而且很快被忘記。然而，企業希望的激勵需求是具長期性的。事實上，一些非現金卻能有效激勵員工的方法一直被企業管理層所忽視。以下是不提高薪酬激勵員工的十種方法：

(一)認可

　　經理主管人員的認可是一個秘密武器，但認可的時效性最為關鍵。如果用得太多，價值將會減少，如果只在某些特殊場合和少有的成就時使用，價值就會增加。 採用的方法可以諸如發一封郵件給員工；或是打一個私人電話祝賀員工取得的成績，或在公眾面前跟他握手以表達對他/她的賞識。每名員工再小的好表現，若能得到認可，都能產生激勵的作用。拍拍員工的肩膀、寫張簡短的感謝紙條，這類非正式的小小表彰，比公司一年一度召開盛大的模範員工表揚大會，效果可能更好。

不懂激勵的主管

　　有一個員工出色地完成任務，興高采烈地對主管說：「我有一個好消息，我跟了兩個月的那個客戶今天終於同意簽約了，而且訂單金額會比我們預期的多20%，這將是我們這個季度價值最大的訂單。」但是這位主管對那名員工的優秀成績的反應卻很冷淡：「是嗎？你今天上班怎麼遲到了？」員工反應說：「二環路上堵車了。」此時主管嚴屬地說：「遲到還找理由，都像你這樣公

司的業務還怎麼做！」員工垂頭喪氣的回答：「那我今後注意。」一臉沮喪的員工有氣無力地離開了主管的辦公室。

　　通過上面的例子，可以看出，該員工尋求主管激勵時，不僅沒有得到主管的任何表揚，反而只因該員工偶爾遲到之事，就主觀、武斷地嚴加訓斥這名本該受到表揚的職工。結果致使這名員工的積極情緒受到了很大的挫傷，沒有獲得肯定和認可的心理需求滿足。實際上，管理人員進行激勵並非是一件難事。對員工進行話語的認可，或通過表情的傳遞都可以滿足員工被重視、被認可的需求，進而收到激勵的效果。

資料來源：馬銀春，在北大聽到的24堂管理課。

影片來源：https://youtu.be/px02xt1-f1Q

(二)稱讚

　　在恰當的時間從恰當的人口中道出一聲真誠的謝意，對員工而言比加薪、正式獎勵或眾多的資格證書及勳章更有意義。這樣的獎賞之所以有力，部分是因為經理人在第一時間注意到相關員工取得了成就，同時地親自表示嘉獎。打動人最好的方式就是真誠的欣賞和善意的讚許。韓國某大型公司的一個清潔工，本來是一個最被人忽視，最被人看不起的角色，但就是這樣一個人，卻在一天晚上公司保險箱被竊時，與小偷進行了殊死搏鬥。事後，有人為他請功並問他的動機時，答案卻出人意料。他說：當公司的總經理從他身旁經過時，總會不時地讚美他「你拖的地真乾淨」。你看，就這麼一句簡簡單單的話，就使這個員工受到了感動，並挺身而出對抗小偷。這也正合了中國人的一句老話「士為知己者死」。

(三)職業生涯

　　員工都希望瞭解自己的潛力是什麼，他們將有那些成長的機會。在激勵員工的重要因素中，員工的職業生涯問題經常被遺忘。其實，在組織內部為員工設計職業生涯可以發揮到非常明顯的激勵效應。例如：是否重視從內部提升？儘管特殊的環境會要求企業從外部尋找有才幹的人，但如果內部出現職缺時總是最先想到內部員工，將會給每一名員工發出積極的訊息：在公司內確有更長遠的職業發展。

(四)工作頭銜

員工感覺自己在公司裡是否被注重是工作態度和員工士氣的關鍵因素。組織在使用各種工作頭銜時，要有創意一些。可以考慮讓員工提出建議，讓他們接受這些頭銜並融入其中。最簡單地講，這是在成就一種榮譽感，榮譽產生積極的態度，而積極的態度則是成功的關鍵。例如：你可以在自己的團隊設立諸如「創意天使」、「智慧大師」、「霹靂衝鋒」、「完美佳人」等各種榮譽稱號，每月、每季、每年都要評選一次，當選出合適人選後，就要舉行隆重的頒發榮譽的儀式，讓所有團隊人員為榮譽而歡慶。

(五)良好的工作環境

在雇主們看來，激勵員工的因素中「工作條件」的重要性僅居第九位（或者說僅次於最後一位）。其實不然！在員工看來，工作環境是排在第二位的，員工非常在意他們在那兒工作。這是影響員工滿意度的一個重要因素。

(六)給予一對一的指導

指導意味著員工的發展，而主管人員花費的僅僅是時間。但這一花費的時間傳遞給員工的訊息卻是你非常在乎他們！而且，對於員工來說，並不在乎上級能教給他多少工作技巧，而在乎你究竟有多關注他。無論何時，重點的是肯定的反饋，在公眾面前的指導更是如此。

(七)領導角色

給員工領導角色以酬勞其表現，不僅可以有效地激勵員工，還有助於識別未來的備選人才。讓員工主持短的會議；通過組織培訓會議發揮員工的力量及技能，並讓其中的一名員工領導這個培訓等都是不錯的方式，還可考慮讓員工領導一個方案小組來改善內部程式。

(八)團隊精神

加強員工的團隊精神有一個非常有效的辦法，就關於「團隊」這個論題不定期地讓員工交流一些想法，如提交一個涉及團隊的心得體悟，將員工提交的每一個心得體悟都掛在辦公室顯眼的位置，這樣就可創造一個以團隊為導向的氛圍。此外，也可照一張全體員工的合影，把照片放大鏡懸掛在很顯眼的位置。這會讓員工產生自豪感，大多數人都喜歡把自己視為團隊的一部分。

(九)培訓

對員工而言，培訓永遠沒有結束的時候。給員工提供培訓本身就是最好的激勵方式，這種培訓並不一定是花錢由外部提供的，可以由經理人員講授或是內部員工交流式培訓。參加外部培訓是員工最為喜歡的一項獎勵。利用外部培訓作為團隊內一兩個人的競賽獎勵可起到非常明顯的激勵效果。

(十)團隊集會

不定期的辦公室聚會可以增強凝聚力，同時反過來也有助於增強團隊精神，而這樣做最終會對工作環境產生影響，營造一個積極向上的工作氛圍。

(十一)休假

實行爭取休假時間的競賽。為爭取15分鐘或者半個小時的休息，員工會像爭取現金的獎勵一樣努力工作。在許多情況下，當員工面臨選擇現金和休假獎勵時，他們都會選擇休假。如果一個業績目標是由所有員工來完成時，最適合的獎勵就是休假。

(十二)主題競賽

組織內部的主題競賽不僅可以促進員工績效的上升，更重要的是，這種方法有助於保持一種積極向上的環境，對減少員工的人事變動率效果非常明顯。一般來說，可將周年紀念日、運動會以及文化作為一些競賽的主題，還可以以人生價值的探討、工作中問題、價值創新等作為主題。定期舉辦小型或大型運動會無疑給員工帶來快樂和團隊的感覺，文化也可以用來創造一些主題競賽。

(十三)榜樣

標竿學習是經理人團隊領導的一個重要武器。榜樣的力量是無窮的，通過樹立榜樣，可以促進群體的每位成員的學習積極性。雖然這個辦法有些陳舊，但實用性很強。一個壞員工可以讓大家學壞，一位優秀的榜樣也可以改善群體的工作風氣。樹立榜樣的方法很多，有日榜、周榜、月榜、季榜、年榜，還可以設立單項榜樣或綜合榜樣，例如：創新榜、總經理特別獎等（經理人分享，2013）。

星巴克創造環境
增進員工間自強和團隊合作

　　星巴克，1971年誕生於美國西雅圖，起初靠賣咖啡豆起家，現在已發展成為一個在全球四大洲擁有五千多家零售店的大型企業，它的崛起不是僅靠行銷技巧，而是重視與員工間關係。事實上，隨著國際市場的不斷發展和完善，企業間的競爭已逐漸演化成人才層面的競爭，有效利用人才、留住人才、激勵人才是使企業能在長遠的發展中勝出的關鍵因素，而星巴克正是抓住了這一點，通過有效的獎勵政策，創造環境鼓勵員工們自強、交流和合作。

✦ 星巴克門市（圖片來源：星巴克官網）

　　星巴克的員工激勵機制是最好的例證，表現在以下三方面：

一、優厚的薪酬及獨特的額外福利

　　與同行業的其他公司相比，星巴克雇員的工資和福利都是十分優厚的。星巴克每年都會在同業間做一個薪資調查，經過比較分析後，每年會有固定的調薪。在許多企業，免費加班是家常便飯，但在星巴克，加班被認為是件快樂的事情。因為那些每週工作超過20小時的員工可以享受公司提供的衛生、員工扶助方案及傷殘保險等額外福利措施，這在同行業中極為罕見。那些享受福利的員工對此心存感激，對顧客的服務就會更加周到。

二、股票期權激勵—「咖啡豆股票」

在星巴克公司，員工不叫員工，而叫「合伙人」。這就是說，受僱於星巴克公司，就有可能成為星巴克的股東。1991年，星巴克開始實施「咖啡豆股票」。這是面向全體員工的股票期權方案。其思路是：使每個員工都持股，都成為公司的合伙人，這樣就把每個員工與公司的總體業績聯繫起來，無論是CEO還是任何一位合伙人，都採取同樣的工作態度。要具備獲得股票派發的資格，一個合伙人在從4月1日起的財政年度內必須至少工作500個小時，平均起來為每週20小時，並且在下一個一月份即派發股票時仍為公司僱傭。1991年一年掙2萬美元的合伙人，5年後僅以他們1991年的期權便可以兌換現款5萬美元以上。由此可見，如果優厚的薪酬是星巴克吸引人才成為員工的原因，那股票期權激勵是它留住人才的關鍵。

三、鼓勵員工的出謀劃策

公司對每位員工的建議都認真對待。星巴克公司經常在公司範圍內進行民意調查，員工可以通過電話調查系統或者填寫評論卡對問題暢所欲言，相關的管理人員會在兩周時間內對員工的主意做出回應。星巴克公司還在內部設立公開論壇，探討員工對工作的憂慮，告訴員工公司最近發生的大事，解釋財務運行狀況，允許員工向高級管理層提問。

資料來源：股權激勵諮詢顧問，案例-星巴克的員工股權激勵機制，每日頭條，2019年3月23日。

影片來源：https://www.youtube.com/watch?v=BZHiMBupnQo

9.4　服務業人才生涯發展

9.4.1　員工價值觀

多數學者將工作價值觀視為個人的偏好，為個人從事職業活動時所要追求及重視的工作條件，它能夠形成一股內在的動力，以支持或引導個人在選擇職業或工作中的指標（柯秋萍，2005），Super（1970）認為工作價值觀是與工作有關的目標，是個人內在所需要以及其從事活動時所追求的工作特質或屬性。Bovvatzis and Skellv（1991）研究發現，工作價值觀深受社會、文化、性別、歷史、經濟、社經地位等之影響；其後的研究也發現個人的工作價值觀會

影響其工作意願或目標，並進而影響其努力程度與工作表現。

9.4.2　組織認同

Patchen（1970）認為組織認同是由相似成份、成員成份、忠誠成份三種現象交互形成。組織認同的發展過程可由社會認同理論進行分析而有所瞭解。組織認同係指員工將自己認為是組織的一份子，進而認同組織的使命、價值觀及目標，並將組織的利益納入其管理決策之中（Miller, Allen, Casey & Johnson, 2000）。

此外，Rousseau（1998）認為，組織認同是組織層級的認知概念，用來闡明自我的相關內涵，其中包含了情境認同及深層結構認同兩種型態。前者是依據情境所提供的資訊，判斷與自我或所屬團體的利益與目標，後者則是較為廣泛的界定，包含各種階段、不同角色、情境與行為之界定（林家五、熊欣華、黃國隆，2006）。

9.4.3　員工生涯發展

張緯良（2007）認為生涯發展管理可分為組織生涯發展管理及員工生涯發展規劃兩方面。組織生涯發展管理主要的工作包括提供人力資源及事業領域的規劃、建置事業階梯、發展事業途徑、協助員工生涯規劃及達成目標。員工生涯發展規劃則包含認識自我能力條件、瞭解工作環境、檢視機會、選擇目標、找尋方法途徑、執行與檢討等。就組織而言，生涯發展管理包含了招募甄選、派職、晉升、調職、離退，以及相關的訓練發展與績效評估等人力資源管理活動。

Otte & Khanweiler（1995）認為生涯規劃，是基於短期的生存之上，將視野放遠的發展過程。在整個過程中，成功應擴及精神和情感層面，而不僅於傳統的經濟層面。他們認為21世紀的生涯規劃應以下列步驟進行：

1. 追求個人發展

2. 反抗忠誠

3. 使未來的理想清晰化

4. 自我學習

5. 分析過去的競爭

6. 分析理想中的未來會遭遇的競爭

7. 草列暫時的計畫

8. 與他人探討計畫內容

9. 將執行計畫並反應在個人學習上

10.評估與修正計畫

　　銷售人員有非常明顯的特色：即工作穩定性不高、工作壓力不小、出差應酬很多成為生活的常態。特別對於直接面對市場的基層業務人員而言，雖然工作時間比較自由，但由於銷售績效的壓力，常常令已婚者無法照顧好家人，未婚者則沒有時間談戀愛，故有很長時間不能和朋友閒聊、聚會。當然，銷售是一個高壓力、高回報的職位，除了最高決策層級外，多數企業中最容易產生高薪的職位便是銷售類。和同級別的財務總監、人力資源經理相比，銷售總監、銷售經理的收入普遍會高出很多。

　　隨著年齡的增長，當衝勁熱情淡淡消退，對家庭的責任和對穩定生活的追求，令很多年輕的基層銷售人員開始規劃自己的職業方向。業務銷售人員的出路何在？職業發展的通路是什麼？

(一)成為高級銷售經理銷售人員

　　如果定位於一直從事銷售工作，可以肯定的目標便是成為高級的銷售人才。實現這一目標的方向有兩個，首先是從術的角度出發，不斷改進和提升工作的方法和能力，從低層級的、非專業化的銷售人員變成專業人員。這一變化趨勢主要表現在工作的理念、工具和方法都做得更加專業，從靠感覺、靠衝勁做事轉變為講求定量數據、專業調查分析、把握市場規律性；第二個方向就是從術提升到道，從戰略層面和組織全面高度的角度進行系統思維，進一步提升和轉換職位角色。銷售人員的具體發展途經，又有以下幾個方向：

1. **上行流動**：如果有在大公司或集團的分支機構做銷售的經歷，當累積一定的經驗後，優秀的銷售人才可以選擇合適的機會，上行流動發展，到更上一級的或公司總部做銷售部門工作，或者可以帶領更大的銷售團隊、管理公司經營的較大市場。

2. **下行流動**：如果在公司總部銷售部門工作，當累積一定的經驗後，可以根據市場發展的規模和速度，選擇合適的機會，下行流動發展，到下一級或多級的分支機構去工作，通常是帶領銷售團隊、管理公司經營較大市場，或是要到某個細分市場開闢新的業務。這樣的銷售人員，可以將在總公司的先進銷售管理理念及操作手段和實際的市場結合，在繼續鍛練一段時間後往往成為許多企業的未來領航者或高級經理人。

3. **橫向跳槽**：優秀的銷售人員往往是公司的骨幹，可直接為公司帶來營業收入，但如果公司的薪酬福利或績效考核政策不能有效地激勵他們，那麼他們轉行或跳槽也在所難免。從組織的角度看來，許多公司都不惜重金從競爭對手將一些優秀的銷售人才挖走。從個人的角度來看，水往低處流，人往高處走。只要沒有違反職業道德、勞動契約的相關條款規定和相關法律規定，銷售人員在發展到一定程度後換一個環境和空間都是一條不錯的工作選擇。

(二)轉向管理職位

　　當銷售人員做到一定的時候，可以結合個人興趣和組織需求通過橫向流動即輪調職位元的方式，轉向相關的專業化職能管理崗位，具體可以從三個角度考慮選擇：如果還是對銷售業務或相關的工作感興趣，不願意完全離開市場行銷工作，公司的人力資源安排也允許，可以選擇橫向的相關職位，例如：市場分析、公關推廣、品牌建設與管理、銷售管道、供應商管理等。

　　如果有管理專業背景或者對管理感興趣，可以發展的方向包括：市場訊息或情報管理、行業研究、戰略規劃、人力資源管理、項目管理等。如果在銷售工作中在產品或行業的生產製造、營運、研究開發、設計等技術方面累積了優勢，則可以往技術層面較高的職位流動，例如：運作管理、售前技術提供、產品測試、售後技術服務等。

(三)個人創業

　　企業要生存，首先要有市場，做好業務工作是很多創業者必須自己先行解決的難題。許多令人羨慕的成功人士都是從銷售人員開始做起，在累積一定的資金、經驗和資源後進行獨立創業而獲致成功的。銷售人員進行創業最大的優勢是經驗和資源優勢。一個有著豐富銷售經驗的人士比起其他創業者，對行業

的理解、對企業的運作、對市場變化的認知都會有很大的優勢。同時，他們很可能累積了資金和良好的產業鏈上中下游的人際資源，瞭解該行業的運作模式和成功關鍵，甚至於掌握了穩定的客戶關係的資源。

臺灣人才直通新加坡

　　前PChome營運長謝振豐開創的電商平臺優達斯（uitox）跨海在新加坡設了第三個據點，並且大力尋找有興趣任職網路業的人才去當地工作。背後說明一個趨勢：現在有熱情但缺乏經驗的年輕人，去新加坡已經不只能到餐廳端盤子或去飯店打工，還可以拚網路業。隨著這樣的機會愈來愈多，臺灣第一間專門幫網路新創公司培訓人才的學校ALPHA Camp，推出把人才送到新加坡的計畫，只要通過十週的實戰營學習，就有機會獲得三個月在新加坡網路公司的帶薪實習機會。

　　背後原因，其實是新加坡政府積極鼓勵年輕人網路創業，已經有初步成果。像是當地起家的約會交友平臺拍拖（Paktor）、iPad益智遊戲Tinkerbox，都成功打進海外市場。這些新加坡的新創公司也都積極尋找更多人才，至於當地政府，則對臺灣網創公司去新加坡設點，都給予優惠條件大力招手，這些新變化，都讓臺灣學網路軟體的人才去海外出路變多了，不是非去中國大陸不可。

　　ALPHA Camp創辦人陳治平（Bernard Chan）指出，就是因為看好東南亞市場，ALPHA Camp收購了一間新加坡的程式教學機構Pragmatic Lab，並且也和新加坡的創業加速器NUS Enterprise展開合作。未來在臺灣參加「亞洲新創事業人才實煉計畫」的學員，完成學業後，就有機會去

✦ 新加坡鼓勵年輕人創業，學生們來創業會給夜市帶來一股新顧客和新氣象

Tinkerbox等新加坡新創公司帶薪實習。此外，這個計畫也更早就有提供香港、臺灣新創公司的實習機會。他很自豪地說，這大概是臺灣第一個教育機構，可以直接把人才送到海外新創公司去工作。

✦ ALPHA Camp創辦人陳治平（圖片來源：Citytalk）

　　陳治平本身是香港人，因為喜歡臺灣環境，2014年整理了上百箱行李搬家到臺灣創業。他以外人身份觀察，發現臺灣因為跨國企業不多，很多人才即便能力不錯，在本土企業的收入與發展空間都不高；同時間，新加坡雖然由政府積極引導往網路業轉型中，本地人才還是以金融與貿易業居多，這兩地有很多可互補雙贏的地方。

　　看來，臺灣人還是要勇敢走出去，因為包括新加坡在內的東協鄰國，都快速成長到不是許多人刻板印象中的那樣，懂得先嘗試的人，就會抓到新機會。

資料來源：林士蕙，年輕人去新加坡工作，端盤子外還有更多選擇，遠見，2015年4月21日。

影片來源：https://youtu.be/VRuGTYfSpMI

(四)轉從事管理諮詢和培訓工作

　　如果離開本行業，重新開始新的事業空間，也是一種新的職業方向選擇。例如：有經驗的銷售人員改做管理諮詢和培訓也是不錯的選擇，許多管理諮詢公司的諮詢顧問、培訓師都是從行銷實務界中轉過來的，有些還是行銷經理、行銷總監或大區域行銷經理等，因為他們有豐富的銷售經驗和行業背景，能瞭解企業實務的行銷環境，因此在做相關行業的行銷管理諮詢、戰略諮詢和專業培訓時，特別有優勢。

快送 Service

管理諮詢的價值

　　管理諮詢對企業來說，是一種投資行為。通過管理諮詢公司提供的服務，提高企業管理水準，進而提升企業營運效益。既然是投資，就要算投入和產出，產出＞投入，就「值」；產出＜投入，就「不值」。一般來說，管理諮詢帶給企業的價值產出在諮詢費用（投入）的3倍以上，才可稱之為「值」。那麼管理諮詢對受諮詢方的價值主要在以下四個方面：

1. 方案價值：諮詢顧問根據客戶實際情況，運用知識和經驗，為客戶提供的諮詢方案。這也是大多數諮詢專案與客戶約定的主要專案目標。

2. 傳遞知識和經驗：在諮詢項目實施過程中，諮詢顧問通過課程培訓、訪談、會議、日常溝通中給客戶傳遞的先進管理理念、管理方法、管理工具等。

3. 人才培養：在諮詢專案實施過程中，說明客戶管理團隊接受管理理念、管理方法、管理方案等，進而提升管理人員技能和素養的提升。

4. 諮詢詢業績效果：諮詢專案實施後，因為管理諮詢專案對客戶管理水準的提升效果，直接或間接為客戶創造的價值。

　　這四個方面的價值，最能直接衡量是第四個—諮詢業績效果。這也是諮詢項目價值最終和最主要的價值體現。

資料來源：楊荐民，管理諮詢的四大價值及其價值衡量。

影片來源：https://youtu.be/ftotqW5MXkk

服務這樣做

➡ Costco競爭優勢和員工福利待遇

2019年8月27日，中國首家Costco超市在上海開業。開業第一天就火了。會員卡一下子賣出了16萬張，停車場車位至少需等待3小時，周邊交通陷入癱瘓，朋友圈瞬間刷屏，剛開業半天，下午就不得不暫停營業。那麼，Costco到底做對了什麼？不僅便宜，人們都相信它，只賣真貨。

Costco公司特色

Costco是全球第二大的零售商，查理·芒格說這是一家他「想帶進棺材」的公司，貝索斯稱為「最值得學習的零售商」；就算在中國，雷軍也公開表示，小米借鏡了它的很多經營方法和商業模式。這家公司最大的特點就是：己欲達而達人，想辦

✦ 全球第三大零售商好市多在這場戰局中卻屹立不搖，不怕店鋪數量輸給龍頭沃爾瑪（圖片來源：經濟日報）

法持續讓消費者受益，也是因為秉持這樣的理念，Costco才得以長久穩健發展。

2018年發布的《財富》世界500強中，Costco位列35位，華為位列61位，整整落後26位。更值得一提的是，Costco規定所有在店銷售的東西，產品的定價只有1%～14%的毛利率，一旦超過14%，必須經過CEO和董事會的批准。

隨著電商衝擊實體零售，年輕族群改變消費習慣的時代裡，更使業者亟思改變，力拚突圍，然而，全球第三大零售商好市多（Costco）在這場戰局中卻屹立不搖，不怕店鋪數量輸給龍頭沃爾瑪（Wal-Mart），也無懼商品項目比不上第二名亞馬遜（Amazon），許多人好奇Costco是怎麼做到的？

1. 商品CP值高

多數零售商的加成比率是25%到50%甚至更多，但Costco規定了加成比率的上限，外來品牌不超過14%，Kirkland不超過15%，Costco賺錢的程序，就

是以確保提供最平價商品，試著不要賺太多錢。儘管追求價格競爭力，但好市多堅信「平價不等於廉價」，因此設立更嚴格的品管程序，確保每顆腰果的大小、檢查水蜜桃罐頭的殘皮，甚至在衛生考量下，自行建立牛肉加工廠，並啟動自己養牛的先導計畫，堅持產品保有高CP值。

2. 會員制

Costco全球會員超過9,300萬人，有部分人付60美元或120美元成為更高等的會員，所以光是會員費，就為Costco帶來數億多美元營收，而每年收取定額的會員費，能幫助好市多減少許多營運及管理上的成本，創造更多的價值回饋給會員。然而，加入會員的民眾們，就會覺得如果不買些東西會有不甘心的心態。

3. 批量採購

Costco主打量販店、會員制，又能靠量販優惠吸引會員大量購買，直接在賣場陳列販售商品，減少庫存時間和資金占用，瞭解顧客愈來愈習慣線上與線下的便利性，不想每週跑一趟，也很樂意為此一次買30捲廁所衛生紙、1公斤的方形包裝腰果，而方形包裝比圓形包裝浪費的空間少，一個貨架就能放進更多腰果。

4. 員工福利好

Costco另一個關鍵競爭優勢來自於他們訓練有素的員工，呼應了好市多以最好福利激勵員工樂於工作的做法。美國平均零售人員時薪10-12美元，Costco則平均給到20美元，且接近90%員工享有公司出錢的健保，不只是企業賺錢時的有福同享，就連2009年金融大海嘯時，好市多堅持不裁員，還反向加薪，讓員工死心踏地，留任率高達94%。

5. 實體消費體驗

由於電子商務崛起、消費型態轉變，沃爾瑪先是在旗下山姆俱樂部（Sam's Club，與好市多同屬倉儲式商店）推出「線上下單、線下取貨」新服務，讓客人不用下車，拿了商品就走；最近又以現金30億美元收購新創電商Jet.com，皆被視為對抗電商巨擘亞馬遜、捍衛零售龍頭寶座的行動。

Costco對自家員工的待遇和福利不會有所折扣

Costco在全球有24萬員工,對於這些員工,Costco遵行一個簡單的邏輯,那就是:高薪酬福利 → 高員工忠誠度 → 極致消費者體驗。也就是說,如果想要讓顧客滿意,首先要讓員工滿意,因為顧客滿意是由滿意的員工創造出來的。在薪資上,Costco的平均工資達到了22美元/小時,是美國零售業平均時薪($11.24)約2倍左右,而隔壁的沃爾瑪基本上是按照美國最低標準付工資。

Costco分店經理年薪能夠達到14萬美元,但這只是分店經理薪資的一部分,如果加上分紅和股票,分店經理的總薪資可達年薪的三倍。美國企業薪酬滿意排名上,排名第一的是谷歌(Google),排名第二的就是Costco。所以不管是影響薪酬的絕對值,還是相對值,Costco的薪酬都具有競爭力。

一位員工,加入好市多工作滿了一年,就能獲得股票和期權的獎勵。而醫療保險這樣的傳統福利更是不用說了,就連兼職員工都能獲得醫療保險和牙科保險。假期的制度更是很寬鬆,員工的年假從2周起步,如果工作表現出色還可以獲得獎勵,最高能達到一年5周的年假。

即使是在美國經濟低迷時期,Costco也沒有裁員。創始人吉姆•西格爾說過,「這是一筆划得來的好生意。當你僱傭了優秀的人才,提供了好的工作、高工資和職業生涯,好事就會發生。」

Costco有效員工管理

採取沒有強制KPI作法,員工身上如果都背著KPI的壓力,一旦完成不了,可能就要被減薪降職。長此以往,在巨大的壓力下,可能就往往會造成公司越來越高的員工流失率。Costco選擇了一種比較溫和的方式,不強調單純的業績指標,而是強調進步速度。更強調培養你,而不是考核你。

完全信任員工,Costco從不把員工當做「小偷」。就算丟了東西也不懷疑。如果真的發現了,也會深度談話,願意去感化或改造,始終把員工當做自己人。

Costoco在臺灣經營由輸轉盈關鍵

　　確定要Costco進軍臺灣以後，當時Costco經營團隊在臺灣各地選址，開啓全台展店計畫，包括在台北、高雄各地尋找合適開店的地方，然而選址的過程中，有些地方因為地目變更需要時間，有些地方還在商談合作的過程中，高雄遂成為我們口袋名單中第一個萬事齊備的地點，也因此高雄店就成為Costco進入臺灣的第一站。原本以為只要複製美國Costco的模式，亦步亦趨，就可以順利展開營運，拓展在臺灣的事業。沒想到，展店並不如預期，逆境很快就來敲門，而且一上門就是五年。

　　堅持收取會員費，是Costco為了給會員最物超所值的購物體驗；不花廣告費，是要把每一分錢都用在會員服務上。當時怎麼看，都覺得守住這兩個Differentiation（獨特性）實在太傻，但是後來，為Costco打開逆境的，也就是這兩個Differentiation。

　　在團隊齊心為打開困境的共同努力下，Costco必須先將目標放在讓消費者認識Costco的價值所在，在了解臺灣消費者對會員制的疑慮後，Costoco經營團隊決定先以體驗行銷來吸引顧客，所以當時推行了「一日卡」、「一週卡」作法，以短期會員的方式，讓消費者到賣場實際體驗Costco的產品和服務。

　　果然隨著社群與體驗行銷雙管齊下，大家開始口耳相傳，Costco的知名度也漸漸打開，愈來愈多人認同我們的Difinition（定義），了解加入會員後能夠享有的好處。於是就在團隊一天一天的努力下，Costco虧損的數字也一季比一季少，終於就在展店後的第六年，高雄店開始轉虧轉盈，找到了突破逆境的方法。後來Costco不論在臺灣任何地方展店，都能夠穩健踏實，一步一步的成長。

資料來源：經濟日報 時報出版，開店虧五年，Costco高雄店如何逆轉勝，經濟日報，2019年4月18日；東森財經新聞，不怕電商衝擊實體店？好市多4大優勢狂勝亞馬遜，2019年8月13日；HRflag，剛開業就超過負荷工作的Costco憑什麼留住它的員工，每日頭條，2019年9月4日。

☉ 問題討論

1. Costco針對有採取哪些管理方式，讓自家員工樂於留在公司工作？

2. Costco高雄店經營由虧轉盈的原因何在？

3. 隨著電商衝擊實體零售，Costco經營業績是如何打敗競爭對手之一的亞馬遜？

4. Costco對待全球員工福利和待遇遵行簡單的邏輯內容為何？

本章習題

1. 何謂人力資源管理會計？它的重要性有哪些？

2. 招募（recruiting）之定義為何？

3. 何謂職缺條件（qualifications）和甄選條件（selection）？

4. 對人力資源需求的預測可遵循哪些方式？

5. 招募管道選擇的原則有哪些？

6. 如何進行內部招募人才？內部招募人才的好處有哪些？

7. 如何進行外部招募人才？外部招募人才的好處有哪些？

8. 銷售人員之定義？學者鍾燕直（2002）研究中以完成任務的差別，如何定義不同的業務員？

9. 如何挑選合格的銷售人員？

10. 依據學者Kotler（1986）研究，現今企業的銷售人員必須有哪六大項任務？

11. 依據學者Jackson和Cunningham（1998）研究認為現代銷售人員必須扮演哪11種角色？

12. 為何企業要訓練員工？職場訓練細分成哪四種訓練？

13. 現代中國大陸服務業人才面臨哪些瓶頸因素？

14. 何謂公平理論（equity theory）？

15. 增強理論（reinforcement theory）？其中強化模式可分哪四類？

16. 馬斯洛（Mawlow）的需求層級理論可按其性質由低而高可分為哪七種層次？此七層次之內容為何？

17. 赫茲柏格（Herzberg）提出激勵保健理論（motivation-hygiene theory）之重點內容為何？

18. 請舉出非現金卻能有效激勵員工的方法。

19. 員工價值觀之定義為何？何謂組織認同？

20. 依據學者張緯良（2007）研究認為生涯發展可分為哪些？其內容為何？

21. 依據學者Otte&Khanweiler（1995）研究他們認為21世紀的生涯規畫可從哪些步驟進行？

22. 業務人員有哪些出路？職業發展的通路是什麼？

參考文獻

1. 大紀元，2015，台產學落差大服務業人才留不住。

2. 沈方正，2012，服務課程一之一：學講話，學聽話，天下雜誌。

3. 李聲吼，2000，人力資源管理，五南圖書出版有限公司。

4. 林家五、熊欣華、黃國隆，2006，認同對決策嵌陷行為的影響：個體與群體層次的分析，臺灣管理學刊，第6卷，第1期，頁157-180。

5. 林士蕙，2005，年輕人去新加坡工作，端盤子外還有更多選擇，遠見。

6. 柯秋萍，2005，價值觀、道德發展期及職業道德知覺關聯性之研究—以金融相關從業人員為例，中原大學企業管理系碩士論文。

7. 孫弘嶽，2015，招募暨甄選流程，人力資源管理的世界，新浪部落。

8. 陳怡伶，2012，服務業面試必考10大問，Cheers雜誌，138期。

9. 陳芳毓，王品集團個案全解析 4道秘密配方，提升工作意願 管理制度，雜誌生活網。

10. 葉日武，行銷業理論與實務，初版，臺北，前程企業管理公司。

11. 梁任瑋，2015，電腦自動調薪好市多員工零挖角，今週刊，944期。

12. 張緯良，2007，人力資源管理：本土觀點與實踐，臺北：前程出版社。

13. 經理人月刊編輯部，2007，人力資源管理。

14. 經理人分享，2013，11個有效的低成本工激勵辦法。

15. 楊力，2014，中國經濟轉型背景下現代服務業人才培養戰略研究，中信股份數據中心。

16. 蔡茹涵，2015，如何讓新人從原石磨成美鑽？Cheers雜誌，179期。

17. 鍾燕宜，2002，銷售與拒絕情境下心理量表的發展與評量—以壽險業務員為例，國立交通大學經營管理研究所博士論文。

18. Kolter, P. (1986). Marketing Management. Analysis, Planning & Control. Englewood Cliff: Prentice-Hall. Vol. 5.

19. Miller, V. D., Allen, M., Casey M. K., & Johnson, J. R. (2000). "Reconsidering the Organizational Identification Questionnaire", Management Communication Quarterly, 13(4), pp. 626-658.

20. Otte, Fred L. & William G. Khanweiler. (1995). Long-rang Career Planning During Turbulent Times. Business Horizons, 38(1), pp. 2-7.

21. Patchen, M. 1970. Participation, Achievement, and Involvement on the Job, N. J.: Prentice-Hall.

22. Rousseau, D. M. 1998. "Why Workers Still Identify with Organizations", Journal of Organizational Behavior, 19, pp. 217-233.

23. Super, D. E. (1970). Manual for the Work Values Inventory. Chicago: Riverside publishing company.

Chapter 10

服務業競爭與服務創新研發

學習目標

◆ 瞭解服務競爭之必然性、服務性企業保有競爭優勢

◆ 明白競爭策略模型、服務業與製造業在企業策略上的差異處、服務業
   競爭策略

◆ 知道服務企業持續卓越成功模式內容為何

◆ 曉得服務創新之類型、構面、績效評量以及服務研發中新產品之定
   義、開發、臺灣服務業創新研發現況

本章個案

◆ 服務大視界：服務創新對企業成長和競爭有其必要性

◆ 服務這樣做：Switch 能成為長壽遊戲機的關鍵要素

服務大視界

▶ 服務創新對企業成長和競爭有其必要性

過去，服務業一直被視為內需型產業，在以商品出口為導向的政策下，所獲得的發展資源遠不及製造業。臺灣傳統產業價值觀「重硬輕軟」，向來缺乏系統性服務概念與整體解決方案，對服務研發投入極少。以2016年為例，服務業研發經費只占GDP的0.2％，遠低於美國的1.86％，也較鄰近國家新加坡、日本和韓國低很多。

臺灣大企業沒有發揮龍頭作為，建構具有國際競爭力的創業領導及服務系統環境，沒有開發大型系統帶領整體價值鏈成長，也沒有致力培育優秀人才。因此，如何將臺灣服務業高值化、國際化，並提振其競爭力，是現階段重要的課題。

臺灣服務業多半規模小，國際市場資訊掌握不足，難以單獨和先進跨國企業競爭。政府應該倡導大型企業以聯合艦隊方式帶領規模較小企業一起進軍海外，輔導具衍生性服務與持續性需求的商品整案輸出，藉以提高整體服務價值體系的成長，帶動國內就業與經濟發展。

同時，加強研發創新，注入文化與科技元素，提高產業附加價值，促使服務業升級與轉型。進一步，在引進國際服務業者來台同時，善用臺灣資訊科技，鼓勵企業在台發展雲端服務或雲端資訊管理中心，打造臺灣成為「亞太服務加值基地」。2014年英國英特公司（Interbrand）宣告企業已邁向品牌4.0（Age of you）階段，發展以數據為基礎，消費者為中心的生態體系（Mecosystem），這便是以消費者連網為運作介面，以數位科技（AI）為支援體系的新服務架構。

放眼國際，新科技已衍生出許多新型態服務模式以及服務市場，包括Uber、Airbnb、Netflix、KKday、Car2go、Amazon等新創公司，而且不論是藉由消費端或供給端來驅動，或是藉由水平或跨業結合來發展，創新服務的商業模式不停在演化，共享經濟、平台經濟、創新經濟、長尾經濟等不同新興服務業類別因此蓬勃崛起。

服務創新是產業轉型的新行動方針，而服務業創新是逃離商品陷阱的途徑，也是為企業創造成長與競爭優勢的必要。糢糊產業界線，將所有企業視為服務業（農業、製造業都是服務業），才能跳脫產品導向的框架與商品陷阱的危險性，避免重蹈諾基亞失去手機王國的覆轍。

將農場轉型為觀光工場，製造業廠商轉型為製造服務業廠商，臺灣最經典的案例就是台積電。台積電不只提供晶圓代工製造服務，也提供各品牌大廠研發創新服務，成功建立B2B全球知名要素品牌的地位（TSMC inside）。

在長久以來台商最擅長的研發與製造基礎上，擴大以技術推動（technology push）的研發與高端製造服務，可以創造出強勢國際競爭力。此外，智慧醫療服務業也是臺灣具有強大競爭力的產業。臺灣擁有世界級的醫療技術，以及生技研發能力，並且擁有大量完整的健保資料庫，可以進行醫療大數據分析，確實是發展智慧醫療最佳的基礎條件。

臺灣社會高度全球化與自由化，深具文化底蘊，年輕人具有多元思考與適應能力，是一個創新創業優良環境，適合成為新型態服務業的實驗基地，加上台商有豐富的生產製造以及研發管理經驗，因此創新創業、智財管理、製造管理、以及turnkey管理等知識管理服務業，都是臺灣頗具優勢可以發展的服務產業。

臺灣要打造服務業的新藍圖，除了優化臺灣服務貿易模式、提高整案輸出的比例、投注更多的服務研發經費外，還必要能善用臺灣ICT研發創新能力與製造能力，在完善的頂層設計，創新的策略中，並需要有能動態調整，能分析問題，解決問題的實作人才，懂得談判以及模擬技巧，work smart且有效率的執行know how，臺灣服務業俾能在全球價值鏈中佔有關鍵席位。

資料來源：陳厚銘，學者觀點－如何打造臺灣服務業新藍圖，工商時報，2019年5月14日。

⏱ 動腦思考

1. 為何在臺灣服務創新是產業轉型的新行動方針，也是為企業創造成長與競爭優勢的必要呢？

2. 在臺灣發展智慧醫療服務業有哪些已具備優良的基礎條件？

10.1 服務性企業持續競爭優勢

10.1.1 服務競爭之必然性

(一)買方市場的到來

　　市場經濟的運行機制呈現出兩種不同的態勢，即賣方市場和買方市場，不同的市場有著不同的競爭特色。在賣方市場上，市場供給嚴重不足，企業產品不用擔心沒有銷路，廣大消費者在市場上處於被動的地位，被迫接受不滿意的產品或服務。由於不用擔心銷售通路和利潤，企業無技術創新、產品升級、服務改善、服務競爭力提升的內在動力和外在壓力。由於企業堅持生產第一的觀念，生產數量與規模成為企業競爭的焦點。隨著買方市場的到來，情況發生了變化，產品供過於求，從根本上扭轉了買賣雙方的市場地位。顧客掌握了市場交易的主動權，其消費選擇直接關係到企業的產品價值能否實現「驚險一躍」（市場交換），因而，同行業競爭歸根到底是對顧客的爭奪。服務於顧客、保持對顧客的忠誠成為企業競爭的焦點。

(二)經濟全球化趨勢日益明顯和中國成功加入WTO

　　經濟和綜合國力的競爭已成為現今國際競爭的焦點，世界經濟的一體化趨勢，使各國經濟相互滲透、相互依賴、相互促進、相互制約的程度不斷加深。中國大陸市場作為國際大市場的重要成員，將不可避免地受到全球一體化進程的衝擊。加入WTO後，只有百餘年發展史的中國大陸現代企業將不得不在失去更多國家保護的情況下直接同已有數百年發展史的現代工業強國在同等條件的市場上展開競爭。尤其是中國大陸工業是依靠國家政策扶持緩慢發展起來的，特別是電腦、轎車、通訊設備等新興工業領域起步晚，無論在技術、質量、生產規模上，還是在管理上都很難與外國企業抗衡。為此，必須積極推進企業服務管理體制的改革，這樣才能守住國內大市場並搶占國際市場。另外，烏拉圭回合關於《國際服務貿易協議》和WTO統計訊息系統局關於服務貿易的有關規定，有給予服務優勢的企業提供了走向世界的契機，又將使處於服務劣勢的企業面臨更為激烈的服務競爭挑戰。

台商經營大陸市場和品牌面臨危機與轉型契機

　　二十多年前，台商極受重視，每一個城市都有台辦，專門服務台商。5年前貨貿、服貿協議簽署之際，雖然兩岸關係已大不如前，大陸還是給予臺灣很多優惠，甚至超越外商，比如說由台資控股的證券商牌照。然而今天台商已完全沒有任何優勢。不僅是企業，個人也是如此。那些有技術專長的臺灣人還能存活，比如說半導體，但只是替大陸打工，不可能自己成立事業。

　　台商大舉回流，主要限於製造業。這並非臺灣環境突然轉佳，而是因為美國的制裁和關稅，以及中國大陸人口紅利及優惠條件逐漸喪失。

　　中國經濟增長的引擎早已不在工廠，而是市場。你沒有看到很多從事「中國市場」的台商回流，事實上他們衰退的更屬害，有些甚至已經消失。

　　「中國市場」的代表性台商是康師傅。泡麵早已從工人食品轉變成網紅推薦的時尚點心，品質取代了價格。康師傅近期推出一碗68元人民幣的方便麵。

　　十幾年前，台商麵包烘焙業曾經紅過一陣子，如85度C和克莉絲汀，現已被新加坡的Bread Talk取代。但更驚人的是瑞幸咖啡崛起，僅4年就在美國上市，雖然仍虧很多錢，但網點遍布全中國，對星巴克形成龐大壓力。曾有一段時間，臺灣的餐廳和小吃在大陸還算滿紅的，如金錢豹、呷哺呷哺、鹿港小鎮，但現在大陸的海底撈取而代之，其服務及創意遠超過台商水平。早期，台商在服飾領域也曾以設計和性價比取勝，如女鞋的達芙妮和男裝的湯尼威爾，但如今都不見蹤影。台商經營大陸市場和品牌失敗，有以下幾個原因：

一、沒有適時轉型

　　這幾年大陸市場最重要的趨勢，就是電商興起，馬雲甚至提出了「新零售」概念，強調線上與線下的融合，不僅是純電商。除了O2O以外，「業態融合」也是趨勢，如阿里這2年爆紅的「盒馬鮮生」，就是超商、餐飲和電商物流的三合一，可算是真正的「趨勢領導者」（trend setter）。25年前，台商曾引領大陸消費趨勢，如當年上海的太平洋百貨，現在只能跟在陸企後面。

二、沒有接地氣

　　大部分的台商都是第一代，現在已6、70歲。然而現在中國大陸消費市場主力是90後、甚至00後，他們的背景、思維、習慣及文化和老一輩完全不同，也就是所謂的「千禧世代」，不能再用傳統的方式和其打交道。（編按：90後指1990～1999年這段時間出生的人，00後指的是2000年～2009年出生的人）

　　現在還能存活的台商都非常年輕且本土化，重用大陸幹部，不再依賴臺灣經驗。即使臺灣有好的基因和創意，也需和大陸特色融合。

三、規模太小

　　台商傳統思維就是站穩腳步、慢慢發展。這在大陸是行不通的，任何成功的商業模式很容易被別人複製，你如果不懂跑馬圈地，只能將市場拱手讓人。

　　現在市場上資金太多，但好的企業太少，台商不擅資本運作，錯失機會。未來應該強調管理，打造核心競爭力，拉高經營門檻，輸出商業模式，形成規模化區域格局，並創造品牌價值。

四、速度太慢

　　很多台商經營了10年，卻只有華東或福建布局。新經濟時代，速度是關鍵，特別是在中國市場，不進則退。

　　未來，只有極少數台商能在中國大陸取得品牌上的成功，大多數人只能作爲品牌軍火商，也就是技術或服務的提供者。台商如果只想做精，可能要往歐美高端市場發展，比如說85度C在LA的分店，可以同時供應200-300人，大陸服務業現在還很少走向世界。

　　今天的中國市場，是世界級戰場，台商的失敗與淘汰，並非因爲市場沒有潛力，而是我們不夠世界級。目前最具競爭力的臺灣服務業，是珍珠奶茶，創意、服務和發展速度，皆很優秀，然而大陸業者如「喜茶」已追上來。部分臺灣業者轉而走向世界，或許這是臺灣年輕人的大好機會。

　　臺灣服務業最大的商機在於全球市場，不論是中國大陸、東南亞或美國，然而最大的危機是，許多人只想待在臺灣，搞一個小吃店。

今天即使我們若在服務業發展，無可避免面臨兩岸矛盾問題，一芳水果茶就是例子。在未來，臺灣只能相信自己，不能夠再依賴別人，更要全速邁向世界。

資料來源：黃齊元，把中國當工廠的台商在敗退，為什麼把中國當「市場」的台商也失敗，商業周刊，2019年10月21日。

影片來源：https://www.youtube.com/watch?v=lqcH07LPUbk

(三)服務經濟時代的來臨

OECD（西方國家經濟合作組織）把服務業創造的價值占國民生產總值50%的時代稱為服務經濟時代。90年代以來，這種趨勢更加明顯。現在，西方服務部門創造的價值在國民生產總值中所占比重大於60%，美國竟高達70%至80%。如今以服務為基礎的經濟在歐美已占據了統治地位，西方經濟的60%以上是服務性部門。今天企業已感到服務競爭在逼近，僅憑技術、質量、價格因素是難以創造出競爭優勢的。要想取得競爭優勢，除了必須把根基放在技術、質量、價格上外，還要拓展技術服務、維修保養、顧客培訓、服務諮詢、送貨上門、超值服務、電子商務等一系列服務形式方面。

10.1.2　服務性企業有效保有競爭優勢

服務性企業要如何維持競爭優勢，一直是企業的主要探索方向，不同學者有不同的見解。Fuchs *et al.*（2000）整理近二十多年來策略的相關研究，認為主要的策略學派大致可分為以下三派：

(一)定位學派（positioning school）

定位的策略學派，認為公司能做的好，主要是因為發展出獨特的策略，能夠保持競爭優勢。例如經由差異化的服務、高品質產品或品牌行銷的策略，能夠和競爭對手保持一定距離優勢。此學派的貢獻主要提供創造競爭優勢重要性的視野觀點，但它較少提及如何發展此技能及如何達成它。

(二)資源基礎學派（resource-based view school）

此學派認為如果公司不能掌握到不易模仿、不易交易、稀少的公司資源，那麼就不可能達成定位學派所描述的競爭性定位。而這些資源，可能包括了特殊專利、唯一供貨來源、高科技創新能力、地理優勢或規模效益等。此學派的貢獻，主要提供企業競爭力的內省觀點，重回問題的本質核心。

(三)程序學派（process school）

此學派著重策略的形成以及如何去根植公司基礎結構及其文化。

Bharadwaj, Varadarajan, &Fash（1993）整合多位學者在服務業競爭優勢之研究，提出服務業持續競爭模式，此模式如圖10-1所示。

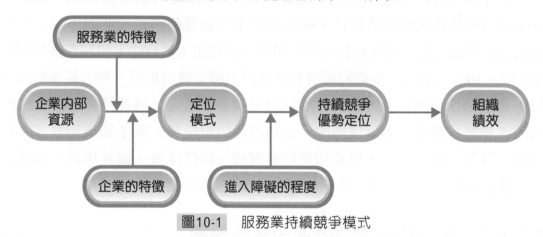

圖10-1　服務業持續競爭模式

資料來源：Bharadwaj *et al.*（1993）

1. **企業內部資源**：企業之長期持續性競爭優勢與經營績效的根基，仍在企業內部的資產與組織能力，包括品牌知名度、創新能力、執行策略的能力、資訊技術、人力資源管理等。

2. **企業的競爭定位**：競爭定位是指企業為產品在市場上建立並維持獨特地位的過程。

3. **組織績效**：企業的組織績效，大多區分為長期績效、短期績效兩種。長期績效多指人力資源管理績效，短期績效是指財務績效。

10.2 服務業競爭策略

10.2.1 競爭策略類型

由於各學者針對不同的研究目的和對象，對競爭策略類型的分類亦有所不同，依出現之先後順序分述於後：

(一)Bussell（1975）的策略模型

Bussell（1975）依據市場佔有率的獲取、保持與喪失，將策略類型區分為三類：

1. **建立策略（building strategy）**：藉由高度投資以增加市場佔有率的地位。

2. **保持策略（holding strategy）**：以現有市場的投資標準，保持市場佔有率。

3. **收割策略（harvesting strategy）**：逐漸減少投資，加強成本的控制，以增加現金的流量及利潤的回收。

(二)Glueck（1976）的策略類型

Glueck（1976）將企業的經營策略分為下列四種：

1. **穩定策略**：企業在原有的企業範圍內提供服務，追求以往相同或類似的目標，主要的策略行動在對功能性管理作小幅度的調整。

2. **成長策略**：企業將其目標大幅提高使之超越過去的成就水準，例如對市場目標及銷貨目標之大幅提高。

3. **退縮策略**：企業集中注意於某些功能的改進，尤其大力降低成本，減少所提供之產品或服務之市場，甚至解散整個企業。

4. **綜合策略**：企業把不同的策略方向（穩定、成長、退縮）同時應用於各個事業部，或應用於未來的各個時間階段。

(三)Miles&Snow（1978）的策略類型

Miles&Snow（1978）依據企業對環境變化所產生的反應，即企業改變其產品/市場以因應環境的做法，將事業策略分成四種策略型態，說明如下：

1. 前瞻者（prospector）

傾向於提供較廣的產品組合，並且在產業中居於領導創新的地位。密切注意市場的變化與趨勢，並且能迅速反應營運環境中任何機會。通常是變革的創造者，採用產品創新、市場創新等策略。

2. 防禦者（defender）

指擁有較窄的產品/市場範疇（product-market domain）的組織，通常藉著提供類似但成本較低的產品，來因應產業中的創新，提高專業領域效能，以防禦其市場地位，較少從事新產品之發展、新市場之開拓。

3. 分析者（analyzer）

介於前瞻者與防禦者間的組織，在兩種類型間之產品/市場領域下作業；其中是透過正式化結構和程序，穩定且有效率地運作；另一種則是在變化中尋找市場機會，同時快速接納與利用這些機會。

4. 反應者（reactor）

在產業競爭中，缺乏一套完整或一致性的計劃，只是被動地隨環境壓力而盲目反應。

(四)Porter（1980）的策略類型

　　Porter（1980）在其所著「競爭策略」一書中，指出一個產業內的競爭優勢，主要由五種競爭力所決定，包括競爭者、供應商的議價能力、購買者議價能力、潛在進入者、替代品，廠商根據此五種力量，並來檢視本身的優勢和劣勢，而採取適當之策略，就長期一般性而言，有以下三個一般性策略：

1. 完全成本領導地位策略（overall cost leadership）

以降低各項活動之成本作為企業的追求目標。但各項成本的降低，必須和服務、品質等因素共同考量。

2. 差異化策略（differentiation）

藉由產品或服務建立自己在整體產業上與競爭對手間的差異，使得顧客覺得公司的產品或服務是相當具有獨特性而願意接受或購買。

百貨靠眼球行銷 吸引年輕族群

　　大陸奢侈品市場從來沒有停下腳步，北京高檔百貨公司SKP-S日前開幕。開幕當天，消費者絡繹不絕，除了背著各式名牌入場的高端客群外，SKP-S打造的沉浸式「科幻世界」購物場景與藝術實驗空間，更是吸引許多年輕客群前來打卡拍照，直呼「這裡更像是博物館」。

　　SKP-S從一樓到三樓層層有藝術品、科技展示品圍繞，儘管奢侈名牌店面擺設已極具現代時尚感，但百貨公司的整體布局更讓消費者眼睛為之一亮。一入SKP-S門口，由SKP X GENTLE MONSTER合作呈現的「未來農場」內展示的機械羊群，羊群打造的唯妙唯肖，入口處即吸引大批民眾拍照、打卡。二樓的藝術互動裝置「企鵝魔鏡」，由四百五十隻電動填充企鵝組成，消費者在前方運動被感應到時，這些企鵝也會做出反應。由於羊群與企鵝製作逼真，在場的消費者不斷問「這是真的假的？」

✦ 位在北京SKP一層的未來農場的景象（圖片來源：聯合報）

　　SKP-S二樓主題為「火星歷史」、三樓主題是「重新探索火星」，百貨商場也相應營造出了火星場景，來訪到的消費者有著購物以外的新體驗。大陸消費升級，可從一些經濟數字看出。奧美中國在今年年初發布全球奢侈品牌消費白皮書報告，指出在未來的六至七年，百分之七十的奢侈品增長將來自大陸。三分之二的奢侈品消費者年齡在十八至三十歲。

奢侈品的消費主力在大陸變得更爲年輕化。要搶占年輕人的荷包，百貨公司更加創新、吸睛已成必須。

資料來源：呂佳蓉，北京瞭望/搶年輕客群，陸百貨變「博物館」，聯合報，2019年12月15日。

影片來源：https://www.youtube.com/watch?v=G3wOEieEEyQ

3. 集中化策略（focus）

集中化策略追求的是在特定目標市場上，找到企業生存的利基。此一策略可同時配合全面成本領導與差異化策略一起進行。

 快送 Service

瑞儀集中資源在利潤較佳產品 維持企業成長動能

策略是爲了達到公司未來的目標，也可供向外部和內部溝通之用。當公司聲稱要採取何種策略時（例如因應進口品的競爭，公司發展出差異化的產品以進入美國市場，此時可稱之爲差異化策略、防禦策略或國際策略），重點不是其名稱，而是員工要了解執行此策略所需採取的一連串行動方案。策略指導資源的調配，若沒有清楚的策略或是明確定義行動方案，資源的使用就會缺乏一貫性或不聚焦；策略也反映選擇，若採波特的觀點將公司視爲多個價值活動時，則公司須先決定要從事哪些價值活動，然後再將資源配置在這些價值活動上。因此，即使都是採用差異化策略，一家公司可能將重點放在研發和製造創新

✦瑞儀董事長王本然 （圖片來源：經濟日報）

的產品，另一家則可能重視人員培訓和資訊系統以提升服務水準。

　　瑞儀在2019年上半年交出稅後純益年增83.9%的亮麗成績單，董事長王本然指出，瑞儀能避開價格的殺戮戰場，主要是「差異化」的策略成功。其中最大因素是瑞儀擁有薄型化的射出導光板，成為高階機種的必需品。2018年，瑞儀全年稅後純益達50.4億元，每股純益10.83元，每股純益表現終於回到睽違六年的兩位數水準。主要是集中資源於利潤較佳的產品，聚焦策略效益顯現，才能維持穩定的成長動能。

　　在2019年上半年，瑞儀再交出每股純益6.28元的佳績，上半年毛利率為46.98%。法人也因此調升全年每股獲利預估達12.9元。

　　王本然坦言，瑞儀毛利率能持續穩定拉升，有一點出乎意料之外。面對產業環境快速變化，王本然強調堅持守核心技術，並將「確保獲利」列為首要任務。他說，這是瑞儀既定的營運政策，也是企業最大的競爭力。他指出，既然投入背光模組產業，就有如過了河的卒子，只能勇往直前、迎向挑戰。

　　王本然表示，瑞儀擁有最大的優勢就是24年來受到客戶群的肯定，一直給瑞儀很多挑戰的題目，這也讓瑞儀能夠很紮實把很多技術做出來。企業一定本身要有條件，客戶才會給題目。這種生意模式跟過去不一樣。瑞儀常保獲利的經營模式，就能顯現出最大的競爭力。

資料來源：李珣瑛，瑞儀王董差異化策略，守住高獲利，經濟日報，2019年8月4日；于卓民，企業設定的策略通常能完全實踐嗎，財訊，2019年12月11日。

影片來源：https://www.youtube.com/watch?v=BeJHu0AUYp8

(五)Schuler（1987）的事業策略模型

　　Schuler（1987）認為企業會選擇其事業策略，以便在與競爭者競爭時取得優勢。Schuler對策略之分類引用Porter的想法，其中成本降低策略和Porter的成本領導策略相似，而品質改進和創新策略則可視為Porter差異化策略，這三個策略分別是：

1. 成本降低策略（cost-reduction strategy）

透過嚴格控制、穩定的生產技術以及規模經濟等方法，以成為產業中成本最低者。

2. 品質改善策略（quality-improvement strategy）

透過品質的改善來協助企業在客戶間獲得良好的口碑，同時透過減少不必要的浪費，以增進經營效率。

3. 創新策略（innovation strategy）

營造具備創新條件的環境，經由提供客戶獨特的產品和服務，以突顯出競爭優勢。

10.2.2　服務業與製造業在企業策略上的差異處

服務業的特性與製造業有很多差異，例如：服務業的定價策略不同於製造業，服務業訂價的高低取決於顧客知覺服務品質的好壞，製造業的定價是依照產品的功能、外型來決定；服務業的變革和製造業也不同，其中服務業依賴服務人員傳遞產品，因此，在執行變革時會比製造業更需要讓最基層的員工瞭解企業變革的目標和作法等，包括需要對員工投入更多的承諾和關心。學者 Brush&Artz（1999）服務業和製造業在企業策略上的差異處，如表10-1所示：

表10-1　服務業與製造業在企業策略上的差別

策略的概念	服務業	製造業
成本與定價	決定於顧客的知覺	決定於有形的產品
生產率	難以測量	可以測量
調節供需	透過人力水準的改變，追蹤市場上的需求	經存貨管理，控制供需與產能
經濟規模	只能暫時降低單位成本	單位成本可以無限降低
經驗曲線	增加品質與價值創造	可透過大量製造降低成本達成經驗曲線
成長/規模/市場佔有率	不直接影響印象	直接影響獲利
推新產品與服務的風險	高度依賴顧客信賴	行銷測試結果
進入障礙	由人力資本、基本客群、人際網路決定	由產品或技術決定
變革的執行	需要多面項承諾與關心	需要相對少的人參與

資料來源：Brush&Artz（1990）

10.2.3　服務業競爭策略

　　過去因缺乏一致公認的服務競爭策略，多數服務企業只好採用一般的競爭策略為事業策略，他們通常採用的Porter的競爭策略。例如：麥當勞採用成本與領導策略。凱悅飯店採用差異化策略，創造獨一無二的顧客服務等。近年來很多學者主張應依據服務業的特性發展出適合服務業的競爭策略模式。在研究服務策略的學者，一為探討「競爭區隔、定位」模式，另一為探討「策略模組」（strategic groups）。此兩種模式探討的方向不同，競爭區隔模式主要由顧客特徵上的差異區分出不同的策略，但策略群組是由服務企業的角度來區分不同策略。

(一)競爭區隔、定位模式

　　Lovelock（1983）提出透過區隔目標市場、選擇目標市場並針對不同的市場區隔的特性來制訂不同的服務策略。Heskett（1987）根據Porter（1980）所提出的三個整體競爭性策略的原則，包括成本領導策略（overall cost leadership）、差異化策略（differentiation）及焦點策略（focus），提出服務的競爭策略應區分為低成本的服務策略、高特色的服務策略、結合高特色與低成本的服務策略三種服務策略，並根據各個策略的原則提出許多策略方針。此外，更進一步提出採取不同的服務策略對於服務業所產生的影響，如圖10-2所示。

1. **低成本的服務策略**

   透過尋找對服務要求較低或願意自行負擔一部分服務作業的工作之顧客、服務的標準化、減少服務作業的人力、降低作業網路的成本、增加「離線」服務的比率，以降低服務成本。

2. **高特色的服務策略**

   透過服務有形化、使標準化產品合於顧客的要求、加強員工訓練以提高附加價值、控制品質、影響顧客對品質的期望等方式，強化服務品質與顧客購買意願。

3. **結合高特色與低成本的服務策略**

   透過提供顧客自己動手（do-it yourself）的服務（例如：沙拉自取）、以標準化方式控制品質、降低作業過程中的個人判斷、掌握供給與需求、發展

「會員」基礎、增加設備提升服務速度、發揮特殊技能的槓桿作用、選擇性的科技應用、以資訊代替資產、掌握人力與設備的組合、掌握「服務金三角」（公司、員工、顧客）、掌握競爭策略的重心，以達成競爭策略。

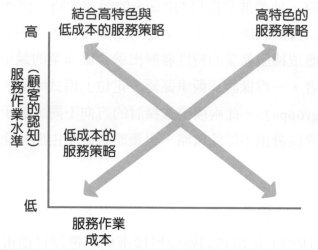

圖10-2　服務業中不同策略的變化所造成的典型影響

資料來源：Heskett（1987）

　　Kelner（1998）延續Lovelock論點，提出服務業應該根據「顧客特徵」（customer characteristics）以及「消費能力」（ability to pay）來區隔市場，並根據不同的區隔制訂競爭策略，其提出以下四種競爭策略：

1. 服務遞送過程自動化（automated service delivery）

將服務過程自動化、將人力降低到最低，降低成本，例如銀行的自動提款機，此類顧客對服務的品質要求不高，並且為了尋求較低的價格，願意負擔部分的服務或生產成本。

2. 大量客製化（mass customization）

企業要能夠快速掌握顧客的需求，大量且快速的生產顧客需要的服務，在快速的銷售到特定的顧客手中。此類顧客期望接受較低價格且又能滿足需求的服務。

3. 服務搭售（bundling of service products）

企業以單一價格將兩種或兩種以上的服務一起銷售（例如可用原價買儲蓄險加平安險），以此降低生產或服務成本、擴大消費市場，提升企業競爭力。此類顧客期望能有單一價格下，一次享有多樣化的服務。

4. 訂製服務（customization of specialized service）

針對顧客的特別需求，提供專屬的服務，其客戶通常對服務品質的要求最高，並且願意付相對高的服務。

(二)策略群組

Boxall（2003）依照服務業的特徵，將服務業分為三種策略群體（strategic groups），三類群體分別為大量服務行銷（mass service markets）、結合大量服務行銷和較高附加價值區隔（mix of mass markets and higher value-added segments）、非常明顯的差異化市場（very significantly, if not totally, differentiated markets），三類群體彼此間的顧客特性、工作方式等皆有差異。

1. 大量服務行銷（mass service markets）

強調高市場佔有率，提供快速、便利、價格低的服務，透過機器取代勞力或顧客自我服務方式，降低成本，此群體內的顧客通常對於服務的品質要求不高，此群體的服務企業如加油站、超級市場、速食店等。此策略中通常具有品牌知名度的企業能真正獲利。

2. 結合大量服務行銷和較高附加價值區隔（mix of mass markets and higher value-added segments）

此類群體提供較多元化、附加價值稍高的服務，以滿足期望多樣化但價格又不高的顧客，此類群體同時採用降低成本、提升服務品質策略，獲取利潤，此群體內的服務企業如一般的安養中心、飯店等。

3. 非常明顯的差異化市場（very significantly, if not totally, differentiated markets）

提供非常專業、知識密集的服務，此群體內的顧客傾向為接受專業服務而願付高的價格，此群體內的服務企業如一般法律顧問公司。

綜合以上服務業競爭策略的研究，即便每位學者主張的區隔方式不一樣，但大致上都可區分為三種不同的策略模組，而且由上述學者的策略內容，三大策略群組的策略內容皆傾向為降低成本策略、同時重視成本與服務策略、提供高品質服務策略。

臺灣服務業軟實力下滑原因

為何臺灣服務業的軟實力會快速的磨耗，可能有以下三個原因：

1. 大量的使用實習生，接近於人力外包情況

早期服務業引入實習生是類似於人力補充，順便培養未來的從業人員。引入人數控制在適當的數量，所以實習生都能得到專職人員充分的監督與教育。後來有業者發現，這是可以以基本工資取得大量人力的管道，於是引入實習生變成成本降低的策略。每年一輪（甚至半年一輪）大量的實習生充斥了所有的一線的工作，少數的專職人員根本無法做好教育訓練與監督，服務瑕疵的比率就大幅提升。

2. 陸客大量湧入，超出服務能量

近幾年陸客以驚人的速度成長，而超過了這些服務業的服務能量。而且部分陸客的旅遊文化並不成熟，引起服務人員相對的降低服務意識。但是臺灣並不是只有陸客，降低的服務水準影響了本國客人與其他外國客人的消費經驗。

3. 以快速增加營業據點方式爭取市占

臺灣國內服務業逐漸飽和，競爭也逐漸激烈，所以許多服務業以快速增加營業據點的方式搶攻市占，短兵相接的結果，帶來兩個效應。第一個效應就是營業據點快速增加，無論是監督人力、幹部與從業人員都無法隨之快速養成，自然服務穩定度低落；第二個效應就是競爭過度激烈的情況下，每個營業據點的資產報酬率都非常低微，就以精簡人力的方式壓低成本，感覺被壓榨疲憊不堪的從業者，當然無法維持其服務的穩定度。

資料來源：章定寧，臺灣服務業軟實力為何快速磨損，天下雜誌，2015年7月27日。

影片來源：https://youtu.be/27MrBtaHjvg

10.3 服務業關鍵成功因素

　　關鍵成功因素（Key Success Factor, KSF，或稱Critical Success Factor, CSF）之定義因不同的學者將之應用在不同領域或產業，會有不同的見解。關鍵成功因素最早由Rockart（1979）提出，並將關鍵成功因素定義在一有限的範圍事物，只要能把這些事物做對做好，並能確保企業具備成功的競爭績效。因企業本身的資源是有限且珍貴的，而關鍵成功因素是動態的，為了確保企業能在競爭市場將資源更效的分配。尋找關鍵成功因子應能提供企業或產業建立持久之競爭優勢。

　　Berry（1999）提出服務企業持續卓越成功模式（sustaining success），其透過訪問美國14家持續卓越成功服務業企業標準典範後歸納出九個關鍵因素，如圖10-3所示。

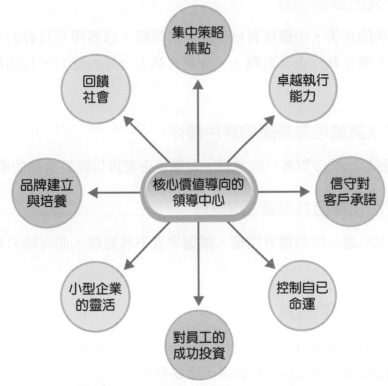

圖10-3　持續成功企業的九種驅使動力

資料來源：Berry（1999）

(一)以核心價值領導釋放工作潛力

價值導向的領導人會將他們所篤信的價值注入於組織之中，其透過一整套的核心價值帶領公司邁向他們理想的境界。高效率的領導者能夠舞動組織中的情感與精神資源，影響價值觀與企業核心價值相同的員工。如此員工將不再視工作而已，他們會重新詮釋工作並投入全部的熱情，為組織許下承諾、為客戶創造更高價值。

(二)定下策略焦點，整合成功目標

持續成功的企業會透過企業的價值系統，清楚制訂企業的核心策略。核心策略可以協助企業找到自己的定位，瞭解何事該做何事不該做。企業可依據核心策略為組織運作的焦點，激勵員工，並作為衍生附屬策略的依據。

(三)落實一流的服務品質

持續成功的企業，不僅要有極佳的經營策略，還要擁有良好的執行能力。最佳的服務企業在執行企業策略上，皆具有高人一等的能力，以迎接競爭對手的挑戰。

(四)建立以承諾誠信為基礎的客戶關係

透過服務以及信守對客戶的承諾，是標竿企業得以維持成功的原因。

(五)擁有控制企業自我命運的能力

不斷追求卓越以拉高競爭門檻，讓競爭者不易追趕，並在能力範圍內，不斷的擴充與成長。

(六)投資員工、共創佳績

持續成功的企業從不吝惜於員工身上的投資，企業對員工進行投資，最後，終會轉化成員工在工作上的表現，而嘉惠企業。

(七)保持輕薄短小的靈活彈性

無論企業規模是大或小，持續成功的企業都能保持小而美的身段，為客戶提供最佳服務。成功企業能夠適時改善作業流程，以為客戶量身打造出他們所希望得到的產品，滿足客戶的需求。

(八)全員建立深耕品牌的共同意願

強烈的品質形象對企業頗為重要，因為此將加深客戶對企業的認識與信心。品牌是企業與產品的象徵。而服務品質的好壞，也將影響品牌的價值。

(九)有效回饋社會

Berry認為受訪的成功企業都有著與一般企業所不同的回饋心態與行為，而這正是它們所能夠持續成功的原因之一。企業的社會公益活動，也將贏得消費者的敬意與忠誠度。

10.4 服務創新研發

10.4.1　服務創新之類型

服務創新的創新二字，基本上和產品設計或製造的創新是同一件事，都是討論改變和革新。學者Hertog&Bilderbeek（1999）研究指出服務創新會伴隨著新的產品配銷模式、顧客互動以及品質管控。學者Storey&Easingwood（1999）認為提供新服務所帶給企業的利益包含：(1)提高現有服務提供的獲利率、(2)吸引新的顧客、(3)改善現有顧客的忠誠度、(4)創造新市場機會。服務創新以創新為基礎概念，延伸出服務的傳遞與和顧客之間的互動模式等概念。

服務創新的類型多元，而不同服務性質廠商在創新過程中也扮演不同的角色。因此學者也針對服務創新進行分類，形成一個主要研究方向。Pavitt（1984）依創新活動將產業分成主要四類：科學基礎服務廠商（science based）、專業型廠商（specialist suppliers）、資本密集廠商（scale intensive producers）與供給驅動服務廠商（supplier dominant）。前兩類廠商為新技術的開發者，第三類廠商同時為新技術開發者和需求使用者，最後一類廠商是被動的應用別人提供的技術。Miozzo&Soete（2001）延續Pavitt（1984）的觀點，根據科技創新活動的差異進行相似但不同的分類，以下整理成表10-2：

表10-2　依產業技術進行的服務創新分類

供給驅動服務廠商（Supplier dominant）		例如：公共事業和個人性服務。
密集生產服務部（Production intensive sectors）	a.資本密集廠商（Scale intensive producers）	需要較大規模的後台作業和管理因應。通常適合利用科技應用來降低相關成本。
	b.網路型廠商	服務需依靠實體網路來實現（例如運輸、旅遊服務、批發量販和物流等）；或利用完善的資訊網路（例如銀行、保險、通訊、廣播服務等）。
科學基礎（Science based）和專業型服務廠商（Specialist suppliers）		此分類包含軟體和專業服務事業，例如設計服務。

資料來源：Miozzo&Soete（2001）

　　Ark、Broersma、Hertog三位學者（2003）引入了客戶和技術提供者等角色的互動概念，形成所謂服務的價值鏈。首先，要區分出三種創新過程上的角色：提供技術和其他投入（例如：資本、設備、人力資源等）的供應者、服務創新廠商、使用創新服務的客戶（包含終端客戶或是其他下游的服務或製造廠商）。之後依據這三個角色相互關係的不同，連接出五種主要的服務創新類型。

1. **供給驅動服務廠商**：創新來源主要是靠硬體製造產業開發。服務廠商應用上游製向商開發並提供的技術，來滿足客戶需求。一般探討「技術推動」（Technology Push的創新即屬此類。

2. **服務廠商的內部創新（innovation within services）**：主要創新活動在提供服務的廠商本身。可能是科技的創新、非科技創新、或兩者的結合。可能開發出新的服務，也有可能改善服務的傳遞。

3. **客戶主導的創新（client-led innovation）**：所有的服務創新都是為了滿足顧客需求，在此分類是由顧客主導、陳列出需求進行的服務創新。這個分類的特別之處，在於客戶主導的創新並不是公司為滿足全部或大部分市場需求而進行，而是未滿足特定區隔、甚至一位客戶而進行的創新。

4. **支持創新的服務（innovation through services）**：由服務廠商與客戶（或下游廠商）共同進行的服務創新。服務廠商扮演三種主要的角色來和客戶端合作進行：

(1) 促進者（facilitator）：在創新過程中扮演協助客戶端的角色。

(2) 媒介（carrier）：轉換其他企業、產業的創新知識或技術給客戶端。

(3) 創新來源（source）：服務廠商以自身開發的創新提供給客戶端。

5. **創新典範（paradigmatic innovations）**：此分類內的創新活動較爲複雜，從技術供應者、服務廠商到客戶都需參與其中，並帶動整個價值鏈中各相關人員一定程度的影響。如巨大技術的改變，使得產業發生結構包括資源限制、規範等根本的改變。再者，全新的基礎設施的建立、知識發展和應用。革命性的劇烈變動（radical innovation）通常也歸類在此。

10.4.2 服務創新之構面

　　Hertog（2000）以四個面向進行分析服務創新，其創新的架構包含四個構面：

1. 新的服務概念（new service concept）

2. 新的客戶介面（new client interface）

3. 新的服務傳遞系統（new service delivery system）

4. 技術選項（technological options）

　　此四種構面的關係模型圖如圖10-4所示：

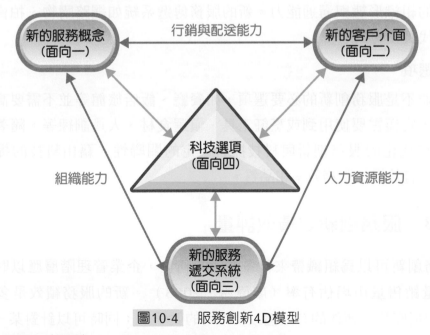

圖10-4 服務創新4D模型

資料來源：Hertog（2000）

1. **新的服務概念**

   製造業的創新，如推出新產品或新的生產流程，能以有形而具體的方式呈現，然而服務創新，有些是顯而易見的（例如：ATM、物流運送等），有些卻如同服務的特性一樣，是無形的，是一種感覺或特別的構想、概念及解決問題的方式等。服務概念創新與其他三個構面有密切的關連性，許多新的服務概念之執行必須依靠資訊科技的輔助，也可以引導出新服務流程，同時提高客戶對該項服務的參與和互動。創新的服務概念例子有：送貨到府之宅配服務、人力派遣公司短期派工服務、電子商務之規劃運用等。

2. **新的客戶介面**

   針對客戶之需求，透過各種企業活動安排呈現服務內容，例如：量身訂作的客製作服務、售後服務等。部分需要IT支援（例如：客戶資料管理、會計帳務管理等）。但並非有所有新客戶介面都需要依賴IT技術，有些大型運輸業運用到先進通訊GPS系統，但是有些行業的宅配，仍使用傳統的傳統電話通訊和一般運輸工具。新的客戶介面像是網路銀行和ATM之使用，同時提升服務效率和減輕銀行員業務量。

3. **新的服務傳遞系統**

   藉由組織調整、改造，以及員工訓練等方式，執行和傳遞更好的服務，需要新的組織形態與溝通能力。新的服務傳遞系統如網路購物、拍賣等都是具有代表性的例子。

4. **技術選項**

   技術並不是服務創新的必要選項，如餐廳、飯店旅館等並不需要高科技的使用，它僅需要使用到或烹飪工具、慎選食材、人員訓練等。隨著時代演進，現代化的服務創新與科技擁有一定的關聯性，藉由科技的提升與應用，可有效增加服務效率和品質。

10.4.3　服務創新之績效評量

　　服務創新可以為組織帶來很多方面的利益，企業管理階層應以財務準則予以衡量銷售量市場佔有率（廖偉伶，2003）。新的服務績效是多重架構的，能夠反應公司運作的有效性以及市場的競爭力；同時可以針對某一個專案計畫衡量，或者以整體開發過程的層次來衡量（Voss *et al.*, 1992）。Voss *et al.*（1992）將服務創新的績效衡量分為過程（process）和結果（outcome）的衡量：

(一)服務創新過程的衡量

1. **標準成本（criterion cost）**：每一個服務產品的平均開發成本、個別服務產品的開發成本、營業額花費在開發新服務上的比例、新產品/服務和過程。

2. **有效性（effectiveness）**：每年能開發多少新服務、新服務成功的比例。

3. **速度（speed）**：服務投入的時間、開發模型的時間、開發模型到投入的時間、公司外部採納新觀念的時間。

(二)服務創新結果的衡量

1. **財務衡量（financial measures）**：達到更高的獲利率、持續降低的成本、比期望成本更低的表現、達到成本效率。

2. **競爭力衡量（competitiveness measures）**：超出市場佔有率的目標、超出銷售/顧客使用層級的目標、超出銷售/顧客成長的目標、提高相對市場佔有率、在公司的形象/聲譽有強而有力的定位、賦予公司重要的競爭優勢、強化銷售/顧客在其他服務或產品的使用。

3. **品質衡量（quality measures）**：使服務的結果優於競爭者、使服務的經驗優於競爭者、優於競爭者所獲得的獨特利益、更多友善的使用者、提高可靠度（廖偉伶，2003）。

10.4.4 服務研發

(一)新產品之定義

在市場行銷領域中，新產品涵義很廣，除包含因科學技術在某一領域的重大發現所產生的新產品外，還包括在生產銷售方面，只要產品在功能或形態上發生改變，與原來的產品產生差異，甚至只是產品從原有市場進入新的市場，都可視為新產品，新產品可分為以下六種：

1. **全新產品**：指應用新原理、新技術、新材料，具有新結構、新功能的產品。該新產品在全世界首先開發，能開創全新的市場。它占新產品的比例為10%左右。

2. **改進型新產品**：指在原有老產品的基礎上進行改進，使產品在結構、功能、品質、花色、款式及包裝上具有新的特點和新的突破，改進後的新產品，其結構更加合理，功能更加齊全，品質更加優質，能更多地滿足消費者不斷變化的需要。它占新產品的26%左右。

3. **模仿型新產品**：企業對國內外市場上已有的產品進行模仿生產，稱為本企業的新產品。模仿型新產品約占新產品的20%左右。

4. **形成系列型新產品**：指在原有的產品大類中開發出新的品種、花色、規格等，從而與企業原有產品形成系列，擴大產品的目標市場。該類型新產品占新產品的26%左右。

5. **降低成本型新產品**：此類產品是以較低的成本提供同樣性能的新產品，主要是指企業利用新科技，改進生產技術或提高生產效率，削減原產品的成本，但保持原有功能不變的新產品。這種新產品的比重為11%左右。

6. **重新定位型新產品**：此類產品是指企業的老產品進入新的市場而被稱為該市場的新產品。這類新產品約占全部新產品的7%左右。

(二)新產品開發

1. 新產品開發原則

(1) 建立與企業目標一致的新產品開發策略

將經營目標、策略與新產品開發策略兩相結合，如此新產品開發可以長遠的規畫，獲得充分的組織配合，發展最適合的開發程序，並成為企業的經營策略中重要的一部分。

(2) 對於新產品開發資源配置，應重視彈性運用的原則

過去許多研究證明，充分的資源配置與彈性的運用空間，對於新產品開發績效發揮將有很大的幫助，這是企業投入新產品開發活動必須要有的認知。

(3) 在新產品開發過程中，要重視企業關係人間的互動與充分溝通

尤其在產品概念產生的初期，良好的溝通與互動，是產品開發成敗的關鍵因素。因此企業必須要設置與外部關係人溝通與互動的機制，長期維持良好的互動關係，並能有系統的歸納與整合各方的觀點與需求。

(4) 要發展整合性的專案團隊，來進行新產品開發

由於產品開發涉及到許多部門的業務與功能，因此形成團隊將是最佳的運作方式。無論是採何種形式的團隊，重點在於整體一致的產品開發目標，以及各成員間的相互支持協助。

(5) 以永續發展的觀點來看待新產品開發有關的業務

每一項新產品開發都不是獨立的計畫個案，而是企業在追尋永續發展過程中的持續創新行為。因此企業應以永續發展的觀點來看待新產品開發活動，每一次的開發投入，都是下一次新產品創新成功的基礎。

2. 新產品開發流程

產品開發流程是指企業用於想像、設計和商業化一種產品的步驟或活動的序列。流程就是一系列步驟，它們把一系列投入變成一系列產出。新產品開發流程分為七個階段，分別為：

(1) 構想階段（proposal phase）：為構想階段，此時產品還只是個粗略的概念。

(2) 規劃階段（planning phase）：為規劃階段，進一步對概念作可行性、經濟效益等評估，並籌組開發團隊、分配工作與任務。

(3) 設計階段（design phase）為設計階段，會實際進行產品的功能設計。

(4) 樣品試作階段（Lab Pilot Run Phase, LPR）：為樣品試作階段，負責對前一階段設計出來的產品進行功能驗證。

(5) 工程試作階段（Engineering Pilot Run Phase, EPR）：為工程試作階段，會對產品的可靠度進行驗證。

(6) 試產階段（Production Pilot Run Phase, PPR）：為試產階段，將驗證產品的可製造性。

(7) 量產階段（Mass Production Phase, MP）：為產品量產階段。

護理行業嚴重的勞動力短缺
促成SOWAN的問世

✦自動運行護理機器人「SOWAN」類型I（左），類型II（右）（圖片來源：sowan官網）

高山商事的董事代表高山賢治說：「關於護理行業勞動力的短缺是一個緊迫的問題。將來，由於出生率的下降和人口的高齡化，將很難找到足夠的人力資源，因此護理機器人就能大大地減少此問題的發生。」護理站點需要24小時準備，尤其晚上只有少量的醫護人員，因此這對值班人員是非常沉重的負擔。高山先生希望透過護理機器人的加入，來減少醫護人員的壓力以及人力資源不足的問題。

護理監控機器人SOWAN將在護理站周圍自動行駛，結合用戶佩戴的活動儀表，每當發生異常情況時，護理機器人會自動衝到房間並通知醫護人員現場情況來做出及時的治療。用於護理照顧的自主巡邏機器人有兩種類型：粉紅色的I型（模擬人臉）和II型（普通機器）。類型I的大小為400（W）x 400（D）x 1365毫米，類型II的大小為400（W）x 400（D）x 1360毫米，兩者重量均為60kg，功能相同。護理機器人有以下五大功能：

1. 自動巡邏機制

機器人主體配備了360度全向傳感器，該傳感器也用於自動駕駛汽車，可以自動檢測並避開障礙物，並且根據從傳感器獲得的訊息，使用SLAM技術，可以同時執行位置定位和地圖創建，從而實現高精度的巡邏。

2. 記錄病人身體數據，遠程與病人對話

透過病人手腕上配戴的手環，Sowan可與其連線並記錄病人身體數據，然後統計給醫護人員，醫護人員也可以透過視訊遠程檢查並透過Sowan

3. 透過臉部識別病人及語音呼叫

　　由於阿茲海默症患者時常會獨自在走廊中徘徊，爲避免發生危險，當Sowan在巡邏時發現此情況，機器人將自動提醒該名患者回到自己的房間。

4. 自動充電功能

　　當Sowan的電量快沒有的時候，它會自動返回充電位置進行充電，充電完成後，將恢復巡邏的工作。

5. 通報醫護人員

　　當Sowan在巡邏時，發現走廊上有暈倒或其他不適者，將自動通報醫護人員，並作出即時的治療。

資料來源：黃湞晏，解決醫護人員缺工問題？日本上線護理機器人，可24小時巡邏、記錄病人狀況，數位時代，2019年11月26日。

影片來源：https://www.youtube.com/watch?v=cqYp4GVqMiE

3. 新產品開發管理工作

新產品開發管理的工作依序分爲：機會辨識（opportunities identification）、概念的產生（concept generation）、概念評估（concept evaluation）、開發（development）、上市（launch）等五個階段。

(1) 機會辨識：

機會辨識指個人將資訊與知識藉由認知能力轉化成機會之認知過程。在東山再起的歷程中，機會辨識長期以來扮演了一個公認爲關鍵並重要的角色。創業家要如何警覺一個正確的機會資訊呢？先前許多的研究和理論在機會辨識上都聚焦於資訊決定性的相互影響概念，換句話說，爲了證明切實可行的投資機會，創業家必須以明確的產業、科技、市場、政府政策以及其他因素的角度來觀察、彙集、解釋和應用資訊。

機會辨識可能也包含了個人冷靜地認知結構—透過組織生活經驗和詮釋資訊成熟的架構。這些認知架構幫助創業家去掌握、控制看似無關的事件以及趨勢之間的關聯辨認（例如，科技、市場、人口統計資料、政府政策的改變）。簡而言之，這些認知架構協助創業家在表面看似獨立的事件上「連結小點」（connect the dots），然後他們察覺在這些事件的型態之間，會有可能構成爲辨認明確商業機會的準則（Baron, 2006）。

Garmin鎖定高階客群 在精品智慧錶市場銷售成果亮眼

在2019年第一季，Garmin繳出營收7.66億美元、年增率8%的成績，其中在航空、航海、車用、戶外、健身五大領域的表現，除了車用因為受到PND（可攜式導航產品）全球市場的衰退影響、該季度營收年減10%外，其他領域都持續正成長，其中航海年增達18%、航空年增達17%、健身年增達9%、戶外導航年增則是7%。

談起營收好表現，Garmin執行長Cliff強調這是源自於Garmin在產品實用性與新技術上的堅持。「20年前，沒有人想到PND會出現；又或者10年前，沒有人理解智慧型手錶。」但Garmin專注在新技術的研發，以及提前在競爭對手未注意的市場布局，成為Garmin在多個利基市場領先的關鍵。這個思維也展現在旗艦級智慧錶MARQ，這個代表Garmin走過30年的指標性產品上。Garmin亞洲行銷總監林孟垣指出，MARQ系列是Garmin首款全金屬機身的智慧錶，為了做到防水同時又能有效辨識GPS、WiFi等無線訊號，Garmin將天線設計在錶面中間極細微的縫隙間，在滿足質感外觀的同時，確保了MARQ也能保有穩定的智慧錶功能。

林孟垣笑說：「若是在純獲利的角度上，它（MARQ系列）很難會發生。」作為售價高達6萬甚至9萬的精品智慧錶，在生產上很難量大，這使得MARQ單隻手錶的生產成本大幅提升。有別於過去Garmin創辦人暨董事長高明環「毛利維持60%、淨利20%以上」的底線，Garmin這次推出了MARQ產品選擇犧牲利潤空間，林孟垣解釋是

✦ Garmin歡慶30周年，在台發表新品（圖片來源：Garmin）

為了深入精品錶市場，擴大與Apple、小米等大眾品牌的差距。

　　事實上，Garmin在高階客群中的銷售成果相當優異，林孟桓指出在臺灣2萬元以上的智慧型手錶市場，Garmin處於「沒有對手」的狀態。在富商與高階商務人士的社群內，Garmin也逐漸取代勞力士、浪琴表等精品手錶，「像是星宇航空董事長張國煒，也是Garmin錶的長期愛好者。」Cliff指出，在MARQ向上開拓高階客群的同時，Garmin仍在準備開拓新市場的機會。除了今年2月併購的室內自行車品牌Tacx已經完成整合，未來Garmin穿戴式裝置將能深耕Tacx所處的新運動市場。他也透露今年推出的下一款產品，將會針對「目前還沒有戴智慧錶需求的客群」，藉此讓Garmin於利基市場有所突破。

　　對於非穿戴式領域，像是車用市場的部分，2019年5月BMW已經正式宣布由Garmin作為車用娛樂系統的一級供應商，此外包含Daimler AG、Toyota、Honda、中國吉利都是Garmin車用市場的重要客戶。同時在PND市場，Garmin也嘗試用語音助理Alexa的整合提升應用體驗，藉此穩定住PND市場的衰退，「PND仍是很重要的獲利來源。」Cliff如此解釋。

　　於在航空、航海這兩個Garmin幾乎沒有對手的市場，Cliff強調仍持續推出新產品、穩住市場領先地位，「像是我們新的聲納模組，大小就跟壽司差不多。」Garmin戶外導航工程副總裁Bradley Trenkle也補充，即便是在航空領域，Garmin今年也將會有全新的產品推出，「用戶會希望我們做得更好，所以我們會持續提供新的技術。」

　　而對於Garmin來說，臺灣的重要性也越來越高。Cliff回憶過去「還只是個工程師、Garmin還是間新創的時候」，他就時常到臺灣拜訪供應鏈廠商。然而，隨著臺灣團隊的壯大，以及亞洲市場的重要性逐步提升，在2019年Garmin第一次選擇在臺灣舉辦亞太區新品發布會，而這也是Cliff首次住進信義區高級飯店，而不再是下榻汐止廠區附近、一晚兩千元左右的商務旅館。

　　「泰國、印尼、新加坡都是很好的市場，但我們需要一個居中地點，2018年發布像是MARQ這樣的產品，而臺灣，正是一個極佳的選擇。」Cliff口中的臺灣，已不再只是生產與研發重鎮，更成為輻射亞太的重要據點。

資料來源：譚偉晟，精品智慧錶市場「沒有對手」！Garmin CEO來台秀新品，談2019年3大布局，今周刊，2019年6月27日。

影片來源：https://www.youtube.com/watch?v=5Yxzw-UUdBE

(2) 概念的產生

概念的產生是由一組客戶需求和目標產品規格所產生的流程，然後將這些元素轉換成一組概念設計和可能適用的技術解決方案。這些解決方案將概述表單、工作原則和產品特色功能。一般來說，這些概念常隨附造型設計和實驗原型，用於協助制定最終決策。

取得形成概念並建立正式制度的工作挑戰性十足，往往涉及公司內部許多的關係人。為了讓概念形成流程容易上手且「一次成功」，流程設計必須能深入傾聽顧客的聲音，並於審核及選擇概念時慎重考慮顧客的聲音。不幸的是，概念形成的兩個主要目標矛盾無解。一方面要顧及時間緊湊，替代方案的數量越少越好，以便能完整的涵蓋需求。另一方面，廣泛嘗試各種概念卻有助於深入瞭解產品、激發創意。概念的產生是指運用內外搜尋程序為各個子問題尋求解決方案。然後，再使用各種工具深入研究試驗，建立適用的解決方案組合。

(3) 概念評估

概念評估是指形成多個概念之後，將使用電腦輔助工程與原型實體測試等各種技術進行分析。製造可行性、供應鏈能力以及其他產品可行性的分析面向，亦將納入考量。虛擬的3D 模型則用於擷取產品形狀，以評估產品的設計功能、品質和製造可行性。分析結果將使用中央資料庫收集並管理，以便於篩選及評分不同的替代方案，迅速縮小選擇範圍並改良概念。

(4) 開發

新產品開發是企業發展的原動力，亦是企業生存之關鍵，企業投注大量資金人力進行研發工作，若不能有效掌握其流程及各項步驟則往往產生無法想像之後果，甚至導致失敗之命運，但是要有系統的進行新產品開發模式卻非容易的工作，不但非常難以控制，且時常和常理相違背。

技術要領先多年才能談新產品開發

　　雖然近年來大家都說蘋果的產品了無新意，但消費者還是照樣會買單，而有一位不具名的蘋果前員工接受媒體訪問，談到Apple是如何看待自家的產品及技術，並強調快並不等於好！對於「最早」這個名詞，蘋果很少去爭。無論是某種新技術或是新產品，蘋果一般都不是第一家把它們帶入市場的公司。Apple CEO Tim Cook：「最早」並不是蘋果所追求的，我們的目標一直都是「最好」。

　　所以對於新技術又或者是新產品來說，蘋果一般都會在經過嚴格的測試之後才會推向市場。

　　一名不具名的蘋果前員工日前向媒體透露了蘋果對於新產品的開發理念：「無論是哪種類型的產品，蘋果在發布之前都會確保它（們）的體驗達到盡善盡美」。所以，這也是為什麼蘋果一直都在測試太陽能充電技術，而這項技術卻又一直沒有出現在iPhone或Mac上的原因。早在2008年時，就已經有消息指出蘋果開始測試太陽能充電技術，然而7年過去，我們還不知道這項技術將於何時成為蘋果產品的標準配備，甚至不知道它會不會出現。

　　那到底要進展到哪種程度的體驗才算是合格？前員工表示：「如果有一台搭載著太陽能充電的iPod，那麼它就要長時間接受陽光直曬測試，或是測試者在陽光下拿著iPod坐著聽音樂，只有這些測試通過了，太陽能iPod才會推向市場。」NFC也一樣，儘管蘋果的競爭對手在很早之前就已經推出了自己的NFC，但蘋果一直不疾不徐，直到Apple Pay的亮相。前員工還提到「防水技術」，他表示還在蘋果任職的時候，公司曾經對iPod進行過各種各樣的防水測試，但始終沒有達到100%的防水效果，這項技術也始終未能跟隨iPod一起展示。在蘋果的測試過程中，一台正在播放影片的iPod touch曾被技術人員灌進佳得樂（一種飲料）而毫髮無傷。

　　不過，並不是每一次測試都能達到100%的防水效果，蘋果最終還是放棄推出防水型iPod的計劃。除此之外，蘋果對於行銷廣告詞也是非常謹慎，

在沒有達到100%理想效果前，他們不會在產品的官方介紹中加入某種新技術。例如我們熟知的Apple Watch，實際上它有一定的防水功能，但蘋果官方卻改說「耐水」，並且不建議使用者將手錶直接浸入水中。總體來說，蘋果在決定開發哪種新技術並且要申請專利時，會考慮這項技術是否能夠「領先業界四年」。

資料來源：CnBeta，世界越快心則慢，Apple前員工談產品開發：技術至少領先業界四年才考慮，科技報橘，2015年8月31日。

影片來源：https://reurl.cc/EKxEj1

(5) 上市

　　每一個新產品的上市對於任何一家公司來說，都是一個很重要的時刻，花費了不少的心血、成本，就是希望這個新產品能夠幫公司帶來更多的營收、更大的市場佔有率、提升公司品牌知名度等等，但新產品想要一炮而紅，除了先決條件的東西要好之外，產品定位、目標客群的規劃都很重要。傳統觀念認為，只要產品符合顧客需求、縮短新產品推出時間以節省成本，即可讓新產品廣為顧客接受。

　　然而，資深顧問柏格林（Eric Berggren）與納夏（Thomas Nacher）認為企業要提高新產品的成功率，除了必需達到上述兩個基本條件外，還得遵循以下三原則（EMBA編輯部，2002）：

1. **提供顧客解決方案**：企業發展產品時，要從幫助顧客解決問題的角度思考，不是從產品本身出發，因為顧客購買產品的目的是為了解決問題。透過分析顧客經驗周期，企業可以發展出解決方案的產品。顧客經驗周期一般分為發現、購買、第一次使用、持續使用、管理及丟棄六階段。找出等待解決問題是非常重要的階段。一般來說，顧客面對生活上的問題，會視為理所當然而漠視它，可是企業可以為顧客找出問題癥結，替他們解決。微波爐的發明即是一例。

　　在說服顧客使用新產品上，必須不能超過顧客的預算。舉例來說，有一種安全玻璃剛推出時，由於厚度比一般玻璃厚，因此所需的玻璃框也不同，造成門窗業者額外的負擔，因此不被市場接受。不同的企業對顧客經驗周期重視的階段也會不同。

2. **協助通路**：有時候，一項很好的新產品不成功，原因是通路沒有配合。解決這個問題的方法是，讓通路了解新產品能夠帶來什麼好處與利潤。通路引進新品時和顧客一樣，由於對新產品陌生，都需要經過一些改變，如改變流程、訓練員工、銷售管理與規劃行銷活動等。製造商在每個環節都應該提供協助。

其次，企業要量化價值讓通路了解。舉例來說，一家玻璃製造商推出Keepsafe玻璃，它為每家潛在通路規劃報表，量化引進該玻璃會達成什麼利潤。假設某家通路年銷售量是五千片玻璃，只要它將10%轉用Keepsafe，就可增加四到六萬美元的利潤。這要多賣出五百到九百片舊玻璃才能達到的利潤。這麼做是讓通路了解，引進新商品是比較好的選擇。

3. **從顧客、對手、合作夥伴與自己的角度，進行全方位的思考**：一般來說，企業傾向延用過去成功的經驗，或運用自己現有不錯的能力，但這可能是企業成功的障礙，蒙蔽察覺威脅與市場機會的時機。舉例來說，法國一家提供聰明卡（smart card）的公司，成功替法國零售業者解決交易詐欺的問題。在法國，顧客利用信用卡付款後，業者要等半天的時間，交易才得到確認，詐欺的可能性因而提高。該公司的聰明卡，可為商家立即確認信用，大幅提高利潤。它在美國另闢市場，但美國並沒有類似的問題，因此無法為商家提供價值。經歷了一段時間之後，它才成功發展其他的應用方案－預付電話卡。新產品的成功，仰賴的不僅是產品品質，加上系統性思考，才能讓產品一炮而紅！

網路行銷有助新產品上市

　　在這個數位化的時代，除了實體世界的生意之外，網路這塊大餅也越來越大，而網路上的多元行銷方式，除了帶動電子商務的發展外，也對於實體的銷售有非常大的貢獻能力，更何況，網路行銷可以即時的追蹤效果立即反饋，可以根據效果來編列行銷預算，甚至還可以跟客戶建立直接的溝通，因此網路行銷的重要性，對於新產品來說，不可言喻。基於這些觀點，我們也

看到了不少所謂網路品牌商品的誕生，諸如所謂的淘品牌，有些在淘寶大促時，每天的營收可以破千萬人民幣，亦或是臺灣的lativ等等，這更加證明了網路不論對於一個新產品，甚至是新品牌都是一個非常重要的行銷推廣的場所。

　　新產品的網路行銷分成三個步驟，分別是上市前的預熱（pre-warm）、產品發佈會的同時、以及商品正式上市開賣之後，每個階段要做的工作重點略有些不同，而每個階段的時間長短則可以有些彈性，但基本上是根據產品原先規劃的時程而來。一般在新產品發佈會的前兩週左右時間開始預熱，有些公司甚至在一個月前就開始，此時公司會透過一些管道，諸如一些比較有影響力的博客，或者一些相關領域的專業線上媒體做小道消息的

◆ 標題直接點出冷凝墊的涼感特色和強化特點，再輔以超殺折扣，易吸引消費者購買。

曝光，比如說搶先發佈一些類似公司內部流出的產品照片、產品的規格，甚至還會讓這些線上媒體來做一個相類似產品的大比拼，刺激消費者想要一探究竟的慾望，也拉動消費者對新產品的期望，並讓他們開始找身邊的朋友討論這個新產品，如此一來自然會有人期待新產品發佈日的來臨。

　　在新產品發佈日公佈後，就開始針對新產品發佈造勢，一直保持著一定的熱度，而新產品發佈如果有實體的發佈會，最好網路上也搭配同步視頻直播，發佈會除了邀請原本線下的平面以及電視媒體外，不要忘了線上的專業媒體以及一些網路上的草根意見領袖，不要輕看他們這個意見領袖的影響力，被邀請是一種殊榮，所以他們會很樂意地在網路上幫我們做宣傳，同時因為場地有限，如果可以透過一些視頻網站做發佈會現場的直播，那更能夠讓更多人看到這個新產品的發佈，很自然會在一些論壇或者SNS上面被傳播開來，當然一定要有適當的引導。

　　通常，新產品正式上市還會有一段時間，因此新產品發佈會後，必須建立起媒體供稿的關係，記得把新產品跟某些趨勢做個連接，讓媒體有更好報導的切入點，提升新產品的能見度，同時，也邀請一些名人或者測評類的部落客與網站參與新產品體驗，並藉由他們的渠道發佈第一手的新產品使用體驗，拉抬新產品的口碑。

　　在新產品正式上市開賣的時候，別忘了把他鋪貨到所有能夠銷售的渠道（當然要考慮自身的能力），除了線下零售外，線上也很重要，不要只想在自己網站上賣，因為消費者總有他習慣購買的網站，一定要盡量讓他們感受到購買的方便性，銷售鋪開後，接下來就是所謂效果廣告的時刻了，透過SEM、CPS、EDM等方式來引導購買，同時別忘了合作購物網站的展示重要版面，還有透過一些引導的方案，讓消費者願意透過自己的社群網站、網路社交圈來告訴他的朋友們他買了什麼東西、有什麼好處等等。

資料來源：捷思唯，新產品上市如何網路造勢？JustV Solution Corporation。

影片來源：https://youtu.be/OJT3jo8BtOs

　　在上述的流程當中，臺灣企業最擅長的階段就在於：如何從「開發」到「上市」能夠「快速量產、交付客戶」。但以「產品創新」為主的歐美企業並不認為如此，有的甚至已把這種研發工作外包給臺灣或其他工資較低的新興國家。蘋果的產品就是最好的例子，iPhone5S的成本不到200美金，但售價卻高達850美金。他們認為機會辨識、概念的產生、概念評估等前階段的工作，才是重點，不能假手他人。反觀臺灣企業卻是得在不斷的cost down之下才能擠出毛利。

(三)臺灣服務業創新研發現況

　　在服務業的研發創新上，臺灣服務業投入的研發經費，歷年來皆低於製造業，在95到99年間臺灣服務業研發經費占總研發經費於6～7%間，顯示其在研發支出上，與製造業比較相對不足。依據行政院國科會2010年版《科學技術統計要覽》的數據，我國在2009年的研發經費為新台幣3,671.74億元，較上一年度成長4.49%。一如往年，高達70.1%的比率是來自企業部門；其次是政府部門的16.77%，以及來自高等教育部門的12.75%；私人非營利部門僅有0.37%。由

此可知，企業部門一直是臺灣研發經費最主要的來源。依行業別區分，企業部門的研發經費以製造業占最多，其投入之研發經費合計約為2,378.2億元，占全體企業部門研發經費比率高達92.39%；而服務業研發經費則占全體比率7.30%（約268.04億）；其餘業別（電力及燃氣供應業、用水供應業、汙染整治業，以及營造業）合計僅占0.31%。製造業的研發經費遠高於服務業。

2015年六月時，湯姆森路透（Thomson Reuters）發布了一份全球創新報告（2015 State of Innovation），針對全球12項重點產業的技術研發狀況進行分析。結果發現，雖然整體的技術進展在未來數年可能面臨停滯，但還是有表現亮眼的個別產業。而對臺灣最大的啟示，就是我們以前總認為缺乏技術實力的中國大陸，已經在許多產業中躋身世界一流了。在這份報告特別描述出兩項發現，值得臺灣借鏡省思（蔣士棋，2015）：

1. 生醫食品成長快 研發能量重新分配

此報告中看每個產業內的專利活動變化，也能發現明顯的「此消彼長」。數量占比最大的前三名：資訊科技（30%）、電信（13%）以及汽車（12%）在2014年的專利活動成長率分別只有4%、6%以及1%，而臺灣產業命脈之一的半導體，反倒還衰退了5%。相反地，食品菸酒以及醫藥領域，卻分別有21%以及12%的成長，相近的化妝品/健康以及生物科技，也分別有8%以及7%的成長。雖然這些領域在整體專利活動的占比還不高，但也顯示全球主要的研發能量已經悄悄地往生醫領域轉移。只要這樣的趨勢不變，有朝一日取代整個ICT產業也不是不可能。

2. 別再說中國沒有研發能力了

整份報告最該讓臺灣警惕的，就是中國在研發上的「火力展示」。在這份研究中，臺灣能榜上有名的研發單位僅有台積電、交通大學（半導體）以及成功大學（家電）。但中國卻是從航太軍事直到半導體電信幾乎都不缺席。換句話說，當臺灣以深耕半導體產業自豪的同時，中國已經在許多臺灣無法顧及的領域取得亞洲甚至世界級的領先地位了。除了臺灣較熟悉的電信領域（華為、中興通訊）之外，中國在醫藥、食品菸酒、航太以及石化上，都有既深且廣的布局，而且成員包括民營企業、國營企業、大學院校以及國家法人，整個技術研發體系已然完備，未來領先臺灣的幅度只怕會越來越大。

服務業拚創新不必花大錢

　　2014年，經濟部長杜紫軍在商業總會發表演講，特別提醒臺灣服務業的研發經費偏低，極需正視。這是個老問題，但數據似乎低得讓人不可置信。根據政府統計資料，臺灣服務業主力之一的住宿及餐飲業，在2013年的整體研發支出，竟然只有區區八百萬元，難怪經濟部長會急。

　　服務業佔臺灣GDP七成，而住宿及餐飲業無論是家數或從業人數都還在成長，如果還繼續走傳統經營模式，臺灣這個小市場很容易淪為刀刀見骨的紅海。但這不代表服務業者安於微利的小確幸。

　　冠昱聯合會計師事務所所長方文寶就質疑官方數據，「住宿及餐飲業不是沒研發，而是沒研發部門，因為都是中小企業。」他舉例，餐廳主廚新開發的精緻料理、店面裝潢的設計巧思，都可能提高顧客滿意度、帶動更多的營收，但這些活動都攤到一般的銷管科目，當然看不到研發支出。至於服務業是否可以像科技製造業那樣另設「研發」的會計項目？方文寶直言，「認定困難，多此一舉。」

　　以拉亞漢堡起家，旗下擁有六個品牌，六百多家門市遍及臺灣、大陸、東南亞的森邦餐飲集團董事長徐和森則強調，研發金額多寡並不重要，「因為服務業的研發並不必花大錢。」徐和森提醒，服務業賣的就是生活體驗，多聽多看才能累積研發的底蘊。他自嘲是「菜市場派」，曾經一年吃過1,500百份早餐，「只要認真觀察同業，然後再模仿、優化，就能找到市場機會」。

資料來源：吳挺鋒，服務業拚創新最缺的不是錢，天下雜誌，2014年11月25日。

影片來源：https://youtu.be/nrlCsYqt53w

服務這樣做

▶ Switch能成為長壽遊戲機的關鍵要素

　　手機更換頻率加快，但遊戲主機可不常換。PS3和Xbox360這兩款超長壽主機甚至活了11年，在電子產品已是難以想像的「高壽」了。但一般遊戲主機也沒有這麼誇張的壽命，一般來說主機硬體的生命週期約5~6年，之後每多一年都是賺。任天堂知名製作人宮本茂就曾在2018年投資者會議說過他們想延長Switch的生命週期。或許，Switch能比想像更「長壽」，這與它的產品形態和遊戲生態有關。

　　任天堂預計本財年（2019年4月1日至2020年3月31日）將銷售1,800萬台Switch主機和1.25億套遊戲軟體。四名分析師預估Switch銷量為1,907萬，九名分析師預估任天堂遊戲軟體銷量為1.4743億。如果只看上市後兩個年末假期購物旺季銷售數字，Switch前兩年購物旺季的銷售數都比最暢銷的遊戲機Wii好。Wedbush分析師Michael Pachter就很看好Switch的前景，預計未來三年Switch每年都能賣出2千萬台，「應該很容易超過1億台累計銷量」。

　　Switch發表初期就是完成度很高的產品，這意味著硬體的改進空間不大。或說即使Switch有效能更強版的Switch Pro，僅從硬體角度而言，生命週期可能沒有其他遊戲機那麼長。畢竟2017年發表的Switch硬體規格當時就弱於發表數年的PS4和Xbox。

✦ Switch遊戲機外觀（圖片來源：科技新報）

遊戲軟體才是續命關鍵

　　不過對任天堂而言，硬體從來都不是最重要的。若是封閉的生態，Switch能賣多久，和遊戲還能吸引多少新用戶息息相關。不看好Switch生命週期會更長的任天堂粉絲就表示Switch並不像遊戲史上最暢銷的主機。「PS2、NDS、Wii的遊戲數量極多，濫竽充數者也極多，但好遊戲也非常

多，目前，Switch遠遠沒達到這個水準，遊戲軟體的增速很正常。」在他看來，隨著遊戲更新加快，遊戲技術進步，Switch的生命週期必然比以往產品更短。因為機器改善空間小，而核心遊戲已不夠用。

但深諳生態重要性的任天堂也明白優質遊戲對Switch的重要性，不會讓好遊戲擠在一起發表，影響Switch的銷售量。2017年有《薩爾達傳說：曠野之息》《超級瑪利歐：奧德賽》和《超級瑪利歐賽車》，2018年有《精靈寶可夢 Let's Go！皮卡丘／伊布》和《任天堂明星大亂鬥：特別版》，今年也有《精靈寶可夢 劍／盾》。

遊戲陣容：瞄準寶可夢愛好者

2018年的遊戲陣容，包括寶可夢雙版本遊戲（在年底前的一個半月內創造1,000萬銷售量），以及《任天堂明星大亂鬥 特別版》（銷量超過1,200萬）。任天堂在2018年的10-12月，總計售出942萬台Switch主機，以及5,250萬套軟體。

2019年，任天堂再次瞄準寶可夢愛好者，推出《寶可夢 劍》和《寶可夢 盾》。這兩個版本的遊戲於11月15日推出，但也因為圖像及動畫品質不佳、「寶可夢」陣容被砍而遭受玩家批評。不過，遊戲推出的週末，銷售量就超過600萬套，為至今表現最佳的Switch遊戲。

麥格理分析師戴米安·宋（Damian Thong，音譯）表示，「這是寶可夢系列遊戲，除非打算棄坑，實在很難想像粉絲不買單。以推出同年的營收而言，《寶可夢 劍／盾》有機會成為表現最佳的遊戲，甚至有機會超越《任天堂明星大亂鬥 特別版》。」

配備擴大玩法：健身環複製Wii Fit的成功

2019年10月，任天堂推出《健身環大冒險》。這款遊戲定價為80美元，附送彈性塑膠環和腿部綁帶，只要將Switch控制器分別裝上塑膠環和綁上腿部，即可追蹤使用者的動作。透過基本的動作捕捉，玩家可以利用跑步和深蹲，展開戰鬥和通過關卡。

任天堂是在嘗試複製Wii Fit的成功

Wii Fit這款突破性健身遊戲是在2012年搭配平衡板推出，銷售超過5,000萬套，也是擴大Wii主機使用者基礎的關鍵。《健身環大冒險》的起步十分亮眼；任天堂還因為遊戲供不應求而致歉。Wii於2006年推出，主機總銷量超過1.01億台，遊戲總銷量為9億套；任天堂至今也難以再次創造同等水準

✦ Switch遊戲機搭配健身環使用（圖片來源：任天堂官網）

的成功。任天堂的股價在Wii推出的隔年到達高峰，目前比2007年高點低了約40%。Switch的表現足以與Wii比擬，頭兩個假期季的表現甚至優於Wii。

Switch埋下的伏筆帶來不同的遊戲形式

安迪比爾定理說的是硬體提高的效能，很快被軟體消耗掉。「Andy（英特爾前CEO）gives, Bill（比爾蓋茲）takes away」。而任天堂這方，或許是「Switch takes away, Pokémon gives」。儘管遊戲對整個生態非常忠實，但任天堂的遊戲主機也有讓你不得不買的理由。Wii的體感遊戲革命拓展了非玩家用戶群體，讓體感成為所有主流機種必備的遊戲周邊設備，讓《Wii Fit》成為銷量第三高的非綑綁主機遊戲。

一切都在Switch延續下去，從最初的Labo套件到最近的健身環，Switch遊戲機之外還有更多玩法。試玩Switch VR紙盒時，就發現每個敲擊能記錄感測。這是因Joy-Con不僅包含全部按鈕，還配備三軸加速感測器、NFC感測器和紅外感測器IR Camera。透過Switch的Joy-Con，震動的方向Switch都能判斷辨識，極少誤判。玩健身環時Joy-Con依舊非常重要，當感測器與Ring Fit結合，就能做到多種運動模式，甚至還能偵測心率。

　　讓Switch「脫離」遊戲主機的關鍵就是感測器。然而Switch發表的第一年，感測器的功能幾乎沒用到，沒有任何遊戲開發商（包括任天堂自己）使用。產品發表近一年之後，更多玩家才知道Switch感測器可帶來很多有趣的玩法。例如：它可以確定你的嘴巴是張還是閉，可以探測熱源。甚至可以錄影，透過Joy-Con的感測器，相關訊號就能傳到Switch的螢幕。

輕度玩家會轉往手遊？

　　戴米安・宋認為，Wii獲得極度成功的助力之一即為輕度玩家，但許多輕度玩家已轉往手機上的免費遊戲，例如任天堂推出、極為熱門的《瑪利歐賽車巡迴賽》，社群媒體和串流影片服務也都在爭搶民眾的空閒時間。不過，短期而言，任天堂的前景還是很不錯。

資料來源：愛范兒，Switch的生命週期比你想的更長，一切早就埋下伏筆，科技新報，2019年12月6日；黃維德，年終購物季大贏家 任天堂靠3招讓Switch成為長壽遊戲機，天下雜誌，2019年12月12日。

⏱ 問題討論

1. 一般來說主機硬體的生命週期大約5至6年，為何Switch會比想像中更「長壽」呢？

2. 讓Switch「脫離」遊戲主機的關鍵是什麼？它具備很多有趣的玩法。

3. 現許多輕度玩家已轉往手機上的免費遊戲，是否會影響任天堂銷售情形？為什麼？

本章習題

1. 服務競爭之必然性為何？

2. 學者Fuchs *et al.*（2000）研究，認為主要的策略學派可分哪三派呢？

3. 學者Bussell（1975）提出的策略模型可區分哪三類？

4. 學者Glueck（1976）研究中將企業的經營策略分哪四種？

5. 學者Miles&Snow（1978）將事業策略分成哪四種策略型態？

6. 學者Porter（1980）在所著「競爭策略」一書中指出一個產業內的競爭優勢主要由哪五種競爭力所決定？

7. 何謂完全成本領導地位策略？差異化策略？集中化策略？

8. 學者Schuler（1987）的事業策略模型中包含哪三個策略？其策略內容分別為何？

9. 根據Brush&Artz（1999）研究中發現服務業與製造業在企業策略上有哪些差異處？

10. 學者Heskett（1987）研究提出服務的競爭策略可區分為低成本的服務策略、高特色的服務策略以及結合高特色和低成本的服務策略三種，這些策略內涵為何？

11. 學者Kelner（1998）研究中提出哪四種競爭策略？

12. 學者Batt&Moyihan（2002）研究中歸納出哪三種策略群體？

13. 學者Boxall（2003）依照服務業的特徵，將服務業分為哪三種策略群體？

14. 關鍵成功因素之定義為何？學者Berry（1999）提出服務企業持續卓越成功模式有哪九個關鍵因素？

15. 何謂服務創新？學者Storey&Easingwood（1999）認為提供新服務所帶給企業的利益有哪些？

16. 學者Ark、Broersma和Hertog（2003）研究中提出哪五種主要的服務創新類型？

17. 學者Hertog（2000）研究中提出創新的架構包含哪四個構面？

18. 學者Voss *et al.*（1992）對於服務創新過程衡量的內容有哪些？服務創新結果的衡量有哪些？

19. 按產品研究開發過程，新產品可分為哪六種？

20.新產品開發原則內容有哪些？

21.新產品開發流程可分為哪七個階段？

22.新產品開發管理工作依序可分為哪五個階段？

23.2015年六月時，Thomson Reuters發布了一份全球創新報告，對臺灣最大的啟示，就是我們以前總認為缺乏技術實力的中國大陸，已經在許多產業中躋身世界一流之列，為何呢？

1. 林麗娟，2015，臺灣工具機硬漢用研發力單挑日本，今周刊，969期。

2. 吳挺鋒，2014，服務業拚創新 最缺的不是錢，天下雜誌。

4. 章定寧，2015，臺灣服務業軟實力為何快速磨損，天下雜誌。

4. 黃玉禎，2010，潘進丁用差異化策略反守為攻，今周刊，685期。

5. 楊卓翰，以傳統製造業角度評估將有大盲點：中韓FTA 臺灣服務 衝擊最大，今周刊，第964期，2015年6月15-21日，頁38-39。

6. 楊晨欣，2015，指紋解鎖成本過高，Yahoo改研究人耳辨識解鎖技術，數位時代。

7. 經濟部，2012，經濟部電子報http://www.moea.gov.tw/Mns/populace/news/Epaper.aspx?menu_id=1341

8. 廖偉伶，2003，知識管理在服務創新之應用，國立成功大學企業管理研究所碩士論文。

9. 蔣士棋，2015，未來已經到來：解讀全球產業研發現況，北美智權報編輯部。

10. 蔡志弘，2014，服務業的競爭力才是保證，中時電子報。

11. EMBA編輯部，2002，新產品成功上市的秘訣，EBBA雜誌，189期。

12. Ansoff, H. I. (1965). Corporate Strategy: An Analytical Approach to Business Policy for Growth and Expansion. New YorkLMcGraw-Hill Book Co.

13. Ark, B., Broersma, L. &Hertog, P. (2003). Service Innovation, Performance and Policy: A Review, De Economist, p. 151.

14. Baron, R. A. (2006). Opportunity Recognitions as Pattern Recognition: How Entrepreneurs "Connects the Dots" to Identity New Business Opportunities, Academy of Management Perspectives, 20(1), pp. 104-119.

15. Berry, L. L. (1999). Discovering the Soul of Service: The Nine Drivers of Sustainable Business Success. New York: The Free Press.

16. Bharadwj, S. G., Varadarajan, P. R., &Fahy, J. (1993). Sustainable competitive advantage in service industries: a conceptual model and research position. Journal of Marketing, 57, pp. 83-99.

17. Boxall, P. (2003). HR strategy and competitive advantage in the service sector. Human Resource Management Journal, 13(3), pp. 5-20.

18. Brush, T. H. &Artz, K. W. (1999). Toward a contingent resource-based theory: the impact of information asymmetry on the value of capability in veterinary medicine. Strategic Management Journal, 20(3), pp. 223-250.

19. Bussell, R. D. (1975). Market Share: A Key to Profitability. Harvard Business Review, pp. 97-105.

20. Fuchs, P. H., Mifflin, K. E., Miller, D., & Whitney, J. O. (2000). Strategic integration: Competing in the age of capabilities. California Management Review, 42(3), pp. 118-147.

21. Glueck, W. F. (1976). Business Policy, Strategy Formulation and Management Action. (2nded.). New York: McGraw-Hill Book Co.

22. Hertog, P. &Bilderbeek, R. (1999).Conceptualizing Service Innovation and Service Innovation Patterns.Strategic Information Provision on Innovation and Services.

23. Hertog, P. D. (2000). Knowledge-intensive business services as co-producers of innovation. International Journal of Innovation Management, 4(4), pp. 491-528.

24. Heskett, J. L. (1987). Lessons in the Service Sector.Harvard Business Review, pp. 122-123.

25. Keltner, B. (1998). Strategic Segmentation in service, manuscript, May.

26. Lovelock, C. H. (1983).Classifying services to gain strategic marketing insight. Journal of Marketing, 47, pp. 9-20.

27. Miles, R. E., & Snow, C. C. (1978).Organizational Strategy, Structure, and Process. New York: McGraw-Hill Book Co.

28. Miozzo, M. &Soete, L. (2001). Internationalization of Services: A Technological Perspectives. Technological Forecasting and Social Change, 67, pp. 159-185.

29. Pavitt, K. (1984). Sectoral patterns of technical change: Towards a taxonomy and a theory. Research Policy, 13, pp. 343-373.

30. Porter, M. E. (1980). Competitive Strategy: Techniques for analyzing industries and Competitors. N. J. Free Press.

31. Rockart. (1979). Chief Executive DeineThei Own Data Needs. Harvard Business Review, 57(2), pp. 81-92.

32. Schuler, R. S. (1987). Personnel and Human Resource Management. St. Paul, MN: West Publishing Company.

33. Storey, C.&Easingwood C. (1999). Types of new product performance: evidence from the consumer financial services sector. Journal of Business Research, 46, pp. 193-203.

34. Voss, C., R. Johnston, R. Silvestro, L. Fitzgerald, and T. Brignall (1992). Measurement of Innovation and Design performance in Service.Design Management Journal, pp. 40-46.

Chapter **11**

服務市場行銷與服務業創業

學習目標

✦ 瞭解服務市場之意義和類型、服務市場運行的特色和作用、服務市場之發展趨勢。

✦ 明白市場區隔之概念、市場區隔變數與準則。

✦ 知道服務市場定位概念、服務市場定位原則與策略、服務市場定位步驟與方法。

✦ 為何要創業？創業成功的原因有那些？服務業創業成功案例。

本章個案

✦ 服務大視界：全家便利商店推出 Fami 錢包 吸引綁定信用卡有疑慮之消費者

✦ 服務行銷新趨勢：全銀髮主廚餐廳 營造「家」感覺吸客

✦ 服務這樣做：STP 行銷策略：王品的曼咖啡為何失敗？

➤ 全家便利商店推出Fami錢包 吸引綁定信用卡有疑慮之消費者

在2019年10月23日，全家便利商店更新了旗下App，推出了Fami錢包功能，往後可以將現金儲值到錢包中，不用綁定信用卡，也可以使用FamiPay的快速結帳服務。到2019年11月22日為止，全家已累積了超過1,000萬會員，並且預期在2019年底，綁定My FamiPay的會員數將會達到100萬人。言下之意是，目前其實還有大約900萬會員，會在全家結帳時同時拿出手機與錢包，一手支付現金、一手用App累積會員點數。

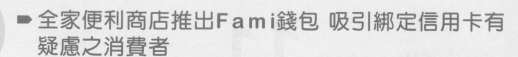

◆ 全家便利商店瞄準消費者「現金交易找回滿手零錢」的痛點，推出零錢包新功能（圖片來源：全家便利商店）

現金儲值綁會員，建立消費習慣

其實，現金儲值機制在零售業中並不是新花招。從早期的百貨公司禮券，或像星巴克隨行卡一類的儲值卡，都是透過行銷活動方案、各種優惠來吸引消費者預存現金，往後再慢慢抵用。這樣的行銷作法，可以促使消費者往後再到門市回購，進而讓「到店面消費」成為消費者的習慣。

目前，除了全家之外，全聯福利中心的PX Pay在2019年5月上線時，就導入現金儲值功能。對許多熟齡消費者來說，在手機綁定信用卡容易讓他們感到不安心，不過有了儲值金功能，就能放下這點疑慮，加入App會員的行列。

全聯曾提出數據指出，目前PX Pay的使用者中，40歲以上的比重超過60%，50歲以上的使用者也占26%。在未來，全家Fami錢包能為全家再撈進一群熟齡族群使用者。

全家將剛上線的Fami錢包定位為「零錢殺手」。這一次，全家看準的痛點是已經有下載全家App、成為會員，但是並沒有綁定信用卡的客群。他們既然已經願意同時拿出錢包與手機，那何不引導他們試試，在掏出100元整鈔現金買一杯45元咖啡的時候，把找回的55元銅板存在Fami錢包裡？或是當已購買的商品預售，期限內未兌換或停售時，餘額也可轉儲至Fami錢包。如此，就可以吸引對綁定信用卡有疑慮的消費者，也能用Fami錢包的方式，試試使用FamiPay支付的方便。

是否會有Fami結帳，對全家便利商店很重要

全家便利商店從2016年4月開始經營會員機制，至今已經超過三年。目前成績又如何呢？「在全家目前1千多萬會員中，最忠誠的前2%會員，貢獻了我們11%的營收。」全家便利商店E-Retail事業本部長簡維國這樣說。在這一群前2%的超級會員，大約有21萬人次，其中，多數人使用FamiPay結帳。而且，在這21萬人次中，比起沒有使用FamiPay的會員，有綁定FamiPay結帳會員的每月交易金額足足高了2千元之多。

2千元這個數字，乍聽之下沒有很多，但是對於平均客單價為80元的全家便利商店來說，並不是一筆小數字。換算下來，使用FamiPay的會員，他們的平均客單價也比沒有使用的高出了3成之多。這種種數據，都指出一個重點：會員是否使用FamiPay結帳，對全家來說很重要。這一次，全家推出的Fami錢包瞄準了非常精準的一群消費者，後續能達到什麼樣的成效？值得拭目以待。

資料來源：程倚華，免綁信用卡！全家App開放現金儲值，連中獎發票也能存，數位時代，2019年10月24日；程倚華，全家Fami錢包上線一週，綁定數破10萬！「零錢殺手」的產品定位奏效嗎，數位時代，2019年10月31日。

☺ 動腦思考 ─────────────────────

1. 現金儲值機制在零售業中並不是新花招，為何全家要引導消費者採用現金儲值作法？

2. 為何消費者是否有使用Fami結帳，對全家便利商店很重要呢？

11.1 服務市場內涵

現代服務市場是一個廣義的概念，所涉及的行業不僅包括現代服務業的各行各業，而且包括物質產品交換過程中伴生的服務交換活動。現代服務市場所涉及的服務業的範圍包括下述方面：公用事業、金融服務業、企業服務、教育慈善事業、各種修理服務、個人服務業、社會公共需要服務部門和其他各種專業性或特殊性的服務行業。

11.1.1　服務市場之意義和類型

服務市場是指提供勞務和服務場所及設施，不涉及或甚少涉及物質產品的交換的市場形式。傳統的服務市場是狹義概念，即指生活服務的經營場所和領域。主要指旅社、洗染、照相、飲食和服務性手工業所形成的市場。服務市場是組織和實現服務商品流通的交換體系和銷售通路，是服務商品生產、交換和消費的綜合體。服務市場與一般商品市場相互依存、相互作用，存在著密切聯繫。服務市場是一個龐大的市場系統，根據不同的標準，可以將服務市場劃分為以下幾種類型：

1. **生產服務市場**：指以滿足企業生產活動為目的，直接為企業生產過程提供服務的市場。主要包括：機器設備維修服務、生產線的裝配、零部件的更換、機器的保養服務、生產經營管理活動服務、勞動力的培訓服務。

2. **生活服務市場**：指以滿足人們生活需要為目的，提供滿足人們生活需要的服務商品的市場。主要包括：加工性服務、活動性服務、文化性服務。

3. **流通服務市場**：指提供商品交換服務和金融業服務的市場。主要包括生產過程服務，如保管、包裝、搬運等業務、交換性服務，例如：櫃台銷售、業務洽談等商業活動、金融業服務，例如：存貸款、儲蓄、支票管理、結算和代客戶轉移支付等服務。

4. **綜合服務市場**：指交叉性服務市場主要包括公共事業服務、運輸服務、旅遊服務、訊息傳遞服務等。

11.1.2 服務市場運行的特色和作用

　　服務市場運行中的供需機制有別於商品市場。其突出特色是，服務產品的生產能力與購買能力之間的矛盾在通常情況下難以暴露，只有在矛盾相當尖銳激化的時候才反映出來，在一般情況下，人們不大注意也不太關心服務市場的供求關係，這表明服務市場的供求彈性大，服務市場運行的自由度高。例如海港由於泊位少，裝卸能力不足，在平時難以覺察，直到壓船壓港，問題積壓嚴重時，才暴露了海港泊位少、裝卸能力不足的矛盾。

　　服務市場的發展對市場體系的發展與完善和推動國民經濟快速發展具有重要作用：

1. 有利於深化社會分工，節約勞動時間

　　在社會生產過程中，當生產水平不高，社會分工不發達，並且生產規模狹小時，生產過程中所有與生產有關的活動往往都由企業獨自完成。隨著社會分工日趨發達，市場範圍不斷擴大，而企業的生產規模也逐漸擴大，生產中的一些輔助性的或為生產創造條件的勞動就逐步分離出來，由專門的服務部門來承擔和負責。因此，服務市場的快速發展有利於節約勞動時間，深化社會分工，提高企業的勞動生產率。

2. 有利於促進國民經濟各部門密切配合

　　在市場經濟中，國民經濟各部門之間存在著緊密的聯繫，人們之間的各種經濟交往也十分活躍。而服務業的經濟活動恰恰主要圍繞著這種聯繫和經濟交往展開的。同時，服務業的發展對國民經濟各部門的發展起著制約或調節的作用。主要體現在，一方面，服務業的容量和發展規模直接推動或限制國民經濟各部門的發展；另一方面，服務產品供給量的變動，對各部門的生產和經營的規模和結構的調整起著重要的作用。

3. 有利於吸納勞動力，擴大就業數量

　　隨著社會經濟的持續快速發展，社會資本有機構呈逐漸提高的趨勢，直接導致對勞動的需求不斷下降。而服務業大多為勞動密集型產業，能夠吸納大量勞動力，擴大就業容量。

11.1.3　服務市場之發展趨勢

　　服務市場是伴隨商品市場出現的，但服務市場的發展卻在第二次世界大戰以後的幾十年間，尤其是在20世紀的後20年間。縱觀服務市場的發展變化過程，顯示出如下的趨勢：

(一)服務市場規模擴大快速、服務行銷發展速度高

✦ 高鐵行銷策略將市場劃分為不同區隔

　　臺灣高速鐵路簡稱為臺灣高鐵，是連結台北與高雄左營之間的臺灣高鐵系統，南北總長345公里。臺灣高鐵把行銷策略分為商務、旅遊及返鄉探親等市場，而把這些市場劃分為不同的區隔，如商務乘客需要舒適的搭乘環境及服務，會選擇艙等，而旅遊乘客為了省時會選擇搭乘臺灣高鐵，由此可知，臺灣高鐵把每個區隔規劃為便利、完善的狀況。臺灣高鐵推出的自由座，方便乘客能隨時搭乘，加上艙等的折扣等促銷活動，促進搭乘率及乘客回籠率，因此臺灣高鐵就必須推出一些獨特的行銷策略，來增加乘客的接受度。藉由客製化的方式，讓業者更瞭解消費者的需求。

➡ **策略一：擴大宣傳**

　　此策略主要是透過媒體、雜誌及活動強化大眾對臺灣高鐵優點的認知，而擴大宣傳部分包含新聞報導、廣告及相關書刊雜誌報導，不外乎吸引消費者的注意力進而認識臺灣高鐵。

➡ **策略二：合作計畫**

　　此策略是和當地政府及及觀光景點、活動合作，例如：「2007烏日臺灣啤酒文化節」，臺灣高鐵即與台中縣高鐵文化觀光發展協會及臺灣菸酒股份有

限公司合作，為了因應旅客暑假期間親近府城古蹟及享受傳統美食的超值行程，臺灣高鐵也和台南市政府合作舉行「高鐵府城美食古蹟之旅」行動。

➡ 策略三：個人客戶忠誠度計畫

提供常客優惠或折扣方案，目的為留住舊有的客戶和吸引新的顧客所提供的一些方案，例如：臺灣高鐵開通時所提供試乘的5折票價，近年來陸陸續續推出很多優惠方案，例如：平日搭乘臺灣高鐵，全面再享8折與商務艙約64折的優惠，推出不漲反降的計畫來吸引消費者。

➡ 策略四：與旅行社和航空公司推出套裝行程

針對國際和國內旅客推出套裝行程，推出一日遊等多項套裝行程，推廣臺灣高鐵旅遊路線，也與多家知名旅行社簽約推出許多套裝行程且給予超值價格，讓顧客可以一邊享受臺灣高鐵的舒適便捷，一邊享受優惠的旅行行程。

➡ 策略五：企業客戶

和臺灣主要客戶簽約為長期企業客戶，鼓勵企業內部通勤搭乘臺灣高鐵。

(二)服務領域不斷拓寬，服務市場結構日漸完善

在2014年，臺灣入境日本旅客破297萬人次、勇奪國際旅客第一位後，2015年匯率誘因持續奏效，日本市場買氣依舊旺到不行，鑑於旅客鍾愛，有機位就熱賣，產品種類也呈現多元、價位區隔市場。2015年日本旅遊市場買氣熱旺，成長約可達20%，市場上缺房缺車情況依舊嚴重，特別是在大阪地區，由於航班增多，加上國際旅客湧入，日本內需也強勁，元件成本增高，但現階段旅行社多還是自行吸收成本，並略微透過匯率下降的優勢做彌補，並未反映在團費價格。

暑假最熱門的市場區塊還是在大阪、北海道，關西受惠於環球影城的哈利波特魔法樂園，預期暑假依然紅不讓，北海道7、8月薰衣草季產品由於售價較高，因此買氣相對沒有大阪那麼熱烈。2015年TTE旅展以暑假親子產品為重點，行程設計採果、雙樂園甚至三樂園來區隔平常的一般產品。隨著低成本航空進入市場，航班大增，自由行風行，尤其以東京自由行的比例較高，因此近年業者因應市場需求，例如包裝東京自由活動、2天輕井澤的5天產品，既滿足旅客自由行需求，也解決遠區的交通問題（方雯玲，2015）。

(三)國際服務市場中依然存在著區域間的差異，發達國家的領先地位
　　與發展中國家的滯後狀態形成反差

在全球尚未有任何電信標準組織（如ITU、3GPP、IEEE等）對外正式發布
B4G/5G標準下，工研院IEK經研究發現，各大國家、組織、廠商等為了因應2020
年行動通訊網路流量需求將為現階段的1,000倍，行動終端聯網數將成長10~100
倍，故已開始針對B4G/5G進行研究規劃，各自成立下世代行動通訊技術開發聯
盟，以便在國際標準尚未確定前，積極開發關鍵技術，並透過建立自有B4G/5G
技術，積極保護該國或廠商在B4G/5G的利益。一些國家規劃發展方向如下：

1. 南韓從「影像演進、雲端」規劃B4G/5G發展方向

南韓KCC針對B4G/5G提出知識型應用模式，其應用涵蓋B4G/5G網路
為基礎的全息影像應用、雲端即時數據連結等。另外，Samsung也提早
規劃B4G/5G技術目標，未來每個基地台提供的資料傳輸速度都會超過
10Gbps，並讓每個用戶都可以享受到1Gbps的實際使用經驗，並計畫2020
年可以推出B4G/5G服務。

2. 日本從「影像演進、終端」規劃B4G/5G發展方向

日本有NTT DOCOMO提出2020年以後的應用情境，重點包括：全息影像傳
輸、穿戴式終端互連、AR教學應用等，對於技術的布局重點包括：為現在
10-100倍數據傳輸速率、支援高速移動（如高鐵）、省電的小型基地台、終
端等。目前NTT DOCOMO正和六家業者（包括Ericsson、Nokia、Alcatel-
Lucent、Samsung、NEC、Fujitsu）展開B4G/5G行動網路測試計畫，預計
2020年前投入B4G/5G網路建置並對外正式營運。日本另一個組織IECE從
H2H、H2M、M2M、M2H等不同人與人、人與機器、機器與機器之通訊模
式，提出B4G/5G可能的應用情境。

3. 中國大陸從「網路架構」規劃B4G/5G發展方向

中國移動提出B4G/5G服務重點將放在Green和Soft上，其中Green強調降
低耗能（如建置新型綠色環保基地台，該基地台可擺脫過去對傳統電力
的依賴，將風、光能源與氫燃料電池相結合，實現自然能源自循環、零
排放）、提高網路效率（如建構統一架構的網路）；Soft則是以C-RAN為
主，結合集中化的基頻處理、高速的光傳輸網絡等，形成綠色、集中化處
理、雲計算化的無線接入網構架。

4. **歐洲從「頻譜」規劃B4G/5G發展方向**

英國Ofcom鎖定2018年提供無所不在的行動數據服務，現階段已開始規劃B4G/5G服務，規劃重點放在尋找更多的頻譜、提高頻譜使用效率、更多的基地台建置，並預計2018年完成B4G/5G執照的發放。另外，英國也和德國宣布聯手布局B4G/5G技術，將藉由英國在軟體、服務和設計方面的優勢，以及德國在工程、工業製造上的領先共同布局B4G/5G技術。

5. **臺灣5G發展藍圖與策略**

臺灣已於2014年完成4G釋照，今年正式進入高速行動寬頻通訊時代，為延續臺灣既有優勢及提供更符合民眾智慧生活運用，行政院於2015年1月22至24日舉辦「行政院2014年5G發展產業策略會議（SRB）」，透過「5G尖端技術探索與人才培育」、「5G產業技術深耕與環境建置」、和「5G產業鏈整合及政府協助方向」等三項議題，研擬未來5G發展藍圖與策略。

11.2 服務市場區隔

11.2.1　市場區隔概念

　　區隔（segmentation）概念首先由Wendell R. Smith於1956年提出，其認為區隔乃是建構在市場需求面之分析，展現對於消費者或使用者需求一個理性與更精確的產品或行銷調整（Smith, 1956）。陳思倫、劉錦桂（1992）更進一步指出，所謂「區隔」（segment）是指銷售者將銷售市場劃分成若干個不同的次級市場（sub-market），而「市場區隔」（market segmentation）即是將一個異質性的市場依所選擇的區隔變項區隔為幾個比較同質的次級市場，使各次級市場具有比較單純的性質，以便選定一個或數個區隔市場作為對象，開發不同產品及行銷組合，以滿足各次級市場的不同需要這種行銷方式亦稱為目標行銷（target marketing）。也因此選擇適當的區隔變數是很重要的。Kolter&Keller（2005）認為市場具有異質性（heterogeneous），由不同的消費群體所組成，而根據購買者特性與需求，即可將錯綜複雜的市場分割為若干較小且具有同質性的市場，而其中任兩區隔均有不同程度的偏好。

在制定行銷策略方面，幾乎所有學者專家都指出「市場區隔」（market segmentation）的重要性。Kotler and keller（2006）指出，行銷人員應將買方視爲組成市場者，這即是「目標市場」（target markets），並深入評估與判定那些區隔可在這目標市場中找尋出最大的機會。

市場區隔不一定要昭告天下

　　自從臺灣政府開放陸客來台，爲臺灣的服務業帶來許多商機（當然也有一些負面的影響），爲了因應龐大的陸客團體（未來還將開放自由行），像是餐廳、飯店、遊覽車等，都會造成排擠其他遊客的狀況。日前新聞報導一家高雄的餐廳，直接掛出只接待陸客的牌子，引起臺灣消費者的不滿。在

✦ 圖片來源：阿波羅新聞網

市場區隔的角度，只收陸客可以集中資源，專心與大陸的旅遊團做生意，而且避免接待臺灣「散客」的成本。但回過頭想一想，是否真的有必要把市場區隔昭告天下呢？

　　市場區隔的好處是鎖定目標對象及競爭對手，集中行銷資源來提昇行銷的效果。因爲要對應的市場愈大，商品需要滿足的對象就更多，所需的研發成本就會提高，而且行銷的資源也會放大（要溝通更多的人）。但反過來說，市場區隔就是把一個市場給切割，只取其中一塊，被切出去的市場，就不會將自己的商品當作是選擇的對象。

　　市場區隔的說與不說是一門學問。若是市場量夠大，或是市場競爭激烈，而且商品的獨特性夠強，則將市場區隔明確點出是行銷的一個策略，因爲只要確實的把市場給區隔出來，就有足夠的市場量可以支撐，例如全國電子強調本土、松青強調品質新鮮等，把消費者明確分類，以確保自己鎖定的

消費者會找到自己。但若沒有點出區隔的必要性，就不需要公告給消費者，只要在行銷作法上讓被鎖定的消費者感受到商品的針對性就可以了，未被鎖定的消費者，自然會被「忽略」，但只要不說破，還是會有些中間消費者會購買，對銷售而言並非壞事。

　　回到高雄的這家餐廳，其實不需要直接把只接待陸客的作法給寫出來，臺灣消費者若常看到餐廳中都是陸客，自然會去考慮要不要進去這家餐廳，但若直接點破，不但臺灣消費者不去消費，而且會對該餐廳產生反感，雖然有市場區隔的結果，但同時也犧牲了許多潛在消費的機會。

資料來源：溫慕垚，市場區隔不一定要明講，104Coach講師中心，2011年5月16日。

影片來源：https://reurl.cc/lLmGav

11.2.2　市場區隔變數與準則

　　市場區隔的基礎變數很多，學者Kolter（1997）將區隔變數分類為地理特性、人口統計特性、心理特性以及行為特性，如表11-1所示。

表11-1　市場區隔變數

地理特性變數	人口統計特性變數	心理特性變數	行為特性變數
1. 地區 2. 氣候 3. 規模 4. 季節 5. 郵遞區號	1. 年齡 2. 性別 3. 職業 4. 收入 5. 家庭規模 6. 家庭生命週期 7. 教育程度 8. 宗教 9. 國籍 10. 種族	1. 生活型態 2. 社會階級 3. 個性	1. 購買時機 2. 使用者地位 3. 尋求之利益點 4. 忠誠度 5. 使用率 6. 對產品之態度 7. 行動度

資料來源：Kolter（1997）

　　不過，在很多時候行銷人員區隔市場的方式是比較粗糙的，也可說是比較不科學的。當然，市場敏感度夠或許可以嗅出市場契機，但稍微有點判斷失準，損失的人力、物力、金錢、時間成本甚至可拖垮一個公司！在這裡，非常

推薦一個區隔市場的選擇變數：「生活型態」。Plummer（1974）認為以生活型態為區隔基礎，可以重新定位主要的目標市場、並對於市場結構提出一種新的觀點，而且生活型態資訊可用於產品的定位，也可以協助制定廣告與溝通方式、提供新產品機會的訊息、發展整體性的行銷與媒體策略，並將協助行銷者解釋市場區隔在某些情境下對於產品或品牌的反應可能的原因。

以往常用到的區隔變數是人口統計變數，然而解釋力往往不夠，人口統計的描述只是了解一部份消費者，並無法了解其內心想法，而生活型態乃是進行整體環境對於個人在其生活各種層面的影響進行描述性的研究，並可以深入解釋消費者的感情、活動、興趣和意見等層面。生活型態的觀念源於社會學及心理學，1960年代正式引用於行銷領域，此後受到行銷學者的重視與廣泛運用。學者認為生活型態理論可以精確描繪消費者特質及其心理層面，有助於行銷人員對消費者行為的瞭解及預測。而生活型態以三個構面來衡量：活動（Activity）、興趣（Interest）、意見（Opinion），通稱AIO量表。

1. **活動（Activity）**：指一個人具體的行動。

2. **興趣（Interest）**：指一個人對某些事物或主題感到興趣的程度，且是持續性的注意。

3. **意見（Opinion）**：指一個人對於外界環境的刺激所產生之問題，而予以語言或文字的回應，可用來描述人們對事件的解釋、期望及評價。

由表11-2列出生活型態構面所考量的部分，搭配人口統計變數可以清楚描述所欲研究的市場。

表11-2　生活型態構面表

活動（Activity）	興趣（Interest）	意見（Opinion）	人口統計變數
1. 工作	1. 家族	1. 自我	1. 年齡
2. 嗜好	2. 家庭	2. 輿論	2. 教育
3. 社交	3. 工作	3. 政治	3. 所得
4. 度假	4. 社區	4. 商業	4. 職業
5. 娛樂	5. 消遣	5. 經濟	5. 家庭人數
6. 社團	6. 流行	6. 教育	6. 住所
7. 社區	7. 食物	7. 產品	7. 地理位置
8. 購物	8. 媒體	8. 未來	8. 城市大小
9. 運動	9. 成就	9. 文化	9. 家庭生命週期

　　要測量生活型態，就必須以問卷來蒐集。生活型態的問卷就由AIO量表發展題目，題目一般大約從15～30題（若是多面性的，可以更多），詢問受訪者AIO的態度。生活型態的題目設計又分為三種：

1. **一般化生活型態**：指與產品無關的AIO生活型態題目，只詢問受訪在生活上的一些態度。

2. **特殊化生活型態**：指與產品有關的AIO生活型態題目，如對產品的喜好、消費頻率、忠誠度等。

3. **混合型生活型態**：結合一般化及特殊化混合設計題目。在實務上並無特別偏好何種題型，應該看設計者的目的而定。

　　學者Schiffman and Kaunk（2000）認為一個有效的市場區隔，應具備以下四要件：

1. **鑑別性（identification）**：指可識別一區隔的規模大小、本質及行為等資料。

2. **足量性（sufficiency）**：指市場區隔的規模大小，是否大到具吸引力，及可使公司制定行銷組合去滿足。

3. **穩定性（stability）**：指一區隔穩定的程度，即避免反覆無常、無法預測之易變區隔。

4. **接近性（accessibility）**：指一區隔能以經濟的方式被接觸。

步道分級觀光市場服務提升

　　步道也分級！古坑好山好水得天獨厚，鄉內多達百餘條步道，出身企業界的鄉長黃意玲開先河，將依地形、地貌、路況與聚落遠近等分級，讓遊客依己身體力等選擇適合步道，公所並建構綿密通報與維修平台，讓觀光品質升級。古坑山區步道長度加總約100公里，淺山有華山、華南、桂林等，甚至大湖口、劍湖都有平易近人的清幽小徑，山客如織。海拔較高的深山樟湖、草嶺、石壁等地，也有古道棋佈原始林中，景觀殊異，山客同樣絡繹於途。不過，難易懸殊，未經行家導引，難判其輕重。

為了讓遊客盡興玩，將依海拔、坡度、路況、有無階梯、距聚落遠近、長度等分級，農經課長孫旺田說，例如輕鬆愉快、適合老少親子者列為A級步道，具挑戰性、適合專業登山客者入列B級，讓想來古坑玩的人，能依個人或團體體能、腳力選擇合適的休閒步道，暢快遊樂。公所將整合村鄰長，並建構平台，力邀村落及山友一起成為巡道志工，隨時通報各步道狀況，盡速維修，讓休閒品質也升級。

資料來源：許素惠，步道分級區隔觀光市場服務提升，中時電子報，2015年7月9日。

影片來源：https://youtu.be/cDhkswLfYNw

11.3 服務市場定位

11.3.1　服務市場定位概念

　　市場定位（market positioning）指建立在市場上重要且獨特的利益地位，以利與目標顧客溝通，提昇競爭優勢。定位是一種服務或產品在消費者心中的地位或形象，定位的對象可以是一件商品、一種服務、一家公司、甚至是一個政府機構。透過定位技巧，使其在特定對象心目中，建立起深刻且有意義的印象（張佩傑 譯，1992）。定位策略的目的在於突顯與建立有利市場競爭的差異化。歐聖榮、張集毓（1995）研究認為當我們對一個行銷市場做好了市場區隔，便進行產品定位的策略；定位的主要功能是針對產品給予一種知覺印象，其呈現出來的差異認知是產品本身特質形塑出的產品競爭立基，消費者心理知覺圖是用來呈現自家產品與競爭者的相對印象或地位。服務市場定位是指企業根據市場競爭狀況和本身的資源條件，建立和發展差異化競爭優勢，以使自己的服務產品在消費者心目中形成區別並優越於競爭產品的獨特形象。

11.3.2　服務市場定位原則與策略

　　市場定位的最終目的是提供差異化的服務或產品，使之區別和優越於競爭對手的產品或服務，不論這種差異化是實質性的、感覺上的，還是兩者兼有的。雖然服務產品的差異化不如有形產品那樣明顯，但是，每一種服務都使消費者感受到互不相同的特徵。所以，企業進行市場定位時必須讓產品具有十分

明顯的特色，以最大限度地滿足顧客的要求。為達到此目的，服務企業的市場定位必須透過以下原則：

1. **重要性原則**：即差異所體現的需求對顧客來說是極為重要的。

2. **顯著性原則**：即企業產品同競爭對手的產品之間具有明顯的差異。

3. **溝通性原則**：即這種差異能夠很容易地為顧客所認識和理解。

4. **獨占性原則**：即這種差異很難被競爭對手模仿。

5. **可支付性原則**：即促使目標顧客認為因產品差異而付出額外花費是值得的，從而願意並有能力購買這種差異化產品。

6. **營利性原則**：即企業能夠通過產品差異化而獲得更多的利潤。

快送 Service　產生定位配合逆向行銷─老虎牙子

✦ 圖片來源：老虎牙子

　　從1997年開始，便連續獲得市調機構東方線上「機能性飲料」調查第一名的老虎牙子，不僅號稱是全世界第一罐有氧飲料，其中更融入一手將老虎牙子拉拔長大，暱稱「虎哥」的總經理林志隆的養生概念，他始終認為，最好的養生方法是食療，接著是中藥溫補滋養，最差的，便是服用具有化學成分的藥劑。

　　這個看來並不特別的養生觀，卻讓老虎牙子在機能性飲料市場有了最特別的產品定位。簡單說，多數機能飲料都有特定的銷售對象，而訴求的則是「即時性」的機能，運動飲料是專門為了運動而喝，強調「迅速補充」；提神飲料顧名思義是為了提神，強調「迅速恢復」；至於老虎牙子，從不標榜「迅速」，以徐徐養生的概念為基本訴求，自然能在機能飲品中，為這個品牌創造出差異化的獨特定位。

獨特定位／從刺五加發展飲品食療

　　事實上，老虎牙子的主要原料「刺五加」，便是具有食療概念。1985年，25歲的林志隆到中國大陸黑龍江旅遊，發現了「刺五加」這種食材在當地應用得很廣，舉凡泡茶、做菜等，幾乎融入人民的生活中。回國後查閱文獻發現，刺五加對於人體有許多益處，因此他直覺地認為，可以將刺五加做成飲品，將養生概念融入飲料中。於是，他找來各領域的專家，包括醫生、藥劑專家、生產專家等，針對「刺五加」飲品進行研究發展與創意發想，歷經六年的時間，終於在1991年研發出第一瓶以有氧為訴求的飲料「老虎牙子」。

　　然而，雖然充滿養生的概念，品牌名稱「老虎牙子」卻讓人無法立即參透其中的意義，原來是因為主要原料是有東方人參之稱的刺五加，因為莖上有刺，像老虎的獠牙，因此在中國東北地方人稱「老虎獠子」。而在決定品牌名稱的過程中，也可看出林志隆的另類思考邏輯。當時，林志隆將「老虎獠子」改為較為可愛的「老虎牙子」，連同其他幾個候選的品牌名稱，找來約1,500百名消費者票選，結果，老虎牙子不但得票最低，甚至幾乎完全沒有人選，「就像電力公司會提供顧客許多節省電力能源的撇步一樣，那時候我一直覺得要搞點逆行銷的東西，品牌才能讓人印象深刻，在競爭激烈的飲料市場中占有一席之地，所以那時候一知道老虎牙子沒有人選，我心想：那就是這個了！」

逆向行銷／選擇得票最低的品牌名

　　而事實也證明林志隆的策略相當正確，這個名字在1991年的時間點誕生，著實讓消費者嚇一跳，因為那時沒有類似的產品，於是一炮而紅，在消費者腦中留下深刻的印象。根據1998年的臺灣市調資料指出，老虎牙子的知名度達98%，足見其識別度。憑著產品的獨特性，加上強力、鮮明的廣告訴求，讓老虎牙子初期的銷售成績斐然，在上市後，第一年獲利1,500萬元，第二年更呈倍數成長達4,000萬元，第六年全盛時期更曾大賺3.3億元。

　　然而，從1997年開始，由於競爭者增加，飲料市場開始呈現衰退的現象，同時，只做機能性飲料早已無法滿足林志隆，他決定要將產品觸角延伸到各種領域中，一網打盡各個階層的消費者。

多元發展／清潔、美容產品統統來

　　雖說要延伸產品的廣度，但本質還是不跳脫老虎牙的基礎「刺五加」，只是從原本的中國東北人民賴以維生的「營養」訴求，改成符合現代人的「美容」與「健康」層面。林志隆說：「從前的人缺乏營養，所以需要進補，現代的人則是營養過剩，愛美的人想要瘦身，加上生活環境的改變，不僅空氣中充滿了交通工具排放的一氧化碳，得癌症的人比例也大幅增加，所以更需要『氧』來防止細胞老化、改善自由基等。」

　　因此，我們看到為愛美女性打造、標榜「高含氧量」的寶貝水；以及清潔保養系列的奈米潔膚露，還有專為熬夜、應酬人士打造的東方能量飲料等，甚至還有中國人最愛吃補品習慣的「有氧膠囊」都在其中。從機能性飲料，邁向有氧生活概念的全系列產品，這些可以說都是來自林志隆的有氧生活哲學，他常說：「現代人都需要更有氧，氧和愛不同，雖然看不到、摸不到，卻是人類生存不可或缺的助燃劑。」本著老子哲學，主張現代人的壓

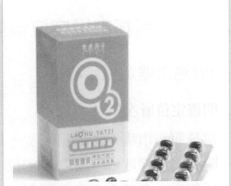

✦ 老虎牙子有氧濃縮膠囊內成份有西伯利亞人蔘（老虎蔘）、蜂王乳、天然維他命C、維他命E（小麥胚芽油）

抑要靠氧來緩解，乍聽之下會讓人覺得林志隆的思想很另類，然而這卻也是老虎牙子從誕生後給人的第一印象吧！

資料來源：黃琬婷，老虎牙子用最怪的名字打開知名度，今周刊，697期，2010年4月29日。

影片來源：https://youtu.be/8B0xsnNeZq0

　　服務市場定位策略有以下三種：

1. **強化當前位置，避免迎面打擊策略**：例如一家企業在全國同行業中排名第二位，為了避免來自第一位企業的打擊，它把第二這個位置當做一項資產。宣傳用語是：「我們僅是第二位，為何不惠顧我們？我們會更加努力的！」這樣既宣傳自己，又激發顧客的同情心和信任度，從而強化了當前的市場位置。

2. **確定市場空隙，打擊競爭者弱點策略**：即尋找那些未被競爭者占據的市場空隙。比如有的大企業資金雄厚，資歷很久，但資金周轉緩慢，職員在接待顧客時慢慢吞吞。針對這一點，小企業可依靠周轉靈活、服務快捷與其展開競爭。

3. **重新定位策略**：美國紐約附近的長島有一家小銀行叫長島信托公司，面臨著來自紐約的城市銀行等大銀行的日益激烈競爭。長島信托公司在分支行數目、服務範圍、服務品質、資本金額等排名最後，為此，該公司把自己重新定位為「長島人的長島行」，排名立即有大幅度提高。

11.3.3　服務市場定位步驟與方法

(一)服務市場定位步驟

1. **明確定位層次**

   這是服務市場定位的第一步。通常情況下，企業應當在進行定位之前首先明確需要採取哪一層次的定位。在企業的不同發展時期，定位的層次會有所側重。有時企業會強調服務企業定位或行業定位，有時強調產品組合定位，有時則強調個別產品定位。

2. **尋找顧客關注指標**

   為了保證定位的準確性和有效性，企業應當在定位之前明確顧客到底在關注哪些指標。有時，公司可能會發現顧客關注的指標非常繁雜，可能會有十幾個之多。這種情況下，可以先將所有指標列在一張清單上，然後一步一步地去掉顧客較為不關心的項目，直至清單上只留下兩個項目為止。

3. **建立坐標系**

   標出競爭對手位置。以確定的兩個指標為軸，建立一個坐標系。坐標系的原點表示市場的平均水平，正區間表示高於市場平均水平，負區間表示低於市場平均水平。建立坐標系以後，根據競爭對手實際產品的情況，企業2、企業3、企業4、企業5、企業6等，將競爭對手的位置標出在坐標系上面，如企業1、如圖11-1所示。

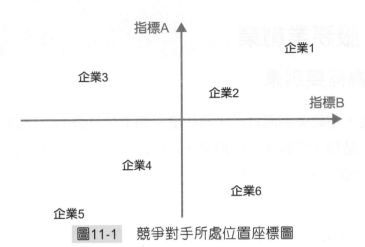

圖11-1　競爭對手所處位置座標圖

資料來源：安賀新（2011）

4. 確立企業定位

根據本企業資源情況和顧客偏好，以及擬採取的市場定位策略，確定本企業在目標市場上的位置（安賀新，2011）。

(二)服務市場定位方法

1. 定點陣圖法

在市場定位的實證研究方面，最常被運用的方法是知覺定位圖（perceptual maps）（Myers, 1996）。知覺定位圖主要是依據消費者對於產品（或品牌、公司）的特質評估，在一空間向量關係裡，標示本身以及競爭者的相對表現。兩位學者Urban和Star（1991）研究提出運用知覺定位圖進行市場定位分析應包括：

(1) 消費者評估市場競爭的構面。

(2) 評估構面的組成與重要性。

(3) 自家產品與競爭者在評估構面上的相對表現。

(4) 產品定位的分析與選擇。

2. 價值鏈分析法

價值鏈分析法（VCA）將商業行為看作一系列的活動，這些活動把商業投入轉化為顧客價值，即從輸入向輸出轉化的過程。麥可‧波特的價值鏈理論認為，價值鏈上的活動可以分成兩種類型，一種是基本活動，包括直接面對消費者的各個環節，例如：物流運輸、生產作業、行銷和服務等。另一種是支持活動，例如：基礎設施的建立和維護、人力資源管理、研發等。

11.4 服務業創業

11.4.1 為何要創業

　　創業之前，不妨先問問自己，為什麼要創業？過去的自己跟自己說，創業不是為了錢，是為了實踐人生的價值、實踐自我。有些人熱衷創業是因為受到自行開業的好處的吸引，這些好處包括：

1. 創業者自己當老闆，自行作決定，自己選擇商業夥伴和確定業務內容。他們可以自己決定工作時間、薪水和休假。

2. 自我創業比替別人幹活更可能獲得優厚的經濟回報。

3. 自我創業能使業主參與企業的全部運作過程，從確立理念到設計和創造，從銷售到業務運營和消費者關係。

4. 自我創業給人以當老闆的聲望。

5. 自我創業給人積累股本的機會，既可保留、出售，也可留給子孫。

6. 自我創業帶來作貢獻的機會。大部份新興企業家扶助地方經濟。

快送 Service　把創業當坐雲霄飛車一樣享受

　　其實還滿常有創業人來問我，跟馬克·薩斯特（Mark Suster）的經驗一樣，馬克是一位網路創業人轉任創投，曾經創過不少公司，其中BuildOnline成功的賣給雲端CRM（客戶關係管理）軟體公司Salesforce.com。還沒創業前，他也是一位工程師，曾任職於Accenture（科技管理顧問公司），你為什麼不繼續創業？說實話，我還真的常常看到市場上的許多問題，然後創業人的性格就會跑出來，腦子裡忍不住開始想可以怎麼試著解決，有時候甚至連創業的步驟都想好了，只差袖子捲起來，開始做就是了。好在appWorks本身也是一種創業，所以當我回過頭來想，如果我專心把appWorks做好，把育成計畫辦好，那對所有的創業人來說，可以創造更大的價值、更大的貢獻，這些創業

的想法，交給有興趣的團隊去做就好——這樣一想，那股創業的熱血，才稍稍獲得平息。

　　說真的，創業真的會上癮。它像心情的雲霄飛車一樣，當你坐在上面的時候，高低起伏，有時為了一點小小的突破高興了老半天，有時又為了一點小小的失敗兩天睡不著覺。當你下車的時候，你發誓下次再也不要了。但是相信我，當你離開了一陣子，你會發現全世界沒有比那個更刺激、更真實的事情，你會發現一輩子都沒辦法回去搭平凡無奇的米老鼠碰碰車了。

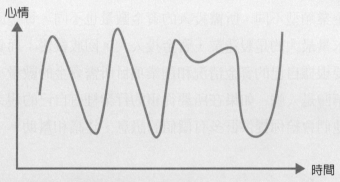

◆ 不是特別在乎地位（或是頭銜）
◆ 對於這個世界上的事物充滿了好奇心
◆ 不喜歡規矩，而且喜歡挑戰權威
◆ 可以接受高度的不確定性
◆ 不會因為不斷的被拒絕而失去信心
◆ 喜歡跟別人聊你在做的事情
◆ 喜歡做決定，非常快速的決定—即使只有70%是正確的（你需要前進、然後修正，而不是原地踏步）
◆ 對自己的執行力有高度的信心
◆ 不容易受到壓力的影響
◆ 可以承受很高的風險
◆ 失敗又怎樣？整裝再出發就是
◆ 可以投注很長的時間在這件事情上面（但你不會覺得它是工作）

資料來源：林之晨，能把創業當坐雲霄飛車一樣享受 才適合當老板，商業周刊，2013年8月19日。

影片來源：https://youtu.be/NVYL8-1d1WU

11.4.2　創業成功的原因

(一)選擇適合自己的企業類型或行業

　　大學生要選擇眞正適合自己的企業類型，必須綜合考慮多方面的因素。首先是個性因素，即自己的興趣、愛好等。如果喜歡與人打交道，就可以考慮服務業；如果不喜歡與人打交道，而更喜歡解決工程技術性問題，就應該考慮製造業。其次是技術專長與工作經驗。技術專長是一個人具備的所有專業知識和技能，是重要的創業資本。從事自己最擅長的行業，是創業成功的重要保障。第三是資金需求。企業類型不同，所需投入的資金數量也不同，資金回收的時間也會不同。資金需求量最大的是製造業，資金投入大，回收較慢；而資本需求量最小的是服務業。要根據自己的資金情況和創業項目所需資金的數量，權衡選擇適當的投資項目。第四是人脈。如果在所要從事的行業裡有自己的親人、朋友或認識的專家，那麼他們會給你提供很多有價值的訊息、建議和幫助。

中年創業很正常

　　年輕，一直是創業故事中最性感的元素。Y Combinator創辦人保羅・格雷厄姆（Paul Graham）創辦人曾說過：「年紀大於32歲，投資人就會開始有些疑慮。」但事實眞的如此嗎？

臺灣新創公司創辦人：近4成超過41歲

　　臺灣創業家的平均年齡，同樣顚覆了許多人認爲新創公司是年輕人、頂尖大學中報生的專利，以較低的年齡呼應了美國創業圈的「大齡」現象。根據《數位時代》2019年創業大調查，在受訪的創業者當中（女性占20%），年齡41歲以上的占比爲39.8%；如果再將範圍擴大至36歲以上，比率更達60.1%。不過，這是創業者現在的年齡分布，若以創業的時間回推的話，臺灣創業家的創業年齡約坐落在38歲上下。

　　換句話說，在臺灣，創業也不是年輕人的專利，中壯年貢獻的創新能量相當可觀。特別是女性創業家，41歲以上的占比甚至高達47%。年齡長，

自然也伴隨著工作經驗更加豐富。在41歲以上的創業家裡，高達81％擁有十年以上的工作經驗。前述的研究報告也提到，工作經驗在創業路上是相當關鍵的養分。相較於沒有工作經驗的創辦人，創業時擁有至少三年相關產業經驗的創辦人，成功可能性高出了85％。

除了創業年齡較一般認知的年長之外，臺灣創業家的另一個特色是「學歷高」。41歲以上的創業者，有63％具有碩士以上學歷，取得博士學位的也有14.2％，居所有年齡段之冠。時代基金會成立的創業社群Garage+觀察，企業近年來更願意投入資源在新創公司，關注尚未被滿足的需求，以及更強調技術落地的實用性，這正好是在最前線工作過，擁有相關工作經驗的創業家的長處。

大器允許晚成

「早慧似乎從來不曾像現在這樣占盡好處。」美國知名財經雜誌《富比士》發行人里奇・卡爾加德（Rich Karlgaard）在《大器可以晚成》一書中這樣說道。現代社會過度關注年輕有為，貶低大器晚成；將少數人捧上天，卻漠視多數人。就像一條輸送帶，隨著年紀漸長，把多數人送到了「技不如人」的垃圾桶。卡爾加德主張，大器晚成的人應該要跳下輸送帶，找尋一條新的道路，而不是前往社會所期待的方向。

什麼是大器晚成？書中給的定義是：擁有別人一開始看不出來的天賦，卻比預期更晚發揮潛能。重點在於「預期」，社會的預期是在30歲、甚至是20幾歲就有所成就，卻忽略了每個人都有自己的「時區」。創業也一樣，在一個特定的領域內工作，就是在為創業做累積。媒體與社會經常給予少年得志極大的光環；然而，自我實現的道路何止一條，當通往創業成功之路越長，愈能省思身在何處、前往何處，未來又有什麼機會。

有別於年輕創業家是創了業才體驗職場、摸索經營管理，中壯年創業家在累積了一定的工作經驗之後，再創造屬於自己的事業，或許更懂得避開錯誤、後發先至。如同前述的研究報告總結：「創辦一家成功的公司，年紀較大是個有利的特性，而非缺點。」

資料來源：陳君毅，在臺灣，38歲創業很正常！2019創業大調查，顛覆「祖克柏們」年輕有為的故事，數位時代，2019年11月15日。

影片來源：https://www.youtube.com/watch?v=hSNmfyt8p0U

(二)選擇適合自己的創業領域

　　目前，適合大學生創業的領域很多。具體來說，一是高科技領域：大學生可以利用自身的知識及學校資源，進行科技成果的應用研發。二是智力服務：智力是大學生的資本，智力服務創業項目一般成本低、見效快，例如：諮詢、家教、翻譯、計算機維修維護、設計工作室等。三是訊息技術：IT產業一直被譽為創業金礦，大學生在計算機使用方面具有優勢，可利用自己的知識技能進行網上創業。四是連鎖加盟：對創業資源十分有限的大學生來說，通過連鎖加盟形式創業，可以快速掌握經營所需要的知識和經驗，從而降低風險，提高創業成功機率。五是創意小店：例如：手工製造、特色專櫃等。這種小店規模不大，經營相對簡單，對社會經驗、管理、行銷、財務要求等也都不高，比較適合初次創業者。六是代理：從代理起家，從銷售入手，相對比較簡單，投入也會小一些，能達到降低創業風險，快速累積人生第一桶金的目的。從做代理商開始創業，最後做大做強的例子有很多，著名的聯想集團就是這麼起家並成長起來的。

創業失敗教訓

　　失敗，這是圍繞在創業公司的創辦人身上很常見的事情。在矽谷，這幾乎成為一種榮譽。但是據統計，失敗的創業公司還是一個可怕的數據，那這些創業公司真正失敗的原因是什麼呢？我們從中能獲得什麼樣的教訓呢？我們採訪了「年輕創業家議會（Young Entrepreneur Council, YEC）」的8位成功的創辦人，請他們分享一下自己最初創建的公司失敗的原因—而他們當時是如何做的？

1.我們沒有專注於一點

　　我創建的第一家公司，當時的團隊有一個非常宏大的創意，致力於可持續性（sustainability）。如果我們可以接觸一些人群跟蹤調查他們可持續使用小物品的頻率，諸如用過的礦泉水瓶重新裝滿水使用，重複使用紙袋等

等。我們可以建立一種文化，讓周圍人認爲可持續利用是普遍的。不僅僅是改變我們的習慣，而且我們認爲將這種可持續性遊戲化將是個至關重要的元素。而關於可持續的教育也是一個關鍵元素。同時，我們認爲社會分享也是重要的。當時我們的想法還有很多，如果我重新創建這家公司，我將會聚焦於鼓勵可持續行爲的根源問題，而且僅從其中一個方面著手。現在我們看到許多公司進入這個領域，但每個公司都是專注於其中一點。所以，一開始創建公司時，要專注於一點，之後再謀求擴張。——Aaron Schwartz，Modify Watches

2.我們進入市場太早了

我的第一家公司失敗是因爲當時只是一個太過雛形的創意就過早進入市場。我們希望幫助人們理解社交媒體在企業層面方面的風險。而我們沒有想到的是當時這些企業的人們還並不知道社交媒體是什麼。這樣我們就需要花大量時間在給人們解釋什麼是社交媒體上，根本沒有機會讓我們去解釋我們真正要做的事情。

如果我們重新來做這個項目，我們將會首先對企業進行社交媒體培訓，然後提出它們背後隱藏的風險以及緩解風險的方案。而這次，我們一定確保我們的產品或服務已經很成熟之後再投入市場運作中，這樣，用戶不需要我們解釋也會非常喜歡這項產品、服務。——Benish Shah，Vicaire Ny

3.我們沒有處理好現金流

數據不僅僅是業務的氧氣，也是非常重要的指標。當時，年僅十幾歲的我幾乎專注於我所喜歡的工作：創新、銷售以及成長。我一直耗費資金提升業務。直到有一天，我只剩下一大盒子的欠條，一無所有的離開。如果我當時能夠選擇一份很好的工作，維持我的現金流，並收回應收帳款的話，我的公司應該可以避免最終的失敗。

而在我接下來創建的公司中，我非常注重查看、研究財務報告並且聘請了一位會計主管。如果你的財務數據出問題，那麼你一定不會走的很遠。——Kent Healy，The Uncommon Life

4. 我們所遇的時機不好

　　我第一次創建的公司在最初取得了不錯的成績，並獲得了種子投資，但最終，我們還是失敗了。我們當時的商業模式是基於求職廣告的。當時我們發布了大受歡迎的測試版本。不用說，在2008年秋季要比在2008年春季要更難銷售求職廣告。我們每個人籌措了2.5萬美元來創建這個公司，但我們的資金很快就用完了，之後很快也將種子資金耗完了。我們面臨兩種選擇──要麼借更多的錢，要麼就關閉公司。之後，我捫心自問：「這個創意值得我投入更多嗎？」而答案是，不！我所作出的最好的決定是創建了這家公司，之後做的最好的決定是下定決心關閉這家公司。所以，知道什麼時候需要推出也很重要。──Kasper Hulthin，Podio

5. 我們沒有一個用戶

　　有太多次業務失敗的經歷讓我總結了許多經驗才讓我最終成功。尤其是當我意識到我的產品必須適應我的用戶需求。當我的用戶認同我的產品價值，那麼產品的銷售絕不是問題了。──Brian Moran，Get 10,000 Fans

6. 我們沒有處理好人員招聘的問題

　　第一家公司是我哥哥和我一起創建的，這家公司之所以會失敗，是因為被我們所聘請的員工「劫持」了。我只能說，招聘員工時，一定要選擇那些真誠、正直值得信任的人。要學會運用法律保護好你自己的公司，同時要控制人力成本，精益運作。──ZiverBirg，ZIVELO

7. 我們擁有不同的動機

　　在大學時，我試圖與我的兩個舍友創建一個公寓列表網站。他們一開始很積極的參與，但是當他們意識到參與這項工作需要付出多大的精力、努力時，諸如在冬天時圍繞著威斯康辛州麥迪遜市區的公寓拍攝照片，並收集房東的信息進行文字編輯這些冗雜的工作，他們的激情就消退了。我們這個前景不錯的項目慢慢的失敗了，不僅僅是因為很難堅持去做這些瑣碎的工作，而且我的合夥人也逐漸在他們的學習、聚會以及女朋友之間喪失了興趣。今天，我寧願自己創建公司，再僱傭員工來完成工作，而不是在一開始就請如上所說的兩位合夥人來一起完成了。──Nathan Lustig，Entrustet

8. 我們在創業開始時沒有想好如何應對最壞的情形

過去，我曾與合夥人一起創建了三個公司。第一個公司我們發展到7位數字的規模，而合作關係也非常棒。第二家公司完全沒有走到這一步，因為我之前沒有考慮好，關於合夥人股權問題爆發時我們該怎麼面對。在這次合作案例中，我一開始貶低了自己對公司業務發展做出的貢獻的價值，但是發展到後來，我又以很高的價格換取了很小的股權份額。所以，提前考慮這些問題並詢問自己，「如果發生這些事情怎麼辦？」。在創建公司時，將這些最壞的情況寫進協議裡，這樣每個人在一開始就保持一致的想法。當我最終意識到在公司發生角色轉變後我無法再發揮作用，也不能認同之前我曾同意的股權時，創業的動機消失了，員工士氣也下降了，公司業務進度停滯了。

——Trevor Mauch，Automize，LLC

資料來源：創業邦，八位創辦人講述創業失敗教訓，數位時代，2013年3月19日。

影片來源：https://youtu.be/mgeHbE92TR4

(三)找到商機、選好創業項目

創業的過程就是尋找和發現、識別有價值的、可以利用的商業機會的過程。一個商業機會是否具有價值，要看它是否能的真正滿足顧客的需求；判斷商業機會的大小和發展前景，要考慮其能提供可產生利潤空間的大小及風險如何。另外，創業者在識別商機時，還要考慮該項目是否能符合自己的能力水準及各方面條件，與競爭對手相比時是否具有競爭優勢等。因此，應綜合考慮各方面因素，要選擇那些既有市場發展前景，又符合創業者自身條件的創業項目（任芳，2009）。

如何發掘創業商機

　　創業難，發掘創業機會更難。發掘創業機會的做法，大致可歸納為以下七種方式：

1.分析特殊事件來發掘創業機會

　　例如，美國一家高爐煉鋼廠因為資金不足，不得不購置一座迷你型鋼爐，而後竟然出現後者的獲利率要高於前者的意外結果。再經分析，才發現美國鋼品市場結構已產生變化，因此，這家鋼廠就將往後的投資重點放在能快速反應市場需求的迷你煉鋼技術上。

2.分析矛盾現象來發掘創業機會

　　例如，金融機構提供的服務與產品大多只針對專業投資大戶，但占有市場七成資金的一般投資大眾卻未受到應有的重視。這樣的矛盾，顯示提供一般大眾投資服務的產品市場必將極具潛力。

3.分析作業程序來發掘創業機會

　　例如，在全球生產與運籌體系流程中，就可以發掘極多的信息服務與軟體開發的創業機會。

4.分析產業與市場結構變遷的趨勢來發掘創業機會

　　例如，在國有事業民營化與公共部門產業開放市場自由競爭的趨勢中，我們可以在交通、電信、能源產業中發掘極多的創業機會。在政府剛推出的知識經濟方案中，也可以尋得許多新的創業機會。

5.分析人口統計資料的變化趨勢來發掘創業機會

例如，單親家庭快速增加、婦女就業的風潮、老年化社會的現象、教育程度的變化、青少年國際觀的擴展等，必然提供許多新的市場機會。

6.價值觀與認知的變化來發掘創業機會

例如，人們對於飲食需求認知的改變，造就了美食市場和健康食品市場等新興行業。

7.新知識的產生來發掘創業機會

例如，當人類基因圖像獲得完全解密，可以預期必然在生物科技與醫療服務等領域帶來極多的新事業機會。雖然大量的創業機會可以經由有系統的研究來發掘，不過，最好的點子還是來自創業者的長期觀察與生活體驗。

資料來源：http://cht.86722.com/licai/i40214/，如何發掘創業商機七大秘笈。

影片來源：https://youtu.be/L_2vOudDp9w

11.4.3　服務業創業成功案例

(一)馬雲三次創業案例

很多人都想創業，但他們似乎有一個同樣不創業的理由:我沒有錢，我要是有錢的話，就怎麼樣。似乎只要有錢，他就一定能創業成功。我們到今天沒有成功，就是因為我們一直在為自己找藉口！成功者看目標，失敗者看障礙！馬雲：「開始創業的時候都沒有錢，就是因為沒錢，我們才要去創業」。可是馬雲的創業經歷告訴我們，沒錢，同樣可以創業，同樣可以創出一番偉大的事業。馬雲有過三次創業經歷，創業開始都沒什麼錢。

➡ 第一次創業—創辦海博翻譯社

馬雲之所以要辦翻譯社，主要是基三個方面的考慮：(1)當時杭州很多的外貿公司，需要大量專職或兼職的外語翻譯人才；(2)他自己這方面的訂單太多，實在忙不過來；(3)當時杭州還沒有一家專業的翻譯機構。很多人光有想法，從來都不會有行動。但是馬雲一有想法，卻是馬上行動。當時是1992年，馬雲是杭州電子工業學院的青年教師，28歲，工作4年，每個月的工資還

不到100元。但沒錢，不是問題，他找了幾個合作夥伴一起創業，風風火火地把杭州第一家專業的翻譯機構成立起來了。

創業開始，也是舉步維艱，第一個月，翻譯社的全部收入才700元，而當時每個月房租就是2,400元。於是好心的同事朋友就勸馬雲別瞎折騰了，就連幾個合作夥伴的信心都發生了動搖。但是馬雲沒有想過放棄，為了維持翻譯社的生存，馬雲開始販賣內衣、禮品、醫藥等等小商品，跟許許多多的業務員一樣四處推銷，受盡了屈辱，受盡了白眼。整整三年，翻譯社就靠著馬雲推銷這些雜貨來維持生存。1995年，翻譯社開始實現獲利。現在，海博翻譯社已經成為杭州最大的專業翻譯機構。雖然不能跟如今的阿里巴巴相提並論，但是海博翻譯社在馬雲的創業經歷中也劃下了重重的一筆。海博翻譯社給馬雲最大的啟示是：永不放棄。沒有錢，只要你永不放棄，你就可以取得成功。

➡ 第二次創業—創辦中國黃頁

中國黃頁是中國第一家網站，雖然是極其粗糙的一個網站。網站的建立緣於馬雲到美國的一次經歷。1995年初，馬雲參觀了西雅圖一個朋友的網絡公司，親眼見識了互聯網的神奇，他馬上意識到互聯網在未來的巨大發展前景，馬上決定回國做互聯網。創業開始，馬雲仍然沒有什麼錢，所有的家當也只有6,000元。於是又變賣了海博翻譯社的辦公家具，跟親戚朋友四處借錢，這才湊夠了8萬元。再加上兩個朋友的投資，一共才10萬元。對於一家網公司來說，區區10萬元，實在是太寒酸了。

很多人都說，做網絡公司，沒個幾百萬上千萬是玩不轉的。又有人說，如今的環境跟馬雲創辦中國黃頁的時候截然不同了，那時10萬可以，現在肯定不行。我說，這全都是藉口。說這樣的話的人，這輩子也不可能有什麼大的成就，因為他們眼裡看到的都是困難。對於中國黃頁來說，創辦初期，資金也的確是最大的問題。由於開支大，業務又少，最淒慘的時候，公司銀行帳戶上只有200元現金。但是馬雲以他不屈不撓的精神，克服了種種困難，把營業額從0做到了幾百萬，當然，後來中國黃頁被杭州電信收購了。但是，中國黃頁在馬雲手裡，依然是成功的。

➡ 第三次創業—創辦阿里巴巴

阿里巴巴無疑是中國互聯網史上的一次奇蹟，這次奇蹟是由馬雲和他的團隊創造的。但是阿里巴巴創業開始，錢也不多，50萬，是18個人東拼西湊湊起

來的。50萬，是他們全部的家底。然而，就是這50萬，馬雲卻喊出了這樣的宣言：我們要建成世界上最大的電子商務公司，要進入全球網站排名前十位！

　　1999年，中國的互聯網已經進入了白熱化狀態，國外風險投資商瘋狂給中國網絡公司投錢，網絡公司也是瘋狂地燒錢。50萬只不過是像新浪、搜狐、網易這樣大型的門戶網站一筆小小的廣告費而已。阿里巴巴創業開始是相當艱難，每個人工資只有500元，公司的開支一分錢恨不得掰成兩半來用。外出辦事，發揚「出門基本靠走」的精神，很少招車。據說有一次，大夥出去買東西，東西很多，實在沒辦法了，只好招車。大家馬上向計程車招手，來了一輛桑塔納，他們就擺手不坐，一直等到來了一輛夏利，他們才坐上去，因為夏利每公里的費用比桑塔納便宜2元錢。阿里巴巴曾經因為資金的問題，到了幾乎維持不下去的地步。8年過去了，更多創業故事盡在南方創業網。2007年11月6日，阿里巴巴在香港聯交所上市，市值200億美金，成為中國市值最大的互聯網公司。馬雲和他的創業團隊，由此締造了中國互聯網史上最大的奇蹟。中國大部分想創業的人都是一樣，晚上想想千條路，早上起來走原路。他們比馬雲聰明多了，能想出非常多的創業好點子來，但是他們從來沒有去執行過。因為他們有著太多的藉口和理由：「我沒有錢。」他們都這樣想。於是，他們繼續過他們平庸的生活。

資料來源：痞客邦，馬雲：就是因為沒錢才要創業！馬雲為什麼要創業，2013年7月10日。

(二)迷客夏是先有了牛，才進行茶飲創業事業

　　成立12年的迷客夏，全台有187個據點，2018年首度入列臺灣前10大連鎖手搖飲品牌。由於口味特殊，迷客夏常獲得網路票選、網友最喜愛的珍奶品牌。創辦人林建燁蹲馬步30年，從15歲開始幫忙家裡養牛，成為首宗酪農業轉型跨足手搖茶的成功案例。林建燁的成功來得很晚，早年都沒嘗過人生勝利的滋味。「養牛不用學歷，我是想轉行才去念書，大學念了10年才畢業耶。」今年45歲的林建燁，樂於把人生的甘苦用幽默一語帶過。

➡ 32歲大學畢業，第一次創業失敗收場

　　林建燁從討厭養牛，到因牛而走出差異化，也是因為家裡一連串的不幸所促成。林建燁的父親原本是一位商人，卻被自己的弟弟倒帳500萬元，當時高雄的透天厝一棟也只要新台幣25萬元。巨額的負債，迫使林建燁一家人只得跑

路，投靠在台南養牛的遠房親戚，父親就在牧場裡幫忙照顧牛隻。有一天，林建燁的父親被一隻發情的公牛撞傷，肝臟破裂，傷勢極為嚴重，是由當時行醫的現任中央健保署署長李伯璋急救才撿回一命。但父親傷後無法勞動，林建燁與兄姊就承接照顧牧場的工作。

林建燁高中念夜校，每天早起就去養牛，此後他放棄升學，念了空中大學6年，最後因想轉行才去念南台科技大學資管系，直到32歲才從大學畢業。為了幫忙家計，林建燁大三時與同學頂下一家茶飲店，最後雖然失敗收攤，但也讓他結下往後創業的機緣。

✦ 綠光牧場是迷客夏的起家處，有牛乳才有後續以鮮奶茶為底蘊的茶飲連鎖王國（圖片來源：迷客夏官網）

2006年，林建燁開了第一家迷客夏，店名由英文「Milk shop」直接音譯過來，但是當時的台南鄉親都把迷客夏當作約克夏，並沒有引起廣泛注意。直到林建燁遇到一位關鍵人物，讓迷客夏絕地逢生，這人就是現任的迷客夏總經理黃士瑋。

黃士瑋回憶，迷客夏還在籌備時，當時股東晚上在店裡試新飲料，正巧他騎摩托車載老婆經過。他還特別跟老婆說：「好可憐喔，這家店一定撐不過3個月，這地點根本沒人。」不過，迷客夏的好口味卻讓他留下深刻印象。

黃士瑋會斷定迷客夏難賺錢，是因當時他身為國內知名超商的展店經理，負責展店業務，對店面有一定敏銳度。1年後，黃士瑋因為看好飲料連鎖業，加上覺得迷客夏的飲料好喝，於是加盟迷客夏，店就開在台南麻豆，結果第1個月就賺錢。

✦ 林建燁（右）開了第1家迷客夏，但是當時並沒有引起廣泛注意。直到遇到迷客夏總經理黃士瑋（左），讓迷客夏絕地逢生（圖片來源：財訊）

➡ 牛飼料講究細節，產出適合泡茶的牛奶

當初創立迷客夏時，林建燁坦承只有想開到35家店，以便消化掉自家綠光牧場200多頭牛的乳源產量，而不必賣給鮮奶公司，讓價格被別人掌控。不料，隨著店面的擴展，綠光牧場的乳源早已不夠用了，現在迷客夏與8家牧場合作契收，才能供應全台門市，每個月用掉數百噸的牛奶。如今，林建燁很樂見愈來愈多手搖飲主打與小農牧場合作，帶動牧場契收風氣。

➡ 迷客夏店面選址在二線三角窗

黃士瑋的業績讓林建燁很佩服，因為當時他自己的店面，獲利還只是打平而已。林建燁自嘲說：「我長期都對牛講話，對人的管理是弱項。」後來，林建燁決定與黃士瑋合資開店，最後更邀請黃士瑋加入創業團隊。2人剛開始合作時，迷客夏全台只有10餘家店。黃士瑋挑選店面有原則可循，例如選擇開在私立高中，而不是公立學校，但現在消費差異有變小；還有，盡量選擇三角窗店面，但不一定要在主幹道上，避免太高的成本，二線馬路的三角窗，也能聚集2條馬路交匯的人流。黃士瑋說，通常，三角窗店面比一般的平面店，1天可多賣100杯飲料以上。黃士瑋也建議，當品牌效益還不夠大時，店開在大馬路上未必有人認識，因此店面最好選在沒有分隔島的馬路上，車速慢、好停車，較容易吸引過路客注意。

➡ 從原物料到研發，品牌價值建立在重視品質

有了好的地點只是成功的第一步，品質才是迷客夏受到消費者青睞的關鍵。在那個拼便宜、拼大杯，1,000 CC十元或者3杯五十元的年代，迷客夏硬是用比較高的價錢、比較少的容量打進市場。「那就是一個目標，我們要做到比較高端的定位，不管是原物料、口感，要做到是好喝又天然的飲料。」黃士瑋說。

「天然、手作、獨特」是迷客夏的品牌精神，而品質就從原物料開始。最基本要確保原物料的安全，因此在他們的杯子上有一個QR Code，裡面包含所有原物料的檢驗報告。接著再做供應商評鑑，包括產線、製作過程。因為希望做的是獨特的產品，就必須要有獨特的上下游供應鏈。

有了這些機制以後，接下來是研發，在品質管理上做到穩定。例如招牌產品大甲芋頭鮮奶，用大甲芋頭品質最好的上芋，掐頭去尾只取中間。因為

每年氣候不一樣，農產品的品質也不見得穩定；研發單位會針對每一批最適合的做法調整SOP，確保做出來的是該批最好的飲品風味，「當然不可能一模一樣，那就是化學的啊！」黃士瑋補充強調。

✦ 迷客夏重視企業社會責任，產品講求創新獨特（圖片來源：今周刊）

「這就是使用天然的東西必須要克服的。」讓消費者可以喝到背後一直堅持的理念，經過長時間的研發，包括供應鏈的穩定跟籌備期都是非常漫長的過程。

➡ 追求企業永續經營，農業與商業形成善的循環

迷客夏手搖飲創立之初，是為解決酪農的問題，率先使用自家牧場鮮奶來製作飲品，碰上食安問題爆發，順勢帶起小農風潮，建立起新的商業模式，翻轉整個局勢。「原來酪農也可以這樣子做，也可以有自己的通路。」現在很多小農出來做自己的品牌，迷客夏可說起了很大的作用，而酪農有了利潤，就可以改善飼養技術、生產環境，形成善的循環。

永續經營正是迷客夏另一個重要的企業精神，為了永續，必須不斷創新。黃士瑋認為在事業發展還沒遇到瓶頸之前，就必須展開新的嘗試和布局。於是當三角窗、街邊店站穩腳步，他開始規劃進商場設櫃，往風景線設點，也開始測試提供座位的店型。

異業合作是迷客夏的另一項創新，繼去年初和超商合作開發冰淇淋大獲成功後，去年底推出的法芙娜可可鮮奶系列也創下單月大賣十幾萬杯的紀錄，連法芙娜法國原廠都派人來台了解迷客夏的銷售策略。今年，他們更將進行三方合作，於母親節檔期在超商推出法芙娜可可芋泥蛋糕。這一連串的成功，基礎在於長期經營的品牌核心價值得到認同。屬牛的林建燁坦言不愛養牛，卻又因牛而成功，他說可能是某種吸引力，你愈不喜歡的就愈會找上你。此時他帶著笑意，接受了這個他當初的不喜歡。

資料來源：陳宥臻，迷客夏小牧場翻身，穩展百家茶飲店，財訊，2018年8月6日；社團法人臺灣連鎖加盟促進協會，酪農轉型賣手搖飲，迷客夏開創飲料業新局，今周刊，2019年5月27日。

服務行銷新趨勢

▶ 全銀髮主廚餐廳 營造「家」感覺吸客

為退休後的人生譜出另一段精彩故事！由素人長輩擔任大廚的體驗式餐飲私廚「食憶」於2018年8月初先以快閃店的方式呈現，並招募了超過20位長輩大廚，用溫潤純樸不浮誇的做菜技巧，帶領大家探尋那記憶一輩子、難忘的「美食回憶」！

首家全銀髮主廚餐廳 米其林大廚也來品嚐

食憶餐館是國內第一家只聘用銀髮主廚的餐廳，這做法，放眼國外也很罕見。它才開張1年多，就大受歡迎，也讓「高年級實習生」的應用，有更多想像。每月月初，它在網路上開放訂位，幾小時就額滿；雲朗集團董事長張安平、台泥董事長辜公怡等，許多企業家都悄悄來此用餐；去年才獲得米其林三星榮譽的君品飯店頤宮餐廳，由雲品國際總經理丁原偉帶領著10位主廚，上門一探究竟。2019年10月，日本神戶設計創意中心（Kiito）舉辦銀髮產業展覽，找上食憶來介紹高齡化社會生活方式。5位台灣銀髮大廚現場料理，從蔥油餅到蘿蔔糕，引起悸動，「有日本人吃了我們餐館做的小肉丸，跑來一定要跟我謝謝，因為這是他小時候媽媽煮的味道。」

34歲的陳映璇，台大政治系畢業後，赴英國取得時尚創業管理碩士，回國在精品業擔任行銷人員，卻隱約覺得自己與奢侈品格格不入。父母退休，觸發她去觀察，很多退休族一身本領卻閒來無事；她又觀察，她善於烹飪的外婆外公，年紀8、90歲卻愛用iPad查餐廳、用Line群組聯繫。她開始思索，怎麼讓這群退休銀髮族，既能出外活動，又有發揮空間？

營造「家」感覺，吸引年輕客翻轉為何要吃長輩做的菜念頭

她又想到，這一代年輕人，10個有8個不會做菜，卻喜愛美食。上一代的銀髮族，無論男女，很多都是烹飪高手。那麼，何不結合兩者需求，開一家銀髮族餐館？

於是，她從身邊會做菜的長輩問起，並透過朋友引薦，發現來自五湖四海的長輩們，都不吝分享私房好菜，做菜給更多人吃；於是，這家強調「銀髮大

廚、廚藝共享」的餐廳，就這樣誕生了。儘管立意良善，但談到商業模式，起初，大家都不看好。除了考慮到銀髮族的體力與溝通差異外，更有人對她說：「我都不想回家跟父母吃飯了，為什麼要去吃長輩做的菜？會不會一直問我不想回答的問題？結婚了沒？生小孩了沒？」

她只好先從快閃店做起，向開餐館的朋友借場地，利用餐廳公休時間，一次邀請3位長輩做私廚料理給大家吃。從2018年6月試營運到2018年底，每週末辦1次餐會，後來欲罷不能，今年2月租下店鋪開餐館，每週舉辦至少5場餐會。

從一開始，食憶就不做傳統宣傳，只在社群網站建立粉絲團，用網路報名方式預約。起初，吸引的是網路遊逛的好奇年輕人，沒想到年輕人來吃過後，就帶著家長一起來用餐；中年人來嘗試後，開始在這裡舉辦同學會，逐漸口耳相傳。

在空間上，也特別營造家的氣氛，小小院落裡有綠色造景，牆上水彩畫是朋友的媽媽畫的；開放式廚房就像在家裡，爸媽做菜時，孩子仍能走進走出；家具保留復古風，甚至還有麻將桌。「很多人來這裡吃飯覺得身心放鬆。」她說，因為食憶不是用經營餐廳的概念，而是分享，銀髮主廚在這裡交流廚藝，客人用餐到一半，主廚也會到各桌去打招呼，問賓客最喜歡哪道菜？

高齡93歲的劉爺爺，其拿手的冰糖醬鴨別處可是吃不到；擁有一身做湖北菜好本領的彭阿姨、隨手就能擺出一大桌香辣有勁北方菜的大劉姊，總是起個大早前往市場採購宴客的食材。這些長者的客人非常特別，是一群透過網路訂位，前來體驗、用餐的年輕族群，透過這場餐宴，也讓這些長輩大廚與年輕食客認識彼此。

✦ 食憶餐館是全銀髮主廚餐廳（圖片來源：La Vie）

食憶目前每月營收為70萬元，相較於一般餐館毛利約5成到6成，食憶只有4成，主要是人事開銷與浮動的食材成本較高，每位主廚薪資是以次數來算，每次2,000元，雖然規模做大可以降低成本，隨著食憶越來越紅，很多客人希望能加桌、加場；但是她說：「分量做大，大廚會累，味道也容易跑掉，開食憶餐館的初衷是分享溫暖感覺。」

✦ 食憶創辦人陳映璇會利用空檔介紹銀髮廚師出場（圖片來源：工商時報）

結合「銀髮價值再造」、「共享經濟」和「體驗式餐飲」，食憶在短暫休息後，2019年整裝再出發，進駐綠意盎然的民生社區，在富錦街上的老宅「福邸foodie」裡，打造長輩和食客的交流天地，將回家吃飯的意象更具體刻畫。

有了全新的家，食憶盼望2019年能夠將主廚累積至50人，讓廚藝共享的概念可以更完整延續；另外也將觸角伸向真空食品研發以及各式異業合作，希望這些「家鄉味」、「台灣的故事」得以藉由「食憶」傳承延續！

✦ 93歲劉爺爺為最高齡主廚（圖片來源：ETtoday）

資料來源：Ian Lin、張芝維，私廚「食憶by SUi」進駐台北富錦街老宅！退休爺爺奶奶掌廚 充滿人情味拿手家鄉菜溫暖上桌，La Vie，2019年4月14日；楊倩蓉，主廚最小55歲、最長94歲，這家長輩餐廳臉書暴紅 業餘爺奶私廚 為何讓年輕客一窩蜂搶訂，商業周刊，1669期，2019年11月11-17日，頁40-41。

服務這樣做

➡ STP行銷策略：王品的曼咖啡為何失敗？

王品的市場區隔、選擇及定位

餐飲類型 價格	牛排	火鍋	鐵板料理	日式料理	其他
600元以上	王品牛排		夏慕尼新香榭鐵板燒	藝奇新日本料理	原燒優質原味燒肉
300～600元	西堤牛排	聚北海道昆布鍋		陶板屋和風創作料理	舒果新米蘭蔬食 ita義塔創義料理
300元以下		石二鍋	Hot7新鐵板料理		品田牧場 曼咖啡（已結束）

　　市場區隔最主要的目的，是要將消費者區分為不同的群體，並讓每一個子群體具有相類似的需求及特徵，以助於品牌去進行分析及尋找目標客群，再分別從價格、品質、類型、文化及習慣等各要素去進行探討，找到我們的利基市場。當我們將王品的品牌依餐飲的類型及價格，區分為幾個市場區隔後可以發現，原來王品的每一個品牌，都位在不同的市場區隔中。一樣是牛排，西堤的目標顧客是300～600元的市場，王品牛排則是超過千元的價位，一樣是火鍋，聚北海道昆布鍋的目標顧客為300～600元的價位，石二鍋則是訴求著300元以下的平實價格，而其他的王品品牌，更是各有其截然不同的價位及定位。

　　在市場區隔的定義中，王品的眾多不同品牌，事實上都處於不同的市場區隔中，王品能夠成功的發展多品牌策略，正是因為王品從來不用單一品牌去延伸產品線，而是讓每一個品牌堅守著自己原先的定位，當發現了一個新的目標市場時，就創造一個新品牌去滿足。

　　曼咖啡是王品旗下其中一個品牌，主打咖啡、蛋糕及輕食，也曾跨足活力早餐、早午餐、桌邊手沖服務等特色經營，但卻始終無法長期穩定的獲利，如今更已宣布結束品牌的經營，曼咖啡的定位究竟出了什麼問題？若依STP理論來看飲料市場的經營，第一個任務就是要決定品牌是要主打「咖啡」還是「茶

飲」，當然我們可以兩者都賣，但最好不要都成為品牌名稱，因為那將會讓我們失去品牌在消費者心中的核心價值，變成什麼都不專精，決定好了主要飲品後，再來決定產品的價位為何，將市面上主要的連鎖品牌加入考量後，從中找到自己的區隔市場及定位。

曼咖啡的飲品定價為55~120元之間，恰巧落於咖啡市場的兩個價位區間中，在平價市場上，他的咖啡比85度C貴，無法吸引平價咖啡的消費者，而在百元的咖啡市場中，他所塑造出來的咖啡文化，卻又比不上星巴克（Starbucks）來的濃厚，變成比上不足，比下又不夠便宜，再加上輕食及早午餐的結合，更讓曼咖啡離純粹的咖啡品牌漸行漸遠，最終成為一個無法獲得消費者共鳴的品牌。對於有志創立自有飲料品牌的創業者而言，如果要開店就不要開在定位過於相近的連鎖品牌旁，除非我們具有一樣強的競爭力，或者具有不可取代的獨到之處。

品牌不能沒定位

若單從區隔圖來看，似乎市場已然全無缺口？實則不然，除了「價格」及「類型」這兩種屬性外，尚有許多的消費者需求等著被滿足，只要能夠將消費者重視的不同屬性逐步檢視，就有機會發現市場的缺口，找到品牌的利基點及核心定位。無論是一個品牌或商品要成功，為自己找到一個明確的定位，都

是最重要的任務，因為行銷最大的錯誤，就是企圖想要滿足顧客所有想要的東西，最終反而導致失焦一事無成，結果什麼事情都代表不了。市場是一個不斷變化的動態環境，因此STP亦是一個不斷循環的過程，必須要能夠因應市場的變化作調整，才能夠找到最適合自己的位置。一個好的品牌定位可以在消費者心中建立鮮明的印象、情感及認同，佔據消費者心中最重要的位置。

◆ 王品只款待心中最重要的人

資料來源：紀坪，STP行銷策略—王品的曼咖啡為何失敗？天下雜誌獨立評論，2015年7月9日。

⏱ 問題討論

1. 王品在每一個品牌，都位於不同的市場區隔中，其中西堤和王品牛排在價位上有何不同？再者，聚北海道昆布鍋和石二鍋所訴求的價格有那些不同？

2. 為何王品集團旗下的曼咖啡無法長期穩定的獲利，進而宣布結束該品牌的經營呢？

本章習題

1. 何謂服務市場？

2. 一般來說服務市場可劃分哪四種類型？

3. 服務市場發展對於國民經濟活動快速發展具有哪些重要作用？

4. 在20世紀後20年間，服務市場的發展變化出現哪些趨勢？

5. 何謂區隔？何謂市場區隔？

6. 學者Kolter（1997）將區隔變數分為哪些？

7. 以生活型態為區隔基礎對於市場結構有哪些新的觀點呢？

8. 何謂市場定位？

9. 服務企業的市場定位必須透過哪些原則，以滿足顧客的要求？

10. 一般來說，服務市場定位策略有哪三種？

11. 試述服務市場定位的步驟。

12. 服務市場定位方法有哪些？

13. 自行創業的好處有哪些？

14. 一般來說，創業成功的原因有哪些？

15. 三次創業對馬雲的啟示有哪些？

16. 從兩個香港青年人來台創業案例中，為何開店那麼辛苦，還要堅持留在臺灣呢？

參考文獻

1. 方雯玲，2015，日本主打親子，呈多元區隔市場，欣新聞。

2. 任芳，2009，大學生職業發展與就業指導教程，北京出版社。

3. 安賀新主編，2011，服務營銷實務，清華大學出版社。

4. 何佩珊，2015，小公司靠行動定位要打物聯網大戰，今周刊，959期。

5. 林之晨，2013，能把創業當坐雲霄飛車一樣享受才適合當老闆，商業周刊。

6. 康育萍，2015，兩個香港年輕人：來台創業真實告白，商業周刊，1445期。

7. 紀坪，2015，STP行銷策略—王品的曼咖啡為何失敗？天下雜誌獨立評論。

8. 許素惠，2015，步道分級區隔觀光市場服務提升，中時電子報。

9. 陳思倫、劉錦桂，2002，影響旅遊目的地選擇之地點特性及市場區隔之研究，戶外遊憩研究，5(2)，頁39-70。

10. 黃琬婷，2010，老虎牙子用最怪的名字打開知名度，今周刊，697期。

11. 溫慕垚，2015，市場區隔不一定要明講，104Coach講師中心。

12. 張佩傑譯，Ries Al and Trout Jack著，1992，定位行銷策略—進入消費者心靈的最佳方法，台北：遠流出版事業有限公司。

13. 歐聖榮、張集毓，1995，遊憩區市場定位之研究，戶外遊憩研究，8(3)，頁15-45。

14. Kotler, P. and Keller, K. L. (2005).Marketing Management.NJ:Prentice Hall.

15. Kotler, P., and Keller, K. L. (2006). Marketing Management (12nd cd.), NJ: Prentice Hall.

16. Plummer, J. T. (1974).The Concept and Application of Life Style Segmentation. Journal of Marketing, 38(1), pp. 33-38.

17. Schiffmal, L. G. and Kanuk, L. L. (2000).Consumer Behavior, Prentice-Hall.

18. Smith, W. R. (1956). Product differentiation and market segmentation as alternative marketing strategies.Journal of Marketing, 12, pp. 3-8.

19. Urban, G. L. and Star, S. H. (1991).Advanced marketing strategy: Phenomena, Analysis, Decisions. New Jersey: Prentice Hall.

國家圖書館出版品預行編目資料

服務業行銷與管理 / 古楨彥編著. – 三版. -- 新
北市：全華圖書，2020.02
　面；　公分
　ISBN 978-986-503-334-7(平裝)
　1.服務業管理 2.行銷管理 3.顧客關係管理
489.1　　　　　　　　　　　109001024

服務業行銷與管理（第三版）

作者 / 古楨彥

發行人 / 陳本源

執行編輯 / 蔡懿慧

封面設計 / 簡邑儒

出版者 / 全華圖書股份有限公司

郵政帳號 / 0100836-1 號

印刷者 / 宏懋打字印刷股份有限公司

圖書編號 / 0821802

三版二刷 / 2023 年 02 月

定價 / 新台幣 620 元

ISBN / 978-986-503-334-7（平裝）

全華圖書 / www.chwa.com.tw

全華網路書店 Open Tech / www.opentech.com.tw

若您對書籍內容、排版印刷有任何問題，歡迎來信指導 book@chwa.com.tw

臺北總公司(北區營業處)
地址：23671 新北市土城區忠義路 21 號
電話：(02) 2262-5666
傳真：(02) 6637-3695、6637-3696

南區營業處
地址：80769 高雄市三民區應安街 12 號
電話：(07) 381-1377
傳真：(07) 862-5562

中區營業處
地址：40256 臺中市南區樹義一巷 26 號
電話：(04) 2261-8485
傳真：(04) 3600-9806(高中職)
　　　(04) 3601-8600(大專)

得　分

服務業行銷與管理
教學活動
CH1 服務業的重要性

班級：＿＿＿＿＿＿＿＿＿
學號：＿＿＿＿＿＿＿＿＿
姓名：＿＿＿＿＿＿＿＿＿

一、背景知識提供

　　在本書第一章有提到近幾年《天下雜誌》都有針對不同業種做金牌服務業的調查報告、台灣青年就業情形（包括台灣青年晚進勞動市場的原因）、台灣服務業現況發展以及面臨難題（例如：台灣有小眾的創意服務但無法複製形成產業、台灣服務業注意壓低成本不注意創新等）。

二、問題介紹、分組討論實施方式與思考方向

（一）問題介紹

　　根據2018年7月1日中國時報新聞報導指出，過去觀光客最愛的南投、高雄、屏東等縣市，2017年旅遊人次較2016年皆下跌愈百萬。例如：南投日月潭老店「阿嬤香菇茶葉蛋」在全盛時期能在假日每天銷售約2,500顆茶葉蛋，但現在假日若能賣2,000顆就要滿足了。在台灣的花蓮出現很多來自韓國的觀光客，仔細研究發現他們都是選擇當天來回，並沒有住宿在花蓮。自2016年開始陸客到台灣觀光的人數有明顯的銳減，對花蓮影響很大。

（二）分組討論實施方式

　　1. 分組討論題目：在陸客不來的情況下，花蓮要如何開拓其他客源？花蓮能否成為另一個台南？

2. 分組討論實施方式：

根據以往採行分組討論的經驗，必須要引導學生思考，以活化教學認知。以修課人數為48人計，6人一組，共分為8組。一學期總計進行八次分組討論，所以每一位學生都必須各負責2-3次討論記錄與口頭報告，藉此將可訓練每位學生文字書寫與組織記述的能力，與清晰的口語表達能力和公眾演說的膽識。

（三）分組討論思考方向

1. 2017年來台韓國觀光客首度破百萬，高達105.5萬人次，比2016年88萬人次成長19.3%。

2. 除了美食外，花蓮近來有很多日式建築在修復當中，本身就有文化資源豐富的特色，加上有外海觀賞鯨豚與秀姑巒溪泛舟等活動，相較之下旅遊資源會比台南豐富。

得　分

服務業行銷與管理
教學活動
CH2 服務內涵、擴展服務行銷組合7P

班級：＿＿＿＿＿＿＿＿＿
學號：＿＿＿＿＿＿＿＿＿
姓名：＿＿＿＿＿＿＿＿＿

一、背景知識提供

　　在本書第二章內容有服務的意義和範圍、服務的分類和特性以及擴展服務行銷組合7P（涵蓋產品策略、價格策略、通路策略、促銷策略、程序、實體場景和人員）。在該章末中談到小米手機勇闖印度市場個案有運用到饑餓行銷理念。

二、問題介紹、分組討論實施方式與思考方向

（一）問題介紹

　　2018年初「髒髒包」紅到台灣，當時很多麵包店都有這款商品，還要排隊排一兩小時、甚至預付訂金才能購買到。吃過髒髒包的人說，當大口咬下時的那種幸福滋味，並在嘴邊留下一圈髒汙，真是「萌達達」的，趣味無窮。這股美食時尚挑動大家的味蕾，有人數分鐘就能吃掉一顆。

（二）分組討論實施方式

1. 分組討論題目：排隊夯物「髒髒包」是如何和消費者建立關係？運用那些行銷手法？

2. 分組討論實施方式：

以修課人數為48人計，6人一組，共分為8組。因為要討論食物的口感，鼓勵修課同學到有賣髒髒包的店裏購買，授課老師視情況所需給予一些金援，減輕學生經濟負擔。各組學生可用拍攝微電影方式到課堂上播放親嘗髒髒包實際感受。

（三）分組討論思考方向

一顆手掌般大的髒髒包，以無鹽奶油包進麵團發酵後做成酥皮千層，內餡包覆濃郁的卡士達醬，酥皮外再層層裹上黑巧克力粉，一口咬下會留下一嘴髒，再來個自拍PO網，自娛娛人。

得　分

服務業行銷與管理
教學活動
Ch3 顧客知覺價值、服務品質、
　　　顧客滿意度、顧客忠誠度

班級：_____
學號：_____
姓名：_____

一、背景知識提供

　　在本書第三章內容談到顧客知覺價值（指消費者整體衡量自己所獲得的整體利益，相較於自己付出的整體代價後，對產品效用的整體性評估）、服務品質（區分為實體品質、互動品質以及企業品質）、顧客滿意度（要如何衡量？它和顧客信任度的關聯性）、顧客忠誠度（要如何衡量？如何創造顧客連結？必須避免做出對顧客忠誠度不利的因素）。

二、問題介紹、分組討論實施方式與思考方向

（一）問題介紹

　　在2018年5月份引發499吃到飽之亂，起因在於台灣的中華電信公司推出手機網路吃到飽特價活動。自2018年5月9日起連續七天，台灣一些主要電信公司推出499元上網吃到飽的母親節專案，已成功吸引很多民眾搶辦新資費方案。

　　請修課同學找出台灣電信三雄（中華電信、遠傳電信、台灣大哥大）在2018年推出母親節499元吃到飽優惠方案內容來進行比較，蒐集內容資訊如下列表格所示：

（請沿虛線撕下）

＜背面尚有試題＞

電信業者	中華電信	遠傳電信	台灣大哥大
資費			
上網優惠			
網內免費分鐘數			
免費網外語音			
免費市話語音			
免費網內簡訊			
合約期間			

（二）分組討論實施方式

　　1. 分組討論題目：在寡占的電信業，到底應該著重什麼來行銷？

2. 分組討論實施方式：

　　請修課同學分成6-7組研究電信三雄在近3年來所拍電信廣告中的行銷特色，例如：中華電信在2017年6月的2G停用倒數，提供0元銀髮族手機；再由2G轉4G可以換2袋五月花抽取式衛生紙行銷方式。

（三）分組討論思考方向

　　在《499瘋潮，中華電成最大贏家》這則新聞中提到「這兩天塞爆全台電信門市的人潮，8成以上都是自家用戶續約、降轉499『雙飽』資費居多」。

　　談到在電信業最經典的行銷案例——遠傳電信「開口說愛，讓愛遠傳」。不只表達了品牌主張「只有遠傳，沒有距離」，該廣告特色是經由素人表白，傳達了一種「不只訊號沒有距離，人跟人之間更沒有距離」的感情元素，在Youtube可看到百萬人以上的瀏覽數。

得　分	服務業行銷與管理 教學活動 Ch4 體驗行銷、體驗價值與顧客 　　行為意向	班級：＿＿＿＿＿＿＿＿ 學號：＿＿＿＿＿＿＿＿ 姓名：＿＿＿＿＿＿＿＿

一、背景知識提供

在本書第四章內容談到體驗行銷的意義與特性、體驗經濟的主要特徵、如何創造顧客體驗、傳統行銷與體驗行銷之差異處、體驗價值之種類、顧客行為意向之定義與衡量。

二、問題介紹、分組討論實施方式與思考方向

（一）問題介紹

根據2018年6月5日中時電子報新聞報導陳述台灣民眾最近應該都有發現不管是商圈、夜市甚至是一般路邊店家，都可見到夾娃娃機店，甚至還出現一條街就有10間夾娃娃機店的「榮景」。不禁讓人好奇，開設夾娃娃機店真的有那麼好賺嗎？哪些是去夾娃娃機店消費的主要族群？

（二）分組討論實施方式

1. 分組討論題目：夾娃娃機之商機為何？若你是經營夾娃娃機之業者要採取那些行銷方式以吸引更多消費者前來？

2. 分組討論實施方式：

請修課同學分為5-6組到學校附近夾娃娃機店面實際體驗夾娃娃機之樂趣何在，授課老師會提供每組學生一定金額參與夾娃娃機體驗行銷活動，實地考察過後，並在下周上課時各組派1-2人上台分享夾娃娃機體驗心得，以及若站在經營夾娃娃機業者的角度，應採取那些有效行銷策略以吸引消費者前來體驗夾娃娃？

（三）分組討論思考方向

可參照本書第四章4-12頁體驗行銷四大特性以及4-19頁策略體驗模組表現特徵來套用夾娃娃機行銷運用模式：

1. 體驗行銷四大特性是指產品的特性、消費者的特性、消費者的決策過程以及行銷的運作形式。

2. 策略體驗模組表現特徵來自於感官體驗、情感體驗、思考體驗、行動體驗以及關聯體驗。

得　分

服務業行銷與管理
教學活動
Ch5 服務接觸與流程管理

班級：_____

學號：_____

姓名：_____

一、背景知識提供

　　在本書第五章內容談到服務接觸之意義、類型、顧客關係管理之目的、意義、執行步驟、關鍵成功因素、服務流程設計與服務藍圖。

二、問題介紹、分組討論實施方式與思考方向

（一）問題介紹

　　隨著飯店業競爭激烈，飯店人員和消費者間的互動，其重要性已在人們心中成為評價服務高低分的依據。服務人員和消費者互動的每一個瞬間，都會影響消費者對於該飯店或是服務人員的直接感受。所以，從事飯店業的經營者必須加強其員工在各個服務接觸點的管理，以利於在每一個接觸點上都能讓消費者做出高的肯定評價。

（二）分組討論實施方式

1. 分組討論題目：有機會到日本日勝生加賀屋的溫泉飯店入住時，在我們退房開車離開時，就會發現有一群美女管家，排成一列揮手目送我們離開。反觀國內大部份的觀光飯店，作法上用單純在櫃台check out來表示服務已經結束，兩者相比之下會覺得哪一種讓顧客「離開」的方式，會讓顧客感到貼心呢？

＜背面尚有試題＞

2. 分組討論實施方式：

將修課同學分成5-6組提出一飯店的理想服務流程設計，其設計表格如下：

項目	服務流程設計內容
探索	1. 確認議題為何？ 2. 創新價值為何？ 3. 盤點已知與未知知識。 4. 確認要訪談哪些人員？ 5. 挑選要使用那研究方法？
定義	1. 說明某個行為背後原因是？ 2. 資訊理解內容是？ 3. 設計觀點為何？ 4. 發現設計缺口是？我們如何能夠彌補？
發展	1. 提出具體解決方案。 2. 將同一解決方案分兩組（最可行方案和最具前瞻性方案）。 3. 要提出展示及回饋作法。
實行	1. 獲利模式為何？ 2. 所需能力有那些？ 3. 要進行服務流程設計策略評估並討論其創新的風險強度能否接受？ 4. 寫下執行步驟以確認工作分配及具體目標。

（三）分組討論思考方向

　　首先思考服務接觸之意義、服務接觸有哪四種類型，再來參考本章引用房仲王樹國所運用「面對面接觸」業務利器案例，明白做好顧客關係管理要有哪些關鍵成功因素；為何星巴克面對顧客時要堅持5B（熱情歡迎、誠心誠意、熱愛分享、貼心關懷、全心投入）精神？

　　若要得到一飯店的理想服務流程設計，可參考臺灣高鐵是如何藉由強化會員服務，達到開發會員經濟，以及知名小籠包店鼎泰豐為何能讓外國遊客排隊等候品嚐店內美食，在服務品質上是如何要求其員工辦到？

（請由此線剪下）

歡迎加入 全華會員

● **會員獨享**
　會員購書折扣、紅利積點、生日禮金、不定期優惠活動…等。

● **如何加入會員**
　填妥讀者回函卡直接傳真 (02) 2262-0900 或寄回，將由專人協助登入會員資料，待收到
　E-MAIL 通知後即可成為會員。

如何購買 全華書籍

1. 網路購書
全華網路書店「http://www.opentech.com.tw」，加入會員購書更便利，並享有紅利積點
回饋等各式優惠。

2. 全華門市、全省書局
歡迎至全華門市（新北市土城區忠義路 21 號）或全省各大書局、連鎖書店選購。

3. 來電訂購
(1) 訂購專線：(02) 2262-5666 轉 321-324
(2) 傳真專線：(02) 6637-3696
(3) 郵局劃撥（帳號：0100836-1　戶名：全華圖書股份有限公司）
※ 購書未滿一千元者，酌收運費 70 元。

全華網路書店 www.opentech.com.tw
E-mail: service@chwa.com.tw

※ 本會員制如有變更則以最新修訂制度為準，造成不便請見諒。

（請由此線剪下）

讀者回函卡

填寫日期：　　　/　　　/

姓名：　　　　　　　　　　生日：西元　　　年　　　月　　　日　　性別：□男 □女

電話：（　　）　　　　　　傳真：（　　）　　　　　　手機：

e-mail：　　　　　　　　　　　　　（必填）

註：數字零，請用 Φ 表示，數字 1 與英文 L 請另註明並書寫端正，謝謝。

通訊處：□□□□□

學歷：□博士　□碩士　□大學　□專科　□高中・職

職業：□工程師　□教師　□學生　□軍・公　□其他

學校／公司：　　　　　　　　　　　科系／部門：

・需求書類：

□ A. 電子 □ B. 電機 □ C. 計算機工程 □ D. 資訊 □ E. 機械 □ F. 汽車 □ I. 工管 □ J. 土木

□ K. 化工 □ L. 設計 □ M. 商管 □ N. 日文 □ O. 美容 □ P. 休閒 □ Q. 餐飲 □ B. 其他

・本次購買圖書為：　　　　　　　　　　　　書號：

・您對本書的評價：

封面設計：□非常滿意　□滿意　□尚可　□需改善，請說明

內容表達：□非常滿意　□滿意　□尚可　□需改善，請說明

版面編排：□非常滿意　□滿意　□尚可　□需改善，請說明

印刷品質：□非常滿意　□滿意　□尚可　□需改善，請說明

書籍定價：□非常滿意　□滿意　□尚可　□需改善，請說明

整體評價：請說明

・您在何處購買本書？

□書局　□網路書店　□書展　□團購　□其他

・您購買本書的原因？（可複選）

□個人需要　□屬公司採購　□親友推薦　□老師指定之課本　□其他

・您希望全華以何種方式提供出版訊息及特惠活動？

□電子報　□DM　□廣告（媒體名稱　　　　　　　　）

・您是否上過全華網路書店？（www.opentech.com.tw）

□是　□否　您的建議

・您希望全華出版那方面書籍？

・您希望全華加強那些服務？

～感謝您提供寶貴意見，全華將秉持服務的熱忱，出版更多好書，以饗讀者。

全華網路書店 http://www.opentech.com.tw　　　　客服信箱 service@chwa.com.tw

2011.03 修訂

親愛的讀者：

感謝您對全華圖書的支持與愛護，雖然我們很慎重的處理每一本書，但恐仍有疏漏之處，若您發現本書有任何錯誤，請填寫於勘誤表內寄回，我們將於再版時修正，您的批評與指教是我們進步的原動力，謝謝！

全華圖書　敬上

勘　誤　表

書　號		書　名	作　者
頁　數	行　數	錯誤或不當之詞句	建議修改之詞句

我有話要說：（其它之批評與建議，如封面、編排、內容、印刷品質等・・・）